Statik und Dynamik der Scheibensysteme des Hochbaues

Praktische Berechnungsverfahren für Systeme
aus gekoppelten vollen Scheiben, gegliederten Scheiben
und Stockwerkrahmen

Von

Riko Rosman

Springer-Verlag Berlin Heidelberg GmbH

Dr.-Ing. RIKO ROSMAN
Professor an der Fakultät für Architektur der Universität Zagreb

Das Buch enthält
73 Abbildungen, 8 Zahlentafeln und 4 Diagramme

Alle Rechte vorbehalten. Kein Teil dieses Buches darf ohne schriftliche Genehmigung des
Springer-Verlages übersetzt oder in irgendeiner Form vervielfältigt werden

© Springer-Verlag Berlin Heidelberg 1968
Ursprünglich erschienen bei Springer-Verlag Berlin Heidelberg New York 1968
Softcover reprint of the hardcover 1st edition 1968
ISBN 978-3-662-00914-7   ISBN 978-3-662-00913-0 (eBook)
DOI 10.1007/ 978-3-662-00913-0

Library of Congress Catalog Card Number: 68-13324

Die Wiedergabe von Gebrauchsnamen, Handelsnamen, Warenbezeichnungen usw. in
diesem Buche berechtigt auch ohne besondere Kennzeichnung nicht zu der Annahme,
daß solche Namen im Sinne der Warenzeichen- und Markenschutz-Gesetzgebung als frei
zu betrachten wären und daher von jedermann benutzt werden dürften

Titel Nr. 1462

*Meinem Vater
in treuem Gedenken*

Vorwort

In diesem Buch werden der Schnittkräfte- und der Formänderungszustand sowie auch die dynamischen Charakteristiken von Scheibensystemen untersucht.

Im einleitenden Kapitel A sind die *Formen und Auflagertypen der Scheibensysteme* besprochen. Die Scheibensysteme sind aus — im Querschnitt des Scheibensystems symmetrisch angeordneten und untereinander gekoppelten — Scheiben unterschiedlicher Systeme aufgebaut. Die einzelnen Scheiben können volle Scheiben, Stockwerkrahmen oder gegliederte Scheiben sein; die Anzahl und die Gestaltung der Scheiben ist beliebig. Die Ebene der Resultierenden der äußeren Einwirkungen wird als mit der Symmetrieebene des Scheibensystems zusammenfallend angenommen, so daß Torsion vermieden wird.

Solche Scheibensysteme finden als *lotrechte Tragkonstruktionen im Ingenieurhochbau* Anwendung. Die Kopplung der einzelnen Scheiben erfolgt durch die Deckenscheiben; diese werden in ihrer Ebene als starr und senkrecht zu ihrer Ebene als biegeweich angenommen.

Bei der Untersuchung von *Scheibensystemen mit einer mittelgroßen Stockwerkanzahl* (Kapitel B und C) werden die folgenden Einflüsse auf die Formänderung berücksichtigt: bei den vollen Scheiben und Stützen der gegliederten Scheiben die der Biegemomente und Querkräfte, bei den Stockwerkrahmen die der Biegemomente. Der Einfluß der Dehnungen der Stützen der Stockwerkrahmen und gegliederten Scheiben wird vernachlässigt. Wesentlich ist die Berücksichtigung der — aus der Formänderung der Grundkörperunterlage sich ergebenden — *Drehungen der Grundkörpersohlen* der vollen und gegliederten Scheiben.

Die Aufgabe wird zuerst an Hand *diskreter* statischer Schemata behandelt (Kapitel B), was dem tatsächlichen Aufbau der Hochbauten entspricht. Die Formulierung der Aufgabe führt zu einem System dreigliedriger linearer algebraischer Gleichungen; die Anzahl der Gleichungen ist der Stockwerkanzahl des Scheibensystems gleich.

Anschließend wird die Aufgabe — zur Vereinfachung — mittels *stetiger* statischer Schemata behandelt (Kapitel C). Die Formulierung der Aufgabe führt zu einer gewöhnlichen Differentialgleichung II. Ordnung mit konstanten Koeffizienten, ihre Lösung zu einfachen Gebrauchsformeln.

Bei Scheibensystemen mit verhältnismäßig schlanken gegliederten Scheiben ist es angebracht, den Einfluß der Dehnungen ihrer Stützen zu berücksichtigen (Kapitel D); da es sich dann normalerweise um *vielstöckige Scheibensysteme* handelt, kann der Einfluß der Querkräfte der vollen Scheiben und der Stützen der gegliederten Scheiben vernachlässigt werden. Üblicherweise haben vielstöckige Scheibensysteme einen gemeinsamen, nahezu starren Grundkörper, so daß die Formänderung der Grundkörperunterlage keinen Einfluß auf den Schnittkräftezustand des Scheibensystems hat. Die Untersuchung wird an Hand stetiger statischer Schemata durchgeführt.

Für Scheibensysteme aus einer beliebigen Anzahl beliebig gestalteter voller Scheiben und lediglich *einem* Typ gegliederter Scheiben mit einer oder zwei Öffnungsspalten (Kapitel D. I) wird die exakte Formulierung und Lösung der Aufgabe entwickelt. Sie führt zu einfachen Gebrauchsformeln. Dabei wird nicht nur der Einfluß *waagrechter*, sondern auch jener *lotrechter Lasten* und der *Einfluß gleichmäßiger und ungleichmäßiger Temperaturänderungen* untersucht.

Zur Untersuchung von Scheibensystemen aus einer beliebigen Anzahl beliebig gestalteter voller und gegliederter Scheiben (Kapitel D. II) wird ein einfaches *Näherungsverfahren* entwickelt. Die Formulierung der Aufgabe führt zu einem symmetrischen System linearer algebraischer Gleichungen; die Anzahl der Gleichungen ist der Anzahl der Öffnungsspalten der gegliederten Scheiben gleich.

Die Formulierung der Aufgaben erfolgt mittels — dem Bauingenieur geläufiger — Verfahren der Elastomechanik, insbesondere der Baumechanik. So finden das Kraftgrößen- und das Formänderungsgrößenverfahren, das Prinzip von der Erhaltung der Energie und das Prinzip vom stationären Wert der komplementären Energie Anwendung. Bei der Entwicklung der allgemeinen Frequenzgleichung des Scheibensystems wird vom Hamiltonschen Prinzip Gebrauch gemacht.

Durch die — in der geschilderten Allgemeinheit erstmals in diesem Buch dargelegte — Erfassung des Zusammenwirkens sämtlicher Elemente der Tragkonstruktion sind die Grundlagen zum Entwerfen kühnerer und wirtschaftlicherer Hochbauten gegeben. Die Kenntnis des räumlichen Kräftespiels ermöglicht dem Konstrukteur das richtige Konstruieren; darüber hinaus vermittelt ihm das Verständnis der Theorie die Möglichkeit durch konstruktive Maßnahmen das Kräftespiel günstig und nach seinem Wunsch zu beeinflussen.

Im *Anhang* sind — zur Erleichterung der Arbeit des Statikers — die gebräuchlichen Formeln zur Ermittlung seismischer Lasten angegeben und kurz diskutiert, das *Fákinsche Schema* zur Lösung dreigliedriger Gleichungssysteme gezeigt und einige Zahlenwerte der Festigkeitscharakteristiken des Bodens zusammengestellt.

Zur weitgehenden Vereinfachung der statischen bzw. dynamischen Berechnung wurden Koeffizienten berechnet, die — mittels einfacher Gebrauchsformeln — eine rasche Ermittlung des Schnittkräfte- und Formänderungszustandes der Scheibensysteme als auch der Schwingzeit der Eigenschwingungen nach dem Grundton ermöglichen. Sie sind in den *Zahlentafeln* am Ende des Buches zusammengestellt. *Diagramme* vermitteln einen anschaulichen Einblick in die Beziehungen zwischen Steifheiten, Schnittkräften und Verschiebungen.

Der Berechnungsvorgang ist an mehreren eingehend behandelten *Zahlenbeispielen* erläutert.

Der erste Aufsatz über das Zusammenwirken gekoppelter voller Scheiben und Stockwerkrahmen unter Berücksichtigung der Drehung der Grundkörpersohlen der vollen Scheiben wurde im Jahre 1963 von mir veröffentlicht [1.1]. Später wurde dieses Problem von mehreren Autoren behandelt [1.2 bis 1.11]. Besonders beachtenswert ist die für die Untersuchung von Großtafelbauten bestimmte Aufgabensammlung [1.6] von PASTERNAK und seinen Mitarbeitern. Die im vorliegenden Buch durchgeführten Untersuchungen über gegliederte Scheiben bauen auf meinen früheren Arbeiten [3.1 bis 3.6] auf.

Die *Numerierung der Abbildungen und Gleichungen* beginnt in jedem Abschnitt von vorn. Wird auf eine Abbildung oder eine Gleichung desselben Abschnittes verwiesen, so erfolgt keine besondere Nennung dieses Abschnittes; erfolgt der Hinweis auf eine Abbildung oder Gleichung eines anderen Abschnittes, so werden das Kapitel und der Abschnitt mit angeführt. Gleichungen bzw. Formeln, die Endergebnisse darstellen, erhalten eine fette Nummer. Zu den Formeln für die Steifheiten und manche andere mechanischen Größen werden in eckigen Klammern die durch die zweckmäßigen Maßeinheiten Meter und Megapond ausgedrückten Dimensionen angegeben.

Dem Springer-Verlag danke ich für das verständnisvolle Eingehen auf meine Wünsche bei der Drucklegung und für die hervorragende Ausstattung des Buches.

Zagreb, im Dezember 1967

Riko Rosman

Inhaltsverzeichnis

A. Formen und Auflagertypen der Scheibensysteme

1 Scheibentypen 1
2 Grundrißanordnungen der Scheibensysteme 1
3 Auflagerungsarten der Scheibensysteme 4
4 Scheibensysteme als diskrete oder stetige Systeme 5

B. Scheibensysteme als diskrete Systeme

Sonderbegriffe und Bezeichnungen 7
1 Steifheiten der Elemente 10
   1.1 Steifheiten der vollen Scheiben 11
   1.2 Steifheit der Stockwerkrahmen 11
   1.3 Steifheiten der Elemente der gegliederten Scheiben 14
      1.3.1 Steifheiten der Stützen der gegliederten Scheiben 15
      1.3.2 Steifheiten der Riegel der gegliederten Scheiben 15
         1.3.2.1 Ableitung der Formel für die Steifheit eines Riegels ... 15
         1.3.2.2 Zahlenwerte des Momentennullpunktlagekoeffizienten .. 18
         1.3.2.3 Eine andere Definition der Steifheit eines Riegels 20
         1.3.2.4 Eine Sonderform des Riegels: der Diagonalriegel 21
         1.3.2.5 Steifheit eines Riegelstranges 23
   1.4 Steifheit der Grundkörperunterlagen 23
      1.4.1 Steifheit der Grundkörperunterlagen der vollen Scheiben 23
      1.4.2 Steifheit der Grundkörperunterlagen der gegliederten Scheiben . 25
         1.4.2.1 Gegliederte Scheiben mit Auflagerkonstruktionen Typ 1 . 25
         1.4.2.2 Gegliederte Scheiben mit gesondert gegründeten Stützen . 25
2 Systeme aus vollen Scheiben und Stockwerkrahmen 25
   2.1 Entwicklung des Ersatzsystems 25
      2.1.1 Gesamtsteifheiten. Kragträgerschnittkräfte 25
      2.1.2 Gesamtschnittkräfte. Beziehungen zwischen den Gesamtschnittkräften 27
      2.1.3 Verteilung der Lasten und Schnittkräfte der Gesamtscheibe auf die einzelnen vollen Scheiben 28
   2.2 Ableitung der Kompatibilitätsgleichungen 30
      2.2.1 Das Grundsystem und die statisch überzähligen Größen 30
      2.2.2 Verformungszustände am Grundsystem 30
         2.2.2.1 Zustände $M_j = 1$ $(j = 1 \ldots n)$ 30
         2.2.2.2 Zustand W 33
      2.2.3 System der Kompatibilitätsgleichungen 34

Inhaltsverzeichnis

2.3 Schnittkräfte 35
    2.3.1 Schnittkräfte der vollen Scheiben 35
    2.3.2 Schnittkräfte der Stockwerkrahmen 36

2.4 Durchbiegungen 37
    2.4.1 Erstes Verfahren zur Ermittlung der Durchbiegungen 38
    2.4.2 Zweites Verfahren zur Ermittlung der Durchbiegungen 39

2.5 Der Grenzfall starrer voller Scheiben 40
    2.5.1 Statik 40
        2.5.1.1 Das Ersatzsystem. Lösung des statisch unbestimmten Systems 40
        2.5.1.2 Gesamtschnittkräfte, Schnittkräfte und Durchbiegung des Systemoberrandes 42
    2.5.2 Dynamik 43
        2.5.2.1 Die Schwingzeit freier Schwingungen 43
        2.5.2.2 Der Schwingungsformkoeffizient 45

2.6 Zahlenbeispiel 1 46
    2.6.1 Gegebene Daten 47
    2.6.2 Querschnittswerte 48
    2.6.3 Steifheiten 48
    2.6.4 Berechnung unter Berücksichtigung der Verformung der vollen Scheiben 49
        2.6.4.1 Koeffizienten der Kompatibilitätsgleichungen 49
        2.6.4.2 Ermittlung der Schwingzeit der freien Schwingungen nach dem Grundton und der Schwingungsformkoeffizienten . . 49
            2.6.4.2.1 Lastglieder der Kompatibilitätsgleichungen . . . 49
            2.6.4.2.2 System der Kompatibilitätsgleichungen und seine Lösung 49
            2.6.4.2.3 Gesamtschnittkräfte. 51
            2.6.4.2.4 Durchbiegungen 52
            2.6.4.2.5 Dynamische Charakteristiken 54
        2.6.4.3 Massenkräfte (statische Ersatzlasten) 55
        2.6.4.4 Lastglieder der Kompatibilitätsgleichungen 55
        2.6.4.5 System der Kompatibilitätsgleichungen und seine Lösung 56
        2.6.4.6 Gesamtschnittkräfte 56
        2.6.4.7 Schnittkräfte 56
        2.6.4.8 Bemerkung. 57
    2.6.5 Berechnung unter Vernachlässigung der Verformung der vollen Scheiben 57

2.7 Zahlenbeispiel 2 59
    2.7.1 Querschnittswerte und Gesamtsteifheiten 60
    2.7.2 Entwicklung der Formel für den Drehwinkel der Gesamtscheibe nach dem Formänderungsgrößenverfahren 60
    2.7.3 Ermittlung der Grundschwingzeit, des dynamischen Koeffizienten und der Schwingungsformkoeffizienten 61
    2.7.4 Seismische Last 62
    2.7.5 Kragträgerschnittkräfte und Gesamtschnittkräfte aus der seismischen Last 62
    2.7.6 Schnittkräfte 63

3 Systeme aus vollen und gegliederten Scheiben ... 63

3.1 Entwicklung des Ersatzsystems und des vereinfachten Ersatzsystems 63
- 3.1.1 Das Ersatzsystem ... 63
- 3.1.2 Das vereinfachte Ersatzsystem ... 65
- 3.1.3 Kragträgerschnittkräfte, Gesamtschnittkräfte. Beziehungen zwischen den Gesamtschnittkräften ... 67

3.2 Ableitung der Kompatibilitätsgleichungen ... 69
- 3.2.1 Komplementäre Energie des Systems ... 69
- 3.2.2 Die Kompatibilitätsgleichungen ... 71

3.3 Schnittkräfte ... 73
- 3.3.1 Schnittkräfte der vollen Scheiben und Stützen der gegliederten Scheiben ... 73
  - 3.3.1.1 Biegemomente und Querkräfte ... 73
  - 3.3.1.2 Längskräfte der Stützen der gegliederten Scheiben ... 74
- 3.3.2 Schnittkräfte der Riegel ... 76

3.4 Durchbiegungen ... 77

3.5 Zahlenbeispiel ... 78
- 3.5.1 Gegebene Daten ... 78
- 3.5.2 Querschnittswerte ... 79
- 3.5.3 Steifheiten ($1/E$-fache Werte) ... 79
- 3.5.4 Koeffizienten und Lastglieder der Kompatibilitätsgleichungen ... 80
- 3.5.5 Lösung des Systems der Kompatibilitätsgleichungen ... 80
- 3.5.6 Gesamtschnittkräfte ... 80
- 3.5.7 Schnittkräfte ... 83

4 Systeme aus vollen Scheiben, Stockwerkrahmen und gegliederten Scheiben ... 84

5 Übergang zum stetigen System ... 85

C. Scheibensysteme als stetige Systeme

I. Einfluß waagrechter Lasten ... 88

Sonderbegriffe und Bezeichnungen ... 88

1 Steifheiten der Elemente ... 92
- 1.1 Steifheit der vollen Scheiben und der Stützen der gegliederten Scheiben 92
- 1.2 Steifheit der die Stockwerkrahmen ersetzenden Schubscheiben ... 93
- 1.3 Steifheit der die Riegel der gegliederten Scheiben ersetzenden stetigen Verbindungen ... 95
- 1.4 Steifheit der Grundkörperunterlagen ... 97

2 Systeme aus vollen Scheiben und Stockwerkrahmen ... 98
- 2.1 Entwicklung des Ersatzsystems ... 98
  - 2.1.1 Gesamtsteifheiten. Kragträgerschnittkräfte ... 98
  - 2.1.2 Beziehungen zwischen den Gesamtschnittkräften ... 99
  - 2.1.3 Formänderungen des Ersatzsystems ... 100

2.2 Formulierung der Aufgabe 101
    2.2.1 Komplementäre Energie des Systems und wesentliche Randbedingung 101
    2.2.2 Ableitung der Differentialgleichung der Aufgabe und der natürlichen Randbedingung 102
    2.2.3 Steifheitsparameter des Systems und ihre Grenzwerte 105
    2.2.4 Einführung der Steifheitsparameter des Systems in die Differentialgleichung der Aufgabe und ihre Randbedingungen 106
2.3 Lösung der Aufgabe 106
    2.3.1 Lastfälle. Formeln für die Kragträgerschnittkräfte 106
    2.3.2 Lösung der Differentialgleichung 107
    2.3.3 Grenzwerte des Multiplikators c 110
2.4 Gesamtschnittkräfte. 111
    2.4.1 Entwicklung der Gebrauchsformeln für die Gesamtschnittkräfte und der Formeln für die Gesamtschnittkräftekoeffizienten. . . . 112
    2.4.2 Rand- und Extremwerte der Gesamtschnittkräfte 115
        2.4.2.1 Gesamtschnittkräfte am Systemoberrand 115
        2.4.2.2 Gesamtschnittkräfte am Systemunterrand 116
        2.4.2.3 Extremwerte der Gesamtschnittkräfte 120
2.5 Schnittkräfte 121
    2.5.1 Schnittkräfte der vollen Scheiben 121
    2.5.2 Schnittkräfte der Stockwerkrahmen 121
        2.5.2.1 Stabquerkräfte und Stabendmomente 121
        2.5.2.2 Längskräfte der Stützen 122
    2.5.3 Dach- und Deckenscheiben 122
2.6 Durchbiegungen 123
    2.6.1 Durchbiegung des Systemoberrandes im Grundsystem als Bezugsgröße 123
    2.6.2 Ableitung der Gleichung der Durchbiegungslinie 124
        2.6.2.1 Ableitung der Gleichung der Durchbiegungslinie nach dem Reduktionssatz 124
        2.6.2.2 Ableitung der Gleichung der Durchbiegungslinie aus ihrer Differentialgleichung 125
    2.6.3 Entwicklung der Gebrauchsformel für die Durchbiegung und der Formel für den Durchbiegungskoeffizient 127
    2.6.4 Durchbiegung des Systemoberrandes 129
    2.6.5 Beziehung zwischen dem Gesamtschubscheibemomentkoeffizient und dem Durchbiegungskoeffizient 131
2.7 Grenzfall der starren vollen Scheiben 131
    2.7.1 Untersuchung mittels der Differentialgleichung der Aufgabe . . 131
    2.7.2 Untersuchung mittels des 2. Castiglianoschen Theorems 134

3 Systeme aus vollen und gegliederten Scheiben 135
3.1 Entwicklung des Ersatzsystems 135
    3.1.1 Gesamtsteifheiten 135
    3.1.2 Beziehungen zwischen den Gesamtschnittkräften. 138

3.2 Formulierung der Aufgabe 140
    3.2.1 Komplementäre Energie des Systems und Randbedingungen .. 140
    3.2.2 Ableitung der Differentialgleichung der Aufgabe 141

3.3 Lösung der Aufgabe 142

3.4 Gesamtschnittkräfte 143

3.5 Schnittkräfte 143
    3.5.1 Schnittkräfte der vollen Scheiben und der Stützen der gegliederten Scheiben 143
    3.5.2 Schnittkräfte der Riegel der gegliederten Scheiben 144

3.6 Durchbiegungen 145
    3.6.1 Durchbiegung des Systemoberrandes infolge Dreiecklast 145
    3.6.2 Gleichung der Durchbiegungslinie für die drei erörterten Lastfälle 147

3.7 Zahlenbeispiel 147
    3.7.1 Gegebene Daten 148
    3.7.2 Querschnittswerte und Steifheiten 148
    3.7.3 Gesamtsteifheiten 148
    3.7.4 Steifheitsparameter des Scheibensystems 149
    3.7.5 Kragträgerschnittkräfte am Systemunterrand und Durchbiegung des Systemoberrandes der gedachten Schubscheibe 149
    3.7.6 Ermittlung der Gesamtschnittkräfte und der Durchbiegungen .. 149
    3.7.7 Ermittlung der Schnittkräfte 150

4 Systeme aus vollen Scheiben, Stockwerkrahmen und gegliederten Scheiben. 151

II. Dynamik 153

Zusätzliche Bezeichnungen 153

1 Exakte Formulierung und Lösung der Eigenwertaufgabe 153

1.1 Aufgabenstellung 153

1.2 Aufstellung der Ausdrücke für die kinetische und die potentielle Energie des Systems und ihre ersten Variationen 155

1.3 Lösung der Eigenwertaufgabe 157

1.4 Die Schwingungsdifferentialgleichung und die Schwingungsformdifferentialgleichung 159

1.5 Allgemeine Lösungen der Schwingungsdifferentialgleichung und der Schwingungsformdifferentialgleichung 160

1.6 Entwicklung der Frequenzgleichung. Schwingzeiten freier Schwingungen 162

1.7 Vereinfachungen bei Grenzwerten der Gesamtsteifheitsverhältnisse . 165
    1.7.1 Vereinfachungen bei Scheibensystemen mit Auflagerkonstruktionen Typ 1 ($B = 0$) und Scheibensystemen, bei denen die vollen Scheiben und die Stützen der gegliederten Scheiben gelenkig gelagert sind ($B = \infty$) 165
    1.7.2 Vereinfachungen bei Scheibensystemen aus elastisch eingespannten vollen Scheiben ($A = 0$) 165

1.7.3 Lösung für das Scheibensystem aus Stockwerkrahmen ($A = \infty$) . 166
    1.7.3.1 Entwicklung der Formeln für die Kreisfrequenz und die Schwingzeit. Die Schwingungsformgleichung 166
    1.7.3.2 Größe und Verteilung der seismischen Last längs der Systemhöhe 168
1.7.4 Lösung für Scheibensysteme, bei denen die vollen Scheiben und die Stützen der gegliederten Scheiben als starr angenommen werden können 169
    1.7.4.1 Schwingzeit freier Schwingungen 169
    1.7.4.2 Größe und Verteilung der seismischen Last längs der Systemhöhe 171

2 Näherungslösung für die Grundschwingzeit 172

3 Zahlenbeispiel. Ermittlung der Grundschwingzeit eines Scheibensystems aus vollen Scheiben und Stockwerkrahmen, der seismischen Last und des durch diese hervorgerufenen Schnittkräfte- und Formänderungszustandes 175
  3.1 Gegebene Daten 176
  3.2 Querschnittswerte 177
  3.3 Gesamtsteifheiten 177
  3.4 Untersuchung unter Berücksichtigung der Verformung der vollen Scheiben 177
    3.4.1 Steifheitsparameter des Scheibensystems und seiner Unterlage . . 177
    3.4.2 Ermittlung der Grundschwingzeit 178
    3.4.3 Ermittlung der seismischen Last 178
    3.4.4 Ermittlung der Gesamtschnittkräfte und der Durchbiegungen . . 180
    3.4.5 Ermittlung der Schnittkräfte 181
  3.5 Untersuchung unter Vernachlässigung der Verformung der vollen Scheiben 183

D. Scheibensysteme unter Berücksichtigung der Dehnungen der Stützen der gegliederten Scheiben

                 I. Einfache Scheibensysteme 184

1 Aufgabenstellung 184

2 Einfluß waagrechter Lasten 185
  2.1 Statische Schemata 185
  2.2 Steifheiten 187
    2.2.1 Steifheiten des Scheibensystems 187
    2.2.2 Steifheitsparameter des Scheibensystems. Korrekturkoeffizient, der den Einfluß der Dehnungen der Stützen der gegliederten Scheiben berücksichtigt 189
  2.3 Formulierung der Aufgabe 190
  2.4 Lösung der Aufgabe 191
    2.4.1 Gebrauchsformel für das Summargesamtverbindungsmoment . . 191

Inhaltsverzeichnis

    2.4.2 Gebrauchsformel für die Gesamtschubkraft 192
  2.5 Gesamtschnittkräfte. Schnittkräfte 193
  2.6 Durchbiegungen 195
    2.6.1 Gleichung der Durchbiegungslinie für Gleichlast 195
    2.6.2 Durchbiegung des Systemoberrandes für mehrere Lastfälle . . . 198
3 Grundschwingzeit 199
4 Einfluß lotrechter Lasten 200
  4.1 Scheibensysteme mit gegliederten Scheiben mit einer Öffnungsspalte. . 201
    4.1.1 Statisches Schema 201
    4.1.2 Formulierung der Aufgabe 202
    4.1.3 Lösung der Aufgabe 204
    4.1.4 Gesamtschnittkräfte. Schnittkräfte 205
        4.1.4.1 Biegemomente der vollen Scheiben. Biegemomente und Längskräfte der Stützen der gegliederten Scheiben. Querkräfte und Einspannmomente der Riegel 205
        4.1.4.2 Querkräfte der vollen Scheiben und Stützen der gegliederten Scheiben 206
        4.1.4.3 Scheibenkräfte der Dach- und Deckenscheiben 208
        4.1.4.4 Bemerkung bezüglich der Lastsonderfälle 209
  4.2 Scheibensysteme aus einer beliebigen Anzahl beliebig gestalteter voller Scheiben und einer beliebigen Anzahl Paaren untereinander gleicher symmetrisch angeordneter und belasteter gegliederter Scheiben mit einer Öffnungsspalte. Scheibensysteme aus einer beliebigen Anzahl beliebig gestalteter voller Scheiben und einer beliebigen Anzahl untereinander gleicher symmetrischer symmetrisch belasteter gegliederter Scheiben mit drei Öffnungsspalten 209
  4.3 Scheibensysteme mit gegliederten Scheiben mit zwei Öffnungsspalten 213
    4.3.1 Einfluß antimetrischer lotrechter Last (Abb. 4.5a) 213
    4.3.2 Einfluß symmetrischer lotrechter Last (Abb. 4.5b) 217
5 Einfluß von Temperaturänderungen 218
  5.1 Statisches Schema 218
  5.2 Formulierung der Aufgabe 219
  5.3 Lösung der Aufgabe 221
  5.4 Gesamtschnittkräfte. Schnittkräfte 222

      II. Ein Näherungsverfahren für beliebige Scheibensysteme . . . 222

1 Aufgabenstellung 223
2 Einfluß waagrechter Lasten. Das Steifheitsverfahren 226
  2.1 Die einzelne gegliederte Scheibe 226
    2.1.1 Gleichungssystem der Schubkräfte 226
        2.1.1.1 Allgemeiner Fall 226
        2.1.1.2 Explizite Lösungen für gegliederte Scheiben mit einer und zwei Öffnungsspalten und symmetrische gegliederte Scheiben mit drei Öffnungsspalten 231

Inhaltsverzeichnis XV

2.1.1.3 Zahlenwerte des Koeffizienten σ 232
2.1.2 Durchbiegungslinie des Scheibensystems. Steifheit einer gegliederten Scheibe 232
2.2 Verteilung der Last des Scheibensystems auf die einzelnen Scheiben. Schnittkräfte 234

3 Dynamische Charakteristiken 236
3.1 Schwingzeit, Schwingungsformkoeffizient und seismische Last 236
3.2 Schnittkräftezustand des Scheibensystems und Durchbiegungslinie . . 237

4 Einfluß lotrechter Lasten 238

5 Einfluß von Temperaturänderungen 244

Literatur 246

Anhang

1 Statische Ersatzlasten der bei Erdbeben und Windböen auftretenden Massenkräfte 248
 1.1 Seismische Lasten 248
  1.1.1 Das Erschütterungsziffernverfahren 248
  1.1.2 Die SEAOC-Formel 250
   1.1.2.1 Größe der seismischen Last 250
   1.1.2.2 Verteilung der gesamten seismischen Last des Baues längs der Systemhöhe 251
  1.1.3 Die CNIISK-Formel 252
 1.2 Windbölasten 254

2 Fákinsches Schema zur Lösung dreigliedriger Gleichungssysteme 255

3 Kragträgerschnittkräfte am Systemunterrand und Kragträgerschnittkräftekoeffizienten 256

4 Tabellen der Festigkeitscharakteristiken des Bodens und der Koeffizienten zur Ermittlung der Steifheit der Grundkörperunterlagen 257
 4.1 Bettungsziffer c für verschiedene Bodenarten 257
 4.2 Bettungsziffer c in Abhängigkeit von der zulässigen Bodenpressung . . 257
 4.3 Steifheitsziffer E_B und Querdehnzahl μ_B des Bodens 257
 4.4 Koeffizienten ϱ und k in Abhängigkeit vom Seitenverhältnis $L/B =$ Länge/Breite der Grundkörpersohle 258
 4.5 Koeffizient i in Abhängigkeit vom Verhältnis $t/L =$ Bodenschichttiefe/Sohllänge und der Querdehnzahl μ_B des Bodens 258

Zahlentafeln

Gesamtschnittkräfte-, Durchbiegungs- und Schwingzeitkoeffizienten für Scheibensysteme mit Auflagerkonstruktionen Typ 1

1 Gesamtschnittkräftekoeffizienten 260
 1.1 Gesamtschnittkräftekoeffizienten für Gleichlast 260
 1.2 Gesamtschnittkräftekoeffizienten für Dreiecklast 271

2 Durchbiegungskoeffizienten $\eta_\varDelta$ für Gleichlast 282

3 Durchbiegungskoeffizienten $\eta_\varDelta$ für den Systemoberrand für Gleichlast, Trapezlast, Dreiecklast und Einzellast 282

4 Durchbiegungskoeffizienten $\eta_\varDelta^W$ für den Systemoberrand für Gleichlast, Trapezlast, Dreiecklast, Einzellast und Einzelmoment 282

5 Gesamtschubkraft- und Gesamtschubflußkoeffizienten für lotrechte Last . 293

6 Gesamtschubkraft- und Gesamtschubflußkoeffizienten für Temperaturänderung 293

7 Durchbiegungshilfskoeffizienten für den Systemoberrand für Gleichlast, Trapezlast, Dreiecklast, Einzellast und Einzelmoment 302

8 Schwingzeitkoeffizienten 302

Diagramme

einiger Gesamtschnittkräfte- und Durchbiegungskoeffizienten
für Scheibensysteme mit Auflagerkonstruktionen Typ 1

1 Gesamtmomentkoeffizient und Gesamtschubscheibenmomentkoeffizient für den Systemunterrand und den Lastfall Gleichlast — in Abhängigkeit vom Steifheitsparameter des Scheibensystems. Gesamtquerkraftkoeffizient für den Systemoberrand und den Lastfall Gleichlast — in Abhängigkeit vom Steifheitsparameter des Scheibensystems 312

2 Durchbiegungskoeffizient für einige Werte des Steifheitsparameters des Scheibensystems und den Lastfall Gleichlast — in Abhängigkeit von der Kote 313

3 Durchbiegungskoeffizient für den Systemoberrand und den Lastfall Gleichlast — in Abhängigkeit vom Steifheitsparameter des Scheibensystems . . . 314

4 Durchbiegungskoeffizient für einige Paare des Steifheitsparameters A des Scheibensystems und des Korrekturkoeffizienten β für Gleichlast — in Abhängigkeit von der Kote 315

Sachverzeichnis 316

A. Formen und Auflagertypen der Scheibensysteme

Scheibensysteme aus gekoppelten Scheiben unterschiedlicher Charakteristiken finden als lotrechte Tragkonstruktionen bei Hochbauten Anwendung.

1 Scheibentypen

Als Scheiben werden hier in ihrer Ebene belastete ebene oder als ebene wirkende räumliche Tragsysteme bezeichnet. Scheiben, deren Formänderung im wesentlichen durch Biegemomente bestimmt ist, werden als Biegescheiben, solche, deren Formänderung im wesentlichen durch Querkräfte hervorgerufen wird, als Schubscheiben bezeichnet.

Die lotrechten Scheiben werden bezüglich ihrer statischen Wirkungsweise wie folgt eingeteilt:

volle Scheiben,
gegliederte Scheiben,
Stockwerkrahmen.

Die Bezeichnung „volle Scheiben" wird für Wände oder räumliche Gebilde aus Wänden *ohne* Öffnungsspalten, die Bezeichnung „gegliederte Scheiben" für Wände oder räumliche Gebilde aus Wänden *mit* Öffnungsspalten verwendet.

Die Stützen einer gegliederten Scheibe sind miteinander durch als Riegel wirkende Deckenabschnitte, die gegebenenfalls durch Unterzüge verstärkt sind, verbunden.

Die Decken werden, wie üblich, als in ihren Ebenen starre Scheiben behandelt. Senkrecht zu ihrer Ebene sind die Deckenscheiben normalerweise so weich, daß ihr Widerstand der Formänderung der lotrechten Scheiben vernachlässigt werden kann.

2 Grundrißanordnungen der Scheibensysteme

Es wird vorausgesetzt, daß die Scheiben im Grundriß so angeordnet sind, daß Torsion vermieden ist. Aus wirtschaftlichen Gründen ist dies übrigens stets anzustreben. Der Schubmittelpunkt des Scheibensystems liegt dann, im Grundriß, an der Wirkungslinie der Resultierenden der waagrechten Last aus Wind oder Erdbeben.

Die Abb. 2.1 bis 2.4 zeigen schematisch die Querschnitte der lotrechten Tragkonstruktionen einiger Hochbauten; im folgenden wird ihre Wirkungsweise in der Querrichtung des Baues betrachtet.

Die Scheibensysteme gemäß Abb. 2.1 sind aus vollen Scheiben und Stockwerkrahmen zusammengesetzt.

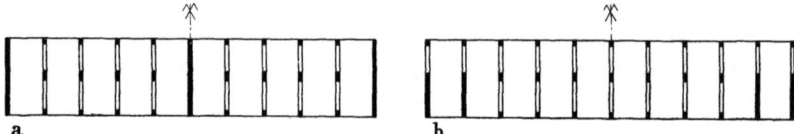

Abb. 2.1. Zwei Beispiele von Scheibensystemen aus vollen Scheiben und Stockwerkrahmen (schematische Querschnitte).

Das Scheibensystem gemäß Abb. 2.1a besteht aus drei vollen Scheiben, je einer an den Giebeln und einer in der Symmetrieebene, und acht Zweifeldstockwerkrahmen.

Auf Abb. 2.1b sind die Endfelder des Scheibensystems durch je zwei volle Scheiben begrenzt, die sich in Halbrahmen fortsetzen, während sich im Innern sieben Zweifeldstockwerkrahmen befinden. Bei einer ge-

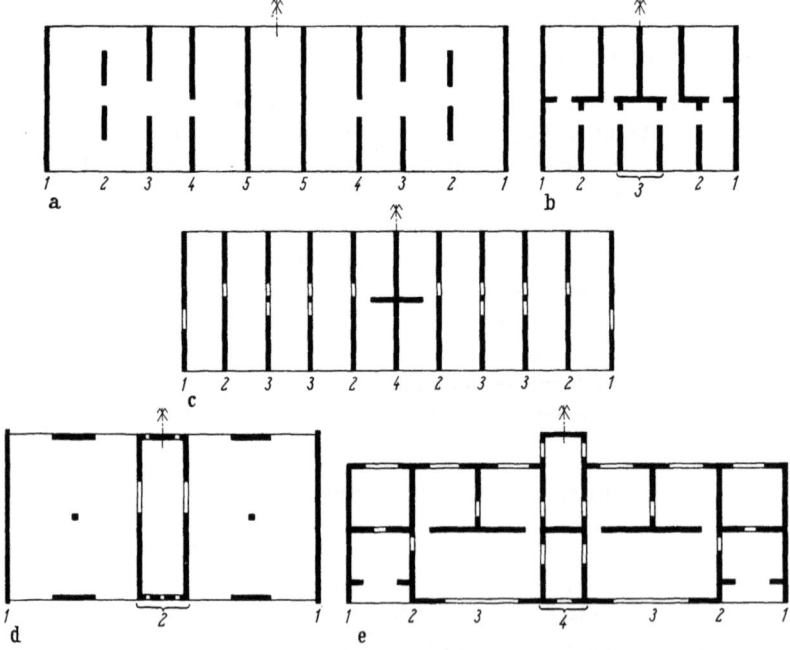

Abb. 2.2. Beispiele von Scheibensystemen aus vollen und gegliederten Scheiben (schematische Querschnitte).

naueren Untersuchung wäre jede der vollen Scheiben samt dem entsprechenden Halbrahmen als gegliederte Scheibe aufzufassen.

Einige Scheibensysteme aus vollen und gegliederten Scheiben zeigt Abb. 2.2.

Das Scheibensystem gemäß Abb. 2.2a ist — jederseits der Symmetrieachse — aus zwei vollen Scheiben (1, 5) und drei gegliederten Scheiben (2, 3, 4) mit je einer Öffnungsspalte zusammengesetzt. Das Scheibensystem auf Abb. 2.2b hat zwei volle Giebelscheiben (1) und drei gegliederte Scheiben (2, 3) mit je einer Öffnungsspalte an derselben Stelle. Die drei Stützen einerseits der Öffnungsspalte haben Profilquerschnitt.

Das Scheibensystem gemäß Abb. 2.2c weist in seiner Symmetrieachse eine volle Scheibe (4) auf und — jederseits der Symmetrieachse — fünf gegliederte Scheiben (1, 2, 3); dabei sind zweimal je zwei untereinander gleich. Die Scheiben 1 und 2 haben je eine, die Scheiben 3 je zwei symmetrisch angeordnete Öffnungsspalten. Die mittleren Stützen der Scheiben 3 sind im Vergleich zu den Außenstützen so schlank, daß das Verhältnis ihrer Trägheitsmomente zu null angenommen werden kann.

Das Scheibensystem gemäß Abb. 2.2d besteht aus zwei vollen Giebelscheiben und einer mittig gelegenen, durch Gurte (Flansche) verstärkten gegliederten Scheibe mit einer Öffnungsspalte. Die vier Scheiben in der Längsrichtung des Baues und die zwei Stützen können zur Aussteifung des Baues in seiner Querrichtung nicht herangezogen werden.

Auf Abb. 2.2e sind 1 volle Giebelscheiben, 2 und 3 gegliederte Scheiben mit je einer Öffnungsspalte und 4 eine gegliederte Scheibe mit 3 Öffnungsspalten. Alle Scheiben sind durch Gurte verstärkt.

Abb. 2.3 zeigt zwei Scheibensysteme aus gegliederten Scheiben und Stockwerkrahmen.

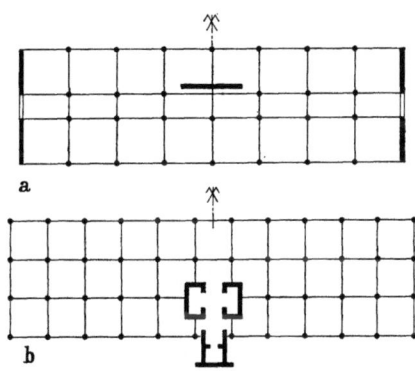

Abb. 2.3. Zwei Beispiele von Scheibensystemen aus Stockwerkrahmen und gegliederten Scheiben (schematische Querschnitte).

Das Scheibensystem auf Abb. 2.3a ist aus zwei gegliederten Giebelscheiben mit je einer mittig angeordneten Öffnungsspalte und 7 Stockwerkrahmen zusammengesetzt.

Das Scheibensystem gemäß Abb. 2.3b besteht aus einer ausmittig angeordneten gegliederten Scheibe und 12 Stockwerkrahmen. Eine Stütze der gegliederten Scheibe bilden zwei U-Profile, die andere ein T-Profil mit doppeltem Steg. Die die beiden Stützen verbindende Deckenplatte wirkt als Riegel.

4 Formen und Auflagertypen der Scheibensysteme

Abb. 2.4 zeigt ein Scheibensystem aus vollen Scheiben, Stockwerkrahmen und gegliederten Scheiben. An den Giebeln sind je eine gegliederte Scheibe mit drei Öffnungsspalten angeordnet. In der Symmetrieebene befindet sich eine volle Scheibe, seitlich zwei volle Scheiben mit Profilquerschnitt. Zwischen den vollen und gegliederten Scheiben befinden sich Stockwerkrahmen. Bei einer genaueren Untersuchung wäre jede der beiden seitlich gelegenen vollen Scheiben mit Winkelquerschnitt mit dem in der Verlängerung des Querschenkels sich befindenden Stockwerkrahmen als gegliederte Scheibe mit zwei Öffnungsspalten aufzufassen.

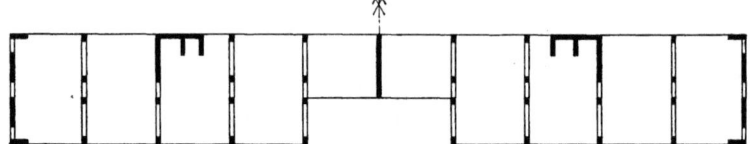

Abb. 2.4. Beispiel eines Scheibensystems aus vollen Scheiben, Stockwerkrahmen und gegliederten Scheiben (schematischer Querschnitt).

3 Auflagerungsarten der Scheibensysteme

Bezüglich der Auflagerungsart der lotrechten Scheiben des Scheibensystems bestehen zwei Möglichkeiten:

1. Sämtliche Scheiben sind an ihrem unteren Rand in eine massive Auflagerkonstruktion eingespannt (starrer gemeinsamer Grundkörper, monolithischer Rost von Kellerwänden, monolithischer Unterbau bis

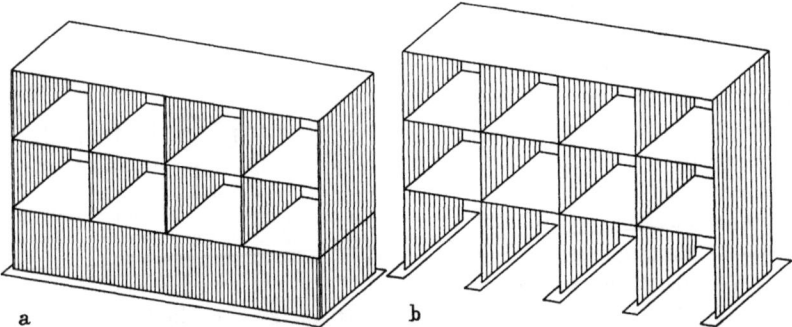

Abb. 3.1. Auflagerungsarten der Scheibensysteme: a) sämtliche lotrechte Scheiben sind in eine massive Auflagerkonstruktion eingespannt (Auflagerkonstruktion Typ 1); b) die Scheiben sind gesondert gegründet.

zum Oberrand des Erdgeschosses u. dgl.). Solche Auflagerkonstruktionen werden im folgenden als Auflagerkonstruktionen Typ 1 bezeichnet (Abb. 3.1a).

2. Die Scheiben sind gesondert gegründet (Abb. 3.1b).

Im erstgenannten Fall sind gegenseitige Verdrehungen der unteren Ränder der Scheiben nicht möglich; die durch die äußere Last verursachte Formänderung der Grundkörperunterlage hat dann keinen Einfluß auf den Schnittkräftezustand im Scheibensystem. Der Bau als Ganzes erfährt zwar, als ein starrer Körper, eine kleine Drehung um die Grundkörpersohle, aber ohne daß dadurch Spannungen im Bau entstehen. Die Auflagerkonstruktion selbst verhält sich praktisch als starr.

Im zweitgenannten Fall kommt es — im allgemeinen — zu gegenseitigen Verdrehungen der unteren Ränder der Scheiben, so daß der Anteil der einzelnen Scheiben an der Aufnahme der gesamten waagrechten Last des Baues, außer von der Steifheit der Scheibe selbst, auch noch von der Steifheit der Unterlage seines Grundkörpers abhängt. Je steifer die Scheibe und je steifer ihre Grundkörperunterlage, um so größer ist der Anteil dieser Scheibe an der Aufnahme der gesamten Last. Im Grenzfall der unendlich steifen, also starren, Grundkörperunterlage sind die Drehungen der unteren Ränder sämtlicher Scheiben gleich null, und gegenseitige Verdrehungen der Scheibenunterränder treten nicht auf.

Aus dem oben Gesagten kann gefolgert werden, daß die unter 1. angegebene Auflagerungsart der Scheibensysteme als ein durch eine starre Grundkörperunterlage gekennzeichneter Grenzfall des unter 2. angegebenen allgemeinen Falles behandelt werden kann.

In der obigen Erörterung der Auflagerungsarten der Scheibensysteme wurden den Erfordernissen der Praxis entsprechend lediglich Drehungen, nicht aber waagrechte Verschiebungen der Grundkörpersohlen berücksichtigt.

Lotrechte Verschiebungen der Grundkörpersohlen, also Setzungen, haben zufolge der vernachlässigbaren Steifheit der Deckenscheiben in lotrechter Richtung keinen nennenswerten Einfluß auf den Schnittkräftezustand der Scheiben und gehen demzufolge nicht in die Untersuchung ein.

4 Scheibensysteme als diskrete oder stetige Systeme

Die vorher beschriebenen Scheibensysteme sind diskrete Systeme und werden — bei mäßiger Stockwerkanzahl — als solche behandelt.

Bei Systemen mit größerer Stockwerkanzahl kann das tatsächlich diskrete Scheibensystem zur Vereinfachung der statischen bzw. dynamischen Untersuchung durch ein stetiges ersetzt werden.

Bei gegliederten Scheiben werden dabei die in diskreten der Stockwerkhöhe gleichen Abständen angeordneten Riegelstränge durch in unendlich kleinen Abständen angeordnete Lamellenstränge ersetzt. Sie stellen eine stetige Verbindung der Stützen der gegliederten Scheibe dar (Abb. 4.1).

Formen und Auflagertypen der Scheibensysteme

Stockwerkrahmen werden durch stetige Schubscheiben ersetzt.

Die in diskreten, der Stockwerkhöhe gleichen Abständen angeordneten Deckenscheiben ersetzt man durch unendlich dünne, in unendlich kleinen Abständen angeordnete Scheiben, die eine stetige Verbindung der einzelnen vollen Scheiben, gegliederten Scheiben und Stockwerkrahmen

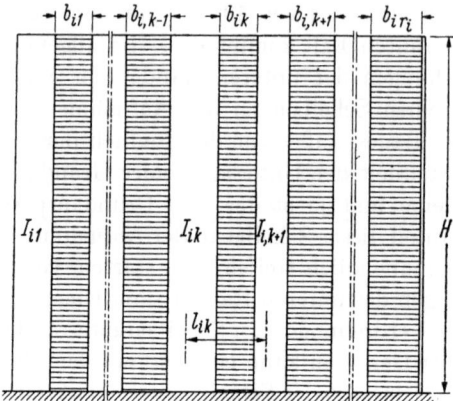

Abb. 4.1. Stetiges Ersatzsystem einer gegliederten Scheibe i mit r_i Öffnungsspalten.

bewirken. Sinngemäß wie die Deckenscheiben, die sie ersetzen, werden auch sie in ihren Ebenen als starr und normal zu ihren Ebenen als absolut biegeweich angenommen. Sie werden als Pendelstäbchen dargestellt.

Zufolge der angenommenen Symmetrie des Systems und der Last können sämtliche Scheiben eines Scheibensystems in einer Ebene dargestellt werden.

B. Scheibensysteme als diskrete Systeme

Sonderbegriffe und Bezeichnungen

Sonderbegriffe

Stockwerkdrehwinkel Drehwinkel der Stützen des betrachteten Stockwerkes
Stockwerksteifheit Stockwerkmoment, das einen Stockwerkdrehwinkel 1 am betrachteten Stockwerkrahmen erzeugt
Stockwerkmoment Produkt aus der Querkraft des Stockwerkrahmens und der Höhe des betrachteten Stockwerks
Gesamtscheibe Gesamtheit sämtlicher vollen Scheiben und Stützen der gegliederten Scheiben
Riegelstrang Gesamtheit sämtlicher Riegel an ein und derselben Kote einer gegliederten Scheibe
Gesamtriegelstrang Gesamtheit sämtlicher Riegel sämtlicher gegliederter Scheiben des betrachteten Scheibensystems an ein und derselben Kote
Gesamtgrundkörperunterlage Gesamtheit der Grundkörperunterlagen sämtlicher voller Scheiben des betrachteten Scheibensystems
Gesamtsteifheiten Steifheiten der Elemente des vereinfachten Ersatzsystems
Kragträgerschnittkräfte Schnittkräfte, nämlich Biegemoment und Querkraft, des am unteren Ende eingespannten Kragträgers aus der äußeren Last
Gesamtschnittkräfte Schnittkräfte der Elemente des vereinfachten Ersatzsystems, also der Gesamtscheibe und der Torsionsstäbe
Gesamtmoment, Gesamtquerkraft Biegemoment und Querkraft der Gesamtscheibe
Gesamtriegelstrangmoment Torsionsmoment eines Torsionsstabes des vereinfachten Ersatzsystems = Summe der Auflagermomente eines Gesamtriegelstranges
Gesamtverbindungsmoment auf die Höheneinheit des Systems bezogenes Gesamtriegelstrangmoment
Summargesamtriegelstrangmoment Summe sämtlicher Gesamtriegelstrangmomente vom Systemoberrand bis zur betrachteten Kote

Bezeichnungen

Ordnungszahlen der Elemente des Scheibensystems. Geometrische Daten und Querschnittswerte. Materialkonstanten. Lasten. Gewichte. Komplementäre Energie. Dynamische Charakteristiken. Hilfsgrößen

i	Ordnungszahl der Scheibe, also einer vollen Scheibe, eines Stockwerkrahmens oder einer gegliederten Scheibe
j	Ordnungszahl des Stockwerkes, Knotens oder Riegels, Kote
z	Hilfskote
t	Zeitkoordinate
k	Ordnungszahl einer Stütze eines Stockwerkrahmens oder einer Stütze einer gegliederten Scheibe Ordnungszahl eines Feldes eines Stockwerkrahmens oder einer Öffnungsspalte einer gegliederten Scheibe

Scheibensysteme als diskrete Systeme

n	Stockwerkanzahl
h_j	Höhe des Stockwerks j
h'_n	Höhe des untersten Stockwerkes n der Stockwerkrahmen
r_j	lotrechte Entfernung vom Unterrand der Gesamtscheibe bis zum Knoten j
H	Höhe der vollen Scheiben ab Grundkörpersohle ($= \Sigma h_j$)
r_i	Anzahl der Öffnungsspalten der gegliederten Scheibe i
l_{ik}	Achsabstand der Stützen k und $k+1$ der gegliederten Scheibe i
b_{ik}	lichte Spannweite der Riegel der Öffnungsspalte k der gegliederten Scheibe i
I_{ijk}	Trägheitsmoment (= Eigenträgheitsmoment) der Stütze k des Stockwerkrahmens i oder der gegliederten Scheibe i im Stockwerk j
I_{ij}	Trägheitsmoment (= Eigenträgheitsmoment) der vollen Scheibe i im Stockwerk j
	Summe der Trägheitsmomente (= Eigenträgheitsmomente) sämtlicher Stützen des Stockwerkrahmens i im Stockwerk j
F_{ij}	Querschnittsfläche der vollen Scheibe i im Stockwerk j
$\bar{h}_{ik}$	Höhe des (rechteckigen) Querschnittes der inneren Riegel der Öffnungsspalte k der gegliederten Scheibe i
$\bar{F}_{ik}, \bar{I}^0_{ik}, \bar{I}_{ik}$	Querschnittsfläche, Eigenträgheitsmoment und reduziertes Trägheitsmoment der inneren Riegel der Öffnungsspalte k der gegliederten Scheibe i
$\gamma_{ik}, 1-\gamma_{ik}$	Koeffizienten, die den Abstand des Momentennullpunktes der Riegel ik von den benachbarten Rändern der beiden benachbarten Stützen festlegen
λ_{ik}	Momentennullpunktlagekoeffizient der Riegel ik
t_i	Bodenschichttiefe der Grundkörperunterlage der Scheibe i
L_i, B_i	Länge und Breite der (rechteckigen) Sohlfläche des Grundkörpers der Scheibe i
F_{B_i}, I_{B_i}	Sohlfläche und Trägheitsmoment (= Eigenträgheitsmoment) der Sohlfläche des Grundkörpers der Scheibe i
E, G	Elastizitäts- und Schubmodul
μ	Schubverteilungszahl
c	Bettungsziffer für mittigen Druck
E_B, μ_B	Steifeziffer und Querdehnzahl des Baugrundes
W_j	waagrechte Knotenlast des Knotens j
P_j	Knotenlast der Gesamtscheibe an der Kote j
Q_j	auf die Kote des Knotens j anfallendes Gewicht des Systems, einschließlich eines Teiles der Nutzlast
$\tilde{1}$	Hilfsangriff zur Ermittlung von Durchbiegungen nach der Mohrschen Formel
U	komplementäre Energie
$\Pi_{P,B}, \Pi_{P,S}$	potentielle Energie der Gesamtgrundkörperunterlage und des Gesamtersatzkragträgers
Π_A	Potential der äußeren Last
Π	totales Potential des Systems
Π_K	kinetische Energie des Scheibensystems beim Schwingungsvorgang
g	Schwerebeschleunigung
p, T	Kreisfrequenz und Schwingzeit der Eigenschwingungen des Scheibensystems nach dem Grundton
η_j	Schwingungsformkoeffizient für die Kote j

Sonderbegriffe und Bezeichnungen

ϱ_i vom Seitenverhältnis der (rechteckigen) Sohlfläche des Grundkörpers der Scheibe i abhängiger Koeffizient

i_i vom Verhältnis Bodenschichttiefe/Sohllänge des Grundkörpers der Scheibe i abhängiger Koeffizient

k_i vom Verhältnis Länge/Breite der (rechteckigen) Sohlfläche des Grundkörpers der Scheibe i abhängiger Koeffizient

Steifheiten der Elemente des Scheibensystems. Gesamtsteifheiten. Verhältniszahlen der Steifheiten

K_{Wijk}, K_{WSijk} Biegesteifheit und Schubsteifheit der Stütze k der gegliederten Scheibe i im Stockwerk j

K_{Wij}, K_{WSij} Biegesteifheit und Schubsteifheit der vollen Scheibe i im Stockwerk j / Summe der Biege- bzw. Schubsteifheiten sämtlicher Stützen der gegliederten Scheibe i im Stockwerk j

K_{Wj}^+, K_{WSj}^+ Summe der Biege- bzw. Schubsteifheiten sämtlicher voller Scheiben des Scheibensystems im Stockwerk j

K_{Wj}^{++}, K_{WSj}^{++} Summe der Biege- bzw. Schubsteifheiten sämtlicher Stützen sämtlicher gegliederter Scheiben im Stockwerk j

K_{ij} Steifheit des Stockwerkes j des Stockwerkrahmens i / Steifheit des Riegelstranges der gegliederten Scheibe i an der Kote j

K_{ik} Steifheit eines Riegels der Öffnungsspalte k der gegliederten Scheibe i

S_{ik} Steifheit eines Riegels der Öffnungsspalte k der gegliederten Scheibe i

K_{Bik} Steifheit (= Drehsteifheit) der Grundkörperunterlage der als gesondert gegründet angenommenen Stütze k der gegliederten Scheibe i

K_{Bi} Steifheit (= Drehsteifheit) der Grundkörperunterlage der Scheibe i

K^* reduzierte Summe der Stockwerksteifheiten des Gesamtersatzkragträgers

$\varkappa_i$, $\varkappa_{ik}$ Verhältnis der Biegesteifheit der vollen Scheibe i bzw. der Stütze k der gegliederten Scheibe i zur Summe K_W der Biegesteifheiten sämtlicher voller Scheiben und Stützen der gegliederten Scheiben

$\bar{\varkappa}_{ik}$ Verhältnis der Steifheit K_{ik} des Riegels k der gegliederten Scheibe i zur Steifheit K des Gesamtriegelstranges

Formänderungsgrößen

δ_{jk}, Δ_{jW} gegenseitige Drehungen der Schnittufer des Knotens j im Grundsystem infolge $M_k = 1$ bzw. W

φ_j Drehwinkel der Auflagerquerschnitte der Riegel an der Kote j

ψ Drehwinkel der als starr angenommenen Gesamtscheibe

ψ_j Drehwinkel des Stockwerkes j

Δ_j waagrechte Durchbiegung des Knotens j des Scheibensystems

y_j, Y_j waagrechte Verschiebung des Knotens j des Scheibensystems zu einem beliebigen Zeitpunkt t und Schwingungsausschlag beim Schwingungsvorgang

θ, Θ Drehwinkel der als starr angenommenen Gesamtscheibe zu einem beliebigen Zeitpunkt t und Drehwinkelausschlag beim Schwingungsvorgang

Kragträgerschnittkräfte. Gesamtschnittkräfte. Schnittkräfte

$\mathfrak{M}'_j$ Kragträgerquerkraft im Stockwerk j

$\mathfrak{M}_j$ Kragträgermoment an der Kote j

M_j Gesamtmoment

Scheibensysteme als diskrete Systeme

$\overline{M}_j$ — Gesamtersatzkragträgermoment an der Kote j
— Summargesamtriegelstrangmoment an der Kote j

M'_j, $\overline{M}'_j$ Gesamtquerkraft und Gesamtersatzkragträgerquerkraft im Stockwerk j

$\overline{M}^*_j$ Gesamtstriegelstrangmoment an der Kote j, also Torsionsmoment des Torsionsstabes $j+1$

$\widetilde{M}_j$, $\widetilde{M}'_j$ Gesamtmoment und Gesamtquerkraft aus dem Hilfsangriff $\widetilde{1}$ an der Kote j

$\overline{M}'_{ij}$ Querkraft des Stockwerkrahmens i im Stockwerk j

M_{ij}, M_{ijk} Biegemoment der vollen Scheibe i bzw. der Stütze k der gegliederten Scheibe i an der Kote j

M'_{ij}, $\overline{M}'_{ikj}$ Querkraft der vollen Scheibe i bzw. der Stütze k der gegliederten Scheibe i im Stockwerk j

$\overline{M}_{ikj}$ Summe der Auflagermomente des Riegels ikj

M_{Hi} Biegemoment an der Kote der Grundkörpersohle der Scheibe i

$\overline{M}^{0,\,\text{links}}_{ijk}$, $\overline{M}^{0,\,\text{rechts}}_{ijk}$ Einspannmomente des Riegels ijk

Im folgenden werden Näherungsverfahren entwickelt, die eine einfache Ermittlung des Schnittkräfte- und Formänderungszustandes verschiedener Scheibensysteme infolge waagrechter Einwirkungen ermöglichen.

Die zu entwickelnden Verfahren bauen auf klassischen Verfahren der Baustatik, dem Kraftgrößen- und dem Formänderungsverfahren, dem 2. Castiglianoschen Theorem und dem Prinzip vom Minimum des totalen Potentials, auf. Die Festigkeitscharakteristiken der einzelnen Scheiben bzw. ihrer Elemente, also die Steifheiten, werden dabei nach den Verfahren der technischen Elastizitätslehre festgelegt.

Berücksichtigt werden die folgenden Einflüsse auf die Verformungen: der Biegemomente und Querkräfte der vollen Scheiben und der Stützen der gegliederten Scheiben, der Biegemomente und Querkräfte der Riegel der gegliederten Scheiben und der Biegemomente der Stäbe der Stockwerkrahmen. Der Einfluß der Längskräfte der Stützen wird vernachlässigt.

Die entwickelten Verfahren können auch zur Ermittlung der dynamischen Charakteristiken des Systems, nämlich der Schwingzeit der freien Schwingungen nach dem Grundton und des Schwingungsformkoeffizienten, herangezogen werden.

Für den Grenzfall starrer voller Scheiben wird die exakte Lösung für die obengenannten dynamischen Charakteristiken angegeben,

1 Steifheiten der Elemente

Bevor zur Untersuchung des Schnittkräfte- und Formänderungszustandes der Scheibensysteme als Ganzes übergegangen wird, müssen die Steifheiten ihrer Elemente, also der einzelnen Scheiben, ihrer Verbindungen und der Grundkörperunterlagen, definiert und entsprechende Formeln entwickelt werden.

1.1 Steifheiten der vollen Scheiben

Die Steifheit einer vollen Scheibe i im Stockwerk j wird durch ihre Biegesteifheit

$$K_{Wij} = E_{ij} I_{ij} \quad [\text{Mpm}^2] \quad (1.1)$$

und ihre Schubsteifheit

$$K_{WSij} = G_{ij} \frac{F_{ij}}{\mu_{ij}} \quad [\text{Mp}] \quad (1.2)$$

beschrieben. Die Bezeichnungen haben die folgende Bedeutung:

F_{ij}, I_{ij} Querschnittsfläche und Eigenträgheitsmoment
μ_{ij} Schubverteilungszahl
E_{ij}, G_{ij} Elastizitäts- und Schubmodul
⎱ der Scheibe i im Stockwerk j

Die Biegesteifheit K_{Wij} der Scheibe i an der Kote j ist dabei als Biegemoment dieser Scheibe, das an seiner Wirkungsstelle j die Krümmung 1 der Durchbiegungslinie (= Biegelinie) erzeugt, definiert. Sinngemäß ist die Schubsteifheit K_{WSij} der Scheibe i an der Kote j als Querkraft dieser Scheibe, die an ihrer Wirkungsstelle j die Neigung 1 der Durchbiegungslinie (= Schublinie) erzeugt, definiert.

Es ist selbstverständlich, trotzdem sei aber darauf hingewiesen, daß die oben angegebenen, als auch die folgenden Definitionen der Steifheiten, als Rechenvorschrift, nicht aber zahlenmäßig aufzufassen sind. Bekanntlich ist die technische Elastizitätslehre auf der im Ingenieurbau üblicherweise erfüllten Annahme gegründet, daß Durchbiegungen klein im Verhältnis zu den Systemabmessungen sind. Der Krümmung 1 und der Neigung 1 der Durchbiegungslinie kommt somit keine reale Bedeutung zu; sie sind lediglich zur anschaulicheren Begriffsbestimmung verwendet.

1.2 Steifheit der Stockwerkrahmen

Stockwerkrahmen können bekanntlich — statisch — als Kragträger mit Torsionsstäben [?, 2] behandelt werden. Abb. 1.1a zeigt den Ersatzkragträger eines n-stöckigen Stockwerkrahmens.

Das Trägheitsmoment des Ersatzkragträgers des Stockwerkrahmens i ist jeweils der Summe der Trägheitsmomente sämtlicher Stützen dieses Stockwerkrahmens im betrachteten Stockwerk gleich:

$$I_{ij} = \sum_{k=1}^{r_i+1} I_{ijk}; \quad (1.3)$$

mit r_i ist dabei die Felderanzahl und hiermit mit $r_i + 1$ die Stützenanzahl des Stockwerkrahmens bezeichnet.

Es ist also i die Ordnungszahl des Stockwerkrahmens, k die Ordnungszahl der Stütze dieses Stockwerkrahmens und j die Ordnungszahl des Stockwerks.

Jeder Torsionsstab bewirkt eine waagrecht verschiebliche Einspannung des Ersatzkragträgers.

Da die hier zu erörternden Stockwerkrahmen durch steifere Scheiben des gesamten Systems, nämlich die vollen oder gegliederten Scheiben, oder beide, falls vorhanden, seitlich elastisch festgehalten sind, übernehmen sie — unterschiedlich zu freistehenden Stockwerkrahmen — lediglich einen kleinen Teil der gesamten waagrechten Last des Baues. Die Riegel sind bei solchen Stockwerkrahmen üblicherweise wesentlich steifer als die Stützen. Einfachheitshalber werden daher die Riegel und

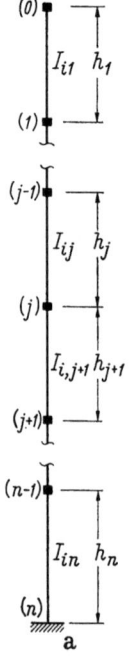
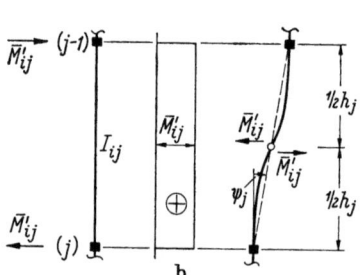

Abb. 1.1. a) Ersatzkragträger des Stockwerkrahmens i und b) Detail des Stockwerkes j samt Belastung zur Ermittlung der Stockwerksteifheit K_{ij}, dem entsprechenden Querkraftdiagramm und der Durchbiegungslinie.

hiermit auch die Torsionsstäbe des Ersatzkragträgers im folgenden als starr angenommen.

Die Steifheit des Stockwerkes j des Stockwerkrahmens i, im folgenden kurz Stockwerksteifheit K_{ij} genannt, wird als auf dieses Stockwerk einwirkendes Moment, kurz Stockwerkmoment $\overline{M}'_{ij}h_j$, das eine Drehung $\psi_j = 1$ (der Stützen) des betrachteten Stockwerks erzeugt, definiert (Abb. 1.1b).

Die Wendepunkte der Durchbiegungslinie (der Stützen) des Ersatzkragträgers befinden sich zufolge der Annahme der Starrheit der Riegel bzw. der Torsionsstäbe in den halben Stockwerkhöhen (Abb. 1.1 b). Der Stockwerkdrehwinkel ergibt sich dann — mit $\overline{M}'_{ij}$ als Querkraft des Stockwerkes j des Stockwerkrahmens i — zu

$$\psi_j = \frac{h_j \overline{M}'_{ij}}{\dfrac{12\,EI_{ij}}{h_j}}. \qquad (1.4)$$

Durch Inversion dieser Gleichung wird das Stockwerkmoment $\overline{M}'_{ij} h_j$ durch den Stockwerkdrehwinkel ψ_j gemäß

$$\overline{M}'_{ij} h_j = \frac{12\,EI_{ij}}{h_j}\,\psi_j \qquad (1.5)$$

ausgedrückt, womit sich die Stockwerksteifheit — definitionsgemäß — zu

$$K_{ij} = \frac{12\,EI_{ij}}{h_j} \quad [\text{Mpm}] \qquad (1.6)$$

ergibt.

Das Stockwerkmoment und der Stockwerkdrehwinkel sind durch die Beziehung $\overline{M}'_{ij} h_j = K_{ij}\psi_j$ verknüpft. Für den Stockwerkdrehwinkel folgt hiermit der Ausdruck

$$\psi_j = \frac{\overline{M}'_{ij} h_j}{K_{ij}}. \qquad (1.7)$$

Zufolge der getroffenen vereinfachenden Annahme verursacht ein auf ein Stockwerk einwirkendes Stockwerkmoment lediglich eine Drehung *dieses* Stockwerkes, nicht aber Drehungen der beiden benachbarten und der entfernteren Stockwerke.

Tatsächlich sind die Riegel nicht starr; der Einfluß der Riegelnachgiebigkeit kann aber näherungsweise dadurch berücksichtigt werden, daß die gemäß Gl. (1.6) zu berechnende Stockwerksteifheit mit einem Multiplikator, der die Riegelnachgiebigkeit berücksichtigt und kleiner als 1 ist, vervielfältigt wird. Es ist dann

$$K_{ij} = \frac{12\,EI_{ij}}{h_j\left(1 + \dfrac{I_{ij}}{h_j\,\Sigma\,\dfrac{\text{Riegelträgheitsmoment}}{\text{Riegellänge}}}\right)}, \quad [\text{Mpm}] \qquad (1.8)$$

wobei die Summe im Nenner des Bruches auf sämtliche Riegel des über dem betrachteten Stockwerk des betrachteten Stockwerkrahmens sich befindenden Riegelstranges zu erstrecken ist [2.2].

Sind die Riegel im Vergleich zu den Stützen tatsächlich so steif, daß sie als starr angenommen werden können, wird der Klammerausdruck im Nenner der obigen Formel zu 1 und die Formel (1.8) für die Stockwerksteifheit nimmt die einfachere Form (1.6) an.

1.3 Steifheiten der Elemente der gegliederten Scheiben

Gegliederte Scheiben sind aus Stützen, die als volle Scheiben wirken, und Riegelsträngen zusammengesetzt. Abb. 1.2 zeigt eine beispielsweise 5stöckige gegliederte Scheibe mit r_i Öffnungsspalten und hiermit $r_i + 1$ Stützen. Die Bedeutung der Bezeichnungen ist aus der Abbildung ersichtlich; i ist die Ordnungszahl der gegliederten Scheibe.

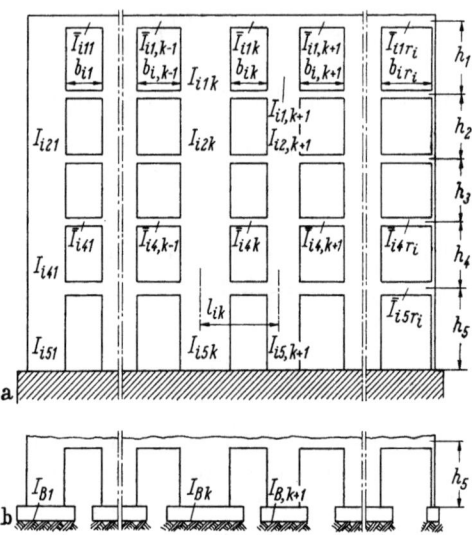

Abb. 1.2. Gegliederte Scheibe mit beliebig vielen Öffnungsspalten: a) die Stützen der Scheibe sind gemeinsam gegründet; b) die Stützen der Scheibe sind gesondert gegründet.

Als Riegelstrang wird der aus sämtlichen Riegeln einer Kote gebildete Durchlaufträger bezeichnet.

Voraussetzungsgemäß (dehnstarre Riegel) sind die waagrechten Verschiebungen sämtlicher Stützen der gegliederten Scheibe an den Koten sämtlicher Riegelachsen jeweils untereinander gleich. Weiterhin wird angenommen, daß außer den Durchbiegungen auch die Drehwinkel sämtlicher Stützen an den Koten sämtlicher Riegelachsen jeweils untereinander gleich sind. In der Sprache der Rahmenstatik kann diese Annahme auch als Gleichheit sämtlicher Knotendrehwinkel jedes Riegelstranges ausgesagt werden. Die gegliederte Scheibe wird hiermit als proportionierter Stockwerkrahmen mit breiten Stützen aufgefaßt.

1.3.1 Steifheiten der Stützen der gegliederten Scheiben

Die Biege- und Schubsteifheiten der einzelnen Stützen der gegliederten Scheiben werden wie jene der vollen Scheiben definiert (Abschnitt 1.1). Die Summe der Biegesteifheiten K_{Wijk} bzw. Schubsteifheiten K_{WSijk} sämtlicher $r_i + 1$ Stützen der gegliederten Scheibe i im Stockwerk j (Abb. 1.2) ergibt sich zu

$$K_{Wij} = \sum_{k=1}^{r_i+1} K_{Wijk} \quad [\text{Mpm}^2] \tag{1.9}$$

bzw.

$$K_{WSij} = \sum_{k=1}^{r_i+1} K_{WSijk} \quad [\text{Mp}]. \tag{1.10}$$

Bei manchen gegliederten Scheiben sind die Biege- und Schubsteifheiten einer oder einiger Stützen im Vergleich zu jenen der übrigen Stützen so klein, daß sie vernachlässigt werden können. Die Beiträge dieser Stützen fallen bei der Bildung der obigen Summen [Gln. (1.9) und (1.10)] aus.

1.3.2 Steifheiten der Riegel der gegliederten Scheiben

Ein Riegel des Scheibensystems ist durch die Ordnungszahl i der gegliederten Scheibe, durch die Ordnungszahl j des Riegelstranges (die Kote) und durch die Ordnungszahl k, die die Lage des Riegels innerhalb des Riegelstranges festlegt, identifiziert. Die sich auf den Riegel ijk beziehenden Größen müssen demzufolge durch die drei Indizes ijk gekennzeichnet werden. Zur Vereinfachung der Schreibweise wird aber in den folgenden Unterabschnitten 1 bis 4 auf diese Indizes verzichtet.

1.3.2.1 Ableitung der Formel für die Steifheit eines Riegels. Die Steifheit eines Riegels (Abb. 1.3a) wird als Summe $\bar{M}^{\,\prime}$ der beiden Riegelauflagermomente, die — untereinander gleiche — Auflagerdrehwinkel $\varphi = 1$ erzeugen, definiert.

Die Bedeutungen der Bezeichnungen sind:

l	Spannweite des Riegels — Achsabstand der Nachbarstützen
b	lichte Spannweite des Riegels
$\bar{h}$	Querschnittshöhe des Riegels
$\bar{F}, \bar{I}^0$	Querschnittsfläche und Eigenträgheitsmoment des Riegels
μ	Schubverteilungszahl
E, G	Elastizitäts- und Schubmodul
$\bar{M}^{\,\prime}$	Summe der beiden Auflagermomente des Riegels

γb, $(1-\gamma)b$ angenommene Abstände des Momentennullpunktes — und hiermit des Wendepunktes der Durchbiegungslinie — von den dem betrachteten Riegel zugewendeten Rändern der linken bzw. rechten Stütze

φ Drehwinkel beider Auflagerquerschnitte (falls $\gamma \neq 0$) des Riegels

Die dick ausgezogenen Abschnitte der Gesamtlänge $l-b$ des Riegels innerhalb der Stützenbreiten (Abb. 1.3a) werden als starr angenommen.

Die die Größen $\bar{M}`$ und φ verbindende Beziehung wird nun nach dem 1. Castiglianoschen Theorem wie folgt ermittelt.

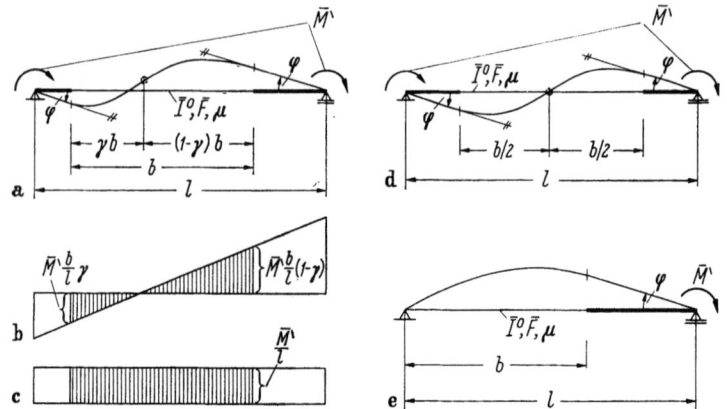

Abb. 1.3. Zur Definition der Steifheit eines Riegels: a) allgemeiner Fall der beliebigen Lage des Momentennullpunktes; b, c) Diagramme des Biegemomentes und der Querkraft; d) Normalfall der mittigen Lage des Momentennullpunktes; e) Grenzfall des Momentennullpunktes am linken Auflager des Riegels.

Für die komplementäre Energie des Riegels gilt, mit M als Biegemoment und Q als Querkraft in einem beliebigen Querschnitt des Riegels und z als — längs der Riegelachse von einem zum anderen Riegelende orientierten — Abszisse, der Ausdruck

$$U = \frac{1}{2} \int_0^l \left(\frac{M^2}{E\bar{I}^0} + \frac{\mu Q^2}{G\bar{F}} \right) dz. \qquad (1.11)$$

Die Auswertung des obigen Integralausdruckes mittels der Trapezformel der Baustatik liefert, an Hand der M- und Q-Diagramme gemäß Abb. 1.3b und c,

$$U = \frac{b}{12 E\bar{I}^0} \left[2\left(\bar{M}`\frac{b}{l}\right)^2 \gamma^2 + 2\left(\bar{M}`\frac{b}{l}\right)^2 (1-\gamma)^2 - 2\left(\bar{M}`\frac{b}{l}\right)^2 \gamma(1-\gamma) \right] +$$
$$+ \frac{\mu b}{2 G\bar{F}} \left(\frac{\bar{M}`}{l}\right)^2, \qquad (1.12)$$

bzw. nach Einführung der Bezeichnung

$$\lambda = \frac{3}{1 - 3\gamma(1-\gamma)} \tag{1.13}$$

für einen — lediglich von der angenommenen Lage des Momentennullpunktes abhängigen — dimensionslosen Koeffizient, Momentennullpunktlagekoeffizient genannt, und Ordnen

$$U = \left[\frac{l}{2\lambda E \bar{I}^0}\left(\frac{b}{l}\right)^3 + \frac{\mu b}{2 G \bar{F} l^2}\right] \bar{M}'^2. \tag{1.14}$$

Gemäß dem 1. Castiglianoschen Theorem muß φ der ersten Ableitung von U nach $\bar{M}'$ gleich sein:

$$\varphi = \frac{dU}{d\bar{M}'}. \tag{1.15}$$

Wird in der Gl. (1.15) der Ausdruck (1.14) für U eingesetzt, ergibt sich nach Ableiten

$$\varphi = \left[\frac{l}{\lambda E \bar{I}^0}\left(\frac{b}{l}\right)^3 + \frac{\mu b}{G \bar{F} l^2}\right] \bar{M}'. \tag{1.16}$$

Die Gl. (1.16) kann auch in der Form

$$\varphi = \frac{l}{\lambda E \bar{I}^0}\left(\frac{b}{l}\right)^3 \left(1 + \frac{\lambda \mu E \bar{I}^0}{G \bar{F} b^2}\right) \bar{M}' \tag{1.17}$$

angeschrieben werden.

Es wird nun gemäß

$$\bar{I} = \frac{\bar{I}^0}{1 + \lambda \dfrac{\mu E \bar{I}^0}{G b^2 \bar{F}}} \quad [\text{m}^4] \tag{1.18}$$

der *Begriff des reduzierten Trägheitsmomentes des Riegels* eingeführt. Der in der obigen Formel figurierende Quotient $\bar{I}^0/\bar{F}$ stellt das Quadrat des Trägheitsradiuses des Riegelquerschnittes dar.

Für Riegel rechteckigen Querschnittes aus Stahlbeton wird die Schubverteilungszahl üblicherweise gleich 6/5 und das Verhältnis des Schub- und Elastizitätsmoduls gleich 3/7 gesetzt (Poissonscher Koeffizient gleich 1/6), womit sich die Formel (1.18) für das reduzierte Trägheitsmoment des Riegels zu

$$\bar{I} = \frac{\bar{I}^0}{1 + \dfrac{0{,}7\,\lambda}{3}\left(\dfrac{\bar{h}}{b}\right)^2} \quad [\text{m}^4] \tag{1.19}$$

vereinfacht.

Die Gl. (1.17) nimmt nach Einführung der Bezeichnung (1.18) die Form

$$\varphi = \frac{l}{\lambda E \bar{I}} \left(\frac{b}{l}\right)^3 \overline{M}` \qquad (1.20)$$

an. Durch Inversion dieser Gleichung ergibt sich für die Steifheit des Riegels — definitionsgemäß — die Formel

$$K = \frac{\lambda E \bar{I}}{l} \left(\frac{l}{b}\right)^3, \quad [\text{Mpm}] \qquad (1.21)$$

so daß die Formel (1.20) für die Auflagerdrehwinkel φ die endgültige Form

$$\varphi = \frac{\overline{M}`}{K} \qquad (1.22)$$

annimmt.

Im Falle schlanker Stützen (proportionierter Stockwerkrahmen) strebt $\frac{l}{b}$ zu 1 und γ zu $\frac{1}{2}$ (Abb. 1.3a). Die Formel (1.21) für die Riegelsteifheit vereinfacht sich dann, unter Berücksichtigung der Gl. (1.13), zu

$$K = \frac{12 E \bar{I}}{l}. \quad [\text{Mpm}] \qquad (1.23)$$

Zufolge der Einführung des Begriffes des reduzierten Trägheitsmomentes des Riegels wurde es möglich, trotz der Berücksichtigung der Biege- und Schubverformungen *eingliedrige* Ausdrücke für die Auflagerdrehwinkel φ und die Steifheit K des Riegels zu erhalten.

1.3.2.2 Zahlenwerte des Momentennullpunktlagekoeffizienten. Es ist leicht einzusehen, daß für den Momentennullpunktlagekoeffizienten λ die Schranken

$$3 \leq \lambda \leq 12$$

gelten.

1. Normalfall: *Die Trägheitsmomente der Nachbarstützen sind derselben Größenordnung.* Es ist üblich, in diesem Fall den Momentennullpunkt des Riegels in dessen Symmetrale anzunehmen (Abb. 1.3d). Mit $\gamma = 0{,}5$ ergibt sich aus Gl. (1.13)

$$\lambda = 12.$$

Der in der Formel (1.19) für das reduzierte Trägheitsmoment eines Riegels rechteckigen Querschnittes enthaltene Koeffizient $\frac{0{,}7\,\lambda}{3}$ nimmt dann den Wert 2,8 an:

$$\frac{0{,}7\,\lambda}{3} = 2{,}8.$$

Eine Reihe von E. HAAS durchgeführter spannungsoptischer Untersuchungen [3.12] zeigte, daß diese Annahme etwa bis zum Verhältnis 1/1000 der Trägheitsmomente der Nachbarstützen gerechtfertigt ist. Bei Scheiben mit Stützen rechteckigen Querschnittes liegt diese Grenze etwa beim Verhältnis 1/10 der Stützenbreiten. Zu ähnlichen Ergebnissen gelangte SCHWAIGHOFER [3,15].

2. **Grenzfall:** *Das Trägheitsmoment einer der Nachbarstützen ist im Vergleich zu jenen der anderen Stütze und des Riegels so klein, daß es vernachlässigt werden kann, womit diese Stütze als Pendelstütze aufgefaßt wird.* Mit $\gamma = 0$ (Abb. 1.3e) oder $1 - \gamma = 0$ ergibt sich aus Gl. (1.13)

$$\lambda = 3.$$

Der in der Formel (1.19) für das reduzierte Trägheitsmoment eines Riegels rechteckigen Querschnittes enthaltene Koeffizient $\dfrac{0{,}7\,\lambda}{3}$ nimmt den Wert 0,7 an:

$$\frac{0{,}7\,\lambda}{3} = 0{,}7.$$

Die allgemeine Definition der Steifheit des Riegels degeneriert in diesem Sonderfall zu: Auflagermoment, das an seiner Wirkungsstelle einen Auflagerdrehwinkel $\varphi = 1$ erzeugt.

3. **Zwischenbereich:** Ist das Verhältnis der Trägheitsmomente der beiden Nachbarstützen kleiner als etwa 0,001, aber dennoch nicht so klein, daß es gleich null gesetzt werden kann, kann γ dem von E. HAAS auf Grund spannungsoptischer Untersuchungen [3.12] konstruierten Diagramm abgelesen werden (Abb. 1.4). Den Momentennullpunktlagekoeffizienten λ berechnet man anschließend mittels der allgemeinen Formel (1.13).

Ein anderes — allerdings weniger genaues — Verfahren zur Bestimmung von γ und λ wurde von GERBETH [3.13] vorgeschlagen: danach soll γ linear vom Verhältnis der Trägheitsmomente der beiden Nachbarstützen abhängen. Man setzt dann

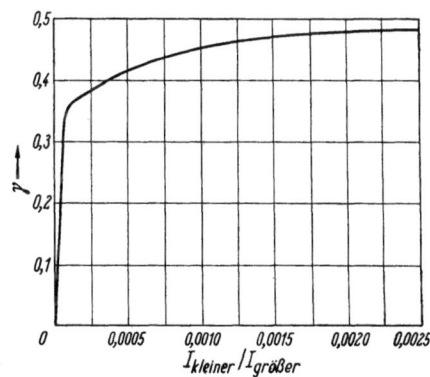

Abb. 1.4. γ-Diagramm gemäß spannungsoptischen Untersuchungen von E. HAAS.

$$\frac{I_{\text{links}}}{\gamma} = \frac{I_{\text{rechts}}}{1 - \gamma}; \qquad (1.24)$$

hiermit wird (Abb. 1.3a)

$$\gamma = \frac{I_{\text{links}}}{I_{\text{links}} + I_{\text{rechts}}}, \qquad 1 - \gamma = \frac{I_{\text{rechts}}}{I_{\text{links}} + I_{\text{rechts}}}. \qquad (1.25)$$

Dabei bezeichnen I_{links} und I_{rechts} die Trägheitsmomente der beiden Nachbarstützen. Führt man noch für das Verhältnis dieser beiden Trägheitsmomente die Bezeichnung

$$\nu = \frac{I_{\text{rechts}}}{I_{\text{links}}} \qquad (1.26)$$

ein, ergibt sich aus der Gl. (1.13), unter Berücksichtigung der Gln. (1.25), die endgültige Formel für den — dimensionslosen — Momentennullpunktlagekoeffizient

$$\lambda = 3 + \frac{9\,\nu}{1 - \nu + \nu^2}. \qquad (1.27)$$

Für den Grenzfall gleicher Trägheitsmomente der beiden Nachbarstützen ($\nu = 1$) ergibt sich aus Gl. (1.27) wieder $\lambda = 12$, und für den Grenzfall, wenn das Trägheitsmoment einer der Stützen vernachlässigbar ist ($\nu = 0$ oder $\nu = \infty$), wieder $\lambda = 3$.

Ein genaueres rechnerisches Verfahren zur Ermittlung der Lage des Momentennullpunktes der Riegel besteht darin, daß bei der biegeweichen Stütze die lokale Biegung berücksichtigt wird; die Momentennullpunkte dieser Stütze nimmt man dabei in den halben Höhen der oberhalb und unterhalb des Riegels sich befindenden Stockwerke an. Die Drehwinkel der beiden Auflagerquerschnitte der Riegel sind dann nicht — wie im oben untersuchten Normalfall — untereinander gleich.

1.3.2.3 Eine andere Definition der Steifheit eines Riegels. Die Riegelsteifheit kann, alternativ, auch als — längs des Riegels konstante — Riegelquerkraft definiert werden, die eine senkrecht zur Riegelachse zwischen den beiden Endtangenten der Durchbiegungslinie gemessene gegenseitige Verschiebung $\Delta = 1$ erzeugt (Abb. 1.5a). Die so definierte Steifheit sei mit S bezeichnet.

Es soll nun die gegenseitige Beziehung der beiden Steifheiten K und S festgestellt werden.

Da die einzige Last des Riegels seine Auflagermomente sind, ergibt sich die Summe der beiden Auflagermomente als Funktion der Riegelquerkraft zu

$$\overline{M}{}^{\backprime} = T{}^{\backprime} l; \qquad (1.28)$$

sie erzeugen — gemäß Gl. (1.22) — untereinander gleiche Auflagerdrehwinkel

$$\varphi = \frac{l}{K} T{}^{\backprime}, \qquad (1.29)$$

denen eine gegenseitige lotrechte Verschiebung

$$\Delta = \varphi\, l = \frac{l^2}{K} T^{\backslash} \quad [\text{m}] \qquad (1.30)$$

entspricht.

Durch Inversion der Gl. (1.30) folgt für die Riegelquerkraft als Funktion der Verschiebung Δ der Ausdruck

$$T^{\backslash} = \frac{K}{l^2}\Delta, \quad [\text{Mp}] \qquad (1.31)$$

womit sich die zweitdefinierte Riegelsteifheit — die Riegelquerkraft $T^{\backslash}$, die die gegenseitige Verschiebung $\Delta = 1$ erzeugt — zu

$$S = \frac{K}{l^2} \quad [\text{Mp/m}] \qquad (1.32)$$

ergibt. Dies ist die Beziehung, die die beiden unterschiedlich definierten Riegelsteifheiten K und S verknüpft.

Es kann leicht gezeigt werden, daß die Verschiebung Δ, und hiermit auch die Steifheit S, auch am System gemäß Abb. 1.5 b, dem an den Enden der lichten Spannweite unnachgiebig

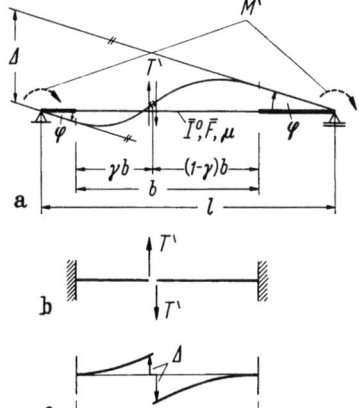

Abb. 1.5. Zur alternativen Definition der Steifheit eines Riegels: a) Riegelquerkraft $T^{\backslash}$ und zugeordnete Verschiebung; b) System und Last zur unmittelbaren Bestimmung der Verschiebung Δ; c) Durchbiegungslinie zu b).

eingespannten Riegel mit einem Querkraft- und Biegemomentnullfeld an der Stelle des angenommenen Wendepunktes der Durchbiegungslinie, ermittelt werden kann. Abb. 1.5c zeigt die dazugehörige Durchbiegungslinie mit der der Querkraft $T^{\backslash}$ entsprechenden Verschiebung Δ.

1.3.2.4 Eine Sonderform des Riegels: der Diagonalriegel. Bei manchen Konstruktionsformen gegliederter Scheiben, beispielsweise bei Scheiben mit versetzten Öffnungen, kann man sich die benachbarten Stützen der Scheibe — statisch — durch einen Dreieckfachwerkverband verbunden denken (Abb. 1.6a). Darauf hat KHAN hingewiesen [3.9]. Die Bedeutungen der Bezeichnungen sind:

F_d Querschnittsfläche eines Diagonalstabes, und
ϑ Winkel, den der Diagonalstab mit der Waagrechten einschließt.

Das statische Modell eines Diagonalriegels ist aus Abb. 1.6b ersichtlich. Die waagrechten Pendelstäbe oberhalb und unterhalb des Diagonalstabes sind lediglich im statischen Modell — zur Stabilisierung — erforderlich und sind als starr anzunehmen.

Für die Steifheit des Diagonalriegels gilt die gleiche Definition wie für einfache Riegel [Abschnitt 1.3.2.1]: Summe $\overline{M}$' der Auflagermomente, die — untereinander gleiche — Auflagerdrehwinkel $\varphi = 1$ erzeugen.

Das einzige verformbare Glied im statischen Modell des Diagonalriegels ist die Diagonale. Mit

$$T\text{'} = \frac{\overline{M}\text{'}}{l} \qquad (1.33)$$

als Querkraft des Riegels ergibt sich die Kraft im Diagonalstab zu

$$D = \frac{\overline{M}\text{'}}{l \sin \vartheta}. \qquad (1.34)$$

Sie ist eine Druckkraft, wenn die Auflagermomente positiv sind, also auf den Riegel im Uhrzeigerdrehsinn wirken.

Die komplementäre Energie des Diagonalriegels beträgt, mit $h/\sin \vartheta$ als Länge der Diagonale,

$$U = \frac{S^2}{2EF_d} \frac{h}{\sin \vartheta} = \frac{h}{2EF_d \, l^2 \sin^3 \vartheta} \overline{M}\text{'}^2. \qquad (1.35)$$

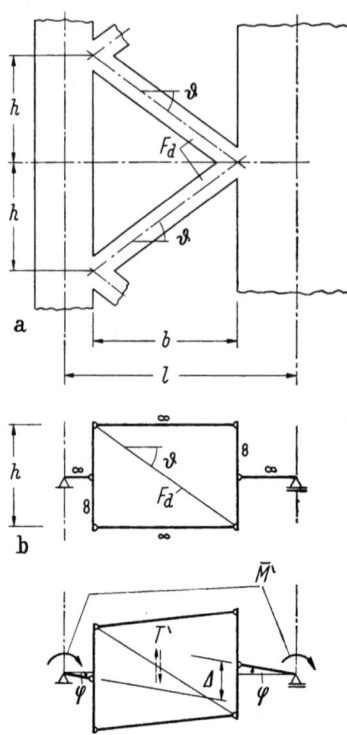

Abb. 1.6. Zur Ermittlung der Steifheiten des Diagonalriegels: a) Teilansicht einer gegliederten Scheibe, bei der die Stützen durch einen Dreieckverband verbunden sind; b) statisches Schema eines entsprechenden Diagonalriegels; c) Belastung des Diagonalriegels durch Auflagermomente und entsprechende Formänderungsgrößen.

Für die Auflagerdrehwinkel ergibt sich durch Anwendung des 1. Castiglianoschen Theorems (1.15) auf den Ausdruck (1.35) die Formel

$$\varphi = \frac{h}{EF_d \, l^2 \sin^3 \vartheta} \overline{M}\text{'}. \qquad (1.36)$$

Die Riegelsteifheit beträgt hiermit, definitionsgemäß, also als $\overline{M}$', welches $\varphi = 1$ erzeugt, (Abb. 1.6c)

$$K = \frac{EF_d \, l^2 \sin^3 \vartheta}{h}. \quad \text{[Mpm]} \qquad (1.37)$$

Wird die Steifheit des Diagonalriegels wieder, alternativ, als T', das $\varDelta = 1$ erzeugt, definiert (Abb. 1.6c), ergibt sich aus (1.37) unter Berücksichtigung der Beziehung (1.32)

$$S = \frac{EF_d \sin^3 \vartheta}{h}. \quad \text{[Mp/m]} \qquad (1.38)$$

1.3.2.5 Steifheit eines Riegelstranges. Die Steifheit des Riegelstranges j, $(j = 1 \ldots n)$, der gegliederten Scheibe i (Abb. 1.2) ist der Summe

$$K_{ij} = \sum_{k=1}^{r_i} K_{ijk} \quad [\text{Mpm}] \tag{1.39}$$

der Steifheiten sämtlicher r_i Riegel dieses Riegelstranges gleich.

1.4 Steifheit der Grundkörperunterlagen

Es liegt im Wesen aller statischen Modelle des Baugrundes, daß nur mehr oder weniger grobe Näherungswerte der Steifheiten der Grundkörperunterlagen angegeben werden können.

1.4.1 Steifheit der Grundkörperunterlagen der vollen Scheiben

Die Steifheit der Grundkörperunterlage einer vollen Scheibe wird als das auf die Grundkörperunterlage einwirkende Biegemoment, das einen Drehwinkel 1 der Grundkörpersohle erzeugt, definiert.

Werden die Festigkeitseigenschaften des Baugrundes durch seine Bettungsziffer c [Mp/m³] für mittigen Druck beschrieben, und nimmt man für die Bettungsziffer für Drehung, auch Drehbettungsziffer genannt, den doppelten Betrag $2c$ [Mp/m³] jener für mittigen Druck an, hat man für die Steifheit der Grundkörperunterlage der Scheibe i die Formel

$$K_{Bi} = 2c I_{Bi}, \quad [\text{Mpm}] \tag{1.40}$$

wobei I_{Bi} das Eigenträgheitsmoment der Sohlfläche des Grundkörpers dieser Scheibe bezeichnet.

Zahlenwerte der Bettungsziffer c für verschiedene Bodenarten können, wenn keine genaueren Angaben vorliegen, dem Anhang, Abschnitt 4, Tab. 4.1, entnommen werden [4.1, 4.2].

Die Bettungsziffer c wurde auch in Abhängigkeit von der zulässigen Bodenpressung ausgedrückt [Anhang, Abschnitt 4, Tab. 4.2], wobei für kleine Sohlflächen ($F_B < 10 \text{ m}^2$) eine Vervielfältigung der für $F_B \geq 10 \text{ m}^2$ angegebenen Werte mit dem als 1 größeren Multiplikator $3{,}2/\sqrt{F_B}$ vorzunehmen ist. Mit F_B ist die Sohlfläche des Grundkörpers bezeichnet.

Für den Sonderfall rechteckiger Sohlflächen kann die Bettungsziffer c auch gemäß

$$c_i = \frac{\varrho_i}{\sqrt{F_{Bi}}} \frac{E_B}{1 - \mu_B^2} \quad [\text{Mp/m}^3] \tag{1.41}$$

durch die Steifeziffer E_B und die Querdehnzahl μ_B des Bodens ausgedrückt werden [4.3], wobei ferner ϱ_i einen vom Seitenverhältnis $\dfrac{L_i}{B_i}$ = Länge/Breite der Sohlfläche des Grundkörpers der erörterten

Scheibe i abhängigen Koeffizient darstellt; Zahlenwerte der Kennzahlen E_B und μ_B als auch des Koeffizienten ϱ sind im Anhang, Abschnitt 4, Tab. 4.3 und 4.4, wiedergegeben.

Ein genaueres Näherungsverfahren für starre Grundkörper mit rechteckigen Sohlen auf elastisch isotroper Schicht endlicher Tiefe wurde unlängst von SCHINEIS [4.4] entwickelt. Die Steifheit der Grundkörperunterlage beträgt danach

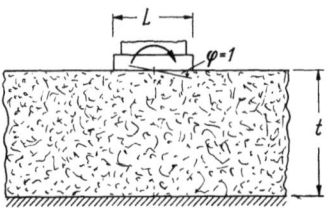

Abb. 1.7. Grundkörperunterlage als elastisch-isotrope Schicht endlicher Tiefe.

$$K_{Bi} = \frac{B_i L_i^2 E_B}{i_i k_i}, \quad [\text{Mpm}] \quad (1.42)$$

wobei die Bezeichnungen die folgenden Bedeutungen haben (Abb. 1.7):

B_i, L_i Breite und Länge der Sohlfläche (Länge L_i in der Wirkungsebene des Momentes gemessen),

E_B Steifeziffer des Baugrundes (nicht mit seinem Elastizitätsmodul zu verwechseln!),

i_i vom Verhältnis t_i/L_i = Bodenschichttiefe/Sohllänge und der Querdehnzahl μ_B des Baugrundes abhängiger Koeffizient,

k_i vom Verhältnis $\dfrac{L_i}{B_i}$ = Länge/Breite der Sohlfläche abhängiger Koeffizient;

der Index i gibt an, daß sich sämtliche Größen auf die Scheibe i, bzw. die Sohle ihres Grundkörpers, beziehen.

Zahlenwerte der Koeffizienten i und k sind im Anhang, Abschnitt 4, Tab. 4.4 und 4.5, wiedergegeben.

Für den Grenzfall der unendlichen Bodenschichttiefe ($t = \infty$) stimmen die Ergebnisse von SCHINEIS mit jenen der Theorie des elastisch-isotropen Halbraumes überein; man wird sie auch dann anwenden, wenn die tatsächliche Tiefe der verformbaren Bodenschicht über der als starr angenommenen Unterlage unbekannt ist.

Der Drehwinkel der Grundkörpersohle der Scheibe i beträgt

$$\varphi = \frac{M_{Hi}}{K_{Bi}}, \quad (1.43)$$

wobei M_{Hi} das auf diese einwirkende Biegemoment bezeichnet.

Es sei noch darauf hingewiesen, daß die in der Literatur angegebenen Bodenkennzahlen stark voneinander abweichen und zutreffende Ergebnisse für den jeweiligen Fall nur durch Bodenuntersuchungen gewonnen werden können.

Bei der Wahl der der Berechnung zugrunde zu legenden Bodenkennzahlen ist auch von der Tatsache Rechnung zu tragen, daß es sich hier um *kurzzeitige* Belastungen handelt.

1.4.2 Steifheit der Grundkörperunterlagen der gegliederten Scheiben

1.4.2.1 Gegliederte Scheiben mit Auflagerkonstruktionen Typ 1. Ist die Auflagerkonstruktion der gegliederten Scheibe so steif, daß sie als starr angenommen werden kann (Abb. 1.2a), treten gegenseitige Drehungen der unteren Ränder der Stützen nicht auf. Bei einer *vorgegebenen* Last der Scheibe hat dann die Drehung der Grundkörperunterlage, und hiermit der ganzen Scheibe, keinen Einfluß auf den Schnittkräftezustand in der Scheibe. Die Steifheit der Grundkörperunterlage kann lediglich zur Ermittlung der Durchbiegungen der Scheibe erforderlich sein; sie ist dann nach den Formeln des vorangehenden Abschnittes 1.4.1, Gln. (1.40) und (1.42), zu berechnen.

1.4.2.2 Gegliederte Scheiben mit gesondert gegründeten Stützen. Sind die Stützen einer gegliederten Scheibe i gesondert gegründet (Abb. 1.2b), wird angenommen, daß die Grundkörperunterlagen dehnstarr sind und daß sich die Eigenträgheitsmomente der Sohlflächen der Grundkörper der Stützen wie die Eigenträgheitsmomente der Stützen selbst verhalten, also daß

$$I_{Bi1} : I_{Bi2} : \ldots I_{Bik} : \ldots I_{Bi, r_i+1} = I_{ij1} : I_{ij2} : \ldots I_{ijk} : \ldots I_{ij, r_i+1} \qquad (1.44)$$

ist.

Im Grenzfall der *starren* Grundkörperunterlage ist diese Annahme nicht erforderlich, da dann Drehungen der unteren Ränder der Stützen, und hiermit auch gegenseitige Drehungen der unteren Ränder der Stützen, nicht auftreten.

Die Steifheit der Grundkörperunterlage der gegliederten Scheibe i ist der Summe der Steifheiten der Grundkörperunterlagen sämtlicher $r_i + 1$ Stützen dieser Scheibe gleich:

$$K_{Bi} = \sum_{k=1}^{r_i+1} K_{Bik}, \quad [\text{Mpm}] \qquad (1.45)$$

wobei K_{Bik} die — gemäß der Formel (1.40) oder (1.42) zu berechnende — Steifheit der Grundkörperunterlage der Stütze k der betrachteten gegliederten Scheibe i bezeichnet.

2 Systeme aus vollen Scheiben und Stockwerkrahmen

2.1 Entwicklung des Ersatzsystems

2.1.1 Gesamtsteifheiten. Kragträgerschnittkräfte

Es wird ein System aus einer beliebigen Anzahl voller Scheiben und Stockwerkrahmen erörtert, wobei weder die vollen Scheiben noch die Stockwerkrahmen untereinander gleich sein müssen.

Es wird vorausgesetzt, daß, falls die Steifheiten der vollen Scheiben und der Stützen der Stockwerkrahmen längs der Systemhöhe veränderlich sind, das Gesetz dieser Veränderlichkeit für alle dasselbe ist.

Sämtliche *vollen* Scheiben des zu untersuchenden Systems denkt man sich durch *eine* volle Scheibe, Gesamtscheibe genannt, ersetzt, deren Biegesteifheiten K_{Wj} und Schubsteifheiten K_{WSj} jeweils (d. h. stockwerkweise) der Summe der Biege- bzw. Schubsteifheiten sämtlicher vollen Scheiben gleich sind:

$$\left.\begin{aligned} K_{Wj} &= \sum_i K_{Wij} \\ K_{WSj} &= \sum_i K_{WSij}; \end{aligned}\right\} \qquad (2.1)$$

i ist dabei die Ordnungszahl der Scheibe, j die Ordnungszahl des Stockwerks. Die Summen sind auf alle vollen Scheiben des Systems zu erstrecken.

An ihrem unteren Rand ist die Gesamtscheibe elastisch drehbar eingespannt. Die Steifheit ihrer Grundkörperunterlage, Gesamtgrundkörperunterlage genannt, die auch als Federkonstante der Gründung bezeichnet werden kann, ist der Summe der Steifheiten der Grundkörperunterlagen sämtlicher voller Scheiben gleich:

$$K_B = \sum_i K_{Bi}; \qquad (2.2)$$

i ist dabei wieder die Ordnungszahl der vollen Scheibe.

Die Ersatzkragträger mit torsionsstarren, aber dabei biegeweichen Torsionsstäben, die die einzelnen Stockwerkrahmen ersetzen, werden zu *einem* Ersatzkragträger mit Torsionsstäben, Gesamtersatzkragträger genannt, zusammengefaßt, und zwar derart, daß die Trägheitsmomente des Gesamtersatzkragträgers der jeweiligen Summe der Trägheitsmomente sämtlicher Ersatzkragträger, also der Summe der Trägheitsmomente sämtlicher Stützen sämtlicher Stockwerkrahmen im jeweiligen Stockwerk gleich sind. Die Torsionssteifheit der Torsionsstäbe des Gesamtersatzkragträgers wird konsequenterweise wieder zu unendlich vorausgesetzt.

Die Stockwerksteifheit des Gesamtersatzkragträgers ist jeweils (also stockwerkweise) der Summe der Stockwerksteifheiten sämtlicher Ersatzkragträger, und hiermit der Summe der Stockwerksteifheiten sämtlicher Stockwerkrahmen gleich:

$$K_j = \sum_i K_{ij}, \qquad (2.3)$$

wobei i die Ordnungszahl des Stockwerkrahmens und j wieder die Ordnungszahl des Stockwerks bedeutet.

Das so erhaltene, einem — beispielsweise $n = 5$stöckigen — System aus beliebig vielen beliebig gestalteten vollen Scheiben und Stockwerkrahmen zugeordnete Ersatzsystem ist aus Abb. 2.1 ersichtlich. Links ist die Gesamtscheibe, rechts der Gesamtersatzkragträger. Die die Gesamtscheibe und den Gesamtersatzkragträger verbindenden — voraussetzungsgemäß starren — Pendelstäbe versinnbildlichen die Deckenscheiben. Die Bedeutung der Bezeichnungen ist gleichfalls aus der Abbildung ersichtlich.

Den Verhältnissen der Baupraxis entsprechend ist angenommen (Abb. 2.1), daß die Steifheiten der inneren Stockwerke, also des zweiten bis zum vorletzten, wie auch deren Höhen, gleich sind. Es ist also angenommen:

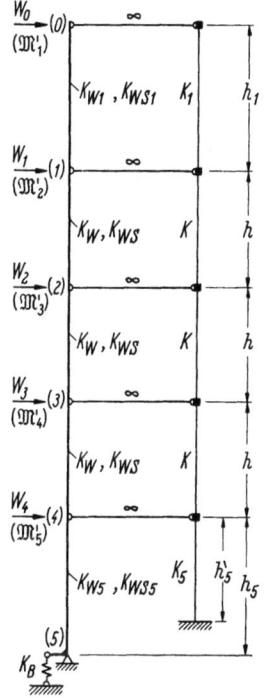

$$\left.\begin{array}{l} K_{Wj} = K_W, \\ K_{WSj} = K_{WS}, \\ K_j = K, \\ h_j = h; \end{array}\right\} (j = 2 \cdots n-1) \qquad (2.4)$$

j ist dabei die Ordnungszahl des Stockwerkes.

Die Last des Systems wird in der Form in den Knoten angreifender waagrechter Einzellasten W angenommen (Abb. 2.1). Am am unteren Ende eingespannten Kragträger ergeben sie, im beliebigen Stockwerk j, die Querkraft

$$\mathfrak{M}'_j = W_0 + W_1 + \cdots W_{j-1}, \qquad (2.5)$$

Kragträgerquerkraft genannt. Die Summe ist auf alle über dem betrachteten Stockwerk wirkenden Lasten zu erstrecken.

Das Biegemoment aus den äußeren Lasten W am am unteren Ende eingespannten Kragträger sei Kragträgermoment genannt und mit $\mathfrak{M}$ bezeichnet. Für das Kragträgermoment an der Kote des — beliebigen — Knotens j gilt die Rekursionsformel

$$\mathfrak{M}_j = \mathfrak{M}_{j-1} + \mathfrak{M}'_j h_j. \qquad (2.6)$$

Abb. 2.1. Das einem System aus vollen Scheiben und Stockwerkrahmen zugeordnete Ersatzsystem, samt den Gesamtsteifheiten und der Last.

2.1.2 Gesamtschnittkräfte.
Beziehungen zwischen den Gesamtschnittkräften

Die Schnittkräfte des Ersatzsystems (Abb. 2.1) werden Gesamtschnittkräfte genannt. Es sind dies:

M_j Biegemoment der Gesamtscheibe, Gesamtmoment genannt, an der Kote des Knotens j

M'_j Querkraft der Gesamtscheibe, Gesamtquerkraft genannt, im Stockwerk j

$\overline{M}'_j$ Querkraft des Gesamtersatzkragträgers, Gesamtersatzkragträgerquerkraft genannt, im Stockwerk j

$\overline{M}_j$ Biegemoment des Gesamtersatzkragträgers, Gesamtersatzkragträgermoment genannt, an der Kote des Knotens j.

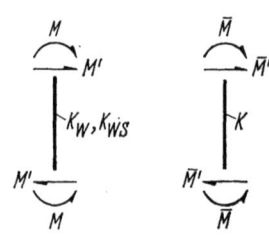

Abb. 2.2. Der positive Sinn der Gesamtschnittkräfte.

Der positive Sinn der Gesamtschnittkräfte ist aus Abb. 2.2 ersichtlich. Querkräfte sind hiermit positiv, wenn sie vom oberen auf einen unteren Teil des Systems von links nach rechts einwirken. Biegemomente sind positiv, wenn sie an der linken Seite der Gesamtscheibe bzw. des Gesamtersatzkragträgers Zugspannungen erzeugen.

Für einen oberen Abschnitt (Abb. 2.3) des Systems können zwei Gleichgewichtsbedingungen angeschrieben werden: die Gleichgewichtsbedingung

$$M_j + \overline{M}_j = \mathfrak{M}_j \qquad (2.7)$$

der Biegemomente, die besagt, daß die Summe des Gesamtmomentes M und des Gesamtersatzkragträgermomentes $\overline{M}$ dem Kragträgermoment $\mathfrak{M}$ an dieser Kote gleich ist, und die Gleichgewichtsbedingung

$$M'_j + \overline{M}'_j = \mathfrak{M}'_j \qquad (2.8)$$

der waagrechten Kräfte, die besagt, daß die Summe der Gesamtquerkraft und der Gesamtersatzkragträgerquerkraft der Kragträgerquerkraft $\mathfrak{M}'$ im betrachteten Stockwerk gleich ist.

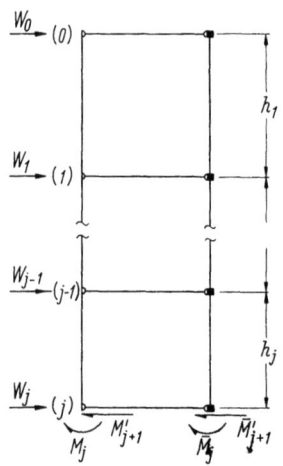

Abb. 2.3. Gleichgewichtsbetrachtung an einem oberen Abschnitt des Ersatzsystems.

2.1.3 Verteilung der Lasten und Schnittkräfte der Gesamtscheibe auf die einzelnen vollen Scheiben

Um sich über die Verteilung der Lasten und der Schnittkräfte der Gesamtscheibe auf die einzelnen vollen Scheiben Klarheit zu verschaffen, sei vorerst das einfache System aus zwei an ihrem oberen Rand durch einen starren Pendelstab verbundenen Kragträgern erörtert (Abb. 2.4).

Mit den Ordnungszahlen 1 für den linken und 2 für den rechten Stab hat man für die Durchbiegungen der beiden die Ausdrücke

$$\left.\begin{array}{l} \varDelta_1 = \dfrac{W_1 H^3}{3 K_{W1}} + \dfrac{W_1 H}{K_{WS1}} = \dfrac{W_1 H^3}{3 K_{W1}} \left(1 + \dfrac{3}{H^2} \dfrac{K_{W1}}{K_{WS1}}\right) \\[2ex] \varDelta_2 = \dfrac{W_2 H^3}{3 K_{W2}} \left(1 + \dfrac{3}{H^2} \dfrac{K_{W2}}{K_{WS2}}\right) \end{array}\right\} \quad (2.9)$$

Aus der Bedingung $\varDelta_1 = \varDelta_2$ folgt für das Verhältnis der auf die beiden Stäbe anfallenden Lastanteile die Formel

$$\frac{W_1}{W_2} = \frac{K_{W1}}{K_{W2}} \cdot \frac{1 + \dfrac{3}{H^2} \dfrac{K_{W2}}{K_{WS2}}}{1 + \dfrac{3}{H^2} \dfrac{K_{W1}}{K_{WS1}}}. \quad (2.10)$$

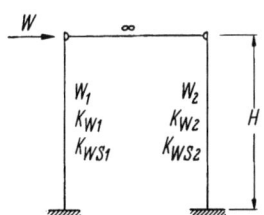

Abb. 2.4. Einfaches System zur Klärung der Verteilung der Last W auf die beiden Kragträger.

Die Aufteilung der Last auf die beiden Kragträger ist hiermit nicht nur von den Verhältnissen der Biege- und Schubsteifheiten der beiden Stäbe, sondern auch von seiner Höhe abhängig.

Es wird nun vereinfachend angenommen, daß das Verhältnis der Schub- zur Biegesteifheit für beide Stäbe dasselbe ist

$$\frac{K_{WS1}}{K_{W1}} = \frac{K_{WS2}}{K_{W2}}, \quad (2.11)$$

woraus auch

$$\frac{K_{WS1}}{K_{WS2}} = \frac{K_{W1}}{K_{W2}} \quad (2.12)$$

folgt. Die zweite der obigen Gleichungen besagt, daß sich die Schubsteifheiten der beiden Stäbe wie ihre Biegesteifheiten verhalten. Die Gln. (2.11) und (2.12) sind bei den in Frage kommenden Querschnittsformen nicht erfüllt, es wird aber trotzdem von ihnen Gebrauch gemacht, da sie in einfacher Weise die näherungsweise Berücksichtigung des Einflusses der Querkräfte auf den Schnittkräfte- und Formänderungszustand des Systems ermöglichen.

Die Formel (2.10) für das Verhältnis der Lastanteile der beiden Stäbe vereinfacht sich mit (2.11) zu

$$\frac{W_1}{W_2} = \frac{K_{W1}}{K_{W2}}. \quad (2.13)$$

Die am einfachen Beispiel gemäß Abb. 2.4 erhaltenen Ergebnisse verallgemeinernd wird im folgenden angenommen, daß sich die waagrechten Lasten auf die einzelnen vollen Scheiben proportional ihren Biegesteifheiten aufteilen. Es folgt, daß sich auch die Gesamtmomente und hiermit auch die Gesamtquerkräfte im Verhältnis der Biegesteifheiten verteilen; die Querkräfte verteilen sich eigentlich im Verhältnis der Schubsteifheiten, dieses ist aber — voraussetzungsgemäß — dem Verhältnis der Biegesteifheiten gleich. Die Erfordernis des gleichen Verteilungsschlüssels für die Biegemomente und Querkräfte ist auch durch die Verknüpfung $M' = \dfrac{\mathrm{d}M}{\mathrm{d}x}$ der beiden bedingt ($x =$ Kote).

2.2 Ableitung der Kompatibilitätsgleichungen

2.2.1 Das Grundsystem und die statisch überzähligen Größen

Zur Formulierung der Aufgabe, also zur Aufstellung des Systems der Kompatibilitätsgleichungen, soll das Kraftgrößenverfahren Anwendung finden.

Als statisch überzählige Größen werden die Biegemomente M_j ($j = 1 \cdots n$) der Gesamtscheibe, die Gesamtmomente, gewählt. Die Indizes bei den Gesamtmomenten M beziehen sich auf die Knoten, in denen sie wirken.

Am oberen Rand des Systems ist das Gesamtmoment offensichtlich gleich null: $M_0 = 0$. Für das 5stöckige System gemäß Abb. 2.1 ist $n = 5$.

Das den gewählten statisch überzähligen Größen entsprechende Grundsystem ergibt sich aus dem gegebenen Ersatzsystem (Abb. 2.1) durch Einschalten von Gelenken in die Knoten der Gesamtscheibe. Das Grundsystem setzt sich hiermit aus dem Gesamtersatzkragträger und einer auf diesen abgestützten Gelenkkette zusammen.

2.2.2 Verformungszustände am Grundsystem

Nun kann zur Ermittlung der durch die Einwirkung der statisch überzähligen Größen $M_j = 1$ ($j = 1 \cdots n$) und der äußeren Last hervorgerufenen Verformungszustände am Grundsystem übergegangen werden.

2.2.2.1 Zustände $M_j = 1$ ($j = 1 \ldots n$). Die Abb. 2.5a bis d zeigen die durch $M_1 = 1$, $M_2 = 1$, $M_4 = 1$ und $M_5 = 1$ hervorgerufenen Formänderungszustände des Grundsystems samt den entsprechenden Querkraftdiagrammen der Gelenkkette und des Gesamtersatzkragträgers.

Die in einem beliebigen Knoten j wirkende statisch überzählige Größe $M_j = 1$ verursacht in den in den Knoten j einmündenden Stäben j und $j + 1$ der Gelenkkette Biege- und Querkraftverformungen. Das Gesamtmoment 1 im Knoten j fällt linear zu 0 in den beiden Nachbarknoten $j-1$ und $j+1$ ab. Die Querkraft ist in den beiden anschließenden Stäben konstant und beträgt $1/h_j$ im über dem Knoten j sich befindenden Stockwerk j bzw. $1/h_{j+1}$ im unterhalb dieses Knotens sich befindenden Stockwerk $j+1$. Die durch diese Beanspruchung hervorgerufenen Durchbiegungslinien der beiden Stäbe j und $j+1$ der Gelenkkette sind samt den Ausdrücken für die Auflagerdrehwinkel auf den Abb. 2.5a bis d angegeben.

Die Auflagerkräfte der Stäbe j und $j+1$ der Gelenkkette verursachen im Pendelstab j eine Druckkraft $1/h_j + 1/h_{j+1}$ und in den benachbarten Pendelstäben $j-1$ und $j+1$ Zugkräfte $1/h_j$ bzw. $1/h_{j+1}$. Die aus diesen sich ergebenden Aktionskräfte belasten den Gesamtersatzkragträger mit einem auf das Stockwerk j einwirkenden *entgegen* dem Uhrzeigerdrehsinn drehenden und einem auf das Stockwerk $j+1$ einwirkenden *im* Uhrzeigerdrehsinn drehenden Stockwerkmoment 1. Die durch die beiden Stockwerkmomente verursachten Stockwerkdrehungen $1/K_j$ bzw. $1/K_{j+1}$ sind gleichfalls auf den Abb. 2.5a bis d angegeben.

Zufolge der Annahme der Torsionsstarrheit der Torsionsstäbe, bzw. der Annahme der Biegestarrheit der Riegel, sind die Tangenten auf die Durchbiegungslinie des Gesamtersatzkragträgers in allen Knoten lotrecht.

Die Stockwerkdrehungen des Gesamtersatzkragträgers überlagern sich den Eigenverformungen der Gelenkkette.

Insgesamt ergeben sich die gegenseitigen Drehungen der Gelenkufer der Knoten $j = 1 \ldots 5$ der Gelenkkette zu

$$\left.\begin{aligned}
\delta_{11} &= \frac{h_1}{3K_{W1}} + \frac{h}{3K_W} + \frac{1}{h_1 K_{WS1}} + \frac{1}{h K_{WS}} + \frac{1}{K_1} + \frac{1}{K} \\
\delta_{22} &= \delta_{33} = \frac{2h}{3K_W} + \frac{2}{h K_{WS}} + \frac{2}{K} \\
\delta_{44} &= \frac{h}{3K_W} + \frac{h_5}{3K_{W5}} + \frac{1}{h K_{WS}} + \frac{1}{h_5 K_{WS5}} + \frac{1}{K} + \frac{1}{K_5} + \left(\frac{h_5'}{h_5}\right)^2 \\
\delta_{55} &= \frac{h_5}{3K_{W5}} + \frac{1}{h_5 K_{WS5}} + \frac{1}{K_5}\left(\frac{h_5'}{h_5}\right)^2 + \frac{1}{K_B} \\
\hline
\delta_{12} &= \delta_{23} = \delta_{34} = \delta_{21} = \delta_{32} = \delta_{43} = \frac{h}{6K_W} - \frac{1}{h K_{WS}} - \frac{1}{K} \\
\delta_{45} &= \delta_{54} = \frac{h_5}{6K_{W5}} - \frac{1}{h_5 K_{WS5}} - \frac{1}{K_5}\left(\frac{h_5'}{h_5}\right)^2
\end{aligned}\right\} \quad (2.14)$$

Sie haben die Dimension $Mp^{-1} m^{-1}$.

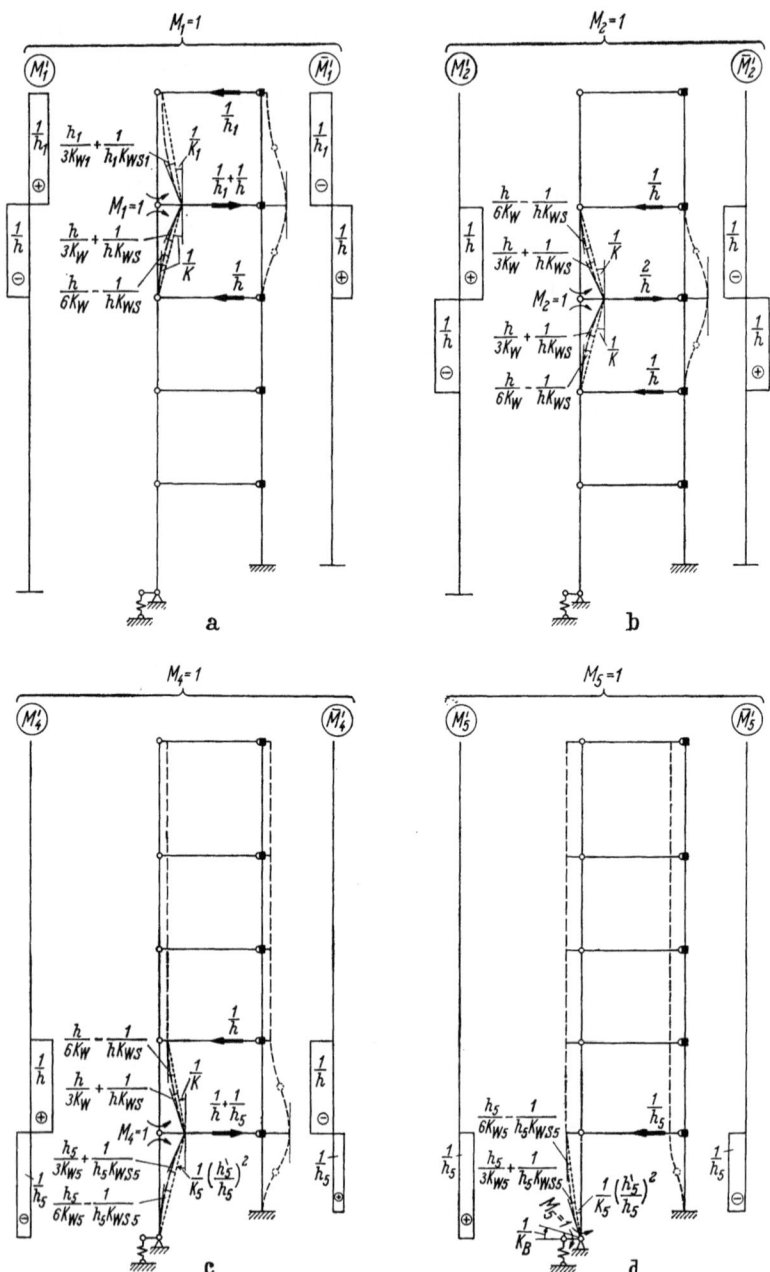

Abb. 2.5 a–d. Formänderungszustände am Grundsystem: a) infolge $M_1 = 1$; b) infolge $M_2 = 1$; c) infolge $M_4 = 1$; d) infolge $M_5 = 1$.

2.2.2.2 Zustand W. Abb. 2.5e zeigt den Formänderungszustand des Grundsystems infolge der Einwirkung der äußeren Last, also der Knotenlasten W, samt dem Querkraftdiagramm des Gesamtersatzkragträgers; dieses Diagramm ist, da die Gelenkkette in der Lastaufnahme nicht mitwirkt, dem $\mathfrak{M}'$-Diagramm, also dem Kragträgerquerkraftdiagramm, gleich.

Die Stockwerkdrehwinkel wurden dabei nach der Formel (1.7)

$$\psi_j = \frac{\overline{M}'_j h_j}{K_j} \quad (2.15)$$

als Quotient des Stockwerkmomentes und der Stockwerksteifheit erhalten.

Die gegenseitigen Drehungen der Gelenkufer der Knoten $j = 1 \ldots 5$ ergeben sich zu

$$\left. \begin{aligned} \varDelta_{1W} &= \frac{h}{K} \mathfrak{M}'_2 - \frac{h_1}{K_1} \mathfrak{M}'_1 \\ \varDelta_{2W} &= \frac{h}{K} W_2 \\ \varDelta_{3W} &= \frac{h}{K} W_3 \\ \varDelta_{4W} &= \frac{h_5}{K_5} \left(\frac{h'_5}{h_5}\right)^2 \mathfrak{M}'_5 - \frac{h}{K} \mathfrak{M}'_4 \\ \varDelta_{5W} &= -\frac{h_5}{K_5} \left(\frac{h'_5}{h_5}\right)^2 \mathfrak{M}'_5 \end{aligned} \right\} \quad (2.16)$$

Sie sind dimensionslos.

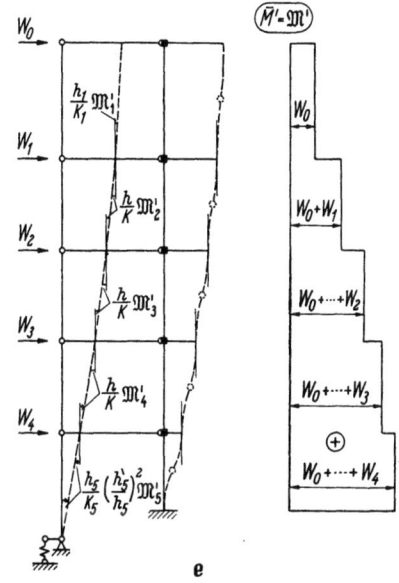

Abb. 2.5e. Formänderungszustand am Grundsystem infolge der äußeren Lasten W.

Der in den Formeln (2.14) und (2.16) auftretende Faktor $\left(\frac{h'_5}{h_5}\right)^2$ ergibt sich zufolge der angenommenen Unterschiedlichkeit der Höhen h_5 und h'_5 der Gesamtscheibe und des Gesamtersatzkragträgers (Abb. 2.1) im untersten Stockwerk; da in der Höhe des Knotens $n - 1 = 4$ die Gesamtscheibe und der Gesamtersatzkragträger die gleiche waagrechte Verschiebung erfahren müssen, sind ihre Drehwinkel im untersten Stockwerk verschieden. Im Sonderfall gleicher Höhen ($h'_5 = h_5$) wird der Faktor zu 1.

2.2.3 System der Kompatibilitätsgleichungen

Das System der Kompatibilitätsgleichungen hat — für eine beliebige Stockwerkanzahl $n \geq 4$ — die allgemeine Form

$$\left.\begin{array}{ll} [1] & \delta_{11}M_1 + \delta_{12}M_2 = -\Delta_{1W} \\ [j = 2 \ldots n-1] & \delta_{j,j-1}M_{j-1} + \delta_{jj}M_j + \delta_{j,j+1}M_{j+1} = -\Delta_{jW} \\ [n] & \delta_{n,n-1}M_{n-1} + \delta_{nn}M_n = -\Delta_{nW} \end{array}\right\} \quad (2.17)$$

Werden die Ausdrücke (2.14) und (2.16) für die Verschiebungsgrößen zur Vereinfachung mit K multipliziert, hat man für die Koeffizienten des Gleichungssystems (2.17), die K-fachen — dimensionslosen — Verschiebungsgrößen, die Formeln

$$\left.\begin{array}{l} \delta_{11} = 1 + \dfrac{K}{K_1} + \dfrac{K}{3}\left(\dfrac{h_1}{K_{W1}} + \dfrac{h}{K_W}\right) + K\left(\dfrac{1}{h_1 K_{WS1}} + \dfrac{1}{h K_{WS}}\right) \\[2mm] \delta_{jj} = 2 + \dfrac{2hK}{3K_W} + \dfrac{2K}{hK_{WS}} \qquad (j = 2 \cdots n-2) \\[2mm] \delta_{n-1,n-1} = 1 + \dfrac{K}{K_n}\left(\dfrac{h_n'}{h_n}\right)^2 + \dfrac{K}{3}\left(\dfrac{h}{K_W} + \dfrac{h_n}{K_{Wn}}\right) + \\[2mm] \qquad\quad + K\left(\dfrac{1}{hK_{WS}} + \dfrac{1}{h_n K_{WSn}}\right) \\[2mm] \delta_{nn} = \dfrac{K}{K_n}\left(\dfrac{h_n'}{h_n}\right)^2 + \dfrac{h_n K}{3K_{Wn}} + \dfrac{K}{h_n K_{WSn}} + \dfrac{K}{K_B} \\[4mm] \hline \\[-2mm] \delta_{j,j+1} = \delta_{j+1,j} = -1 + \dfrac{hK}{6K_W} - \dfrac{K}{hK_{WS}} \qquad (j = 1 \cdots n-2) \\[2mm] \delta_{n-1,n} = \delta_{n,n-1} = -\dfrac{K}{K_n}\left(\dfrac{h_n'}{h_n}\right)^2 + \dfrac{h_n K}{6K_{Wn}} - \dfrac{K}{h_n K_{WSn}} \end{array}\right\} \quad (2.18)$$

und für die K-fachen Lastglieder [Mpm] die Formeln

$$\left.\begin{array}{l} \Delta_{1W} = h\mathfrak{M}_2' - h_1 \dfrac{K}{K_1}\mathfrak{M}_1' \\[2mm] \Delta_{jW} = hW_j \qquad (j = 2 \cdots n-2) \\[2mm] \Delta_{n-1,W} = h_n \dfrac{K}{K_n}\left(\dfrac{h_n'}{h_n}\right)^2 \mathfrak{M}_n' - h\mathfrak{M}_{n-1}' \\[2mm] \Delta_{nW} = -h_n \dfrac{K}{K_n}\left(\dfrac{h_n'}{h_n}\right)^2 \mathfrak{M}_n' \end{array}\right\} \quad (2.19)$$

Im oft vorkommenden Sonderfall, wenn $h_n' = h_n$ ist und das Scheibensystem gemäß Auflagerungsart 1 (Kap. A) *gegründet ist* ($K_B = \infty$), *vereinfachen* sich die Formeln (2.18) für die Koeffizienten der Kompatibilitätsgleichungen zu

$$\left.\begin{aligned}
\delta_{11} &= 1 + \frac{K}{K_1} + \frac{K}{3}\left(\frac{h_1}{K_{W1}} + \frac{h}{K_W}\right) + K\left(\frac{1}{h_1 K_{WS1}} + \frac{1}{h K_{WS}}\right) \\
\delta_{jj} &= 2 + \frac{2hK}{3K_W} + \frac{2K}{hK_{WS}} \quad (j = 2 \cdots n-2) \\
\delta_{n-1,n-1} &= 1 + \frac{K}{K_n} + \frac{K}{3}\left(\frac{h}{K_W} + \frac{h_n}{K_{Wn}}\right) + K\left(\frac{1}{h K_{WS}} + \frac{1}{h_n K_{WSn}}\right) \\
\delta_{nn} &= \frac{K}{K_n} + \frac{h_n K}{3 K_{Wn}} + \frac{K}{h_n K_{WSn}}
\end{aligned}\right\} \quad (2.20)$$

$$\left.\begin{aligned}
\delta_{j,j+1} = \delta_{j+1,j} &= -1 + \frac{hK}{6K_W} - \frac{K}{hK_{WS}} \quad (j = 1 \cdots n-2) \\
\delta_{n-1,n} = \delta_{n,n-1} &= -\frac{K}{K_n} + \frac{h_n K}{6 K_{Wn}} - \frac{K}{h_n K_{WSn}}
\end{aligned}\right\}$$

und die Formeln (2.19) für die Lastglieder zu

$$\left.\begin{aligned}
\Delta_{1W} &= h\mathfrak{M}'_2 - h_1 \frac{K}{K_1} \mathfrak{M}'_1 \\
\Delta_{jW} &= h W_j \quad (j = 2 \ldots n-2) \\
\Delta_{n-1,W} &= h_n \frac{K}{K_n} \mathfrak{M}'_n - \mathfrak{M}'_{n-1} \\
\Delta_{nW} &= -h_n \frac{K}{K_n} \mathfrak{M}'_n
\end{aligned}\right\} \quad (2.21)$$

Hätte man die Torsionsstäbe der Ersatzkragträger nicht als torsionsstarr bzw. die Riegel der Stockwerkrahmen nicht als biegestarr angenommen, hätte man nicht ein *dreigliedriges*, sondern ein Gleichungssystem mit *voller* Matrix erhalten.

Durch das Gleichungssystem (2.17) mit den Formeln (2.18) bzw. (2.20) für seine Koeffizienten und (2.19) bzw. (2.21) für die Lastglieder ist die behandelte Aufgabe eindeutig formuliert.

2.3 Schnittkräfte

2.3.1 Schnittkräfte der vollen Scheiben

Die Biegemomente M_j ($j = 1 \cdots n$) der Gesamtscheibe (Abb. 2.1) erhält man unmittelbar durch Auflösung des Gleichungssystems (2.17); hierzu kann das Fáknische Schema empfohlen werden (Anhang, Abschnitt 2).

Die Gesamtmomente M_j werden auf die einzelnen vollen Scheiben proportional ihren Biegesteifheiten aufgeteilt.

Mit der Bezeichnung

$$\varkappa_i = \frac{K_{Wi}}{K_W} \qquad (2.22)$$

für das von j, also der Höhenlage, voraussetzungsgemäß unabhängige Verhältnis der Biegesteifheit K_{Wi} der vollen Scheibe i zur gesamten Biegesteifheit K_W sämtlicher voller Scheiben, gilt für die Biegemomente der vollen Scheiben die Formel

$$M_{ij} = \varkappa_i M_j; \qquad (2.23)$$

dabei bezeichnet i die Ordnungszahl der vollen Scheibe und j die Ordnungszahl des Knotens. Ist der Elastizitätsmodul aller vollen Scheiben der gleiche, können die $\varkappa$-Werte auch als Verhältnis der Trägheitsmomente anstatt als Verhältnis der Steifheiten ermittelt werden.

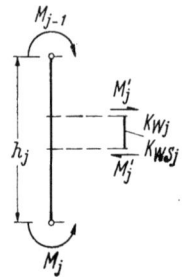

Abb. 2.6. Zur Ermittlung der Gesamtquerkräfte aus den Gesamtmomenten.

Die Gesamtquerkräfte M'_j ($j = 1 \cdots n$), also die Querkräfte der Gesamtscheibe (Abb. 2.1), ermittelt man aus ihren Auflagermomenten M_j nach der Formel für die Querkraft des durch Endmomente belasteten Stabes (Abb. 2.6):

$$M'_j = \frac{M_j - M_{j-1}}{h_j}. \qquad (2.24)$$

Die Verteilung der Gesamtquerkräfte auf die einzelnen vollen Scheiben wird nach demselben Schlüssel wie bei den Gesamtmomenten durchgeführt:

$$M'_{ij} = \varkappa_i M'_j, \qquad (2.25)$$

wobei i wieder die Ordnungszahl der vollen Scheibe und j nun die Ordnungszahl des Stockwerkes bezeichnet.

Die Formel (2.25) für die Querkraft einer vollen Scheibe kann auch durch Ableiten der Formel (2.23) für das Biegemoment dieser Scheibe nach der Kote erhalten werden.

2.3.2 Schnittkräfte der Stockwerkrahmen

Die Querkraft $\overline{M}'_j$ ($j = 1 \ldots n$) des Gesamtersatzkragträgers im Stockwerk j ergibt sich aus der Gleichgewichtsbedingung (2.8) zu

$$\overline{M}'_j = \mathfrak{M}'_j - M'_j, \qquad (2.26)$$

also als Differenz der Kragträgerquerkraft $\mathfrak{M}'_j$ und der Gesamtquerkraft M'_j im betrachteten Stockwerk.

Die Querkraft $\overline{M}'_j$ des Gesamtersatzkragträgers teilt sich auf die einzelnen Ersatzkragträger — wenn für alle der gleiche Elastizitätsmodul vorausgesetzt wird — im Verhältnis ihrer Trägheitsmomente I_{ij}, und die Querkräfte der Ersatzkragträger auf die einzelnen Stützen der Stockwerkrahmen wieder im Verhältnis *ihrer* Trägheitsmomente auf.

Mit der Bezeichnung
$$I_j = \sum_i I_{ij} = \sum_i \sum_k I_{ijk} \tag{2.27}$$

für die Summe der Eigenträgheitsmomente sämtlicher Stützen im Stockwerk j sämtlicher Stockwerkrahmen hat man für die Querkraft der Stütze k des Stockwerkrahmens i im Stockwerk j die Formel

$$\overline{M}'_{ijk} = \frac{I_{ijk}}{I_j} \overline{M}'_j. \tag{2.28}$$

Die Bezeichnungen haben die folgenden Bedeutungen:

$\overline{M}'_{ijk}$ Querkraft der Stütze k des Stockwerkrahmens i im Stockwerk j

I_{ijk} Eigenträgheitsmoment der Stütze k des Stockwerkrahmens i im Stockwerk j

I_{ij} Trägheitsmoment des Ersatzkragträgers des Stockwerkrahmens i im Stockwerk j

I_j Trägheitsmoment des Gesamtersatzkragträgers im Stockwerk j.

Die Stützen- und Riegelendmomente können mittels der Stützenquerkräfte $\overline{M}'_{ijk}$ näherungsweise elementar berechnet werden, indem die Momentennullpunkte der Stäbe in deren Symmetralen angenommen werden.

Sollte man an den Knotenlasten des Gesamtersatzkragträgers interessiert sein, können diese leicht aus seinen Querkräften $\overline{M}'_j$ ermittelt werden:

$$\left.\begin{aligned} W_0^S &= \overline{M}'_1 \\ W_j^S &= \overline{M}'_{j+1} - \overline{M}'_j \quad (j = 1 \ldots n - 1); \end{aligned}\right\} \tag{2.29}$$

sie sind von links nach rechts wirkend positiv. Hiermit kann erforderlichenfalls die Beanspruchung der Dach- und der Deckenscheiben ermittelt werden.

Die Längskräfte der Stützen der Stockwerkrahmen können erforderlichenfalls aus den vorher gemäß $\overline{M}_j = \mathfrak{M}_j - M_j$ zu ermittelnden Gesamtersatzkragträgermomenten $\overline{M}_j$, oder aber aus den Riegelauflagerkräften, berechnet werden.

2.4 Durchbiegungen

Durchbiegungen seien positiv, wenn sie von links nach rechts erfolgen.

2.4.1 Erstes Verfahren zur Ermittlung der Durchbiegungen

Die (waagrechte) Durchbiegung eines — beliebigen — Knotens j ($j = 0,1 \ldots n - 1$) ermittelt man am einfachsten nach der Mohrschen Formel unter Zuziehung des Reduktionssatzes. Das — statisch bestimmte — Grundsystem wird dabei, zweckmäßigerweise, so gewählt, daß in die die Gesamtscheibe und den Gesamtersatzkragträger verbindenden Pendelstäbe Längskraftnullfelder eingeführt werden (Abb. 2.7a). Durch den Hilfsangriff $\tilde{1}$ sind dann lediglich die Gesamtscheibe und die Gesamtgrundkörperunterlage beansprucht, während der Gesamtersatzkragträger unbeansprucht bleibt.

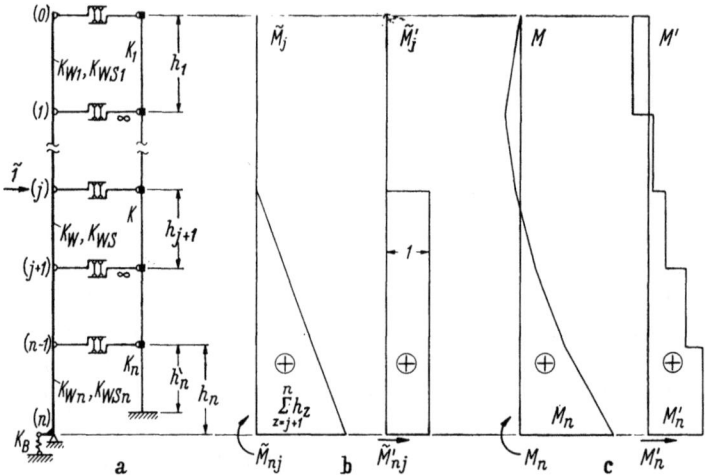

Abb. 2.7. Zur Ermittlung der Durchbiegung des Knotens j des Ersatzsystems: a) das Grundsystem mit dem Hilfsangriff $\tilde{1}$ an der Kote des Knotens (j); b) Diagramme des Gesamtmomentes $\tilde{M}_j$ und der Gesamtquerkraft $\tilde{M}'_j$ infolge des Hilfsangriffs $\tilde{1}$ (am Grundsystem) samt den auf die Gesamtgrundkörperunterlage einwirkenden Kräften $\tilde{M}_{nj}$ und $\tilde{M}'_{nj}$; c) Diagramme des Gesamtmomentes M und der Gesamtquerkraft M' infolge der äußeren Last (am Ersatzsystem) samt den auf die Gesamtgrundkörperunterlage einwirkenden Kräften M_n und M'_n.

Abb. 2.7b zeigt die — am Grundsystem ermittelten — dem Hilfsangriff $\tilde{1}$ entsprechenden Diagramme des Gesamtmomentes $\tilde{M}_j$ und der Gesamtquerkraft $\tilde{M}'_j$, einschließlich die auf die Gesamtgrundkörperunterlage einwirkenden Kräfte $\tilde{M}_{nj}$ und $\tilde{M}'_{nj}$. Der erste Index gibt dabei die Kote des Knotens n, also den Systemunterrand, an, der zweite Index j die Kote, für welche die Durchbiegung gesucht wird.

Abb. 2.7c zeigt die — durch eine vorangehende Untersuchung des statisch unbestimmten Ersatzsystems erhaltenen — der gegebenen äußeren Last, den Knotenlasten W (Abb. 2.1), entsprechenden Diagramme des Gesamtmomentes M und der Gesamtquerkraft M', einschließlich die auf die Gesamtgrundkörperunterlage einwirkenden Kräfte M_n und M'_n. Die Diagramme der Gesamtersatzkragträgerquerkraft $\overline{M}'$ und des Gesamtersatzkragträgermomentes $\overline{M}$ werden nicht benötigt.

Die Mohrsche Formel ergibt, mit z als einer Hilfsvariablen, die die Werte der Ordnungszahlen sämtlicher Stockwerke unterhalb der betrachteten Kote j annimmt, für die Durchbiegung des Knotens j die Formel

$$\Delta_j = \sum_{z=j+1}^{n} \int_0^{h_z} \frac{M \tilde{M}_j}{K_{Wz}} dh_z + \sum_{z=j+1}^{n} \int_0^{h_z} \frac{M' \tilde{M}'_j}{K_{WSz}} dh_z + \frac{M_n \tilde{M}_{nj}}{K_B}. \quad (2.30)$$

Das erste und zweite Glied in dieser Formel geben die Beiträge der Biege- und Schubverformungen der Gesamtscheibe, das dritte den Beitrag der Verformung der Gesamtgrundkörperunterlage wieder.

Die Integration wird in jedem einzelnen Fall am einfachsten mittels der Trapezformel, durch Kombinieren der M mit der $\tilde{M}_j$ und der M' mit der $\tilde{M}'_j$-Fläche, durchgeführt (Abb. 2.7b und c). Die Summen erstrecken sich dabei auf alle unterhalb des betrachteten Knotens j sich befindenden Stockwerke und die Integrale für jedes Stockwerk auf die ganze Stockwerkhöhe, wobei dh_z das Differential der Höhe h_z des jeweils betrachteten Stockwerks bezeichnet.

Für den Knoten 0, den Systemoberrand, angeschrieben, lautet die Formel (2.30)

$$\Delta_0 = \sum_{j=1}^{n} \int_0^{h_j} \frac{M \tilde{M}_0}{K_{Wj}} dh_j + \sum_{j=1}^{n} \int_0^{h_j} \frac{M' \tilde{M}'_0}{K_{WSj}} dh_j + \frac{M_n \tilde{M}_{n0}}{K_B}. \quad (2.31)$$

2.4.2 Zweites Verfahren zur Ermittlung der Durchbiegungen

Die Durchbiegungen können, alternativ, auch über die Stockwerkdrehwinkel des Gesamtersatzkragträgers ermittelt werden, wobei die Durchbiegungen *sämtlicher* Knoten in *einem* Rechnungsgang erhalten werden.

Für den Drehwinkel des Stockwerkes j des Gesamtersatzkragträgers gilt die Formel (1.7)

$$\psi_j = \frac{\overline{M}'_j h_j}{K_j}. \qquad (j = 1 \cdots n - 1) \quad (2.32)$$

Für das unterste Stockwerk n ist

$$\psi_n = \frac{\overline{M}'_n h_n}{K_n}. \quad (2.33)$$

Die Durchbiegungen ermittelt man anschließend nach der Rekursionsformel

$$\Delta_{j-1} = \Delta_j + \psi_j h_j, \qquad (j = n - 1 \cdots 1) \qquad (2.34)$$

vom Systemunterrand nach oben fortschreitend. Die Durchbiegung des unteren Endes des Gesamtersatzkragträgers ist dabei natürlich gleich null:

$$\Delta_n = 0, \qquad (2.35)$$

womit sich die Durchbiegung des Knotens $n - 1$ zu

$$\Delta_{n-1} = \psi_n h_n` \qquad (2.36)$$

ergibt.

Der Einfluß der Nachgiebigkeit der Grundkörperunterlage des Scheibensystems ist, implicite, in den $\overline{M}`_j$-Werten enthalten.

2.5 Der Grenzfall starrer voller Scheiben

2.5.1 Statik

2.5.1.1 Das Ersatzsystem. Lösung des statisch unbestimmten Systems.

Oft sind die vollen Scheiben im Vergleich zu den Stockwerkrahmen so steif, daß sie als starr angenommen werden können. Das gegebene System aus vollen Scheiben und Stockwerkrahmen bzw. das entsprechende Ersatzsystem (Abb. 2.1) wird dann zu einem System mit *einem* Freiheitsgrad.

Abb. 2.8a zeigt das Ersatzsystem, das sich gegenüber jenem auf Abb. 2.1 durch $K_{Wj} = \infty$ und $K_{WSj} = \infty$ unterscheidet ($j = 1 \cdots n$), Abb. 2.8b die durch die äußere Last erzeugte Formänderung.

Die Formänderung des Ersatzsystems wird durch *eine* Koordinate, den Drehwinkel ψ der Gesamtscheibe beschrieben; ψ wird im Uhrzeigerdrehsinn positiv angenommen. Die Durchbiegungslinie der Gesamtscheibe ist eine Gerade. Die Drehwinkel sämtlicher oberen Stockwerke ($j = 1 \cdots n - 1$) des Gesamtersatzkragträgers sind untereinander gleich, und zwar gleich ψ; der Drehwinkel des untersten Stockwerkes des Gesamtersatzkragträgers beträgt $\psi_n = \psi \dfrac{h_n}{h_n`}$ und ist im Sonderfall $h_n` = h_n$ ebenfalls gleich ψ.

Die Untersuchung des Systems wird am einfachsten nach dem Prinzip vom Minimum des totalen Potentials des Systems durchgeführt.

Das totale Potential des Systems setzt sich aus den potentiellen Energien oder Formänderungsenergien (beide sind gleich) der Gesamtgrundkörperunterlage und des Gesamtersatzkragträgers und aus dem Potential der äußeren Last zusammen.

Die Formänderungsenergie der Gesamtgrundkörperunterlage beträgt

$$\Pi_{P,B} = \frac{1}{2} K_B \psi^2. \qquad (2.37)$$

Die Formänderungsenergie des Gesamtersatzkragträgers ist der Summe der Beiträge sämtlicher Stockwerke gleich; mit der Bezeichnung

$$K^* = K_1 + (n-2) K + K_n \left(\frac{h_n}{h_n'}\right)^2 \qquad (2.38)$$

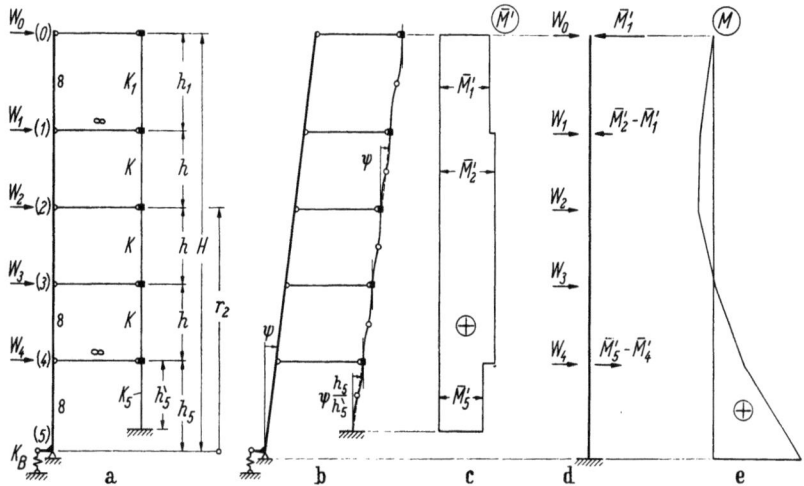

Abb. 2.8. Scheibensystem aus starren vollen Scheiben und Stockwerkrahmen: a) Ersatzsystem samt Last; b) Formänderung des Ersatzsystems; c) Diagramm der Gesamtersatzkragträgerquerkraft; d) Last der Gesamtscheibe; e) Diagramm des Gesamtmomentes;

für die Summe der Steifheiten der Stockwerke 1 bis $n-1$ und der — zufolge $\psi_n \neq \psi$ — reduzierten Steifheit des untersten Stockwerkes n beträgt sie

$$\Pi_{P,S} = \frac{1}{2} K^* \psi^2. \qquad (2.39)$$

Mit n ist die Stockwerkanzahl bezeichnet. Ist $h_n' = h_n$, wird K^* zu $\sum_{j=1}^{n} K_j$.

Das Potential der äußeren Lasten W ist der Arbeit — mit dem umgekehrten Vorzeichen — dieser Lasten an den entsprechenden Verschiebungen, und hiermit des Momentes $\mathfrak{M}_n$ dieser Lasten um die Grundkörpersohle am Drehwinkel ψ, gleich:

$$\Pi_A = -\mathfrak{M}_n \psi. \qquad (2.40)$$

Das totale Potential des Systems ergibt sich durch Addition der Beiträge (2.37), (2.39) und (2.40) zu

$$\Pi = \frac{1}{2}\left(K_B + K^*\right)\psi^2 - \mathfrak{M}_n\psi. \tag{2.41}$$

Die Unbekannte ψ, der Drehwinkel der vollen Scheiben und sämtlicher Stützen der Stockwerkrahmen (außer jener des untersten Geschosses, falls $h_n^` \neq h_n$) ergibt sich aus der Minimalforderung

$$\frac{\mathrm{d}\Pi}{\mathrm{d}\psi} = 0 \tag{2.42}$$

zu

$$\psi = \frac{\mathfrak{M}_n}{K_B + K^*}. \tag{2.43}$$

2.5.1.2 Gesamtschnittkräfte. Schnittkräfte und Durchbiegung des Systemoberrandes.

Das Gesamtmoment an der Kote der Grundkörpersohlen folgt aus $M_n = K_B\psi$ zu

$$M_n = \frac{1}{1 + \dfrac{K^*}{K_B}}\mathfrak{M}_n \tag{2.44}$$

und die Querkräfte des Gesamtersatzkragträgers gemäß $\overline{M}'_j = \dfrac{K_j}{h_j}\psi$ zu

$$\left.\begin{aligned}\overline{M}'_j &= \frac{\dfrac{K_j}{h_h}}{K_B + K^*}\mathfrak{M}_n \qquad (j = 1 \cdots n-1) \\[2ex] \overline{M}'_n &= \frac{\dfrac{K_n}{h_n^`}\cdot\dfrac{h_n}{h_n^`}}{K_B + K^*}\mathfrak{M}_n.\end{aligned}\right\} \tag{2.45}$$

Gemäß der ersten der Gln. (2.45) verhalten sich die Querkräfte $\overline{M}'_j$ der einzelnen Stockwerke wie ihre bezogenen Steifheiten K_j/h_j.

Abb. 2.8c zeigt das $\overline{M}'$-Diagramm.

Vom $\overline{M}'$-Diagramm ausgehend, können leicht die seitens des Gesamtersatzkragträgers auf die Gesamtscheibe einwirkenden Knotenkräfte ermittelt werden (Abb. 2.8d). Hiermit können auch die Gesamtmomente M leicht berechnet und das M-Diagramm konstruiert werden (Abb. 2.8e).

Sind die bezogenen Stockwerksteifheiten $\dfrac{K_j}{h_j}$ *sämtlicher Stockwerke gleich* ($j = 1 \cdots n$), *und ist außerdem* $h_n^` = h_n$, ist gemäß den Formeln (2.45) die Gesamtersatzkragträgerquerkraft längs der ganzen Systemhöhe konstant. Das Zusammenwirken der Gesamtscheibe und des Gesamtersatzkragträgers vollzieht sich dann lediglich durch eine Einzelkraft am Systemoberrand.

Für den Grenzfall der starren Grundkörperunterlage ($K_B = \infty$) *und für den Fall der Auflagerungsart 1 des Scheibensystems* folgt aus der Gl. (2.44)

$$M_n = \mathfrak{M}_n \qquad (2.46)$$

und aus den Gln. (2.45)

$$\overline{M}'_j = 0. \qquad (j = 1 \cdots n) \qquad (2.47)$$

Die gesamte Last wird dann von den vollen Scheiben aufgenommen und in die Grundkörperunterlagen übermittelt. Die Stockwerkrahmen bleiben unbeansprucht.

Für die Verteilung der Gesamtmomente M auf die einzelnen Scheiben gilt die Formel (2.23), für die Verteilung der Gesamtersatzkragträgerquerkräfte $\overline{M}'$ auf die einzelnen Stützen der Stockwerkrahmen die Formel (2.28).

Die waagrechte Verschiebung des Systemoberrandes ist

$$\Delta_0 = \psi H, \qquad (2.48)$$

mit $H = \sum\limits_{j=1}^{n} h_j$ als Höhe der vollen Scheiben ab Grundkörpersohle.

2.5.2 Dynamik

2.5.2.1 Die Schwingzeit freier Schwingungen. Es soll die Schwingzeit der freien Schwingungen des Systems ermittelt werden. Hierzu wird das Prinzip von der Erhaltung der Energie angewendet.

Die Masse des Systems denkt man sich in den Knoten ($j = 0 \cdots n$) konzentriert. Die auf den Knoten j anfallende Masse sei mit M_j bezeichnet (nicht mit dem Gesamtmoment zu verwechseln!).

Die freie ungedämpfte Schwingung der Gesamtscheibe ist eine harmonische Drehschwingung um ihren Unterrand. Die Schwingung eines Knotens j ($j = 0 \cdots n - 1$) wird durch die Gleichung

$$y_j = Y_j \sin pt \qquad (2.49)$$

beschrieben; dabei bezeichnen t die Zeitkoordinate, y_j die waagrechte Verschiebung zu einem beliebigen Zeitpunkt t, Y_j den Schwingungsausschlag und p die Kreisfrequenz der Schwingung.

Der Schwingungsausschlag Y_j kann, mit der Bezeichnung r_j für die lotrechte Entfernung des Knotens j vom Knoten n (Abb. 2.8a), also von den Grundkörpersohlen der vollen Scheiben, gemäß

$$Y_j = \Theta r_j \qquad (j = 0 \cdots n - 1) \qquad (2.50)$$

durch den Drehwinkelausschlag Θ der Gesamtscheibe ausgedrückt werden.

Die Geschwindigkeit des Knotens j ergibt sich aus der Gl. (2.49) durch Ableiten nach t; wird in dem so erhaltenen Ausdruck der Schwingungsausschlag Y_j durch den Drehwinkelausschlag Θ ausgedrückt, folgt

$$\dot{y}_j = \Theta p r_j \cos pt; \qquad (2.51)$$

der Punkt über y ist das Zeichen für die Ableitung nach der Zeit. Der Maximalwert $\dot{y}_{j\max} = \dot{Y}_j$ der Geschwindigkeit ist

$$\dot{Y}_j = \Theta p r_j; \qquad (2.52)$$

er entspricht dem Zeitpunkt des Durchgangs des Knotens durch seine Nullage.

Die kinetische Energie des Systems im Zeitpunkt des Durchganges des Systems durch seine Nullage, also ihr Maximalwert, beträgt

$$\Pi_{K,\max} = \frac{1}{2} \sum_{j=0}^{n-1} M_j \dot{Y}_j^2. \qquad (2.53)$$

Die Geschwindigkeiten $\dot{Y}_j$ werden nun gemäß (2.52) durch die Drehwinkelausschläge Θ ausgedrückt; Gl. (2.53) nimmt dann die Form

$$\Pi_{K,\max} = \frac{1}{2} \Theta^2 p^2 \sum_{j=0}^{n-1} M_j r_j^2 \qquad (2.54)$$

an.

Für die potentielle Energie des Systems wurden Formeln bereits im vorangehenden Abschnitt 2.5.1 angegeben, nämlich für den Beitrag der Gesamtgrundkörperunterlage die Formel (2.37) und für den Beitrag des Gesamtersatzkragträgers die Formel (2.39). Der Maximalwert der potentiellen Energie des Systems tritt im Zeitpunkt des maximalen Ausschlages auf und beträgt

$$\Pi_{P,\max} = \frac{1}{2} (K_B + K^*) \Theta^2. \qquad (2.55)$$

Unter Vernachlässigung der Dämpfung verwandelt sich bei jeder Viertelschwingung die beim Durchgang durch die Nullage vorhandene kinetische Energie in die beim größten Ausschlag vorhandene potentielle Energie. Aus der Gleichsetzung der Ausdrücke (2.54) und (2.55) für die beiden Energien folgt für die Kreisfrequenz der freien Schwingungen die Formel

$$p = \sqrt{\frac{K_B + K^*}{\sum_{j=0}^{n-1} M_j r_j^2}}. \quad [\sec^{-1}] \qquad (2.56)$$

Für die Schwingzeit einer vollen Schwingung folgt aus (2.56), wenn noch die Knotenmassen M_j gemäß $M_j = Q_j/g$ durch die entsprechenden Gewichte Q_j ausgedrückt werden, die Formel

$$T = \frac{2\pi}{\sqrt{g}} \sqrt{\frac{\sum_{j=0}^{n-1} Q_j r_j^2}{K_B + K^*}} = 2{,}006 \sqrt{\frac{\sum_{j=0}^{n-1} Q_j r_j^2}{K_B + K^*}}. \quad [\text{sec}] \quad (2.57)$$

Mit $g = 9{,}81$ m/sec^2 ist dabei die Schwerebeschleunigung bezeichnet. Der Wurzelausdruck in der obigen Formel ist in Meter einzusetzen.

2.5.2.2 Der Schwingungsformkoeffizient. Der Schwingungsformkoeffizient ist durch die allgemeine Formel (1.8), Anhang, Abschnitt 1.1.3, gegeben.

Im oft vorkommenden Sonderfall gleicher Knotengewichte, $Q_j = Q$, ($j = 0 \cdots n - 1$), vereinfacht sich die allgemeine Formel für den Schwingungsformkoeffizient zu

$$\eta_j = Y_j \frac{\sum_{j=0}^{n-1} Y_j}{\sum_{j=0}^{n-1} Y_j^2}. \quad (2.58)$$

Werden in der obigen Formel die Schwingungsausschläge Y_j gemäß Gl. (2.50) durch den Ausschlag Θ des Drehwinkels der Gesamtscheibe ausgedrückt, folgt aus (2.58) endgültig

$$\eta_j = r_j \frac{\sum_{j=0}^{n-1} r_j}{\sum_{j=0}^{n-1} r_j^2}. \quad (2.59)$$

Der Schwingungsformkoeffizient ist hiermit r_j proportional; er wächst von Null an der Kote der Grundkörpersohle *linear* zum Maximalwert an dem Systemoberrand an.

Sind außerdem sämtliche Stockwerkhöhen gleich, $h_j = h$, ($j = 1 \cdots n$), gilt für den lotrechten Abstand des Knotens j von der Grundkörpersohlfläche die Formel

$$r_j = (n - j)\, h. \quad (j = 0 \cdots n - 1) \quad (2.60)$$

Wird in der Formel (2.59) für den Schwingungsformkoeffizient der Ausdruck (2.60) für r_j eingesetzt, wird

$$\eta_j = (n - j) \frac{\sum_{j=0}^{n-1} (n - j)}{\sum_{j=0}^{n-1} (n - j)^2}. \quad (2.61)$$

Mit den bekannten Ergebnissen

$$\left.\begin{array}{l}\sum\limits_{j=0}^{n-1}(n-j)=1+2+\cdots+n=\dfrac{1}{2}n(n+1)\\[2mm]\sum\limits_{j=0}^{n-1}(n-j)^2=1^2+2^2+\cdots+n^2=\dfrac{1}{6}n(n+1)(2n+1)\end{array}\right\} \quad (2.62)$$

für die Summen der arithmetischen Reihe im Zähler und der geometrischen Reihe im Nenner des Bruches der Gl. (2.61), ergibt sich für den Schwingungsformkoeffizient, endgültig, die Formel

$$\eta_j = \frac{3(n-j)}{2n+1}, \qquad (2.63)$$

wobei, wie üblich, n die Stockwerkanzahl bezeichnet.

Der Schwingungsformkoeffizient ist am größten für den obersten Knoten ($j = 0$) des Systems:

$$\eta_0 = \frac{3n}{2n+1}. \qquad (2.64)$$

Eine Vorstellung über die Größenordnung des Schwingungsformkoeffizienten η_0 *vielstöckiger* Systeme erhält man, indem man in der Formel (2.64) die Stockwerkanzahl n zu unendlich streben läßt. Die L'Hospitalsche Regel ergibt dann

$$\lim_{n\to\infty} \eta_0 = 1{,}5. \qquad (2.65)$$

Für $n < \infty$ ist $\eta_0 < 1{,}5$.

Da für einstöckige Systeme ($n = 1$) $\eta_0 = 1$ ist, gelten für η_0 die Schranken

$$1 \leq \eta_0 \leq 1{,}5. \qquad (2.66)$$

2.6 Zahlenbeispiel 1

Das auf Abb. 2.9a im Grundriß gezeigte fünfstöckige Scheibensystem aus zweimal je zwei vollen Scheiben, fünf Zweifeldrahmen und einem Halbrahmen ist auf den Einfluß der bei Erdbeben in Querrichtung des Baues auftretenden Massenkräfte zu untersuchen. Der Ermittlung der seismischen Last sei dabei das im Anhang, Abschnitt 1.1.3, beschriebene Verfahren zugrunde gelegt. Die einzelnen Scheiben sind gesondert gegründet; Abb. 2.9b zeigt die Abmessungen der Grundkörpersohlen der vollen Scheiben.

Zuerst sei das Beispiel nach dem genaueren Verfahren, das die Verformungen der vollen Scheiben berücksichtigt, untersucht. Die Näherungsberechnung unter Vernachlässigung der Verformung der vollen Scheiben wird im Abschnitt 2.6.5 durchgeführt.

Da sowohl das System als auch die Belastung symmetrisch sind, wird die Hälfte des Systems untersucht.

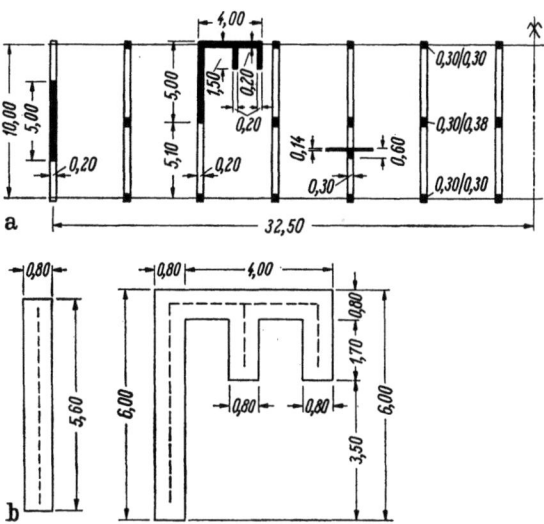

Abb. 2.9. Scheibensystem zum Zahlenbeispiel 1: a) Grundriß des Scheibensystems; b) Abmessungen der Grundkörpersohlen der vollen Scheiben (Maße in Meter).

2.6.1 Gegebene Daten

Die Querschnittsabmessungen sind aus Abb. 2.9 ersichtlich.

Stockwerkhöhen

    4 obere Stockwerke: $h_1 = h = 3{,}00$ m
    unterstes Stockwerk: $h_5 = 5{,}00$ m, $h_5' = 4{,}00$ m

Materialkonstanten

    Volle Scheiben: $E = 2{,}75 \cdot 10^6$ Mp/m², $G = \dfrac{3}{7} E$
    Rahmen: $\quad\quad\;\; E = 3{,}50 \cdot 10^6$ Mp/m²
    Baugrund: $\quad\;\;\; c = 0{,}5 \cdot 10^4$ Mp/m³

Seismischer Koeffizient

    $k = 0{,}08$ (für IX. Zone nach der Mercalli-Sieberg-Scala und guten Baugrund).

Gewicht einer Decke

    samt dem anfallenden Anteil der lotrechten Elemente und einer Hälfte der Nutzlast: $Q = 250$ Mp (für alle Decken und die Dachplatte gleich).

2.6.2 Querschnittswerte

Volle Scheiben

    äußere volle Scheibe (I): $I_1 = 2{,}083$ m^4
    innere volle Scheibe (⊓): $I_2 = 5{,}160$ m^4
    beide vollen Scheiben: $\Sigma I = 7{,}243$ m^4

    gemeinsame Querschnittsfläche beider voller Scheiben für Schub in Querrichtung des Baues (nur Beiträge der Querscheiben):
    $\Sigma F = 2{,}60$ m^2,
    bezogene gemeinsame Querschnittsfläche: $\Sigma F' = 2{,}167$ m^2 (Schubverteilungszahl = 1,2 gesetzt).

Sohlflächen der vollen Scheiben

    der äußeren vollen Scheibe: $I_{B1} = 11{,}71$ m^4
    der inneren vollen Scheibe: $I_{B2} = 28{,}40$ m^4
    gemeinsame der beiden Scheiben: $\Sigma I_B = 40{,}11$ m^4

    (Das Verhältnis $I_{Bj} : \Sigma I_B$ beträgt für die äußere Scheibe 5,62, für die innere Scheibe 5,50, ist also für beide Scheiben annähernd gleich).

Rahmen

    Außenstützen: $I = 0{,}000675$ m^4
    Innenstützen: $I = 2 \cdot 0{,}000675$ m^4
    Sämtliche Stützen: $\Sigma I = 21 \cdot 0{,}000675 = 0{,}01418$ m^4
    Riegel: $\bar{I} = 0{,}0112$ m^4 (die mitwirkende Plattenbreite ist zu 2,00 m angenommen)
    Sämtliche Riegel: $\Sigma \bar{I} = 11 \cdot 0{,}0112 = 0{,}1232$ m^4.

2.6.3 Steifheiten

Gesamtscheibe

    Biegesteifheit: $K_W = 2{,}75 \cdot 10^6 \cdot 7{,}243 = 19{,}92 \cdot 10^6$ Mpm^2
    Schubsteifheit: $K_{WS} = \dfrac{3}{7} \cdot 2{,}75 \cdot 10^6 \cdot 2{,}167 = 2{,}554 \cdot 10^6$ Mp

    (K_W und K_{WS} sind für sämtliche Stockwerke gleich).

Gesamtgrundkörperunterlage

    $K_B = 2 \cdot 0{,}5 \cdot 10^4 \cdot 40{,}11 = 0{,}401 \cdot 10^6$ Mpm.

Gesamtersatzkragträger

    Stockwerksteifheit: $K = \dfrac{12 \cdot 3{,}5 \cdot 10^6 \cdot 0{,}001418}{3{,}0 \left(1 + \dfrac{5 \cdot 0{,}01418}{3 \cdot 0{,}1232}\right)} =$

    $= \dfrac{595\,350}{3{,}0\,(1 + 0{,}192)} = 0{,}167 \cdot 10^6$ Mpm

Systeme aus vollen Scheiben und Stockwerkrahmen   49

(K ist für alle Stockwerke gleich angenommen; demzufolge müssen die Trägheitsmomente der Stützen im untersten Geschoß den $\frac{5}{3} = 1{,}67$-fachen Wert jener der Obergeschosse betragen).

2.6.4 Berechnung unter Berücksichtigung der Verformung der vollen Scheiben

2.6.4.1 Koeffizienten der Kompatibilitätsgleichungen

$$\left.\begin{aligned}
\delta_{11} &= \delta_{22} = \delta_{33} = 2{,}061 \\
\delta_{44} &= 1{,}697 \\
\delta_{55} &= 1{,}083 \\
\delta_{12} &= \delta_{23} = \delta_{34} = -1{,}018 \\
\delta_{45} &= -0{,}646
\end{aligned}\right\} \quad (2.18)$$

2.6.4.2 Ermittlung der Schwingzeit der freien Schwingungen nach dem Grundton und der Schwingungsformkoeffizienten.
Zur Ermittlung der Schwingzeit der freien Schwingungen nach dem Grundton wird das Energieverfahren herangezogen.

Hierzu werden die Stockwerkgewichte als in den Knoten des Ersatzsystems angreifende waagrechte Lasten angebracht; sie sind auf Abb. 2.10a gezeigt. Unter den Lasten sind in Klammern die aus diesen Lasten sich ergebenden Kragträgerquerkräfte $\mathfrak{M}'$ angegeben.

2.6.4.2.1 *Lastglieder der Kompatibilitätsgleichungen*

$$\left.\begin{aligned}
\Delta_{1Q} &= \Delta_{2Q} = \Delta_{3Q} = 750 \text{ Mpm} \\
\Delta_{4Q} &= 1000 \text{ Mpm} \\
\Delta_{5Q} &= -4000 \text{ Mpm}
\end{aligned}\right\} \quad (2.19)$$

2.6.4.2.2 *System der Kompatibilitätsgleichungen und seine Lösung.*
Das System der Kompatibilitätsgleichungen ist in der Tab. 2.1 angeschrieben.

Tab. 2.1 *System der Kompatibilitätsgleichungen zum Zahlenbeispiel 1 (Die Lastglieder Δ_{jQ} dienen zur Ermittlung der Schwingzeit, die Lastglieder Δ_{jW} zur Ermittlung der Schnittkräfte aus den Massenkräften)*

M_1	M_2	M_3	M_4	M_5	Δ_{jQ}	Δ_{jW}
2,061	−1,018				−750	−68,40
−1,018	2,061	−1,018			−750	−54,00
	−1,018	−2,061	−1,018		−750	−39,30
		−1,018	1,697	−0,646	−1000	−42,50
			−0,646	1,083	4000	286,40

Scheibensysteme als diskrete Systeme

Tab. 2.2 Lösung des Systems der Kompatibilitätsgleichungen zum Zahlenbeispiel 1
(obere Tafel: A-Polygon; mittlere Tafel: B-Polygon für den Lastfall Q; untere Tafel: B-Polygon für den Lastfall W)

0	2,061	−0,494	0,503	1,558	−0,653	0,665	1,396	−0,729	0,742	0,955	−0,676	0,437
2,061	−1,018		2,061	−1,018	−1,018	2,061	−1,018	−1,018	1,697	−0,646	−0,646	1,083
0,832	−0,817	1,246	0,815	−0,801	1,271	0,790	−0,776	1,312	0,385	−0,596	1,083	0
1,229			0,743			0,606			0,570			0,646

$M_1 = -936$ $M_2 = -1159$ $M_3 = -673$ $M_4 = 533$ $M_5 = 4015$

0		750	−370,5	1120,5	−731,7	1481,7	−1080,2	2080,2	−1406,2
750	−0,817	−0,494	750	−0,801	−0,653	750	−0,776	−0,729	1000	−0,596	−0,676	−4000
−400,7	490,5		259,5	−324,0		1074,0	−1384		2384	−4000		0
1150,7			861,0			407,7			−303,8			−2593,8

$M_1 = -59{,}51$ $M_2 = -53{,}28$ $M_3 = 4{,}71$ $M_4 = 101{,}32$ $M_5 = 325{,}16$

0		68,40	−33,79	87,79	−57,33	96,63	−70,44	112,94	−76,35
68,40	−0,817	−0,494	54,00	−0,801	−0,653	39,30	−0,776	−0,729	42,50	−0,596	−0,676	−286,40
−4,74	5,80		48,20	−60,18		99,48	−128,19		170,69	−286,40		0
73,14			39,59			−2,85			−57,75			−210,05

Die Lösung ist nach dem Fáknischen Schema (Anhang, Abschnitt 2) in der Tab. 2.2 durchgeführt.

2.6.4.2.3 *Gesamtschnittkräfte.* Die durch Auflösung des Systems der Kompatibilitätsgleichungen erhaltenen Gesamtmomente sind in der Tab. 2.2 angegeben (zwischen der oberen und der mittleren Tafel). Das Diagramm des Gesamtmomentes ist auf Abb. 2.10b gezeigt.

Gesamtquerkräfte

$$\left.\begin{aligned} M'_1 &= -312 \text{ Mp} \\ M'_2 &= -74 \text{ Mp} \\ M'_3 &= 162 \text{ Mp} \\ M'_4 &= 402 \text{ Mp} \\ M'_5 &= 696 \text{ Mp} \end{aligned}\right\} \quad (2.24)$$

Abb. 2.10c zeigt das M'-Diagramm.

Gesamtersatzkragträgerquerkräfte

$$\left.\begin{aligned} \overline{M}'_1 &= 562 \text{ Mp} \\ \overline{M}'_2 &= 574 \text{ Mp} \\ \overline{M}'_3 &= 588 \text{ Mp} \\ \overline{M}'_4 &= 598 \text{ Mp} \\ \overline{M}'_5 &= 554 \text{ Mp} \end{aligned}\right\} \quad (2.26)$$

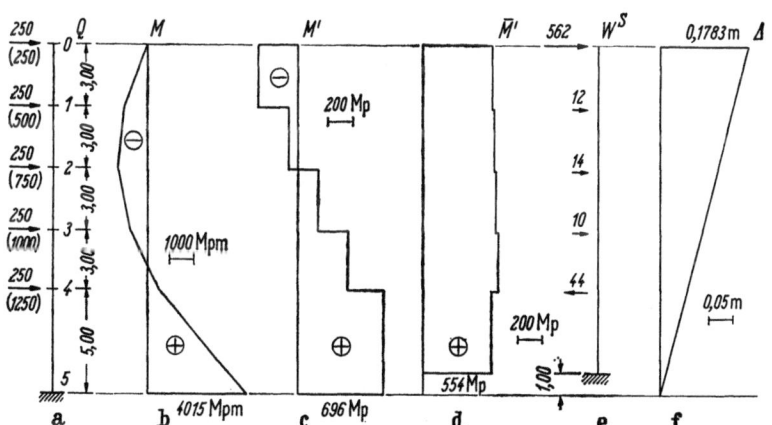

Abb. 2.10. Zur Ermittlung der Schwingzeit der freien Schwingungen nach dem Grundton im Zahlenbeispiel: a) Last des Ersatzsystems; b) Diagramm des Gesamtmomentes; c) Diagramm der Gesamtquerkraft; d) Diagramm der Gesamtersatzkragträgerquerkraft; e) Last des Gesamtersatzkragträgers; f) Durchbiegungslinie.

52 Scheibensysteme als diskrete Systeme

Abb. 2.10 d zeigt das $\overline{M}'$-Diagramm. Die Querkraft des Gesamtersatzkragträgers ist also — näherungsweise — längs seiner ganzen Höhe konstant. Daraus folgt, daß das Zusammenwirken der Gesamtscheibe und des Gesamtersatzkragträgers fast ausschließlich durch eine Einzelkraft am Systemoberrand zustande kommt. Die in der Höhe der Deckenscheiben wirkenden Kräfte sind im Vergleich zu jenen der Dachscheibe klein.

Knotenlasten des Gesamtersatzkragträgers

Die gemäß den Gln. (2.29) berechneten Knotenlasten W^S sind auf Abb. 2.10e angegeben. Die im obersten Knoten 0 angreifende Last W_0^S überwiegt weitaus die übrigen Knotenlasten.

Kontrolle

Als Kontrolle sei das Gleichgewicht der Biegemomente an der Kote des Knotens 5 (Grundkörpersohle) überprüft.

Kragträgermoment: $\mathfrak{M}_5 = 250\,(17 + 14 + 11 + 8 + 5) =$
$= 13750$ Mpm

Gesamtmoment: $M_5 = 4015$ Mpm

Gesamtersatzkragträgermoment: $\overline{M}_5 = 562 \cdot 16 + 12 \cdot 13 +$
$+\; 14 \cdot 10 + 10 \cdot 7 - 44 \cdot 4 + 554 \cdot 1 = 9736$ Mpm

Gleichgewichtsbedingung: $M_5 + \overline{M}_5 = \mathfrak{M}_5, \quad 13751 = 13750$

2.6.4.2.4 Durchbiegungen

Stockwerkdrehwinkel

$$\left.\begin{aligned}\psi_1 &= 0{,}0101 \\ \psi_2 &= 0{,}0103 \\ \psi_3 &= 0{,}0106 \\ \psi_4 &= 0{,}0107\end{aligned}\right\} \quad (2.32)$$

$$\psi_5 = 0{,}0133 \qquad (2.33)$$

Durchbiegungen

$$\varDelta_5 = 0 \qquad (2.35)$$

$$\varDelta_4 = 0{,}0532 \text{ m} \qquad (2.36)$$

$$\left.\begin{aligned}\varDelta_3 &= 0{,}0853 \text{ m} \\ \varDelta_2 &= 0{,}1171 \text{ m} \\ \varDelta_1 &= 0{,}1480 \text{ m} \\ \varDelta_0 &= 0{,}1783 \text{ m}\end{aligned}\right\} \quad (2.34)$$

Abb. 2.10f zeigt die Durchbiegungslinie; sie ist fast eine Gerade. Den weitaus überwiegenden Beitrag den waagrechten Verschiebungen liefert also die Drehung der Grundkörpersohle. Der Beitrag der Verformung des Scheibensystems selbst ist unbedeutend, was auf die Tatsache zurückzuführen ist, daß die vollen Scheiben sehr steif sind. Genaugenommen ist die Durchbiegungslinie längs der ganzen Systemhöhe konkav zur Belastungsseite, was aus der Betrachtung der ψ-Werte ersichtlich ist. In der Höhe des M-Nullpunktes weist die Durchbiegungslinie keinen Wendepunkt auf, was auf den Einfluß der Querkraftverformung zurückzuführen ist.

Kontrolle

Die Durchbiegung des Knotens 4 sei, alternativ, noch nach der Formel (2.30) berechnet.

Abb. 2.11 zeigt die erforderlichen Abschnitte der M- und M'-Diagramme, also die Diagramme aus der gegebenen Last am Ersatzsystem, als auch die $\tilde{M}_4$- und $\tilde{M}'_4$-Diagramme, also die Diagramme am Grundsystem aus dem Hilfsangriff $\tilde{1}$ am Knoten 4.

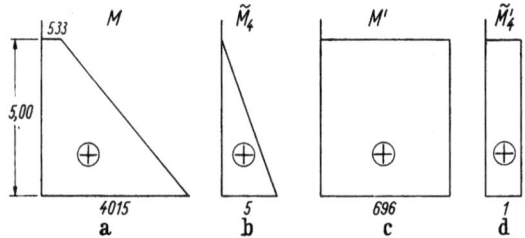

Abb. 2.11. Zur Ermittlung der Durchbiegung des Knotens 4 nach der Mohrschen Formel: a) Diagramm des Gesamtmomentes M infolge der Lasten Q (am Ersatzsystem); b) Diagramm des Gesamtmomentes $\tilde{M}_4$ infolge des Hilfsangriffs $\tilde{1}$ (am Grundsystem); c) Diagramm der Gesamtquerkraft M' infolge der Lasten Q (am Ersatzsystem); d) Diagramm der Gesamtquerkraft $\tilde{M}'_4$ infolge des Hilfsangriffs $\tilde{1}$ (am Grundsystem).

Die Formel (2.30) nimmt, da lediglich das unterste Stockwerk Beiträge liefert, die Form an:

$$\Delta_4 = \int_0^{h_5} \frac{M \tilde{M}_4}{K_{W5}} \, dh_5 + \int_0^{h_5} \frac{M' \tilde{M}'_4}{K_{WS5}} \, dh_5 + \frac{M_5 \tilde{M}_{5,4}}{K_B}.$$

Die Auswertung dieser Formel nach der Trapezformel ergibt, an Hand der Diagramme gemäß Abb. 2.11,

$$\Delta_4 = 0{,}0018 + 0{,}0014 + 0{,}0501 = 0{,}0533 \text{ m},$$

was mit dem vorher erhaltenen Ergebnis übereinstimmt. Das erste Glied im obigen Ausdruck ist der Beitrag der Biegemomente und das zweite der Beitrag der Querkräfte der Gesamtscheibe, das dritte der Beitrag der Drehung der Grundkörpersohle.

2.6.4.2.5 *Dynamische Charakteristiken*

$$\sum_{j=0}^{n-1} \Delta_j = 0{,}5819 \text{ m}$$

$$\sum_{j=0}^{n-1} \Delta_j^2 = 0{,}07751 \text{ m}^2$$

$$\frac{\sum_{j=0}^{n-1} \Delta_j}{\sum_{j=0}^{n-1} \Delta_j^2} = 7{,}507 \text{ m}^{-1}$$

Kreisfrequenz:

$$p = \sqrt{\frac{\sum_{j=0}^{n-1} \Delta_j}{\sum_{j=0}^{n-1} \Delta_j^2} g} = \sqrt{7{,}507 \cdot 9{,}81} = 8{,}58 \text{ sec}^{-1}$$

Schwingzeit: $T = \dfrac{2\pi}{p} = 0{,}732$ sec

Dynamischer Koeffizient: $\beta = \dfrac{0{,}75}{T} = 1{,}025$

Schwingungsformkoeffizienten:

$$\eta_j = \Delta_j \frac{\sum_{j=0}^{n-1} \Delta_j}{\sum_{j=0}^{n-1} \Delta_j^2} \qquad \text{(Anhang, Abschnitt 1.1.3)}$$

$\eta_0 = 0{,}1783 \cdot 7{,}507 = 1{,}338$

$\eta_1 = 0{,}1480 \cdot 7{,}507 = 1{,}111$

$\eta_2 = 0{,}1171 \cdot 7{,}507 = 0{,}879$

$\eta_3 = 0{,}0853 \cdot 7{,}507 = 0{,}640$

$\eta_4 = 0{,}0532 \cdot 7{,}507 = 0{,}399$

2.6.4.3 Massenkräfte (statische Ersatzlasten)

$$W_j = k\beta\eta_j Q \qquad \text{(Anhang, Abschnitt 1.1.3)}$$

$$W_0 = 0{,}08 \cdot 1{,}025 \cdot 1{,}338 \cdot 250 = 27{,}43 \text{ Mp}$$

$$W_1 = 0{,}08 \cdot 1{,}025 \cdot 1{,}111 \cdot 250 = 22{,}78 \text{ Mp}$$

$$W_2 = 0{,}08 \cdot 1{.}025 \cdot 0{,}879 \cdot 250 = 18{,}02 \text{ Mp}$$

$$W_3 = 0{,}08 \cdot 1{,}025 \cdot 0{,}640 \cdot 250 = 13{,}12 \text{ Mp}$$

$$W_4 = 0{,}08 \cdot 1{,}025 \cdot 0{,}399 \cdot 250 = 8{,}18 \text{ Mp}$$

Die Massenkräfte W sind samt den entsprechenden Kragträgerquerkräften $\mathfrak{M}'$ (in Klammern) auf Abb. 2.12 a angegeben. Die Lasten W sind längs der Systemhöhe näherungsweise nach einem Dreieck verteilt, mit dem Maximalwert am Systemoberrand.

Die Massenkräfte betragen im Mittel 7,2% der entsprechenden Gewichte.

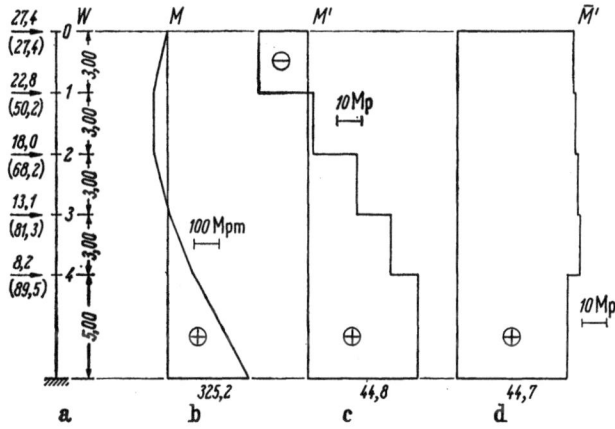

Abb. 2.12. Seismische Last zum Zahlenbeispiel und Diagramme der Gesamtschnittkräfte: a) Seismische Last; b) Diagramm des Gesamtmomentes; c) Diagramm der Gesamtquerkraft; d) Diagramm der Gesamtersatzkragträgerquerkraft.

2.6.4.4 Lastglieder der Kompatibilitätsgleichungen

$$\left.\begin{aligned}
\Delta_{1W} &= 68{,}4 \text{ Mpm} \\
\Delta_{2W} &= 54{,}0 \text{ Mpm} \\
\Delta_{3W} &= 39{,}3 \text{ Mpm} \\
\Delta_{4W} &= 42{,}5 \text{ Mpm} \\
\Delta_{5W} &= -286{,}4 \text{ Mpm}
\end{aligned}\right\} \qquad (2.19)$$

2.6.4.5 System der Kompatibilitätsgleichungen und seine Lösung. Die Koeffizienten der Kompatibilitätsgleichungen und hiermit auch das A-Polygon des Fákinschen Schemas sind, da sie nur von den passiven Eigenschaften des Systems, nicht aber von seiner Last abhängen, natürlich dieselben wie im Abschnitt 2.6.4.1.

Die neuen Lastglieder Δ_{jW} sind in die letzte Spalte der Tab. 2.1 eingetragen, und hiermit ist das neue B-Polygon des Fákinschen Schemas errechnet (Tab. 2.2 unten). Die Lösung des Gleichungssystems ist gleichfalls in der Tab. 2.2 angegeben (über dem B-Polygon für die Δ_{jW}-Glieder).

2.6.4.6 Gesamtschnittkräfte. Die durch Auflösung des Systems der Kompatibilitätsgleichungen erhaltenen Gesamtmomente sind bereits in der Tab. 2.2 angegeben. Abb. 2.12b zeigt das Diagramm des Gesamtmomentes.

Gesamtquerkräfte

$$\left.\begin{aligned} M'_1 &= -19{,}8 \text{ Mpm} \\ M'_2 &= 2{,}1 \text{ Mpm} \\ M'_3 &= 19{,}3 \text{ Mpm} \\ M'_4 &= 32{,}2 \text{ Mpm} \\ M'_5 &= 44{,}8 \text{ Mpm} \end{aligned}\right\} \quad (2.24)$$

Das Diagramm der Gesamtquerkraft ist aus Abb. 2.12c ersichtlich.

Gesamtersatzkragträgerquerkräfte

$$\left.\begin{aligned} \overline{M}'_1 &= 47{,}2 \text{ Mpm} \\ \overline{M}'_2 &= 48{,}1 \text{ Mpm} \\ \overline{M}'_3 &= 48{,}9 \text{ Mpm} \\ \overline{M}'_4 &= 49{,}1 \text{ Mpm} \\ \overline{M}'_5 &= 44{,}7 \text{ Mpm} \end{aligned}\right\} \quad (2.26)$$

Abb. 2.12d zeigt das $\overline{M}'$-Diagramm. Die Querkraft des Gesamtersatzkragträgers ist wieder längs der ganzen Systemhöhe näherungsweise konstant.

2.6.4.7 Schnittkräfte. Die Schnittkräfte M_{1j}, M_{2j} und M'_{1j}, M'_{2j} der beiden vollen Scheiben 1 und 2 erhält man aus den Gesamtschnittkräften M_j und M'_j, indem diese proportional den Biegesteifigkeiten, also den Trägheitsmomenten I_1 und I_2 dieser Scheiben auf diese aufgeteilt werden. Die äußere Scheibe erhält $\varkappa_1 = \dfrac{2{,}083}{7{,}243} = 0{,}288$, die innere $\varkappa_2 = \dfrac{5{,}160}{7{,}243} = 0{,}712$ der Gesamtmomente und der Gesamtquerkräfte.

Systeme aus vollen Scheiben und Stockwerkrahmen

Die Querkräfte $\bar{M}'_j$ des Gesamtersatzkragträgers werden auf die einzelnen Stützen der Stockwerkrahmen im Verhältnis ihrer Trägheitsmomente aufgeteilt. Die äußeren Stützen übernehmen $\frac{I}{\Sigma I} = \frac{1}{21}$, die inneren $\frac{2I}{\Sigma I} = \frac{1}{10,5}$ der Querkräfte $\bar{M}'_j$. Nimmt man, näherungsweise, die Momentennullpunkte der Rahmenstäbe in den Hälften ihrer Spannweiten an, können die Stabendmomente leicht erhalten werden.

2.6.4.8 Bemerkung. Ist man an den Schnittkräften und Durchbiegungen aus Windlast interessiert und nimmt man die Windlast in der Form *gleicher* Knotenlasten W in *sämtlichen* Knoten ($j = 0 \cdots n - 1$) an, kann man die Gesamtschnittkräfte und Durchbiegungen aus Windlast leicht durch Multiplikation der in den Abschnitten 2.6.4.2.3 und 4 für die Knotenlasten Q erhaltenen Werte mit dem Faktor $\frac{W}{Q}$ ermitteln.

2.6.5 Berechnung unter Vernachlässigung der Verformung der vollen Scheiben

Summe der Stockwerksteifheiten des Gesamtersatzkragträgers

$$K^* = \left[4 + \left(\frac{5}{4}\right)^2\right] 0{,}167 \cdot 10^6 = 0{,}929 \cdot 10^6 \text{ Mpm} \tag{2.38}$$

Schwingzeit

$$K_B + K^* = (0{,}401 + 0{,}929) \cdot 10^6 = 1{,}330 \cdot 10^6 \text{ Mpm}$$

$$\sum_{j=0}^{n-1} r_j = 5 + 8 + 11 + 14 + 17 = 55 \text{ m}$$

$$\sum_{j=0}^{n-1} r_j^2 = 5^2 + 8^2 + 11^2 + 14^2 + 17^2 = 695 \text{ m}^2$$

$$T = 2{,}006 \sqrt{\frac{250 \cdot 695}{1{,}330 \cdot 10^6}} = 0{,}724 \text{ sec} \tag{2.57}$$

(gegenüber 0,732 sec in der genaueren Lösung).

Dynamischer Koeffizient

$$\beta = \frac{0{,}75}{0{,}724} = 1{,}036$$

Schwingungsformkoeffizienten

$$\frac{\sum\limits_{j=0}^{n-1} r_j}{\sum\limits_{j=0}^{n-1} r_j^2} = \frac{55}{695} = 0{,}0792$$

$$\left.\begin{aligned}\eta_0 &= 17 \cdot 0{,}0792 = 1{,}345\\ \eta_1 &= 14 \cdot 0{,}0792 = 1{,}108\\ \eta_2 &= 11 \cdot 0{,}0792 = 0{,}871\\ \eta_3 &= 8 \cdot 0{,}0792 = 0{,}633\\ \eta_4 &= 5 \cdot 0{,}0792 = 0{,}396\end{aligned}\right\} \qquad (2.59)$$

Massenkräfte (statische Ersatzlasten)

$$W_0 = 0{,}08 \cdot 1{,}036 \cdot 250 \cdot 1{,}345 = 27{,}87 \text{ Mp} \quad (27{,}43)$$
$$W_1 = 0{,}08 \cdot 1{,}036 \cdot 250 \cdot 1{,}108 = 22{,}96 \text{ Mp} \quad (22{,}78)$$
$$W_2 = 0{,}08 \cdot 1{,}036 \cdot 250 \cdot 0{,}871 = 18{,}05 \text{ Mp} \quad (18{,}02)$$
$$W_3 = 0{,}08 \cdot 1{,}036 \cdot 250 \cdot 0{,}633 = 13{,}12 \text{ Mp} \quad (13{,}12)$$
$$W_4 = 0{,}08 \cdot 1{,}036 \cdot 250 \cdot 0{,}396 = 8{,}20 \text{ Mp} \quad (8{,}18)$$

In Klammern sind zum Vergleich die der genaueren Lösung, Abschnitt 2.6.4.3, entsprechenden Werte angegeben.

Kragträgermoment am Systemunterrand aus den Massenkräften

$$\mathfrak{M}_n = 27{,}87 \cdot 17 + 2296 \cdot 14 + 18{,}05 \cdot 11 + 13{,}12 \cdot 8 + 8{,}20 \cdot 5 =$$
$$= 1140 \text{ Mpm}$$

Gesamtersatzkragträgerquerkräfte

$$\left.\begin{aligned}\overline{M}'_1 = \overline{M}'_2 = \overline{M}'_3 = \overline{M}'_4 &= \frac{\dfrac{0{,}167 \cdot 10^6}{3}}{1{,}330 \cdot 10^6} \cdot 1140 = 47{,}71 \text{ Mp}\\ \overline{M}'_5 &= \frac{\dfrac{0{,}167 \cdot 10^6}{4} \dfrac{5}{4}}{1{,}330 \cdot 10^6} \cdot 1140 = 44{,}73 \text{ Mp}\end{aligned}\right\} \qquad (2.45)$$

Gesamtmoment am Systemunterrand:

$$M_5 = \frac{0{,}401 \cdot 10^6}{1{,}330 \cdot 10^6} \cdot 1140 = 343{,}7 \text{ Mpm} \quad (325{,}2) \qquad (2.44)$$

Die übrigen Gesamtmomente und die Gesamtquerkräfte M' können, falls erforderlich, an Hand von Abb. 2.12d leicht angegeben werden.

Vergleich der Ergebnisse mit jenen der genaueren Lösung. Der Vergleich der Ergebnisse der auf der Annahme der Starrheit der vollen Scheiben gegründeten Näherungslösung mit jenen der genaueren Lösung zeigt, daß die Unterschiede unbedeutend sind. Dies ist die Folge der großen Steifheit der zwei vollen Scheiben gegenüber den Stockwerkrahmen.

Da der Näherungslösung ein steiferes System als das tatsächliche zugrunde liegt, muß die Schwingzahl nach der Näherungslösung kleiner und die Schnittkräfte größer als nach der genaueren Lösung sein. Die Berechnung bestätigte diese a priori bekannte Tatsache.

2.7 Zahlenbeispiel 2

Das auf Abb. 2.13 im Grundriß gezeigte System eines zweistöckigen Flachbaues aus Stahlbeton ist auf die seismische Last in einer der Hauptrichtungen des Systems zu untersuchen. Mit unterbrochener Linie ist die Kontur der Grundkörpersohle des Kernes gezeigt.

Die seismische Last ist unter Berücksichtigung der dynamischen Charakteristiken des Systems nach dem im Anhang, Abschnitt 1.1.3, beschriebenen Verfahren zu ermitteln.

Gegebene Daten:

Stockwerkhöhen: $h_1 = h'_2 = 4{,}00$ m, $\quad h_2 = 5{,}00$ m

Stockwerkrahmen: 32 Stützen $0{,}30 \cdot 0{,}30$ m²

Elastizitätsmodul: $3{,}5 \cdot 10^6$ Mp/m²

Bettungsziffer des Baugrundes: $c = 0{,}25 \cdot 10^4$ Mp/m³

an die Koten der Dach- und Deckenscheibe anfallende Gewichte, einschließlich einer Hälfte der Nutzlast: $Q_0 = 500$ Mp, $Q_1 = 700$ Mp,

seismischer Koeffizient: $k = 0{,}08$

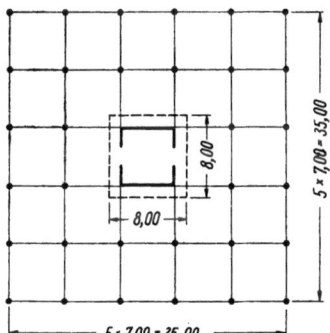
Abb. 2.13. Grundriß des Systems zum Zahlenbeispiel 2 (Maße in Meter).

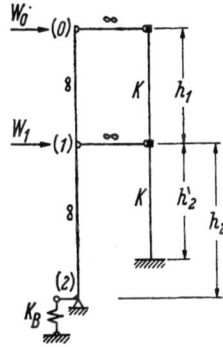
Abb. 2.14. Ersatzsystem zum Zahlenbeispiel.

Der mittig gelegene Kern der aussteifenden Konstruktion wird im Vergleich zu den Stützen und Riegeln der Stockwerkrahmen als starr angenommen; ferner werden die Riegel im Vergleich zu den Stützen als starr angenommen.

Abb. 2.14 zeigt das Ersatzsystem; links ist die dem Kern entsprechende — starre — Gesamtscheibe, rechts der sämtliche Stockwerkrahmen ersetzende Gesamtersatzkragträger. Beide sind durch starre Pendelstäbe, die die Dach- und Deckenscheibe ersetzen, verbunden. Die Feder stellt die Grundkörperunterlage des Kernes dar.

Das Beispiel kann nach den im Abschnitt 2.5 abgeleiteten Formeln einfach berechnet werden. Es sei aber hier gezeigt, wie die Aufgabe nach dem Formänderungsgrößenverfahren gelöst werden kann.

2.7.1 Querschnittswerte und Gesamtsteifheiten

$I = 0{,}000675$ m^4, $\quad \Sigma I = 32 \cdot 0{,}000675 = 0{,}0216$ m^4

$I_B = 341{,}3$ m^4

$K_B = 2cI_B = 2 \cdot 0{,}25 \cdot 10^4 \cdot 341{,}3 = 1{,}707 \cdot 10^6$ Mpm

$K = \dfrac{12E\Sigma I}{h} = \dfrac{12}{4} \cdot 3{,}5 \cdot 10^6 \cdot 0{,}0216 = 0{,}227 \cdot 10^6$ Mpm

2.7.2 Entwicklung der Formel für den Drehwinkel der Gesamtscheibe nach dem Formänderungsgrößenverfahren

Abb. 2.15a zeigt das durch die waagrechten Knotenlasten W_0 und W_1 verformte Ersatzsystem, Abb. 2.15b die auf die Gesamtscheibe einwirkenden Lasten und Schnittkräfte.

Die Querkräfte des Gesamtersatzkragträgers werden — nach der Grundformel des Formänderungsgrößenverfahrens — aus den Summen seiner Stützenendmomente im betrachteten Stockwerk gemäß

$$\overline{M}'_1 = \frac{K}{h_1}\psi,$$

$$\overline{M}'_2 = \frac{K}{h'_2}\frac{h_2}{h'_2}\psi$$

durch den Drehwinkel ψ ausgedrückt. Die Indizes 1 und 2 geben dabei die Ordnungszahl des Stockwerkes an.

Für die Längskräfte, und zwar Druckkräfte, der Pendelstäbe hat man hiermit die Ausdrücke

$$\overline{M}'_1 = \frac{K}{h_1}\psi$$

$$\overline{M}'_2 - \overline{M}'_1 = \left(\frac{h_2}{h'^2_2} - \frac{1}{h_1}\right)K\psi.$$

Die Gleichgewichtsbedingung der Biegemomente für den Unterrand der Gesamtscheibe (Abb. 2.15b) hat die Form

$$K_B\psi + \frac{K}{h_1}(h_1 + h_2)\psi + K\left[\left(\frac{h_2}{h'_2}\right)^2 - \frac{h_2}{h_1}\right]\psi - W_0(h_1 + h_2) - W_1 h_2 = 0,$$

woraus sich, mit den Bezeichnungen $\mathfrak{M}_2$ für das Kragträgermoment $W_0(h_1 + h_2) + W_1 h_2$ an der Kote des Unterrandes der Gesamtscheibe und K^* für die reduzierte Summe $K\left[1 + \left(\frac{h_2}{h_2'}\right)^2\right]$ der Steifheiten des Gesamtersatzkragträgers

$$\psi = \frac{\mathfrak{M}_2}{K_B + K^*}$$

ergibt. Diese Formel stimmt mit der vorher nach dem Energieverfahren entwickelten überein [Abschnitt 2.5.1.1, Gl. (2.43)].

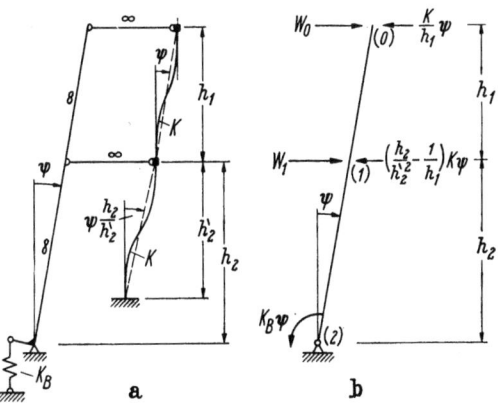

Abb. 2.15. a) Durch Knotenlasten W_0 und W_1 verformtes Ersatzsystem; b) auf die Gesamtscheibe des Ersatzsystems einwirkende Lasten und Schnittkräfte.

2.7.3 Ermittlung der Grundschwingzeit, des dynamischen Koeffizienten und der Schwingungsformkoeffizienten

$$K^* = 0{,}227 \cdot 10^6 \left[1 + \left(\frac{5}{4}\right)^2\right] = 0{,}581 \cdot 10^6 \text{ Mpm}$$

$$K_B + K^* = (1{,}707 + 0{,}581) \cdot 10^6 = 2{,}288 \cdot 10^6 \text{ Mpm}$$

$\mathfrak{M}_2 = 500 \cdot 9 + 700 \cdot 5 = 8000$ Mpm (aus den *waagrechten* Knotenlasten Q_0 und Q_1)

$$\psi = \frac{8000}{2{,}288 \cdot 10^6} = 0{,}00350$$

$$\Delta_0 = (h_1 + h_2)\psi, \qquad \Delta_1 = h_2 \psi$$

$$\frac{Q_0 \Delta_0 + Q_1 \Delta_1}{Q_0 \Delta_0^2 + Q_1 \Delta_1^2} = 39{,}4$$

$$p = \sqrt{g}\sqrt{\frac{Q_0 \Delta_0 + Q_1 \Delta_1}{Q_0 \Delta_0^2 + Q_1 \Delta_1^2}} = 19{,}70 \text{ sec}^{-1}$$

$$T = \frac{2\pi}{p} = 0{,}319 \text{ sec}$$

$$\beta = \frac{0{,}75}{T} = 2{,}35 > \beta_{\max} = \underline{1{,}5}$$

$$\eta_0 = (h_1 + h_2) \frac{Q_0(h_1 + h_2) + Q_1 h_2}{Q_0(h_1 + h_2)^2 + Q_1 h_2^2} = 1{,}241$$

$$\eta_1 = h_2 \frac{Q_0(h_1 + h_2) + Q_1 h_2}{Q_0(h_1 + h_2)^2 + Q_1 h_2^2} = 0{,}690$$

2.7.4 Seismische Last

$$W_0 = k\beta\eta_0 Q_0 = 0{,}08 \cdot 1{,}5 \cdot 1{,}241 \cdot 500 = 74{,}5 \text{ Mp}$$

$$W_1 = k\beta\eta_1 Q_1 = 0{,}08 \cdot 1{,}5 \cdot 0{,}690 \cdot 700 = 58{,}0 \text{ Mp}$$

$$W_0 + W_1 = 132{,}5 \text{ Mp}$$

$$\frac{W_0 + W_1}{Q_0 + Q_1} 100 = \frac{132{,}5}{1200} 100 = 11\%$$

2.7.5 Kragträgerschnittkräfte und Gesamtschnittkräfte aus der seismischen Last [Abschnitt 2.5.1]

$$\mathfrak{M}'_1 = 74{,}5 \text{ Mp}, \qquad \mathfrak{M}'_2 = 132{,}5 \text{ Mp}$$

$$\mathfrak{M}_2 = 74{,}5 \cdot 9 + 58{,}0 \cdot 5 = 960{,}5 \text{ Mpm}$$

$$M_1 = (74{,}5 - 23{,}8) \cdot 4 = 202{,}8 \text{ Mpm}$$

$$M_2 = \frac{1}{1 + \dfrac{0{,}581}{1{,}707}} \mathfrak{M}_2 = 0{,}7457 \cdot 960{,}5 = 717 \text{ Mpm}$$

$$\overline{M}'_1 = \frac{\dfrac{K}{h}}{K_B + K^*} \mathfrak{M}_2 = \frac{\dfrac{0{,}227 \cdot 10^6}{4}}{2{,}288 \cdot 10^6} 960{,}5 = 23{,}8 \text{ Mp}$$

$$\overline{M}'_2 = \frac{\dfrac{K}{h'_2} \cdot \dfrac{h_2}{h'_2}}{K_B + K^*} \mathfrak{M}_2 = \frac{\dfrac{0{,}227 \cdot 10^6}{4} \cdot \dfrac{5}{4}}{2{,}288 \cdot 10^6} 960{,}5 = 29{,}8 \text{ Mp}$$

$$M'_1 = \mathfrak{M}'_1 - \overline{M}'_1 = 74{,}5 - 23{,}8 = 50{,}7 \text{ Mp}$$

$$M'_2 = \mathfrak{M}'_2 - \overline{M}'_2 = 132{,}5 - 29{,}8 = 102{,}7 \text{ Mp}$$

Abb. 2.16 zeigt die Diagramme der Gesamtschnittkräfte.

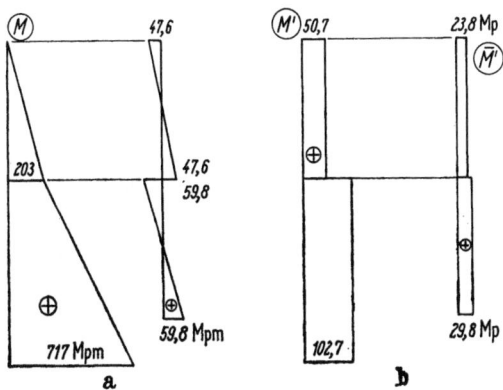

Abb. 2.16. Diagramme der Gesamtschnittkräfte: a) Gesamtmoment (links) und Biegemomente am Gesamtersatzkragträger (rechts); b) Gesamtquerkraft (links) und Gesamtersatzkragträgerquerkraft (rechts).

2.7.6 Schnittkräfte

Die Biegemomente und Querkräfte des Kernes sind dem Gesamtmoment M bzw. der Gesamtquerkraft M' gleich.

Jede Stütze der Stockwerkrahmen übernimmt den $\frac{1}{32}$ten Teil der Gesamtersatzkragträgerquerkräfte.

3 Systeme aus vollen und gegliederten Scheiben

3.1 Entwicklung des Ersatzsystems und des vereinfachten Ersatzsystems

3.1.1 Das Ersatzsystem

Es wird ein System aus einer beliebigen Anzahl voller und gegliederter Scheiben erörtert, wobei die vollen Scheiben nicht untereinander gleich sein müssen, und unter den gegliederten Scheiben solche mit verschiedener Öffnungsspaltenanzahl und unterschiedlich angeordneten Öffnungsspalten sein können.

Es wird vorausgesetzt, daß, wenn die Steifheiten der vollen und der Stützen der gegliederten Scheiben längs der Systemhöhe veränderlich sind, das Gesetz dieser Veränderlichkeit für alle Scheiben dasselbe ist.

Sämtliche volle Scheiben des zu untersuchenden Scheibensystems denkt man sich durch *eine* volle Scheibe ersetzt, deren Biegesteifheiten K^+_{Wj} und Schubsteifheiten K^+_{WSj} jeweils (d. h. stockwerkweise) der

Summe der Biege- bzw. Schubsteifheiten sämtlicher vollen Scheiben gleich sind:

$$\left. \begin{aligned} K_{Wj}^+ &= \sum_i K_{Wij} \\ K_{WSj}^+ &= \sum_i K_{WSij}; \end{aligned} \right\} \quad (j = 1, 2 \cdots n) \tag{3.1}$$

j ist dabei die Ordnungszahl des Stockwerks und i die Ordnungszahl der Scheibe. Die Summen sind auf sämtliche volle Scheiben des Systems zu erstrecken.

Weiterhin denkt man sich sämtliche Stützen sämtlicher *gegliederter* Scheiben durch *eine* volle Scheibe ersetzt, deren Biegesteifheiten K_{Wj}^{++} und Schubsteifheiten K_{WSj}^{++} wieder jeweils der Summe der Biege- bzw. Schubsteifheiten sämtlicher Stützen sämtlicher gegliederter Scheiben gleich sind:

$$\left. \begin{aligned} K_{Wj}^{++} &= \sum_i K_{Wij} \\ K_{WSj}^{++} &= \sum_i K_{WSij}; \end{aligned} \right\} \quad (j = 1, 2 \cdots n) \tag{3.2}$$

i ist nun die Ordnungszahl der *gegliederten* Scheibe und die Summen sind wieder auf sämtliche Stützen der gegliederten Scheibe zu erstrecken.

Sämtliche Riegelstränge einer Kote ersetzt man durch *einen* Riegelstrang, Gesamtriegelstrang genannt, und stellt ihn auf den Bildern, einfachheitshalber, als einen auf die Bildebene senkrechten Torsionsstab dar. Der Torsionsstab ist biegeweich und ist in einer anderen lotrechten Ebene torsionsstarr eingespannt; mit der vollen Scheibe, die die Stützen der gegliederten Scheibe darstellt, verbunden, bewirkt er eine waagrecht verschiebliche Einspannung dieser Scheibe. Die Ordnungszahl j des Torsionsstabes entspricht, wie jene der entsprechenden Riegelstränge, und des Gesamtriegelstranges, der Ordnungszahl des unter ihm sich befindenden Stockwerks, und nicht jener des an der gleichen Kote sich befindenden Knotens. Die Steifheit des Torsionsstabes ist der Summe der Steifheiten sämtlicher Riegelstränge der betrachteten Kote, also der Steifheit des Gesamtriegelstranges dieser Kote, gleich:

$$K_j = \sum_i K_{ij}. \quad (j = 1 \cdots n) \tag{3.3}$$

Die unteren Ränder sämtlicher Scheiben werden als in einen massiven Rost von Kellerwänden oder einen starren Baugrund eingespannt angenommen, so daß gegenseitige Verdrehungen der unteren Ränder der Scheiben nicht auftreten können [Auflagerungsart 1 (Kap. A, Abb. 3.1a)].

Das so erhaltene, einem — beispielsweise 5stöckigen — System aus beliebig vielen beliebig gestalteten vollen und gegliederten Scheiben zugeordnete Ersatzsystem ist aus Abb. 3.1 ersichtlich. Die linke Scheibe stellt die vollen, die rechte Scheibe mit den Torsionsstäben die Stützen der gegliederten Scheiben und die die beiden Scheiben verbindenden — voraussetzungsgemäß starren — Pendelstäbe die Deckenscheiben dar. Die Bedeutung der Bezeichnungen ist gleichfalls aus der Abbildung ersichtlich.

Die Last des Systems wird — wie üblich — in der Form in den Knoten angreifender waagrechter Einzellasten W_j angenommen (Abb. 3.1).

3.1.2 Das vereinfachte Ersatzsystem

Man löst nun die Verbindungen der rechten Scheibe (Abb. 3.1) mit den Torsionsstäben und ersetzt die Einwirkung der Torsionsstäbe auf die Scheibe durch dem jeweiligen Drehwinkel proportionale Einzelmomente $\overline{M}'_j$ ($j = 0, 1 \cdots n - 1$), im folgenden Gesamtriegelstrangmomente genannt (Abb. 3.2a). Der Index j bei $\overline{M}'_j$ gibt die Ordnungszahl des Knotens (auf der Abbildung in Klammern angegeben) und nicht die des Torsionsstabes an.

Die Summe der Gesamtriegelstrangmomente $\overline{M}'_j$ vom Systemoberrand (Knoten 0) bis zu einem beliebigen Schnitt durch das Stockwerk j sei mit $\overline{M}_j$ bezeichnet und Summargesamtriegelstrangmoment genannt. Es ist

$$\overline{M}_j = \overline{M}'_0 + \overline{M}'_1 + \cdots + \overline{M}'_{j-1}. \quad (3.4)$$

Abb. 3.2b zeigt mit unterbrochenen Linien das Diagramm des gemäß Gl. (3.4) definierten Summargesamtriegelstrangmomentes.

Zur Vereinfachung der weiteren Rechnung werden nun die Gesamtriegelstrangmomente $\overline{M}'_j$ ($j = 0, 1 \cdots n - 1$) durch — in dem betrachteten Knoten j und dem unter diesem sich befindenden Knoten $j + 1$ angreifende Kräftepaare bildende — Einzellasten $\overline{M}'_j/h_{j+1}$ ersetzt (Abb. 3.2c). Zufolge des Ersetzens der Gesamtriegelstrangmomente durch statisch äquivalente Kräftepaare wird der Einfluß der *lokalen* Biegung der Stützen der gegliederten

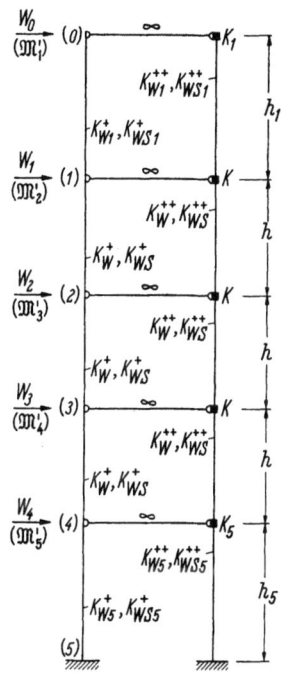

Abb. 3.1. Ersatzsystem eines Scheibensystems aus vollen und gegliederten Scheiben samt Steifheiten und Last.

Scheiben zwischen den benachbarten Knoten vernachlässigt. Es ist zu erwarten, daß diese Vereinfachung bei mehrstöckigen Systemen, etwa ab 3 Stockwerken, annehmbar ist. Die Bedeutung der Vereinfachung ist aus Abb. 3.2b ersichtlich: die tatsächlich stufenartige M-Linie wird durch das ihr eingeschriebene Polygon (voll ausgezogen) ersetzt.

Die Knotenlasten W_j und die die Gesamtriegelstrangmomente $\overline{M}'_j$ ersetzenden Einzellasten $\overline{M}'_j/h_{j+1}$ können — zufolge der Starrheit der Pendelstäbe — überlagert werden. Die beiden Scheiben des Ersatzsystems (Abb. 3.1) werden dann durch *eine* Scheibe, im folgenden Gesamtscheibe genannt, ersetzt (Abb. 3.2d, links), dessen Biegesteifheiten

$$K_{Wj} = K^+_{Wj} + K^{++}_{Wj} \qquad (3.5)$$

und Schubsteifheiten

$$K_{WSj} = K^+_{WSj} + K^{++}_{WSj} \qquad (3.6)$$

jeweils der Summe der Biege- bzw. Schubsteifheiten der linken und rechten Scheibe des Ersatzsystems (Abb. 3.1) gleich sind.

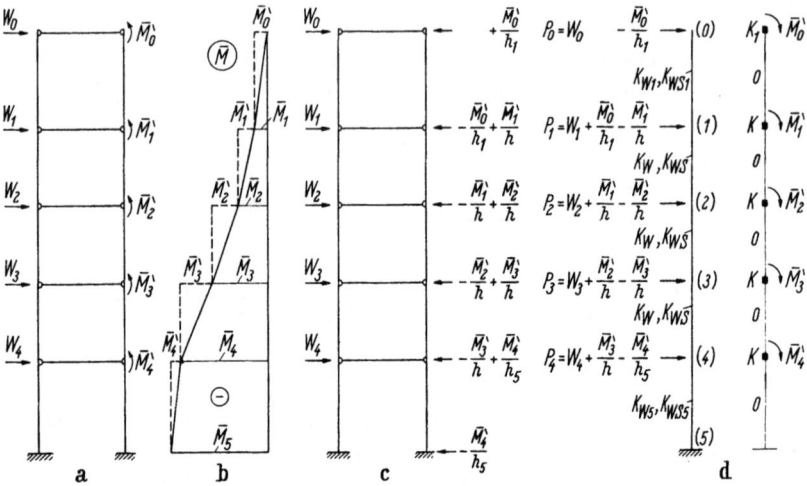

Abb. 3.2. Entwicklung des vereinfachten Ersatzsystems: a) Ersetzen der Einwirkung der Torsionsstäbe durch entsprechende Gesamtriegelstrangmomente; b) Diagramm des Summargesamtriegelstrangmomentes (mit unterbrochenen Linien ist die genaue, mit vollen die vereinfachte Form des Diagrammes dargestellt); c) Ersatzsystem unter dem Einfluß der gegebenen Last und der die Gesamtriegelstrangmomente ersetzenden Kräftepaare; d) das vereinfachte Ersatzsystem: links die Gesamtscheibe, rechts die Torsionsstäbe, samt Krafteinwirkungen.

Die Knotenlasten der Gesamtscheibe (Abb. 3.2d) ergeben sich durch Überlagerung der äußeren Lasten W_j und der die Gesamtriegelstrangmomente $\overline{M}'_j$ ersetzenden Kräfte zu

$$\left. \begin{array}{l} P_0 = W_0 - \dfrac{\overline{M}'_0}{h_1}, \\[2mm] P_j = W_j + \dfrac{\overline{M}'_{j-1}}{h_j} - \dfrac{\overline{M}'_j}{h_{j+1}}. \qquad (j = 1 \cdots n-1) \end{array} \right\} \qquad (3.7)$$

Diese Knotenlasten sind, wie die äußeren Lasten, von links nach rechts wirkend positiv angenommen.

Die Torsionsstäbe sind seitens der Gesamtscheibe gleichfalls durch die — nun im entgegengerichteten Sinn wirkenden — Gesamtriegelstrangmomente $\bar{M}'_j$ belastet (Abb. 3.2d, rechts).

Rekapitulierend sei festgestellt, daß die Untersuchung des gegebenen Scheibensystems aus vollen und gegliederten Scheiben auf die Untersuchung des vereinfachten Ersatzsystems (Abb. 3.2d) aus

1. einer am unteren Ende eingespannten Gesamtscheibe mit den Steifheiten K_{Wj} und K_{WSj} und
2. n Torsionsstäben mit den Steifheiten K_j und den Gesamtriegelstrangmomenten $\bar{M}'_j$ als Last

zurückgeführt wurde. Den Verhältnissen der Baupraxis entsprechend wurde — beim beispielsweise 5stöckigen System gemäß den Abb. 3.1 und 3.2 — vereinfachend angenommen, daß die Steifheiten der *inneren* Stockwerke, also des zweiten bis zum vorletzten, als auch deren Höhen, gleich sind. Es ist also angenommen:

$$\left.\begin{array}{l} K_{Wj} = K_W \\ K_{WSj} = K_{WS} \\ K_j = K \\ h_j = h \end{array}\right\} \text{(für } j = 2 \cdots n-1) \tag{3.8}$$

3.1.3 Kragträgerschnittkräfte. Gesamtschnittkräfte. Beziehungen zwischen den Gesamtschnittkräften

Die äußere Last, also die Knotenlasten W, ergeben im Stockwerk j die Querkraft
$$\mathfrak{M}'_j = W_0 + W_1 + \cdots + W_{j-1}, \tag{3.9}$$

Kragträgerquerkraft genannt, die der Summe aller über dem betrachteten Stockwerk j angreifenden Lasten W gleich ist. Auf Abb. 3.1 sind die $\mathfrak{M}'$-Werte für alle Stockwerke in Klammern angegeben. Das Biegemoment an der Kote des Knotens j aus den Knotenlasten W, Kragträgermoment genannt, sei mit $\mathfrak{M}_j$ bezeichnet; es kann, falls erforderlich, aus der Kragträgerkraft $\mathfrak{M}'_j$ nach der bekannten Rekursionsformel

$$\mathfrak{M}_j = \mathfrak{M}_{j-1} + \mathfrak{M}'_j h_j \qquad (j = 1 \cdots n) \tag{3.10}$$

der Stabstatik, mit dem Ausgangswert $\mathfrak{M}_0 = 0$ am Systemoberrand (Knoten 0), berechnet werden.

Die Schnittkräfte der Elemente des Ersatzsystems, also der Gesamtscheibe und der Torsionsstäbe, werden Gesamtschnittkräfte genannt. Es sind dies, neben dem Gesamtriegelstrangmoment $\bar{M}'$, das Biegemoment M und die Querkraft M' der Gesamtscheibe, Gesamtmoment und Gesamtquerkraft genannt.

Vorzeichen: die Biegemomente M und $\mathfrak{M}$ sind positiv, wenn sie an der linken Seite der Gesamtscheibe Zugspannungen erzeugen. Die Gesamtriegelstrangmomente $\overline{M}$` sind positiv, wenn sie auf die Torsionsstäbe im, auf die Gesamtscheibe entgegen dem Uhrzeigerdrehsinn einwirken. Die Querkräfte M' und $\mathfrak{M}'$ sind positiv, wenn sie vom oberen auf einen unteren Teil der Gesamtscheibe von links nach rechts einwirken.

Die Gesamtquerkräfte werden durch die Gesamtmomente gemäß

$$M'_j = \frac{M_j - M_{j-1}}{h_j} \qquad (j = 1 \cdots n) \tag{3.11}$$

ausgedrückt. Der Index j bei M'_j bezieht sich auf das Stockwerk j. Es ist dies die Formel für die Querkraft des mit Endmomenten belasteten einfachen Balkens. Abb. 3.3a zeigt das M-Diagramm, Abb. 3.3b das M'-Diagramm, wobei die M'-Werte gemäß Formel (3.11) durch die M-Werte ausgedrückt sind.

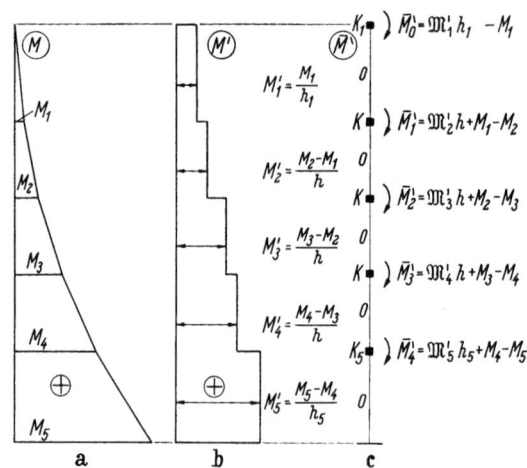

Abb. 3.3. Diagramme der Gesamtschnittkräfte:
a) Gesamtmoment; b) Gesamtquerkraft; c) Gesamtriegelstrangmoment.

An Hand der Ausdrücke (3.7) für die Knotenlasten hat man für die Gesamtquerkraft auch den Ausdruck

$$M'_{j+1} = \mathfrak{M}'_{j+1} - \frac{\overline{M}'_j}{h_{j+1}}. \tag{3.12}$$

Die Gl. (3.12) nach dem Gesamtriegelstrangmoment aufgelöst lautet

$$\overline{M}'_j = (\mathfrak{M}'_{j+1} - M'_{j+1}) h_{j+1} \quad \text{[Mpm]} \tag{3.13}$$

bzw.
$$\overline{M}_j^{\backprime} = \overline{M}'_{j+1} h_{j+1}, \qquad (3.14)$$
nachdem gemäß
$$\overline{M}'_{j+1} = \mathfrak{M}'_{j+1} - M'_{j+1} \quad [\text{Mp}] \qquad (3.15)$$

für die Differenz der Kragträgerquerkraft $\mathfrak{M}'$ und der Gesamtquerkraft M' die Bezeichnung $\overline{M}'$ eingeführt wurde.

Die Gl. (3.14) kann auch in der Form

$$\frac{\overline{M}_j^{\backprime}}{h_{j+1}} = \overline{M}'_{j+1} \quad [\text{Mp}] \qquad (3.16)$$

angeschrieben werden. Die Größe $\overline{M}'_{j+1}$ stellt gemäß Gl. (3.15) den Anteil der Kragträgerquerkraft $\mathfrak{M}'_{j+1}$ dar, der vom Gesamtriegelstrang j aufgenommen wird und gemäß Gl. (3.16) das auf die Höheneinheit des Stockwerkes $j+1$ bezogene Gesamtriegelstrangmoment, Gesamtverbindungsmoment genannt.

Nun wird in der Gl. (3.13) für das Gesamtriegelstrangmoment noch die Gesamtquerkraft M'_{j+1} gemäß Gl. (3.11) durch die Gesamtmomente ausgedrückt. Es folgt

$$\overline{M}_j^{\backprime} = \mathfrak{M}'_{j+1} h_{j+1} + M_j - M_{j+1}, \qquad (3.17)$$

womit das Gesamtriegelstrangmoment $\overline{M}`$ als Funktion der Gesamtmomente M und der Kragträgerquerkräfte $\mathfrak{M}'$ ausgedrückt ist. Abb. 3.3c zeigt die auf die einzelnen Torsionsstäbe einwirkenden Gesamtriegelstrangmomente unter Angabe ihrer Größen gemäß der Beziehung (3.17).

Für das Summargesamtriegelstrangmoment ergibt sich die Formel

$$\overline{M}_j = \mathfrak{M}_j - M_j. \qquad (3.18)$$

Sie besagt, daß das Summargesamtriegelstrangmoment der Differenz des Kragträgermomentes und des Gesamtmomentes an der betrachteten Kote gleich ist. Es folgt die Gleichgewichtsbedingung, daß die Summe des Gesamtmomentes und des Summargesamtriegelstrangmomentes dem Kragträgermoment gleich ist.

3.2 Ableitung der Kompatibilitätsgleichungen

3.2.1 Komplementäre Energie des Systems

Zur Formulierung der Aufgabe, also zur Ableitung des Systems der Kompatibilitätsgleichungen, soll das 2. Castiglianosche Theorem An-

70   Scheibensysteme als diskrete Systeme

wendung finden, wonach die statisch überzähligen Größen die komplementäre Energie des Systems zum Minimum machen.

Als statisch überzählige Größen werden zweckmäßigerweise die Biegemomente M_j ($j = 1 \cdots n$) der Gesamtscheibe, die Gesamtmomente, gewählt (Abb. 3.3a). Die Indizes bei M beziehen sich auf den Knoten, in dem das Biegemoment wirkt.

Am oberen Rand des Systems ist M offensichtlich gleich null; es ist also $M_0 = 0$.

Sämtliche Gesamtschnittkräfte sind durch die statisch überzähligen Größen M und die Kragträgerquerkräfte $\mathfrak{M}'$ auszudrücken. Entsprechende Beziehungen wurden im vorangehenden Abschnitt 3.1.3 angegeben.

Die komplementäre Energie U des Systems setzt sich gemäß

$$U = \sum_{j=1}^{n} \int_0^{h_j} \left(\frac{M^2}{2 K_{Wj}} + \frac{M'^2}{2 K_{WS_j}} \right) dh_j + \sum_{j=1}^{n} \frac{\overline{M}_{j-1}'^2}{2 K_j} \quad [\text{Mpm}] \quad (3.19)$$

aus Beiträgen der Biegemomente M und der Querkräfte M' der Gesamtscheibe und der Torsionsmomente $\overline{M}'$ der Torsionsstäbe zusammen. Die erste Summe erstreckt sich dabei auf alle Stockwerke der Gesamtscheibe, die zweite auf alle Torsionsstäbe; das Integral ist für jedes Stockwerk auf die ganze Stockwerkhöhe h_j zu erstrecken, wobei dh_j das Differential der Höhe h_j des Stockwerkes j bezeichnet.

Die Integration wird, an Hand des M-Diagramms (Abb. 3.3a) und des M'-Diagrammes (Abb. 3.3b) am einfachsten mittels der Trapezformel der Baustatik durchgeführt. Die zur Ermittlung der zweiten Summe erforderlichen $\overline{M}_j'$-Werte können Abb. 3.3c entnommen werden. Nach Ordnen und Kürzen ergibt sich:

$$2U = \frac{h_1}{3 K_{W1}} M_1^2 + \frac{h}{3 K_W} (M_1^2 + 2 M_2^2 + 2 M_3^2 + M_4^2 + M_1 M_2 +$$

$$+ M_2 M_3 + M_3 M_4) + \frac{h_5}{3 K_{W5}} (M_4^2 + M_5^2 + M_4 M_5) + \frac{M_1^2}{h_1 K_{WS1}} +$$

$$+ \frac{1}{h K_{WS}} [(M_2 - M_1)^2 + (M_3 - M_2)^2 + (M_4 - M_3)^2] +$$

$$+ \frac{(M_5 - M_4)^2}{h_5 K_{WS5}} + \frac{1}{K_1} (-M_1 + \mathfrak{M}_1' h_1)^2 + \frac{1}{K} [(M_1 - M_2 + \mathfrak{M}_2' h)^2 +$$

$$+ (M_2 - M_3 + \mathfrak{M}_3' h)^2 + (M_3 - M_4 + \mathfrak{M}_4' h)^2] +$$

$$+ \frac{1}{K_5} (M_4 - M_5 + \mathfrak{M}_5' h_5)^2. \quad (3.20)$$

3.2.2 Die Kompatibilitätsgleichungen

Die Bedingungsgleichungen des 2. Castiglianoschen Theorems sind

$$\frac{\partial U}{\partial M_j} = 0, \qquad (j = 1 \cdots n) \tag{3.21}$$

wonach der Ausdruck (3.20) für die komplementäre Energie des Systems nach den statisch überzähligen Größen, den Gesamtmomenten in den Knoten $j = 1 \cdots n$, abzuleiten ist und die so erhaltenen Ausdrücke gleich null zu setzen sind. Man erhält so, nach Ordnen und Übertragen der Lastglieder auf die rechte Seite der Gleichungen, das folgende System n simultaner dreigliedriger linearer algebraischer Gleichungen mit n Unbekannten $M_1 \cdots M_n$:

[1] $\left(\dfrac{h_1}{3K_{W1}} + \dfrac{h}{3K_W} + \dfrac{1}{h_1 K_{WS1}} + \dfrac{1}{h K_{WS}} + \dfrac{1}{K_1} + \dfrac{1}{K}\right) M_1 +$

$\qquad + \left(\dfrac{h}{6K_W} - \dfrac{1}{h K_{WS}} - \dfrac{1}{K}\right) M_2 = \dfrac{h_1}{K_1}\mathfrak{M}_1' - \dfrac{h}{K}\mathfrak{M}_2',$

[2] $\left(\dfrac{h}{6K_W} - \dfrac{1}{h K_{WS}} - \dfrac{1}{K}\right) M_1 + \left(\dfrac{2h}{3K_W} + \dfrac{2}{h K_{WS}} + \dfrac{2}{K}\right) M_2 +$

$\qquad + \left(\dfrac{h}{6K_W} - \dfrac{1}{h K_{WS}} - \dfrac{1}{K}\right) M_3 = -\dfrac{h}{K} W_2,$

[3] $\left(\dfrac{h}{6K_W} - \dfrac{1}{h K_{WS}} - \dfrac{1}{K}\right) M_2 + \left(\dfrac{2h}{3K_W} + \dfrac{2}{h K_{WS}} + \dfrac{2}{K}\right) M_3 +$

$\qquad + \left(\dfrac{h}{6K_W} - \dfrac{1}{h K_{WS}} - \dfrac{1}{K}\right) M_4 = -\dfrac{h}{K} W_3,$

[4] $\left(\dfrac{h}{6K_W} - \dfrac{1}{h K_{WS}} - \dfrac{1}{K}\right) M_3 + \left(\dfrac{h}{3K_W} + \dfrac{h_5}{3K_{W5}} + \dfrac{1}{h K_{WS}} + \dfrac{1}{h_5 K_{WS5}} +\right.$

$\qquad \left. + \dfrac{1}{K} + \dfrac{1}{K_5}\right) M_4 + \left(\dfrac{h_5}{6K_{W5}} - \dfrac{1}{h_5 K_{WS5}} - \dfrac{1}{K_5}\right) M_5 =$

$\qquad = \dfrac{h}{K}\mathfrak{M}_4' - \dfrac{h_5}{K_5}\mathfrak{M}_5',$

[5] $\left(\dfrac{h_5}{6K_{W5}} - \dfrac{1}{h_5 K_{WS5}} - \dfrac{1}{K_5}\right) M_4 + \left(\dfrac{h_5}{3K_{W5}} + \dfrac{1}{h_5 K_{WS5}} + \dfrac{1}{K_5}\right) M_5 = \dfrac{h_5}{K_5}\mathfrak{M}_5'.$

$$\tag{3.22}$$

Es ist leicht, einzusehen, daß das Gleichungssystem (3.22) auch als System der Kompatibilitätsbedingungen des Kraftgrößenverfahrens gedeutet werden kann, die Koeffizienten und Lastglieder des Gleichungssystems demnach durch die statisch überzähligen Größen bzw. die äußere Last hervorgerufene Verschiebungsgrößen am Grundsystem darstellen. Das Grundsystem ist dabei die durch waagrecht verschiebliche Einspannungen stabilisierte Gelenkkette (Abb. 3.4); die Verschiebungsgrößen sind gegenseitige Drehungen der Schnittufer der Gesamtscheibe an den Gelenkstellen. Die Größen δ haben hiermit die Dimension $Mp^{-1}m^{-1}$, während die Größen Δ dimensionslos sind. Die Gln. [2] und [3] sind *typische* Gleichungen; die Koeffizienten dieser Gleichungen enthalten nur die *typischen* Steifheiten K, K_W und K_{WS} und die *typische* Stockwerkhöhe h. Bei Systemen mit einer beliebigen Stockwerkanzahl $n > 5$ haben sämtliche innere Gleichungen, also jene der Knoten $j = 2 \cdots n - 2$, die gleiche Form, nämlich jene der Gln. [2] und [3] des Gleichungssystems (3.22).

Durch Multiplikation der Gln. (3.22) mit K vereinfachen sich die Ausdrücke für die Koeffizienten. Schreibt man das Gleichungssystem in der allgemeinen — für eine beliebige Stockwerkanzahl $n \geq 4$ gültigen — Form

$$\left. \begin{array}{ll} [1] & \delta_{11} M_1 + \delta_{12} M_2 = -\Delta_{1W} \\ [j = 2 \cdots n-1] & \delta_{j,j-1} M_{j-1} + \delta_{jj} M_j + \delta_{j,j+1} M_{j+1} = -\Delta_{jW} \\ [n] & \delta_{n,n-1} M_{n-1} + \delta_{nn} M_n = -\Delta_{nW} \end{array} \right\} \quad (3.23)$$

an, hat man für seine Koeffizienten — die K-fachen, dimensionslosen Verschiebungsgrößen — die endgültigen Formeln:

$$\left. \begin{array}{l} \delta_{11} = 1 + \dfrac{K}{K_1} + \dfrac{K}{3}\left(\dfrac{h_1}{K_{W1}} + \dfrac{h}{K_W}\right) + K\left(\dfrac{1}{h_1 K_{WS1}} + \dfrac{1}{h K_{WS}}\right) \\[2ex] \delta_{jj} = 2 + \dfrac{2hK}{3K_W} + \dfrac{2K}{hK_{WS}} \qquad (j = 2 \cdots n-2) \\[2ex] \delta_{n-1,n-1} = 1 + \dfrac{K}{K_n} + \dfrac{K}{3}\left(\dfrac{h}{K_W} + \dfrac{h_n}{K_{Wn}}\right) + K\left(\dfrac{1}{hK_{WS}} + \dfrac{1}{h_n K_{WSn}}\right) \\[2ex] \delta_{nn} = \dfrac{K}{K_n} + \dfrac{h_n K}{3K_{Wn}} + \dfrac{K}{h_n K_{WSn}} \\[3ex] \hline \\[-1ex] \delta_{j,j+1} = \delta_{j+1,j} = -1 + \dfrac{hK}{6K_W} - \dfrac{K}{hK_{WS}} \qquad (j = 1 \cdots n-2) \\[2ex] \delta_{n-1,n} = \delta_{n,n-1} = -\dfrac{K}{K_n} + \dfrac{h_n K}{6K_{Wn}} - \dfrac{K}{h_n K_{WSn}} \end{array} \right\} \quad (3.24)$$

Für die Lastglieder [Mpm] des Gleichungssystems hat man die Formeln

$$\left.\begin{aligned} \varDelta_{1W} &= h\,\mathfrak{M}'_2 - h_1\frac{K}{K_1}\mathfrak{M}'_1 \\ \varDelta_{jW} &= h\,W_j \qquad (j = 2 \cdots n-2) \\ \varDelta_{n-1,W} &= h_n\frac{K}{K_n}\mathfrak{M}'_n - h\,\mathfrak{M}'_{n-1} \\ \varDelta_{nW} &= -h_n\frac{K}{K_n}\mathfrak{M}_n \end{aligned}\right\} \quad (3.25)$$

Die Größen $\varDelta_W$ können, geometrisch, als K-fache Verschiebungsgrößen am Grundsystem, also gegenseitige Drehungen der Schnittufer an den Gelenkstellen, infolge der Einwirkung der äußeren Last, gedeutet werden.

Hätte man die Zerlegung der Gesamtriegelstrangmomente $\overline{M}'_j$ $(j = 0 \cdots n-1)$ in statisch äquivalente Kräftepaare nicht gemäß Abb. 3.2c durchgeführt, sondern gemäß

$$\overline{M}'_j = \frac{\overline{M}'_j}{h_j + h_{j+1}}(h_j + h_{j+1}), \quad (3.26)$$

wäre man nicht zu *dreigliedrigen*, sondern zu fünfgliedrigen Gleichungen gelangt, deren Auflösung wesentlich schwieriger ist.

Durch das Gleichungssystem (3.23) und die Formeln (3.24) für seine Koeffizienten und (3.25) für die Lastglieder ist die behandelte Aufgabe eindeutig formuliert.

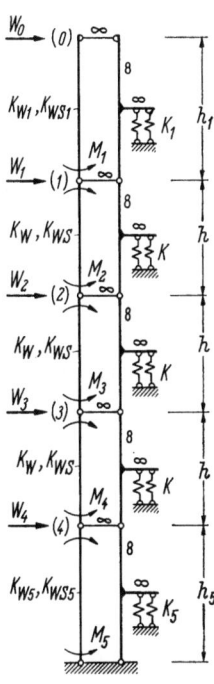

Abb. 3.4. Grundsystem des Ersatzsystems eines Scheibensystems aus vollen und gegliederten Scheiben samt Steifheiten, Last und statisch überzähligen Größen.

3.3 Schnittkräfte

3.3.1 Schnittkräfte der vollen Scheiben und Stützen der gegliederten Scheiben

3.3.1.1 Biegemomente und Querkräfte. Die Gesamtmomente M_j $(j = 1 \ldots n)$ erhält man unmittelbar durch Auflösung des Gleichungssystems (3.23); hierzu kann das Fáksinsche Schema empfohlen werden (Anhang, Abschnitt 2).

Die Gesamtmomente M_j werden auf die einzelnen vollen Scheiben und Stützen der gegliederten Scheiben proportional ihren Biegesteifheiten aufgeteilt.

Zur Vereinfachung der Schreibweise seien die Bezeichnungen

$$\varkappa_i = \frac{K_{Wi}}{K_W},$$
$$\varkappa_{ik} = \frac{K_{Wik}}{K_W} \tag{3.27}$$

für das Verhältnis der Biegesteifheit K_{Wi} der betrachteten vollen Scheibe i zur Biegesteifheit K_W der Gesamtscheibe, bzw. das Verhältnis der Biegesteifheit K_{Wik} der Stütze k der gegliederten Scheibe i zur Biegesteifheit K_W der Gesamtscheibe eingeführt; beide sind voraussetzungsgemäß von j, also von der Kote, unabhängig. Ist der Elastizitätsmodul sämtlicher Scheiben bzw. Stützen der gleiche, können die $\varkappa$-Werte auch als Verhältnis der Trägheitsmomente anstatt als Verhältnis der Steifheiten ermittelt werden.

Für die Biegemomente der vollen Scheiben gilt dann die Formel

$$M_{ij} = \varkappa_i M_j \tag{3.28}$$

und für die der Stützen der gegliederten Scheiben die Formel

$$M_{ijk} = \varkappa_{ik} M_j; \tag{3.29}$$

die Bedeutung der Bezeichnungen ist dabei die folgende:

M_{ij} Biegemoment der vollen Scheibe i an der Kote des Knotens j,
M_{ijk} Biegemoment der Stütze k der gegliederten Scheibe i an der Kote des Knotens j.

Die Gesamtquerkräfte M'_j ($j = 1 \cdots n$) berechnet man mittels der Gl. (3.11). Die Verteilung der Gesamtquerkräfte auf die einzelnen vollen Scheiben und Stützen der gegliederten Scheiben wird nach demselben Schlüssel wie bei den Biegemomenten durchgeführt.

Es ist also

$$M'_{ij} = \varkappa_i M'_j \tag{3.30}$$

und

$$M'_{ijk} = \varkappa_{ik} M'_j. \tag{3.31}$$

Die Gln. (3.30) und (3.31) ergeben sich auch unmittelbar durch Ableiten der Gln. (3.28) bzw. (3.29) nach der Kote, da $\varkappa_i$ und $\varkappa_{ik}$ von dieser unabhängig sind.

3.3.1.2 Längskräfte der Stützen der gegliederten Scheiben. Die Längskraft einer Stütze k im Stockwerk j der gegliederten Scheibe i (Abb. 3.5) ergibt sich durch Summieren der Auflagerkräfte der der betrachteten Stütze benachbarten Riegel k und $k + 1$ vom Systemoberrand (Knoten 0) bis zum betrachteten Stockwerk (Knoten $j - 1$).

Die Auflagerkräfte der Riegel sind zahlenmäßig ihren Querkräften gleich und werden nach der Formel (3.38) des nächsten Abschnittes berechnet. Abb. 3.5 zeigt die Aktionskräfte, mit denen die Riegel auf die Stützen einwirken. Jeder Riegelstrang ist ein Durchlaufträger, ist aber auf der Abbildung einfachheitshalber als Strang einfacher Balken dargestellt.

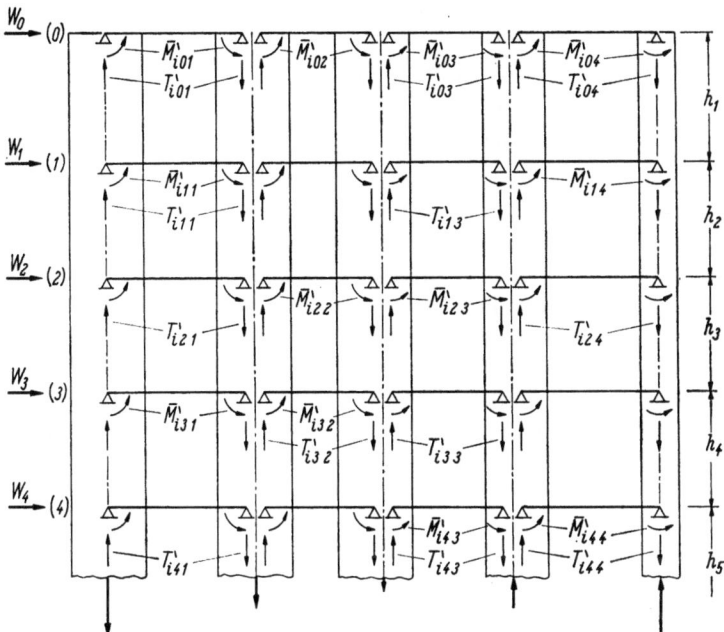

Abb. 3.5. Zur Ermittlung der Längskräfte der Stützen der gegliederten Scheiben.

Da die Auflagerkräfte der beiden benachbarten Riegel k und $k+1$ entgegengesetzte Richtungen haben, heben sie sich teilweise auf; die Längskräfte der Innenstützen sind demzufolge gering. Die größten Längskräfte ergeben sich in den Außenstützen (1 und $r_i + 1$) der gegliederten Scheibe; an der Luvseite der Scheibe sind sie Zugkräfte, an der Leeseite Druckkräfte.

Vernachlässigt man den Beitrag der Innenstützen, falls solche vorhanden sind, in der Aufnahme des Summargesamtriegelstrangmomentes, hat man für die Längskräfte der Außenstützen die Formel

$$N_{ij} = \frac{\bar{M}_{ij}}{L_i}, \qquad (3.32)$$

mit L_i als Achsabstand der Außenstützen; i ist die Ordnungszahl der betrachteten gegliederten Scheibe und j gibt die Kote an.

Die Diagramme der Längskräfte der Stützen sind dem Diagramm des Summargesamtriegelstrangmomentes $\overline{M}$ ähnlich.

3.3.2 Schnittkräfte der Riegel

Die Gesamtriegelstrangmomente $\overline{M}'_j$ ($j = 0 \cdots n - 1$) berechnet man nach der Formel (3.13) oder (3.14). Sie sind auf die einzelnen Riegelstränge proportional ihren Steifheiten aufzuteilen. Die so erhaltenen Riegelstrangmomente $\overline{M}'_{ij}$ werden dann auf die einzelnen Riegel wieder proportional *ihren* Steifheiten aufgeteilt.

Zur Vereinfachung der Schreibweise sei die Bezeichnung

$$\overline{\varkappa}_{ik} = \frac{K_{ijk}}{K_j} \qquad (3.33)$$

für das — von der Kote j voraussetzungsgemäß unabhängige — Verhältnis der Steifheit des Riegels k der gegliederten Scheibe i zur Steifheit des entsprechenden Gesamtriegelstranges j, dem dieser Riegel angehört, eingeführt. Der Index i gibt dabei die Ordnungszahl der betrachteten gegliederten Scheibe an.

Die Summe der beiden Auflagermomente (Abb. 1.3a) des Riegels k des Riegelstranges j der gegliederten Scheibe i beträgt dann

$$\overline{M}'_{ijk} = \overline{\varkappa}_{ik} \overline{M}'_j. \qquad (3.34)$$

Zur Bemessung der Riegel sind ihre Einspannmomente, also Biegemomente an den Enden ihrer lichten Spannweiten b_{ik}, maßgebend. Diese betragen im allgemeinen Fall der beliebigen Momentennullpunktlage (Abb. 1.3b)

$$\left.\begin{aligned}\overline{M}'^{0,\text{links}}_{ijk} &= \gamma_{ik} \frac{b_{ik}}{l_{ik}} \overline{M}'_{ijk} \\ \overline{M}'^{0,\text{rechts}}_{ijk} &= (1 - \gamma_{ik}) \frac{b_{ik}}{l_{ik}} \overline{M}'_{ijk},\end{aligned}\right\} \qquad (3.35)$$

im Normalfall der mittigen Momentennullage $\left(\gamma = \frac{1}{2}, \text{ Abb. 1.3d}\right)$

$$\overline{M}'^{0,\text{links}}_{ijk} = \overline{M}'^{0,\text{rechts}}_{ijk} = \frac{1}{2} \frac{b_{ik}}{l_{ik}} \overline{M}'_{ijk} \qquad (3.36)$$

und im Grenzfall des einseitig gelenkig angeschlossenen Riegels ($\gamma = 0$ oder $1 - \gamma = 0$, Abb. 1.3e)

$$\overline{M}'^0_{ijk} = \frac{b_{ik}}{l_{ik}} \overline{M}'_{ijk}. \qquad (3.37)$$

Die Querkraft des Riegels k des Riegelstranges j der gegliederten Scheibe i ergibt sich durch Dividieren der Summe der beiden Auflagermomente durch die Spannweite zu (Abb. 1.5a)

$$T'_{ijk} = \frac{\overline{M}'_{ijk}}{l_{ik}}. \qquad (3.38)$$

Die Stabkraft eines Diagonalriegels k des Riegelstranges j (Abb. 1.6) beträgt gemäß Gl. (1.34)

$$D_{ijk} = \frac{\overline{M}_{ijk}}{l_{ik} \sin \theta_{ik}}. \qquad (3.39)$$

3.4 Durchbiegungen

Waagrechte Durchbiegungen seien positiv, wenn sie von links nach rechts erfolgen. Man ermittelt sie am einfachsten nach der Mohrschen Formel'unter Zuziehung des Reduktionssatzes.

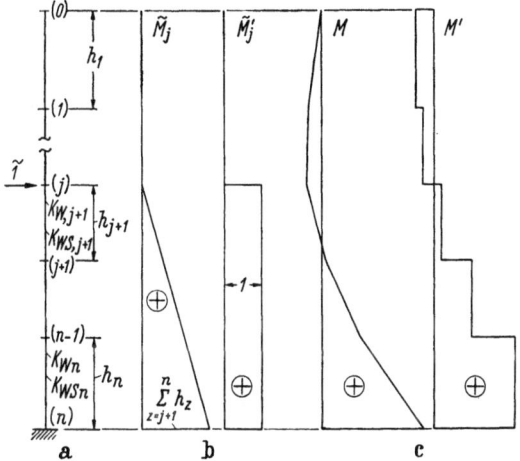

Abb. 3.6. Zur Ermittlung der Durchbiegung des Scheibensystems an der Kote j: a) Grundsystem des Ersatzsystems: die Gesamtscheibe und der Hilfsangriff $\tilde{1}$ (Die Torsionsstäbe sind nicht gezeichnet, da sie unbeansprucht bleiben); b) Gesamtmoment $\tilde{M}_j = \mathfrak{M}_j$ und Gesamtquerkraft $\tilde{M}'_j = \mathfrak{M}'_j$ aus dem Hilfsangriff (am Grundsystem); c) Gesamtmoment und Gesamtquerkraft aus der äußeren Last, den Knotenlasten W (am vereinfachten Ersatzsystem).

Abb. 3.6a zeigt den Hilfsangriff $\tilde{1}$ an der — beliebigen — Kote j an einem Grundsystem, der Gesamtscheibe, Abb. 3.6b die diesem entsprechenden Diagramme $\tilde{M}_j$ und $\tilde{M}'_j$ und Abb. 3.6c die der gegebenen äußeren Last, den Knotenlasten W, entsprechenden M- und M'-Diagramme, die vorher durch die Untersuchung des gegebenen statisch unbestimmten Systems ermittelt wurden.

Scheibensysteme als diskrete Systeme

Die Mohrsche Formel ergibt, mit z als einer Hilfsvariablen, für die Durchbiegung des Knotens j die Formel

$$\Delta_j = \sum_{z=j+1}^{n} \int_0^{h_z} \frac{M \tilde{M}_j}{K_{Wz}} dh_z + \sum_{z=j+1}^{n} \int_0^{h_z} \frac{M' \tilde{M}'_j}{K_{WSz}} dh_z. \quad (3.40)$$

Die Integration wird in jedem einzelnen Fall am einfachsten mittels der Trapezformel durch Kombination der M mit der $\tilde{M}_j$ und der M'- mit der $\tilde{M}'_j$-Fläche durchgeführt. Die Summen erstrecken sich dabei auf alle unterhalb des Knotens j sich befindenden Stockwerke und die Integrale für jedes Stockwerk auf die ganze Stockwerkhöhe, wobei dh_z das Differential der Höhe h_z des jeweils betrachteten Stockwerks bezeichnet.

Die Durchbiegung des Systemoberrandes ($j=0$) beträgt

$$\Delta_0 = \sum_{j=1}^{n} \int_0^{h_j} \frac{M \tilde{M}_0}{K_{Wj}} dh_j + \sum_{j=1}^{n} \int_0^{h_j} \frac{M' \tilde{M}'_0}{K_{WSj}} dh_j, \quad (3.41)$$

wobei $\tilde{M}_0$ und $\tilde{M}'_0$ das Biegemoment und die Querkraft am Grundsystem aus dem Hilfsangriff $\bar{1}$ im Knoten 0 bezeichnen.

3.5 Zahlenbeispiel

Das auf Abb. 3.7 im Grundriß gezeigte fünfstöckige Scheibensystem aus zwei vollen Giebelscheiben und drei gegliederten Scheiben mit Gurten ist auf Windlast in Querrichtung des Baues zu untersuchen. Das Scheibensystem ist in eine massive Kellerkonstruktion eingespannt.

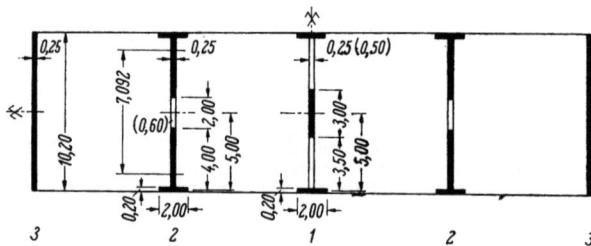

Abb. 3.7. Querschnitt des Scheibensystems zum Zahlenbeispiel (Maße in Meter).

3.5.1 Gegebene Daten

Die Querschnittsabmessungen sind aus Abb. 3.7 ersichtlich. Stockwerkhöhen: $h = 3{,}00$ m.

Materialkonstanten: Da lediglich Schnittkräfte, nicht aber die wahren Werte der Verschiebungen ermittelt werden sollen, wird einfachheitshalber mit $E = 1 \text{ Mp/m}^2$ gerechnet.

$$G = \frac{3}{7} E.$$

Belastung: Waagrechte Lasten $W = 15$ Mp in allen Knoten.

3.5.2 Querschnittswerte

Da die Querschnittscharakteristiken längs der ganzen Systemhöhe konstant sind, brauchen die auf die Kote sich beziehenden Indizes j nicht angegeben zu werden. Da ferner die beiden gegliederten Scheiben jeweils nur gleiche Riegel enthalten, erübrigt sich auch die Angabe der Indizes k. Von den Indizes verbleibt hiermit lediglich die Ordnungszahl i der Scheibe.

Die Ordnungszahlen der Scheiben sind auf Abb. 3.7 gezeigt.

Scheibe 1

Mittelstütze: $I_1 = 0{,}5625 \text{ m}^4$
Riegel: $3\,\bar{I}_1 = 0{,}00770 \text{ m}^4$ [Gl. (1.19), mit $\lambda = 3$, da der Riegel als einseitig gelenkig angeschlossen angenommen wird]

Scheibe 2

Stütze: $I_2 = 2{,}429 \text{ m}^4$
Riegel: $12\,\bar{I}_2 = 0{,}04344 \text{ m}^4$ [Gl. (1.19), mit $\lambda = 12$, da der Riegel als beidseitig eingespannt betrachtet wird]

Scheibe 3

$I_3 = 22{,}10 \text{ m}^4$

Gemeinsame Querschnittsfläche aller vollen Scheiben für Schub in Querrichtung des Baues (nur Beiträge der Querscheiben):

$$F = 1 \cdot 0{,}75 + 4 \cdot 1{,}025 + 2 \cdot 2{,}55 = 9{,}95 \text{ m}^2$$

Bezogene gemeinsame Querschnittsfläche F':

$$F' = 8{,}28 \text{ m}^2 \quad \text{(Schubverteilungszahl gleich 1,2 gesetzt)}$$

3.5.3 Steifheiten $\left(\frac{1}{E}\text{fache Werte}\right)$

ein Riegel der Scheibe 1

$$K_1 = \frac{0{,}00770}{3{,}5^3}\, 5{,}0^2 = 0{,}004 \text{ Mpm} \qquad \text{[Gl. (1.21)]}$$

ein Riegel der Scheibe 2

$$K_2 = \frac{0{,}04344}{2{,}0^3}\, 7{,}092^2 = 0{,}273 \text{ Mpm} \tag{1.21}$$

Gesamtscheibe

Biegesteifheit: $K_W = 1 \cdot 0{,}563 + 4 \cdot 2{,}429 + 2 \cdot 22{,}10 = 54{,}48 \text{ Mpm}^2$

Schubsteifheit: $K_{WS} = \dfrac{3}{7} \cdot 1 \cdot 8{,}28 = 3{,}554 \text{ Mp}$

ein Gesamtriegelstrang

$$K = 2 \cdot 0{,}004 + 2 \cdot 0{,}273 = 0{,}554 \text{ Mpm}$$

3.5.4 Koeffizienten und Lastglieder der Kompatibilitätsgleichungen

$$\left.\begin{aligned}
\delta_{11} &= \delta_{22} = \delta_{33} = \delta_{44} = 2{,}124 \\
\delta_{55} &= 1{,}062 \quad \left(= \tfrac{1}{2}\delta_{11}\right) \\
\delta_{12} &= \delta_{23} = \delta_{34} = \delta_{45} = -1{,}047
\end{aligned}\right\} \tag{3.24}$$

$$\left.\begin{aligned}
\Delta_{1W} &= \Delta_{2W} = \Delta_{3W} = \Delta_{4W} = 45{,}00 \text{ Mpm} \\
\Delta_{5W} &= -225{,}0 \text{ Mpm} \quad (\mathfrak{M}'_5 = 75 \text{ Mp})
\end{aligned}\right\} \tag{3.25}$$

3.5.5 Lösung des Systems der Kompatibilitätsgleichungen

Die Koeffizienten und Lastglieder der Kompatibilitätsgleichungen sind in das Fáksinsche Schema (Tab. 3.1) eingetragen. Die Lösung des Gleichungssystems führte zu den gleichfalls in Tab. 3.1 angegebenen Werten der statisch überzähligen Größen.

3.5.6 Gesamtschnittkräfte

Die durch Auflösung der Kompatibilitätsgleichungen erhaltenen *Gesamtmomente* $M_1 \ldots M_5$ wurden bereits in der Tab. 3.1 angegeben. Abb. 3.8a zeigt das Diagramm des Gesamtmomentes. Da K gegenüber K_W und K_{WS} sehr klein ist, treten nun negative Biegemomente im oberen Bereich des Systems, wie bei gegliederten Scheiben üblich, nicht auf.

Gesamtquerkräfte

$$\left.\begin{aligned}
M'_1 &= 5{,}72 \text{ Mp} \\
M'_2 &= 20{,}21 \text{ Mp} \\
M'_3 &= 35{,}28 \text{ Mp} \\
M'_4 &= 51{,}41 \text{ Mp} \\
M'_5 &= 69{,}03 \text{ Mp}
\end{aligned}\right\} \tag{3.11}$$

Systeme aus vollen und gegliederten Scheiben 81

Tab. 3.1 *Lösung der Kompatibilitätsgleichungen zum Zahlenbeispiel*

0	2,1242	−0,4928	0,5159	1,6083	−0,6509	0,6814	1,4428	−0,7256	0,7596	1,3646	−0,7672	0,8032
2,1242	−1,0469	−1,0469	2,1242	−1,0469	−1,0469	2,1242	−1,0469	−1,0469	2,1242	−1,0469	−1,0469	1,0621
0,9560	−0,9132	1,1464	0,9778	−0,9340	1,1209	1,0033	−0,9584	1,0923	1,0319	−0,9857	1,0621	0
1,1682			0,6305			0,4395			0,3327			0,2589

$M_1 = 17{,}15$ $\qquad M_2 = 77{,}78$ $\qquad M_3 = 183{,}62$ $\qquad M_4 = 337{,}9$ $\qquad M_5 = 544{,}9$

0	45,00	−0,4928	−22,18	1,6083	67,18	−43,72	1,4428	88,72	−64,38	1,3646	109,38	−83,92
45,00	−0,9132		45,00	−0,9340	−0,6509	45,00	−0,9584	−0,7256	45,00	−0,9857	−0,7672	−225,00
65,03	−71,22		116,22	−124,43	1,1209	169,43	−176,78	1,0923	221,78	−225,00	1,0621	0
−20,03			−49,04			−80,70			−112,40			−141,08

6 Rosman, Scheibensysteme

Abb. 3.8 b zeigt das Diagramm der Gesamtquerkraft.

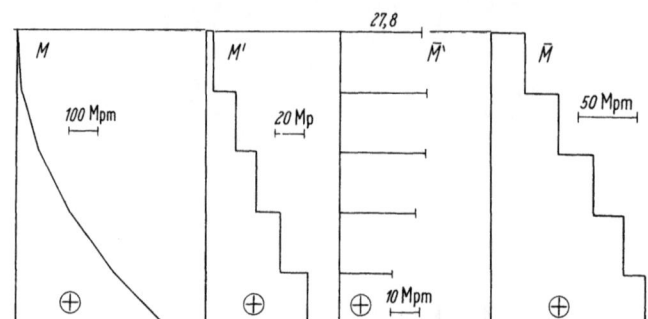

Abb. 3.8. Diagramme der Gesamtschnittkräfte: a) Gesamtmoment; b) Gesamtquerkraft; c) Gesamtriegelstrangmoment; d) Summargesamtriegelstrangmoment.

Gesamtriegelstrangmomente und Summargesamtriegelstrangmomente

$$\left.\begin{array}{l}\overline{M}'_1 = 27{,}85 \text{ Mpm} \\ \overline{M}'_2 = 29{,}37 \text{ Mpm} \\ \overline{M}'_3 = 29{,}15 \text{ Mpm} \\ \overline{M}'_4 = 25{,}77 \text{ Mpm} \\ \overline{M}'_5 = 17{,}91 \text{ Mpm}\end{array}\right\} \quad (3.13)$$

$$\left.\begin{array}{l}\overline{M}_1 = 27{,}85 \text{ Mp} \\ \overline{M}_2 = 57{,}22 \text{ Mp} \\ \overline{M}_3 = 86{,}37 \text{ Mp} \\ \overline{M}_4 = 112{,}4 \text{ Mp} \\ \overline{M}_5 = 130{,}05 \text{ Mp}\end{array}\right\} \quad (3.4)$$

Die Größe $\overline{M}_5$ stellt den Teil des Kragträgermomentes $\mathfrak{M}_5$ am Systemunterrand dar, der durch Längskräfte der Stützen der gegliederten Scheiben in die Auflagerkonstruktion übertragen wird. Abb. 3.8c zeigt das Diagramm des Gesamtriegelstrangmomentes $\overline{M}'$, Abb. 3.8d das Diagramm des Summargesamtriegelstrangmomentes $\overline{M}$.

Kontrolle

Kragträgermoment am Systemunterrand:

$$\mathfrak{M}_5 = 15 \cdot 3 \, (5 + 4 + 3 + 2 + 1) = 675 \text{ Mpm}$$

Statische Äquivalenz: $M_5 + \overline{M}_5 = \mathfrak{M}_5$

$544{,}9 + 130{,}1 = 675{,}0$

$675{,}0 = 675{,}0$

3.5.7 Schnittkräfte

Biegemomente und Querkräfte der einzelnen vollen Scheiben und Stützen der gegliederten Scheiben

Es übernehmen

$$\left.\begin{aligned}\text{die Scheibe 1} \quad & \varkappa_1 = \frac{0{,}563}{54{,}48} = 0{,}0103 \\ \text{eine Stütze der Scheibe 2} \quad & \varkappa_2 = \frac{2{,}429}{54{,}48} = 0{,}0446 \\ \text{eine Scheibe 3} \quad & \varkappa_3 = \frac{22{,}10}{54{,}48} = 0{,}4058\end{aligned}\right\} \quad (3.27)$$

der Gesamtmomente und der Gesamtquerkräfte.

Den weitaus größten Teil der Last übernehmen hiermit die vollen Giebelscheiben.

Summen der Auflagermomente und Querkräfte der einzelnen Riegel

Es übernehmen

$$\left.\begin{aligned}\text{ein Riegel der Scheibe 1} \quad & \bar{\varkappa}_1 = \frac{0{,}004}{0{,}554} = 0{,}0072 \\ \text{ein Riegel der Scheibe 2} \quad & \bar{\varkappa}_2 = \frac{0{,}273}{0{,}554} = 0{,}4928\end{aligned}\right\} \quad (3.33)$$

des Gesamtriegelstrangmomentes an der betrachteten Kote.

Die so erhaltenen Summen der Auflagermomente müssen noch auf die lichte Breite der Riegel reduziert werden. Die Einspannmomente der Riegel 1 berechnet man gemäß Gl. (3.37), die der Riegel 2 gemäß Gl. (3.36) (s. auch Abb. 1.3).

Die Querkraft eines Riegels 1 ergibt sich aus dem Auflagermoment dieses Riegels durch Dividieren durch seine Spannweite $l_1 = 5{,}00$ m. Die Querkraft eines Riegels 2 ergibt sich aus der Summe der Auflagermomente dieses Riegels durch Dividieren durch seine Spannweite $l_2 = 7{,}092$ m.

Am stärksten beansprucht sind die Riegel des zweiten Riegelstranges von oben.

Längskräfte der Stützen der gegliederten Scheiben

($j =$ Ordnungszahl des Stockwerkes)
Gurte der gegliederten Scheibe 1:

$$N_{1j} = \frac{\bar{x}_1}{l_1}\,\overline{M}_j = 0{,}00144\,\overline{M}_j$$

Stützen der gegliederten Scheibe 2:

$$N_{2j} = \frac{\bar{x}_2}{l_2}\,\overline{M}_j = 0{,}06949\,\overline{M}_j$$

Die Längskräfte der Stützen ändern sich längs der Systemhöhe nach demselben Gesetz wie das Summargesamtriegelstrangmoment (Abb. 3.8d).

4 Systeme aus vollen Scheiben, Stockwerkrahmen und gegliederten Scheiben

Die Untersuchung des Scheibensystems aus vollen Scheiben und Stockwerkrahmen (Abschnitt 2) führte auf das Gleichungssystem (2.17) mit den Formeln (2.18) für seine Koeffizienten und (2.19) für die Lastglieder. Im Falle der Auflagerkonstruktionen Typ 1 ist in den Formeln (2.18) und (2.19) für die Koeffizienten bzw. Lastglieder $K_B = \infty$ zu setzen.

Die Untersuchung des Scheibensystems aus vollen und gegliederten Scheiben (Abschnitt 3) führte auf das Gleichungssystem (3.23) mit den Formeln (3.24) für seine Koeffizienten und (3.25) für die Lastglieder.

Vergleicht man die Gleichungssysteme der beiden Scheibensysteme als auch die Formeln für ihre Koeffizienten und Lastglieder, sieht man, daß sie gleich sind. Man gelangt so zur Folgerung, daß sich Systeme aus vollen Scheiben und Stockwerkrahmen und Systeme aus vollen Scheiben und gegliederten Scheiben statisch ähnlich verhalten.

Die lotrechten Elemente der Systeme aus vollen Scheiben und Stockwerkrahmen als auch der Systeme aus vollen und gegliederten Scheiben sind durch Riegelstränge elastisch drehbar, dabei aber waagrecht verschieblich, gestützt. Dadurch erklärt sich die Verwandtschaft der beiden Systeme.

Weiter folgt, daß auch Systeme aus vollen Scheiben, Stockwerkrahmen und gegliederten Scheiben mittels desselben Gleichungssystems, mit denselben Formeln für seine Koeffizienten und Lastglieder, berechnet werden können. Die Stockwerksteifheiten K_j des Gesamtersatzkragträgers und die Steifheiten K_j der Gesamtriegelstränge werden dabei einfach addiert. Nachdem die statisch überzähligen Größen und die Gesamtschnittkräfte ermittelt sind, werden diese auf die einzelnen Elemente proportional ihren Steifheiten aufgeteilt.

5 Übergang zum stetigen System

Es sei ein *reguläres* Scheibensystem aus vollen Scheiben, Stockwerkrahmen und gegliederten Scheiben betrachtet. Die Stockwerkhöhen und Querschnittswerte, und hiermit auch die Gesamtsteifheiten K_W und K seien längs der ganzen Systemhöhe konstant. Die vollen Scheiben und Stützen der gegliederten Scheiben werden als schubstarr vorausgesetzt. Es ist also

$$\left. \begin{array}{l} h_j = h \\ K_j = K \\ K_{Wj} = K_W \\ K_{WSj} = \infty \end{array} \right\} \quad (j = 1 \ldots n) \tag{5.1}$$

Bezüglich der Auflagerkonstruktion des Scheibensystems sei der Untersuchung der allgemeine Fall zugrunde gelegt, daß die vollen Scheiben und die Stützen der gegliederten Scheiben gesondert gegründet sind (Auflagerkonstruktionen Typ 2, Abb. 3.1b, Kap. A). Dabei muß angenommen werden, daß sich die Steifheiten K_{Bi} bzw. K_{Bik} der Grundkörperunterlagen der vollen Scheiben und Stützen der gegliederten Scheiben wie die Steifheiten K_{Wi} bzw. K_{Wik} der vollen Scheiben und Stützen der gegliederten Scheiben selbst verhalten.

Das System der Kompatibilitätsgleichungen des erörterten Scheibensystems folgt aus dem entsprechenden Gleichungssystem des allgemeinen Scheibensystems (Abschnitte 2.2.3 und 4) zu

[1] $$\left(2 + \frac{2hK}{3K_W}\right) M_1 + \left(-1 + \frac{hK}{6K_W}\right) M_2 = -hW_1 \tag{5.2}$$

[$j = 2 \ldots n-1$] $$\left(-1 + \frac{hK}{6K_W}\right) M_{j-1} + \left(2 + \frac{2hK}{3K_W}\right) M_j +$$
$$+ \left(-1 + \frac{hK}{6K_W}\right) M_{j+1} = -hW_j \tag{5.3}$$

[n] $$\left(-1 + \frac{hK}{6K_W}\right) M_{n-1} + \left(1 + \frac{hK}{3K_W} + \frac{K}{K_B}\right) M_n = h\mathfrak{W}'_n \tag{5.4}$$

Es sei nun die Abwandlung des Kompatibilitätsgleichungssystems (5.2), (5.3), (5.4) untersucht, wenn — bei konstanter Gesamthöhe H des Scheibensystems — die Stockwerkhöhe h zu Null strebt, also wenn das tatsächlich diskrete System in ein stetiges übergeht.

Grenzübergang bei der mittleren (typischen) Kompatibilitätsgleichung. Die Kompatibilitätsgleichung (5.3) der Kote j kann durch Umformung auch in der Form

$$\frac{+M_{j-1} - 2M_j + M_{j+1}}{h^2} - \frac{1}{\frac{hK_W}{K} - \frac{h^2}{6}} M_j = \frac{1}{1 - \frac{hK}{6K_W}} \frac{W_j}{h} \qquad (5.5)$$

angeschrieben werden.

Führt man nun in die Gl. (5.5) an Stelle der Steifheit K des Gesamtriegelstranges und der Einzellast W gemäß

diskretes System	stetiges System
K/h	K
W/h	w

(5.6)

die entsprechenden Größen des stetigen Systems, nämlich die Steifheit K der Gesamtverbindung und die Intensität w der waagrechten verteilten Last, ein, geht sie, mit der Bezeichnung

$$\alpha^2 = \frac{K}{K_W} \qquad (5.7)$$

für das Verhältnis der Gesamtsteifheiten des stetigen Systems zu

$$\frac{M_{j-1} - 2M_j + M_{j+1}}{h^2} - \frac{1}{\frac{1}{\alpha^2} - \frac{h^2}{6}} M_j = \frac{1}{1 - \frac{h^2}{6}\alpha^2} w_j \qquad (5.8)$$

über. Die Gl. (5.8) kann als Differenzengleichung II. Ordnung aufgefaßt werden; das erste Glied dieser Gleichung stellt den zentralen zweiten Differenzenquotient der Funktion M an der Kote j dar.

Läßt man nun noch h zu Null streben, wird der zweite Differenzenquotient zum zweiten Differentialquotient und die Differenzengleichung (5.8) zur Differentialgleichung II. Ordnung

$$M'' - \alpha^2 M = w. \qquad (5.9)$$

Es ist dies die Differentialgleichung des Gesamtmomentes M.

Grenzübergang bei der Kompatibilitätsgleichung der Kote n (Systemunterrand). Die Kompatibilitätsgleichung (5.4) der Kote (n) kann durch Umformung in der Form

$$\frac{M_n - M_{n-1}}{h} + \left(\frac{1}{2\frac{K_W}{K} - \frac{h}{3}} + \frac{K}{K_B} \frac{1}{h - \frac{h^2 K}{6K_W}} \right) M_n = \frac{1}{1 - \frac{hK}{6K_W}} \mathfrak{M}'_n \qquad (5.10)$$

angeschrieben werden.

Führt man nun in die Gl. (5.10) an Stelle der Steifheit K des Gesamtriegelstranges gemäß der oberen der Gl. (5.6) die Steifheit K der Gesamtverbindung ein und bezeichnet gemäß Gl. (5.7) das Verhältnis der Gesamtsteifheiten des stetigen Systems mit α^2, geht die Gl. (5.10) zu

$$\frac{M_n - M_{n-1}}{h} + \left(\frac{1}{\frac{2}{h\alpha^2} - \frac{h}{3}} + \frac{K}{K_B} \frac{1}{1 - \frac{h^2}{6}\alpha^2} \right) M_n = \frac{1}{1 - \frac{h^2}{6}\alpha^2} \mathfrak{M}'_n \quad (5.11)$$

über. Das erste Glied $\dfrac{M_n - M_{n-1}}{h}$ der Differenzengleichung (5.11) kann als oberseitiger Differenzenquotient der Funktion M im Punkt n gedeutet werden.

Läßt man nun h zu Null streben, wird der oberseitige Differenzenquotient der Funktion M an der Kote n zum oberseitigen Differentialquotient M'_n dieser Funktion an der betrachteten Kote. Aus der Kompatibilitätsgleichung des Knotens n wird die untere Randbedingung

$$M'_H + \frac{K}{K_B} M_H = \mathfrak{M}'_H \quad (5.12)$$

der Differentialgleichung, wobei die Kote des Systemunterrandes nun durch den Index H an Stelle von n gekennzeichnet wurde.

Obere Randbedingung der Differentialgleichung. Das Gesamtmoment des diskreten Systems ist am Systemoberrand (Knoten 0) gleich Null:

$$M_0 = 0. \quad (5.13)$$

Beim Grenzübergang zum stetigen System bleibt die Gl. (5.13) erhalten; sie übernimmt dann die Rolle der oberen Randbedingung der Differentialgleichung (5.9) des Gesamtmomentes.

Durch die Differentialgleichung (5.9) des Gesamtmomentes und die Randbedingungen (5.12) und (5.13) ist die behandelte Aufgabe eindeutig formuliert.

C. Scheibensysteme als stetige Systeme

I. Einfluß waagrechter Lasten

Sonderbegriffe und Bezeichnungen

Sonderbegriffe

Biegescheibe	Scheibe, deren Biegesteifheit für ihre Formänderung maßgebend ist; ihre Schubsteifheit wird zu unendlich angenommen
Schubscheibe	Scheibe, deren Schubsteifheit für ihre Formänderung maßgebend ist; ihre Biegesteifheit wird zu unendlich angenommen
Lamellenstrang	Gesamtheit sämtlicher Lamellen der betrachteten gegliederten Scheibe an der betrachteten Kote
Verbindung	Gesamtheit sämtlicher $1/dx$ längs der Höheneinheit des Systems angeordneten Lamellen der betrachteten Lamellenspalte der betrachteten gegliederten Scheibe (dx = Achsabstand der Lamellen)
Gesamtbiegescheibe	Biegescheibe, deren Steifheit (= Biegesteifheit) der Summe der Steifheiten sämtlicher Biegescheiben des betrachteten Scheibensystems gleich ist
Gesamtschubscheibe	Schubscheibe, deren Steifheit (= Schubsteifheit) der Summe der Steifheiten sämtlicher Schubscheiben des betrachteten Scheibensystems gleich ist
Gesamtlamellenstrang	Gesamtheit sämtlicher Lamellen sämtlicher gegliederter Scheiben des betrachteten Scheibensystems an der betrachteten Kote
Gesamtverbindung	Gesamtheit sämtlicher längs der Höheneinheit des Systems angeordneter Lamellen sämtlicher Lamellenspalten sämtlicher gegliederter Scheiben des betrachteten Scheibensystems
Gesamtgrundkörperunterlage	Grundkörperunterlage, deren Steifheit (= Drehsteifheit) der Summe der Steifheiten der Grundkörperunterlagen sämtlicher voller Scheiben und Stützen der gegliederten Scheiben des betrachteten Scheibensystems gleich ist
Gesamtsteifheiten	Steifheiten der Elemente des Ersatzsystems, also der Gesamtbiegescheibe, der Gesamtschubscheibe, der Gesamtverbindung und der Gesamtgrundkörperunterlage

Einfluß waagrechter Lasten. — Sonderbegriffe und Bezeichnungen 89

Kragträgerschnittkräfte, Kragträgermoment und Kragträgerquerkraft	Biegemoment und Querkraft aus der äußeren Last am am unteren Ende eingespannten Kragträger
Gesamtmoment, Gesamtquerkraft	Biegemoment und Querkraft der Gesamtbiegescheibe
Gesamtschubscheibemoment, Gesamtschubscheibequerkraft	Biegemoment und Querkraft der Gesamtschubscheibe
Gesamtlamellenstrangmoment	Summe der Auflagermomente sämtlicher Lamellen sämtlicher gegliederter Scheiben des betrachteten Scheibensystems an der betrachteten Kote
Gesamtverbindungsmoment	Summe der Auflagermomente sämtlicher Lamellen der Gesamtverbindung
Summargesamtverbindungsmoment	Summe sämtlicher Gesamtlamellenstrangmomente vom Systemoberrand bis zur betrachteten Kote
Gesamtschnittkräfte	Schnittkräfte der Elemente des Ersatzsystems, also der Gesamtbiegescheibe, der Gesamtschubscheibe, der Gesamtverbindung und der Gesamtgrundkörperunterlage

Bezeichnungen

Ordnungszahlen der Elemente des Scheibensystems. Geometrische Daten und Querschnittswerte. Materialkonstanten. Koten. Lasten. Komplementäre Energien. Hilfsgrößen

i	Ordnungszahl der Scheibe, also einer vollen Scheibe, eines Stockwerkrahmens oder einer gegliederten Scheibe
k	Ordnungszahl einer Stütze eines Stockwerkrahmens oder einer Stütze einer gegliederten Scheibe
	Ordnungszahl eines Feldes eines Stockwerkrahmens oder einer Öffnungsspalte einer gegliederten Scheibe
h, H	Stockwerkhöhe und gesamte Höhe des Scheibensystems
l_{ik}, b_{ik}	Achsabstand und lichter Abstand der benachbarten Stützen k und $k+1$ des Stockwerkrahmens bzw. der gegliederten Scheibe i
L_i	Achsabstand der Außenstützen des Stockwerkrahmens bzw. der gegliederten Scheibe i
$\bar{h}_{ik}$	Höhe des rechteckigen Querschnittes der inneren Riegel der Öffnungsspalte k der gegliederten Scheibe i
ϑ_{ik}	Winkel, den die Diagonalriegel der Öffnungsspalte k der gegliederten Scheibe i mit der Waagrechten einschließen
I_{ik}	Trägheitsmoment (= Eigenträgheitsmoment) der Stütze k des Stockwerkrahmens i oder der Stütze k der gegliederten Scheibe i
I_i	Summe der Trägheitsmomente sämtlicher Stützen des Stockwerkrahmens oder der gegliederten Scheibe i
I	Summe der Trägheitsmomente sämtlicher voller Scheiben, Stützen der Stockwerkrahmen und Stützen der gegliederten Scheiben des betrachteten Scheibensystems
$\bar{I}^0_{ik}$	Trägheitsmoment (= Eigenträgheitsmoment) eines inneren Riegels der Öffnungsspalte k der gegliederten Scheibe i
$\bar{I}_{ik}$	Trägheitsmoment (= Eigenträgheitsmoment) eines Riegels des Feldes k des Stockwerkrahmens i

Scheibensysteme als stetige Systeme

$\bar{I}_{ik}$	reduziertes Trägheitsmoment eines inneren Riegels der Öffnungsspalte k der gegliederten Scheibe i
$F_{d,ik}$	Querschnittsfläche eines Diagonalriegels der Öffnungsspalte k der gegliederten Scheibe i
E	Elastizitätsmodul
x, ξ	Kote und die auf die Systemhöhe H bezogene Kote, vom Systemoberrand nach unten orientiert
v, ν	Hilfskote und auf die Systemhöhe H bezogene Hilfskote, vom Systemoberrand nach unten orientiert
w	Intensität der waagrechten Last an einer beliebigen Kote oder am Systemoberrand
W	Einzellast am Systemoberrand
$\mathfrak{M}$	Einzelmoment am Systemoberrand
$\bar{1}$	Hilfsangriff zur Ermittlung von Durchbiegungen nach der Mohrschen Formel
U_W	komplementäre Energie der Gesamtbiegescheibe
U_S	komplementäre Energie der Gesamtschubscheibe
U_V	komplementäre Energie sämtlicher Torsionslamellen des Ersatzsystems eines Scheibensystems aus vollen und gegliederten Scheiben
U	komplementäre Energie des Ersatzsystems
C, D	Integrationskonstanten
c	dimensionsloser Multiplikator

Steifheiten der Elemente des Scheibensystems. Gesamtsteifheiten. Verhältniszahlen der Steifheiten. Steifheitsparameter des Scheibensystems und seiner Unterlage

λ_{ik}	Koeffizient, der lediglich von der angenommenen Lage des Momentennullpunktes der Riegel der Öffnungsspalte k der gegliederten Scheibe i abhängt
K_{Wi}, K_{Wik}	Biegesteifheit der vollen Scheibe i und Biegesteifheit der Stütze k der gegliederten Scheibe i
K_W^+	Summe der Steifheiten (= Biegesteifheiten) sämtlicher voller Scheiben eines Scheibensystems aus vollen und gegliederten Scheiben
K_W^{++}	Summe der Steifheiten (= Biegesteifheiten) sämtlicher Stützen sämtlicher gegliederter Scheiben eines Scheibensystems aus vollen und gegliederten Scheiben
K_{ik}	Steifheit der der Riegelspalte k der gegliederten Scheibe i entsprechenden stetigen Verbindung
K_i	Steifheit (= Schubsteifheit) der Schubscheibe (des Stockwerkrahmens) i / Summe der Steifheiten sämtlicher (stetiger) Verbindungen der gegliederten Scheibe i
K_{Bi}, K_{Bik}	Steifheit der Grundkörperunterlage der vollen Scheibe i und der Grundkörperunterlage der Stütze k der gegliederten Scheibe i
K_W	Steifheit (= Biegesteifheit) der Gesamtbiegescheibe
K_S, K_V	Steifheiten der Gesamtschubscheibe und der Gesamtverbindung bei Scheibensystemen aus vollen Scheiben, Stockwerkrahmen *und* gegliederten Scheiben
K	Steifheit (= Schubsteifheit) der Gesamtschubscheibe / Steifheit der Gesamtverbindung / Summe der Steifheiten der Gesamtschubscheibe und der Gesamtverbindung bei Scheibensystemen aus vollen Scheiben, Stockwerkrahmen *und* gegliederten Scheiben

Einfluß waagrechter Lasten. — Sonderbegriffe und Bezeichnungen

K_B	Steifheit (= Drehsteifheit) der Gesamtgrundkörperunterlage
$\varkappa_i, \varkappa_{ik}$	Verhältnis der Steifheit der vollen Scheibe i zur Steifheit der Gesamtbiegescheibe und Verhältnis der Steifheit der Stütze k der gegliederten Scheibe i zur Steifheit der Gesamtbiegescheibe
$\overline{\varkappa}_{ik}$	Verhältnis der Steifheit der der Öffnungsspalte k der gegliederten Scheibe i entsprechenden (stetigen) Verbindung zur Steifheit der Gesamtverbindung
α^2	Verhältnis der Steifheit der Gesamtschubscheibe, der Gesamtverbindung bzw. der Summe der Steifheiten der Gesamtschubscheibe und der Gesamtverbindung zur Steifheit der Gesamtbiegescheibe
A	Steifheitsparameter des Scheibensystems
B	Steifheitsparameter der Grundkörperunterlage des Scheibensystems

Kragträgerschnittkräfte. Gesamtschnittkräfte. Schnittkräfte

$\mathfrak{M}, \mathfrak{M}'$	Kragträgermoment und Kragträgerquerkraft
$\widetilde{\mathfrak{M}}, \widetilde{\mathfrak{M}}'$	Kragträgermoment und Kragträgerquerkraft aus dem Hilfsangriff $\widetilde{1}$ zur Ermittlung einer Durchbiegung nach der Mohrschen Formel
M	Gesamtmoment
M'	Gesamtquerkraft
$\overline{M}'$ ⟵	Gesamtschubscheibequerkraft Gesamtverbindungsmoment Summe der Gesamtschubscheibequerkraft und des Gesamtverbindungsmomentes bei Scheibensystemen aus vollen Scheiben, Stockwerkrahmen *und* gegliederten Scheiben
$\overline{M}$ ⟵	Gesamtschubscheibemoment Summargesamtverbindungsmoment Summe des Gesamtschubscheibemomentes und des Summargesamtverbindungsmomentes bei Scheibensystemen aus vollen Scheiben, Stockwerkrahmen *und* gegliederten Scheiben
$\overline{M}''$	Intensität der Längskraft der Lamellen, die die Gesamtbiegescheibe und die Gesamtschubscheibe verbinden, als Druckkraft positiv, zugleich Intensität der verteilten Last der Gesamtschubscheibe
$\overline{M}'_S, \overline{M}_S$	Gesamtschubscheibequerkraft und Gesamtschubscheibemoment bei Scheibensystemen aus vollen Scheiben, Stockwerkrahmen *und* gegliederten Scheiben
$\overline{M}'_V, \overline{M}_V$	Gesamtverbindungsmoment und Summargesamtverbindungsmoment bei Scheibensystemen aus vollen Scheiben, Stockwerkrahmen *und* gegliederten Scheiben
M_i, M_{ik}	Biegemoment der vollen Scheibe i und Biegemoment der Stütze k der gegliederten Scheibe i
M'_i, M'_{ik}	Querkraft der vollen Scheibe i und Querkraft der Stütze k der gegliederten Scheibe i
$\overline{M}'_{ik}$	Querkraft der Stütze k des Stockwerkrahmens i
$\overline{M}'_{ik}$	Summe der Auflagermomente eines Riegels der Öffnungsspalte k der gegliederten Scheibe i
T'_{ik}	Querkraft eines Riegels der Öffnungsspalte k der gegliederten Scheibe i
$\overline{M}_i$ ⟵	Biegemoment der Schubscheibe (des Stockwerkrahmens) i Summargesamtverbindungsmoment der gegliederten Scheibe i
N_i	Längskraft der Außenstützen des Stockwerkrahmens i oder der gegliederten Scheibe i

Formänderungsgrößen

ψ	Drehwinkel der Stützen der Stockwerkrahmen, Gleitwinkel der Schubscheiben
φ	Auflagerdrehwinkel der Riegel bzw. Lamellen der gegliederten Scheiben
$\varDelta$	waagrechte Durchbiegung des Scheibensystems
δ_0	Durchbiegung des Systemoberrandes im Grundsystem, bei dem die Gesamtbiegescheibe in eine Gelenkkette verwandelt ist, als Bezugsgröße
δ_0^W	Durchbiegung des Systemoberrandes im Grundsystem, bei dem die Gesamtschubscheibe in eine Querkraftnullfeldkette verwandelt ist, und die Verbindung der Torsionslamellen mit der Gesamtbiegescheibe gelöst ist, als Bezugsgröße

Kragträgerschnittkräftekoeffizienten, Gesamtschnittkräftekoeffizienten und Durchbiegungskoeffizienten

$\eta_{\mathfrak{M}},\ \eta_{\mathfrak{M}'}$	Kragträgermoment- und Kragträgerquerkraftkoeffizient
$\eta_M,\ \eta_{M'}$	Gesamtmoment- und Gesamtquerkraftkoeffizient
$\eta_{\overline{M}'}$	⎯ Gesamtschubscheibequerkraftkoeffizient / Gesamtverbindungsmomentkoeffizient
$\eta_{\overline{M}}$	⎯ Gesamtschubscheibemomentkoeffizient / Summargesamtverbindungsmomentkoeffizient
$\eta_\varDelta$	Durchbiegungskoeffizient, auf die Durchbiegung δ_0 des Systemoberrandes im Grundsystem bezogen
$\eta_\varDelta^W$	Durchbiegungskoeffizient, auf die Durchbiegungen δ_0^W des Systemoberrandes im Grundsystem bezogen

Ableitungen nach der Kote x sind mit Strichen ('), Ableitungen nach anderen Größen durch entsprechende Indizes gekennzeichnet.

1 Steifheiten der Elemente

Die Untersuchung der Steifheiten der Elemente der stetigen Systeme baut auf den entsprechenden, für diskrete Systeme durchgeführten Untersuchungen auf (Abschnitt 1, Kap. B).

1.1 Steifheit der vollen Scheiben und der Stützen der gegliederten Scheiben

Die Steifheit (= Biegesteifigkeit) einer Biegescheibe, also einer vollen Scheibe i oder einer Stütze k einer gegliederten Scheibe i, wird, wie bei diskreten Systemen, gemäß

$$\begin{aligned} K_{Wi} &= E_i I_i \\ K_{Wik} &= E_{ik} I_{ik} \end{aligned} \quad [\text{Mpm}^2] \qquad (1.1)$$

als Biegemoment, das an seiner Wirkungsstelle die Krümmung 1 der Biegelinie erzeugt, definiert.

1.2 Steifheit der die Stockwerkrahmen ersetzenden Schubscheiben

Die waagrechten Verschiebungen der Knoten der Stockwerkrahmen (Abb. 1.1a) infolge waagrechter Knotenlasten sind zum weitaus überwiegenden Teil durch die aus der Last des Stockwerkrahmens sich ergebenden Querkräfte hervorgerufen. Da die Stützen, wie üblich, wie übrigens auch die Riegel, als dehnstarr angenommen werden, das Trägheitsmoment der (waagrechten) Querschnitte der Stockwerkrahmen hiermit zu unendlich angenommen wird, liefern die Biegemomente aus der Last des Stockwerkrahmens keinen Beitrag den Verschiebungen seiner Knoten. Die Querschnitte der Stockwerkrahmen verschieben sich — bei der Formänderung des Systems — in ihren Ebenen sich selbst parallel bleibend, Drehungen der Querschnitte treten aber nicht auf.

Die Knoten des Rahmens liegen nach der Formänderung an einer monoton gekrümmten, zur Belastungsseite konkaven Kurve, die die Mittellinie der tatsächlich gewellten Durchbiegungslinie der Stützen des Rahmens darstellt (Abb. 1.1a).

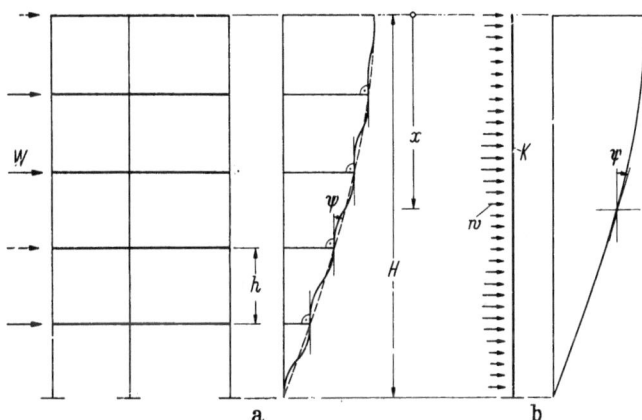

Abb.1.1. a) Stockwerkrahmen mit starren Riegeln und Durchbiegungslinie seiner Stützen; b) biegestarrer Kragträger (Schubscheibe) und Durchbiegungslinie.

Geht man nun vom tatsächlich diskreten System, dem Rahmen, zu einem stetigen Ersatzsystem über, läßt man also bei konstanter Gesamthöhe H des Systems die Stockwerkhöhe h zu Null streben, strebt die gewellte Durchbiegungslinie der Stützen zu ihrer monoton gekrümmten Mittellinie.

Eine dieser Mittellinie ähnliche Durchbiegungslinie entsteht durch Querkraftverformungen bei einem einfachen biegestarren Kragträger (Abb. 1.1b) unter dem Einfluß einer entsprechenden waagrechten verteilten Last.

Um also einen mehrstöckigen Stockwerkrahmen durch einen schubsteifen, dabei aber biegestarren Kragträger, Schubscheibe genannt, ersetzen zu können, muß die Steifheit (= Schubsteifheit) der Schubscheibe aus der Bedingung ermittelt werden, daß die gleiche Last bei beiden die gleichen Durchbiegungen bzw. die gleichen Drehwinkel ψ erzeugt (Abb. 1.1a und b).

Für den Drehwinkel der Stützen des Stockwerkrahmens, den Stockwerkdrehwinkel, wurde im Kap. B, Gl. (1.7), die Formel

$$\psi = \frac{\text{Stockwerkmoment}}{\text{Stockwerksteifheit}} \qquad (1.2)$$

abgeleitet. Die Stockwerksteifheit wurde hiermit als Stockwerkmoment (= Querkraft × Stockwerkhöhe) definiert, das eine Drehung 1 des Stockwerkes, auf welches es einwirkt, erzeugt.

Für den Neigungswinkel der Durchbiegungslinie der Schubscheibe, den Gleitwinkel (Abb. 1.1b), gilt die bekannte Formel

$$\psi = \frac{\overline{M}'}{K}, \qquad (1.3)$$

der Festigkeitslehre, mit $\overline{M}'$ als Querkraft an der betrachteten Kote und K als Steifheit der Schubscheibe. Die Steifheit K der Schubscheibe (nicht mit der Stockwerksteifheit des Stockwerkrahmens, die im Abschnitt 1.2, Kap. B, gleichfalls mit K bezeichnet ist, verwechseln!) kann gemäß der aus der Gl. (1.3) folgenden Beziehung $K = \overline{M}'/\psi$ als Querkraft, die an ihrer Wirkungsstelle den Gleitwinkel 1 erzeugt, definiert werden.

Aus der Gleichsetzung der Ausdrücke (1.2) für den Stockwerkdrehwinkel des Rahmens und (1.3) für den Gleitwinkel der Schubscheibe folgt, daß *die Steifheit K der Schubscheibe aus der Stockwerksteifheit des Rahmens durch Dividieren durch die Stockwerkhöhe h erhalten wird.*

Unter Berücksichtigung der Formel (1.6), Kap. B, für die Stockwerksteifheit eines Rahmens hat man hiermit für die Steifheit der diesen Stockwerkrahmen ersetzenden Schubscheibe die Formel

$$K_i = \frac{12\,EI_i}{h^2}. \quad [\text{Mp}] \qquad (1.4)$$

Mit I_i ist dabei die Summe der Trägheitsmomente sämtlicher Stützen des betrachteten Stockwerkrahmens i bezeichnet.

Der Formel (1.4) liegt, wie auch der Formel (1.6), Kap. B, aus der sie hergeleitet wurde, die Annahme biegestarrer Riegel zugrunde.

Sinngemäß wie bei der Ermittlung der Stockwerksteifheit eines Rahmens kann auch bei der Ermittlung der Steifheit der diesen ersetzenden Schubscheibe der Einfluß der Biegeverformungen der Riegel durch Verringerung von I_i mit dem Multiplikator

$$\frac{1}{1 + \dfrac{I_i}{h \sum \dfrac{\text{Riegelträgheitsmoment}}{\text{Riegellänge}}}} < 1$$

berücksichtigt werden. Die Summe im obigen Ausdruck ist auf sämtliche Riegel eines Riegelstranges zu erstrecken. Für die Steifheit der Schubscheibe i hat man dann die endgültige Formel

$$K_i = \frac{12\,EI_i}{h^2 \left(1 + \dfrac{I_i}{h \sum \dfrac{\text{Riegelträgheitsmoment}}{\text{Riegellänge}}}\right)} . \quad [\text{Mp}] \qquad (1.5)$$

Die Steifheit K_i ist nun, einleuchtenderweise, kleiner, als wenn die Nachgiebigkeit der Riegel unberücksichtigt bleibt.

1.3 Steifheit der die Riegel der gegliederten Scheiben ersetzenden stetigen Verbindungen

Sinngemäß wie die Steifheit eines Riegels (Abb. 1.3, Kap. B) wird die Steifheit einer Lamelle als Summe der Auflagermomente dieser Lamelle, die (untereinander gleiche) Auflagerdrehwinkel $\varphi = 1$ erzeugen, definiert (Abb. 1.2). Die Indizes geben an, daß die betrachtete Lamelle der Öffnungsspalte k der gegliederten Scheibe i angehört.

Die Summe der beiden Auflagermomente sämtlicher $\dfrac{1}{dx}$ längs der Höheneinheit des Systems angeordneter Lamellen der Spalte k der gegliederten Scheibe i sei mit $\overline{M}'_{ik}$ bezeichnet (dx = Achsentfernung der La-

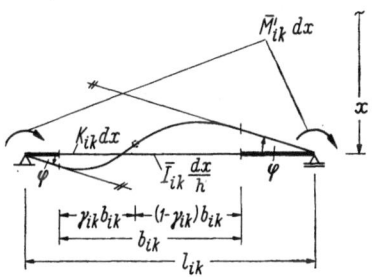

Abb. 1.2. Eine Lamelle der Öffnungsspalte k der gegliederten Scheibe i, ihre Auflagermomente und Durchbiegungslinie.

mellen); die Summe der Auflagermomente der *betrachteten* Lamelle ik in der Entfernung x vom Systemoberrand ist dann $\overline{M}'_{ik}\,dx$.

Die Summe der Steifheiten der längs der Höhe h eines *Stockwerkes* angeordneten Lamellen, die einen Riegel der gegliederten Scheibe ersetzen, muß der Steifheit dieses Riegels gleich sein. Aus dieser Bedingung ergibt sich die Steifheit einer Lamelle aus der Steifheit eines Riegels durch Multiplikation mit dem Verhältnis

$$\frac{\text{Achsabstand der Lamellen}}{\text{Achsabstand der Riegel}} = \frac{dx}{h}.$$

Sinngemäß ergibt sich das reduzierte Trägheitsmoment einer Lamelle aus dem reduzierten Trägheitsmoment eines Riegels zu $\bar{I}_{ik} \frac{dx}{h}$ (Abb. 1.2).

Im folgenden wird an Stelle der Steifheit *einer* Lamelle zweckmäßigerweise die Steifheit der längs der *Höheneinheit der stetigen Verbindung* angeordneten $\frac{1}{dx}$ Lamellen als Systemcharakteristik eingeführt. Sie wird als Steifheit der (stetigen) Verbindung der zwei benachbarten Stützen der gegliederten Scheibe bezeichnet und ergibt sich aus der Steifheit eines Riegels durch Dividieren durch die Stockwerkhöhe h.

Unter Berücksichtigung der Formel (1.21), Kap. B, für die Steifheit eines Riegels hat man für die gleichfalls mit K bezeichnete Steifheit der stetigen Verbindung die Formel

$$K_{ik} = \frac{\lambda_{ik} E \bar{I}_{ik}}{h \, l_{ik}} \left(\frac{l_{ik}}{b_{ik}}\right)^3 = \lambda_{ik} \frac{E \bar{I}_{ik} l_{ik}^2}{h \, b_{ik}^3}. \quad [\text{Mp}] \quad (1.6)$$

Die Bedeutung der Bezeichnungen ist im Abschnitt 1.3.2.1, Kap. B, erklärt. Zahlenwerte des Momentennullpunktlagekoeffizienten λ sind im Abschnitt 1.3.2.2, Kap. B, angegeben. Für das reduzierte Trägheitsmoment $\bar{I}$ des Riegels gilt die allgemeine Formel (1.18), Kap. B, im Sonderfall rechteckiger Querschnitte und Stahlbeton die Formel (1.19), Kap. B. Der Index i gibt die Ordnungszahl der gegliederten Scheibe an, der Index k die Ordnungszahl der Öffnungsspalte.

Die Steifheit einer Lamelle der Öffnungsspalte k der gegliederten Scheibe i beträgt $K_{ik} \, dx$.

Für Riegel rechteckigen Querschnittes aus Stahlbeton wird im Normalfall, wenn die Trägheitsmomente der Nachbarstützen derselben Größenordnung sind ($\lambda = 12$),

$$K_{ik} = \frac{12 \, E \bar{I}_{ik}}{h \, l_{ik}} \left(\frac{l_{ik}}{b_{ik}}\right)^3 \quad [\text{Mp}] \quad (1.7)$$

mit

$$\bar{I}_{ik} = \frac{\bar{I}_{ik}^0}{1 + 2{,}8 \left(\frac{\bar{h}_{ik}}{b_{ik}}\right)^2} \quad [\text{m}^4] \quad (1.8)$$

und im Grenzfall, wenn das Trägheitsmoment einer der Nachbarstützen im Vergleich zu jenem der anderen Stütze und des Riegels vernach-

Einfluß waagrechter Lasten. — Steifheiten der Elemente

lässigbar klein ist ($\lambda = 3$)

$$K_{ik} = \frac{3\,E\,\bar{I}_{ik}}{h\,l_{ik}} \left(\frac{l_{ik}}{b_{ik}}\right)^3. \quad [\text{Mp}] \tag{1.9}$$

mit

$$\bar{I}_{ik} = \frac{\bar{I}^0}{1 + 0{,}7 \left(\dfrac{\bar{h}_{ik}}{b_{ik}}\right)^2}. \quad [\text{m}^4] \tag{1.10}$$

Das zweite Glied im Nenner der Formeln (1.8) und (1.10) für das reduzierte Trägheitsmoment eines Riegels berücksichtigt den Einfluß der Querkräfte auf die Verformungen.

Im Falle der Sonderform des Riegels, des Diagonalriegels (Abb. 1.6, Kap. B) hat man, unter Berücksichtigung der Formel (1.37), Kap. B, für seine Steifheit, für die Steifheit der stetigen Verbindung die Formel

$$K_{ik} = \frac{E_d F_{d,ik} l_{ik}^2 \sin^3 \vartheta_{ik}}{h^2}. \quad [\text{Mp}] \tag{1.11}$$

Die Bedeutung der Bezeichnungen ist im Abschnitt 1.3.2.4, Kap. B, angegeben. Der Index i gibt wieder die Ordnungszahl der gegliederten Scheibe, k die Ordnungszahl der Öffnungsspalte an.

Die Dimension der Steifheit der stetigen Verbindung ist der $\dfrac{1}{\text{Länge}}$-fachen, also der $\dfrac{1}{\text{Meter}}$-fachen, Dimension der Steifheit eines Riegels gleich: Mp.

Die Steifheit eines Lamellenstranges (sämtlicher Lamellen der Kote x) der gegliederten Scheibe i mit r_i Öffnungsspalten ist der Summe der Steifheiten sämtlicher r_i Lamellen dieses Stranges gleich. Dementsprechend ist die (auf die Höheneinheit bezogene) Steifheit sämtlicher r_i stetiger Verbindungen der Stützen der gegliederten Scheibe i der Summe der Steifheiten der einzelnen stetigen Verbindungen dieser Scheibe gleich:

$$K_i = \sum_{k=1}^{r_i} K_{ik}. \quad [\text{Mp}] \tag{1.12}$$

1.4 Steifheit der Grundkörperunterlagen

Die Steifheit der Grundkörperunterlagen ist die gleiche, belanglos, ob das zu untersuchende Scheibensystem als ein diskretes oder als ein stetiges System behandelt wird.

Je nachdem, ob die Festigkeitseigenschaften des Bodens durch die Bettungszahl oder die Steifeziffer und die Querdehnzahl beschrieben werden, wird die Steifheit der Grundkörperunterlagen nach der Formel (1.40), Kap. B, oder nach der Formel (1.42), Kap. B, berechnet.

2 Systeme aus vollen Scheiben und Stockwerkrahmen

2.1 Entwicklung des Ersatzsystems

2.1.1 Gesamtsteifheiten. Kragträgerschnittkräfte

Es wird ein System aus einer beliebigen Anzahl voller Scheiben und Stockwerkrahmen erörtert, wobei weder die vollen Scheiben noch die Stockwerkrahmen untereinander gleich sein müssen. Die vollen Scheiben seien an ihrem unteren Rand elastisch drehbar gelagert.

Beim Übergang zu einem stetigen System wird das erörterte Scheibensystem zu einem System aus Biege- und Schubscheiben.

Sämtliche Biegescheiben des zu untersuchenden Scheibensystems denkt man sich durch *eine* Biegescheibe, Gesamtbiegescheibe genannt, ersetzt. Die Steifheit (= Biegesteifheit) der Gesamtbiegescheibe ist der Summe der Steifheiten (= Biegesteifheiten) sämtlicher Biegescheiben gleich:

$$K_W = \sum_i K_{Wi}. \tag{2.1}$$

Für gegliederte Scheiben ist dabei $K_{Wi} = \sum_{k=1}^{r_i+1} K_{Wik}$.

Die Grundkörperunterlagen sämtlicher Biegescheiben denkt man sich durch *eine* Grundkörperunterlage, Gesamtgrundkörperunterlage genannt, ersetzt; im folgenden wird sie durch eine Feder dargestellt. Die Steifheit der Gesamtgrundkörperunterlage ist der Summe der Steifheiten der Grundkörperunterlagen sämtlicher Biegescheiben gleich:

$$K_B = \sum_i K_{Bi}. \tag{2.2}$$

Die Steifheit K_B kann auch als Federkonstante der Gesamtgrundkörperunterlage bezeichnet werden.

In den beiden obigen Formeln bezeichnet i die Ordnungszahl der Biegescheibe.

Die die einzelnen Stockwerkrahmen ersetzenden Schubscheiben werden durch eine Schubscheibe, Gesamtschubscheibe genannt, ersetzt. Die Steifheit (= Schubsteifheit) der Gesamtschubscheibe ist der Summe der Steifheiten (= Schubsteifheiten) sämtlicher Schubscheiben gleich:

$$K = \sum_i K_i, \tag{2.3}$$

wobei nun i die Ordnungszahl der Schubscheibe bezeichnet.

Die Steifheiten der Elemente des Ersatzsystems werden auch Gesamtsteifheiten genannt.

Einfluß waagrechter Lasten. — Systeme aus vollen Scheiben 99

Die in diskreten, der Stockwerkhöhe h gleichen Abständen angeordneten Deckenscheiben ersetzt man durch längs der ganzen Systemhöhe in unendlich kleinen Abständen angeordnete, unendlich dünne Scheiben und stellt sie, da das tatsächlich räumliche System als ein ebenes behandelt werden kann, als Pendelstäbchen (Lamellen) dar, die die Gesamtbiegescheibe und die Gesamtschubscheibe stetig verbinden. Da die Deckenscheiben in ihren Ebenen voraussetzungsgemäß starr sind, werden auch die Pendelstäbchen als dehnstarr angenommen.

Das so erhaltene Ersatzsystem ist auf Abb. 2.1 gezeigt; links ist die auf die Gesamtgrundkörperunterlage abgestützte Gesamtbiegescheibe, rechts die Gesamtschubscheibe.

Die Kote x ist vom Systemoberrand nach unten orientiert. Mit H ist die gesamte Höhe des Scheibensystems von seinem oberen bis zum unteren Rand, also bis zur Grundkörpersohle, bezeichnet.

Die Last wird als längs der Systemhöhe nach einem beliebigen Gesetz $w = w(x)$ verteilt angenommen. Am unten eingespannten Kragträger ergibt sie, an einer beliebigen Kote, das Biegemoment $\mathfrak{M}$ und die Querkraft $\mathfrak{M}'$; diese werden im folgenden Kragträgerschnittkräfte, nämlich Kragträgermoment und Kragträgerquerkraft, genannt.

2.1.2 Beziehungen zwischen den Gesamtschnittkräften

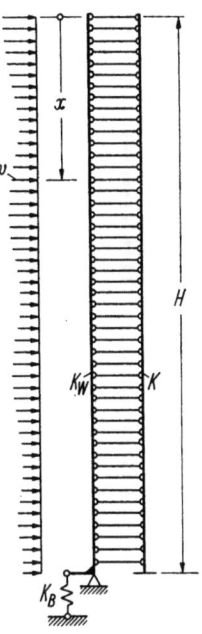

Abb. 2.1.
Das Ersatzsystem eines Scheibensystems aus vollen Scheiben und Stockwerkrahmen.

Die Schnittkräfte der Elemente des Ersatzsystems werden Gesamtschnittkräfte genannt. Es sind dies (Abb. 2.2a):

M Biegemoment der Gesamtbiegescheibe, Gesamtmoment genannt,
M' Querkraft der Gesamtbiegescheibe, Gesamtquerkraft genannt,
$\overline{M}'$ Querkraft der Gesamtschubscheibe, Gesamtschubscheibequerkraft genannt,
$\overline{M}$ Biegemoment der Gesamtschubscheibe, Gesamtschubscheibemoment genannt.

Querkräfte sind, da sie der Ableitung des entsprechenden Biegemomentes nach x gleich sind, durch Striche gekennzeichnet.

Die angegebenen Schnittkräfte beziehen sich auf einen beliebigen Querschnitt x des Systems, sind also Funktionen der Kote x. Die Werte der Schnittkräfte am Systemunterrand ($x = H$) werden durch den Index H gekennzeichnet.

7*

Vorzeichen. Biegemomente sind positiv, wenn sie an der linken Seite der entsprechenden Scheibe Zugspannungen erzeugen. Querkräfte sind positiv, wenn sie von einem oberen auf einen unteren Teil der entsprechenden Scheibe von links nach rechts wirken. Der positive Sinn der Schnittkräfte ist aus der Abb. 2.2a ersichtlich.

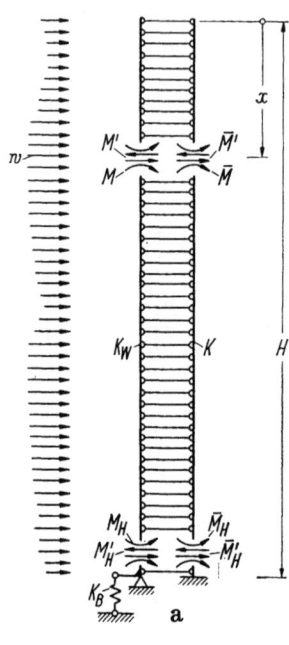

Für den Teil des Systems oberhalb des Querschnittes x (Abb. 2.2a) kann die Gleichgewichtsbedingung

$$M' + \bar{M}' = \mathfrak{M}' \qquad (2.4)$$

waagrechter Kräfte angeschrieben werden. Aus der Gl. (2.4) folgt für die Gesamtschubscheibequerkraft der Ausdruck

$$\bar{M}' = \mathfrak{M}' - M'. \qquad (2.5)$$

Für den — beliebigen — Querschnitt x des Systems (Abb. 2.2a) kann auch die Gleichgewichtsbedingung

$$M + \bar{M} = \mathfrak{M} \qquad (2.6)$$

der Biegemomente angeschrieben werden. Für das Gesamtschubscheibemoment ergibt sich hiermit der Ausdruck

$$\bar{M} = \mathfrak{M} - M. \qquad (2.7)$$

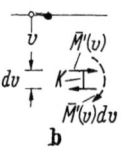

Abb. 2.2. a) Schnittkräfte des Ersatzsystems an einer beliebigen Kote x und am Systemunterrand ($x=H$); b) Differential des Gesamtschubscheibemomentes an der Kote v.

Das Gesamtschubscheibemoment $\bar{M}$ an einer beliebigen Kote kann aber auch aus der Gesamtschubscheibequerkraft $\bar{M}'$ als Integral

$$\bar{M} = \int_0^x M'(v)\,\mathrm{d}v \qquad (2.8)$$

des Differentiales $M'(v)\mathrm{d}v$ des Gesamtschubscheibemomentes (Abb. 2.2b) vom Systemoberrand ($x = 0$) bis zur betrachteten Kote x ermittelt werden. Dabei ist v eine Hilfsvariable, die bei der Integration den Bereich $(0, x)$ der Gesamtschubscheibe über der betrachteten Kote durchläuft.

2.1.3 Formänderungen des Ersatzsystems

Für die Krümmung der Gesamtbiegescheibe an einer beliebigen Kote, den Gleitwinkel der Gesamtschubscheibe an einer beliebigen Kote und den Drehwinkel der Gesamtgrundkörpersohle gelten die Formeln

$$\Delta'' = \frac{M}{K_W}, \tag{2.9}$$

$$\psi = \frac{\overline{M}'}{K}, \tag{2.10}$$

$$\varphi = \frac{M_H}{K_B}. \tag{2.11}$$

Vorzeichen. Verschiebungen Δ sind positiv, wenn sie von links nach rechts, die Drehwinkel ψ und φ, wenn sie im Uhrzeigerdrehsinn erfolgen.

2.2 Formulierung der Aufgabe

2.2.1 Komplementäre Energie des Systems und wesentliche Randbedingung

Zur Formulierung der Aufgabe wird das Prinzip vom stationären Wert der komplementären Energie des Systems herangezogen.

Als statisch überzählige Größe wird das Biegemoment M der Gesamtbiegescheibe, das Gesamtmoment, gewählt. Im dieser statisch überzähligen Größe entsprechenden Grundsystem ist die Gesamtbiegescheibe durch eine Gelenkkette ersetzt; diese ist durch die Gesamtschubscheibe stabilisiert.

Um das Prinzip vom stationären Wert der komplementären Energie anwenden zu können, sind vorher die Schnittkräfte des Systems durch die äußere Last, bzw. die aus dieser sich ergebenden Kragträgerschnittkräfte und die statisch überzählige Größe M, oder ihre Ableitung, auszudrücken. Entsprechende Beziehungen wurden im vorangehenden Abschnitt 2.1.2 angegeben.

Die komplementäre Energie des Ersatzsystems (Abb. 2.1) setzt sich aus den Beiträgen der Gesamtbiegescheibe, der Gesamtschubscheibe und der Gesamtgrundkörperunterlage zusammen:

$$U = \int_0^H \left[\frac{M^2}{2\,K_W} + \frac{(\mathfrak{M}' - M')^2}{2K} \right] dx + \frac{M_H^2}{2K_B}. \tag{2.12}$$

Das erste Glied in der obigen Formel entspricht den Biegeverformungen der Gesamtbiegescheibe, das zweite den Schubverformungen der Gesamtschubscheibe. Das dritte Glied, die Energie der Gesamtgrundkörperunterlage, wurde als Arbeit des auf diese einwirkenden Gesamtmomentes M_H am Drehwinkel M_H/K_B der Grundkörpersohle ermittelt [Gl. (2.11)].

Die Querkraft M' der Gesamtbiegescheibe liefert keinen Beitrag der Energie des Systems, da die Gesamtbiegescheibe voraussetzungsgemäß schubstarr ist. Sinngemäß liefert auch das Gesamtschubscheibemoment $\overline{M}$ keinen Beitrag, da die Gesamtschubscheibe voraussetzungsgemäß biegestarr ist.

Am oberen Rand $x = 0$ der Gesamtbiegescheibe ist ihr Biegemoment M offensichtlich gleich Null, also

$$M_0 = 0, \qquad (2.13)$$

außer, wenn dort ein Einzelmoment angreift. In diesem Sonderfall ist M_0 diesem Einzelmoment gleich. Die Gl. (2.13) ist im Sinne der Variationsrechnung als eine wesentliche Randbedingung aufzufassen.

2.2.2 Ableitung der Differentialgleichung der Aufgabe und der natürlichen Randbedingung

Gemäß dem Prinzip vom stationären Wert der komplementären Energie des Systems muß für die dem wirklich auftretenden Spannungszustand entsprechende Funktion M die erste Variation der komplementären Energie gleich Null sein,

$$\delta U = 0, \qquad (2.14)$$

womit die behandelte Aufgabe auf eine Aufgabe der Variationsrechnung zurückgeführt ist.

Die Bedingungsgleichung (2.14) kann auch als Forderung, daß U für zulässige Variationen der unbekannten Funktion M, also solche, die die wesentliche Randbedingung (2.13) befriedigen, stationär ist, ausgesagt werden.

Es soll nun die erste Variation von U ermittelt werden.

Gemäß Gl. (2.12) ist die komplementäre Energie U eine Funktion der Kote x, der Funktionen M und M' von x und des Randwertes M_H der Funktion M am Systemunterrand. Die Gl. (2.12) kann demzufolge in der allgemeinen Form

$$U = \int_0^H F(x, M, M')\,dx + G(M_H) \qquad (2.15)$$

angeschrieben werden, wobei F den hinter dem Integralzeichen der Gl. (2.12) in eckiger Klammer stehenden Ausdruck und G das Randglied dieser Gleichung bezeichnen.

Die erste Variation δU von U erhält man an Hand der Gl. (2.15) als Differential dU dieser Funktion, indem die Zeichen d für Differentiale durch die Zeichen δ für Variationen ersetzt werden, zu

$$\delta U = \int_0^H (F_M\,\delta M + F_{M'}\,\delta M')\,dx + G_{M_H}\,\delta M_H. \qquad (2.16)$$

Die Indizes geben dabei diejenigen Größen an, nach welchen die Funktionen F bzw. G, bei denen sie stehen, abzuleiten sind. Es ist also beispielsweise $F_{M'}$ die partielle Ableitung von F nach M'.

Die Durchführungen der Ableitungen ergibt

$$\left.\begin{aligned} F_M &= \frac{M}{K_W}, \\ F_{M'} &= \frac{M' - \mathfrak{M}'}{K}, \\ G_{M_H} &= \frac{M_H}{K_B}. \end{aligned}\right\} \qquad (2.17)$$

Werden diese Ausdrücke in die Gl. (2.16) eingesetzt, nimmt sie die Form

$$\delta U = \int_0^H \left(\frac{M}{K_W} \delta M + \frac{M' - \mathfrak{M}'}{K} \delta M' \right) dx + \frac{M_H}{K_B} \delta M_H \qquad (2.18)$$

an.

Nun soll die in der Gl. (2.18) enthaltene Variation $\delta M'$ der Funktion M' in die Variation δM der Funktion M selbst überführt werden. Die zweimalige Anwendung der Formel für partielle Integration auf das zweite Glied des Klammerausdruckes der Gl. (2.18) liefert

$$\left.\begin{aligned} \int_0^H M' \delta M' \, dx &= M'_H \delta M_H - M'_0 \delta M_0 - \int_0^H M'' \delta M \, dx, \\ \int_0^H \mathfrak{M}' \delta M' \, dx &= \mathfrak{M}'_H \delta M_H - \mathfrak{M}'_0 \delta M_0 - \int_0^H \mathfrak{M}'' \delta M \, dx. \end{aligned}\right\} \qquad (2.19)$$

In beiden Gleichungen (2.19) ist das zweite Glied auf der rechten Seite gleich null, da auch die Variation δM der Funktion M die wesentliche Randbedingung (2.13) befriedigen muß.

Die Ableitung $\mathfrak{M}''$ der Kragträgerquerkraft $\mathfrak{M}'$ nach der Kote ist bekanntlich der Intensität w der verteilten Last gleich:

$$\mathfrak{M}'' = w. \qquad (2.20)$$

Unter Berücksichtigung der Ergebnisse (2.19) und der Tatsache, daß die δM_0 enthaltenden Glieder gleich Null sind, nimmt der Ausdruck (2.18) für die erste Variation von U die endgültige Form

$$\int_0^H \left[\frac{M}{K_W} + \frac{w - M''}{K} \right] \delta M \, dx + \left[\frac{M'_H - \mathfrak{M}'_H}{K} + \frac{M_H}{K_B} \right] \delta M_H = 0 \qquad (2.21)$$

an; gemäß der Bedingungsgleichung (2.14) muß er gleich Null sein.

Da die Variation δM im ganzen wie auch ihr Randwert δM_H willkürlich sind, kann der Ausdruck auf der linken Seite der Gl. (2.21) nur dann identisch verschwinden, wenn die neben δM und δM_H stehenden Klammerausdrücke für sich zu null werden.

Die erste Bedingung liefert, nach Einführung der Bezeichnung

$$\alpha^2 = \frac{K}{K_W} \qquad (2.22)$$

für das Verhältnis der Steifheit der Gesamtschubscheibe zur Steifheit der Gesamtbiegescheibe, die Differentialgleichung

$$M'' - \alpha^2 M = w \qquad (2.23)$$

des Gesamtmomentes. Es ist dies eine lineare Differentialgleichung II. Ordnung mit konstanten Koeffizienten. Das Lastglied der Differentialgleichung, die Intensität der Last, ist im allgemeinen eine Funktion von x.

Die Bedingung, daß der in der Gl. (2.21) neben δM_H stehende Ausdruck zu null wird, ergibt die untere Randbedingung der Aufgabe

$$M'_H + \frac{K}{K_B} M_H = \mathfrak{M}'_H. \qquad (2.24)$$

Die Gl. (2.24) ist im Sinne der Variationsrechnung als zusätzliche oder natürliche Randbedingung aufzufassen.

Um die mechanische Bedeutung der Randbedingung (2.24) festzustellen, wird sie in der Form

$$\frac{M_H}{K_B} = \frac{\mathfrak{M}'_H - M'_H}{K} \qquad (2.25)$$

angeschrieben. Die linke Seite dieser Gleichung stellt gemäß Gl. (2.11) den Drehwinkel der Grundkörpersohle und hiermit den Drehwinkel der Tangente der Durchbiegungslinie der Gesamtbiegescheibe am Systemunterrand ($x = H$) dar. Die Differenz der Querkräfte im Zähler des Bruches auf der rechten Seite dieser Gleichung ist gemäß Gl. (2.5) die Querkraft $\overline{M}'_H$ der Gesamtschubscheibe am Systemunterrand. Die rechte Seite der Gl. (2.25) stellt hiermit, gemäß Gl. (2.10), den Drehwinkel der Tangente der Durchbiegungslinie der Gesamtschubscheibe am Systemunterrand dar. Die Randbedingung (2.24) verlangt also, daß die Durchbiegungslinien der Gesamtbiegescheibe und der Gesamtschubscheibe am Systemunterrand die gleiche Neigung haben müssen.

2.2.3 Steifheitsparameter des Systems und ihre Grenzwerte

Für die weitere Untersuchung ist es zweckmäßig, die Steifheitscharakteristiken des Systems durch zwei dimensionslose Parameter zu beschreiben:
den Steifheitsparameter

$$A = \sqrt{\frac{K}{K_W}}\, H = \alpha H \tag{2.26}$$

des Scheibensystems und den Steifheitsparameter

$$B = \frac{K_W}{H K_B} \tag{2.27}$$

seiner Unterlage.

Grenzwerte des Steifheitsparameters A des Scheibensystems

Scheibensysteme aus vollen Scheiben. Sind die vollen Scheiben im Vergleich zu den Stockwerkrahmen so steif, daß das Verhältnis $\alpha = \sqrt{\frac{K}{K_W}}$ ihrer Steifheiten gleich Null gesetzt werden kann, wird gemäß Gl. (2.26)

$$\underline{A = 0}.$$

Das Ersatzsystem degeneriert in die elastisch drehbar gestützte Gesamtbiegescheibe.

Scheibensysteme aus Stockwerkrahmen. Sind die Stockwerkrahmen im Vergleich zu den vollen Scheiben so steif, daß das Verhältnis $\alpha = \sqrt{\frac{K}{K_W}}$ ihrer Steifheiten gleich unendlich gesetzt werden kann, wird gemäß Gl. (2.26)

$$\underline{A = \infty}.$$

Das Ersatzsystem degeneriert in die Gesamtschubscheibe.

Grenzwerte des Steifheitsparameters B der Grundkörperunterlage des Scheibensystems

Scheibensysteme mit Auflagerkonstruktionen Typ 1. Sind gegenseitige Verdrehungen der unteren Ränder der Scheiben zufolge der Starrheit der Auflagerkonstruktion ($K_B = \infty$) nicht möglich, wird gemäß Gl. (2.27)

$$\underline{B = 0}.$$

Scheibensysteme, deren volle Scheiben an ihrem unteren Rand gelenkig gelagert sind. Die Federkonstante der Gesamtgrundkörperunterlage ist dann gleich Null ($K_B = 0$). Aus der Gl. (2.27) folgt

$$\underline{B = \infty}.$$

2.2.4 Einführung der Steifheitsparameter des Systems in die Differentialgleichung der Aufgabe und ihre Randbedingungen

Werden die Ausdrücke (2.26) und (2.27) für die Steifheitsparameter des Systems in die die behandelte Randwertaufgabe beschreibende Differentialgleichung (2.23) und die Randbedingungen (2.13) und (2.24) eingeführt, nehmen sie, unter Berücksichtigung der aus der Verknüpfung der Gln. (2.26) und (2.27) sich ergebenden Beziehung

$$\frac{K}{K_B} = \frac{A^2 B}{H}, \qquad (2.28)$$

die endgültige Form

$$M'' - \frac{A^2}{H^2} M = w, \qquad (2.29)$$

bzw.

$$M_0 = 0, \qquad (2.30)$$

und

$$M'_H + \frac{A^2 B}{H} M_H = \mathfrak{M}'_H \qquad (2.31)$$

an.

Für Scheibensysteme mit Auflagerkonstruktionen Typ 1 ($B = 0$) vereinfacht sich die Randbedingung (2.31) zu

$$M'_H = \mathfrak{M}'_H; \qquad (2.32)$$

sie besagt nun, daß die ganze Kragträgerquerkraft $\mathfrak{M}'_H$ am Systemunterrand von der Gesamtbiegescheibe aufgenommen wird.

2.3 Lösung der Aufgabe

2.3.1 Lastfälle. Formeln für die Kragträgerschnittkräfte

Es werden die folgenden Lastfälle untersucht (Abb. 2.3):
Gleichlast,
Dreiecklast,
Einzellast am Systemoberrand und
Einzelmoment am Systemoberrand.

Trapezlasten können durch Aufspaltung in eine Gleichlast und eine Dreiecklast gleichfalls nach den zu entwickelnden Formeln berücksichtigt werden.

Für die Intensitäten der vier Lasten gelten die Gleichungen

$$w(\xi) = \begin{cases} w & \text{(Gleichlast)} \\ w(1-\xi) & \text{(Dreiecklast)} \\ 0 & \text{(Einzellast)} \\ 0 & \text{(Einzelmoment)} \end{cases} \qquad (2.33)$$

Einfluß waagrechter Lasten. — Systeme aus vollen Scheiben 107

wobei
$$\xi = \frac{x}{H} \qquad (2.34)$$

die auf die Systemhöhe H bezogene dimensionslose Kote bezeichnet. Sie ist im Bereich $(0, 1)$ definiert.

Für die Kragträgerschnittkräfte, nämlich das Kragträgermoment und die Kragträgerquerkraft an einer beliebigen Kote, gelten die Formeln

$$\mathfrak{M} = \eta_{\mathfrak{M}} \cdot \mathfrak{M}_H \qquad (2.35)$$

$$\mathfrak{M}' = \eta_{\mathfrak{M}'} \cdot \mathfrak{M}'_H, \qquad (2.36)$$

wobei $\mathfrak{M}_H$ und $\mathfrak{M}'_H$ die am Systemunterrand $(x = H, \xi = 1)$ auftretenden Extremwerte der Kragträgerschnittkräfte bezeichnen und $\eta_{\mathfrak{M}}$ und $\eta_{\mathfrak{M}'}$ dimensionslose Koeffizienten sind, Kragträgermomentkoeffizient und Kragträgerquerkraftkoeffizient genannt.

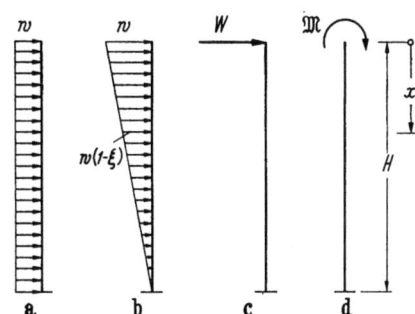

Abb. 2.3. Lastfälle: a) Gleichlast; b) Dreiecklast; c) Einzellast; d) Einzelmoment.

Formeln für die Kragträgerschnittkräfte $\mathfrak{M}_H$ und $\mathfrak{M}'_H$ am Systemunterrand für die vier untersuchten Lastfälle und Zahlentafeln für die Kragträgerschnittkräftekoeffizienten $\eta_{\mathfrak{M}}$ und $\eta_{\mathfrak{M}'}$ für die vier untersuchten Lastfälle und die Zehntelpunkte der Systemhöhe sind im Anhang, Abschnitt 3, gegeben.

2.3.2 Lösung der Differentialgleichung

Es ist die durch die Differentialgleichung (2.29), die Randbedingung (2.30) des oberen Randes und die Randbedingung (2.31) des unteren Randes beschriebene Randwertaufgabe zu lösen.

Die allgemeine Lösung der Differentialgleichung (2.29) setzt sich aus der allgemeinen Lösung der entsprechenden homogenen Differentialgleichung und einer partikulären Lösung der vollständigen Differentialgleichung zusammen:

$$M = M_{\text{hom}} + M_{\text{part}}. \qquad (2.37)$$

Die allgemeine Lösung der homogenen Gleichung kann — als Funktion der bezogenen Kote — gemäß

$$M_{\text{hom}} = C \sinh A\xi + D \cosh A\xi \qquad (2.38)$$

durch Hyperbelfunktionen ausgedrückt werden. Die Integrationskonstanten C und D werden später mittels der Randbedingungen bestimmt.

Für die partikuläre Lösung M_{part} wird ein Polynom desselben Grades wie das Lastglied $w = w(\xi)$ der Differentialgleichung angesetzt; die Koeffizienten des Polynoms können z. B. nach dem Verfahren der unbestimmten Koeffizienten bestimmt werden. Für die vier erörterten Lastfälle ergibt sich

$$M_{\text{part}} = \begin{cases} -\dfrac{wH^2}{A^2} & \text{(Gleichlast)} \\ -\dfrac{wH^2}{A^2}(1-\xi) & \text{(Dreiecklast)} \\ 0 & \text{(Einzellast)} \\ 0 & \text{(Einzelmoment)} \end{cases} \quad (2.39)$$

Die partikuläre Lösung liefert bei den ersten zwei Lastfällen oft den zahlenmäßig überwiegenden Beitrag zur vollständigen Lösung der Differentialgleichung, also den Werten der Gesamtmomente; im allgemeinen befriedigt sie aber nicht die Randbedingungen.

Die allgemeine Lösung der vollständigen Differentialgleichung (2.29) ergibt sich für die vier untersuchten Lastfälle durch Addition des Beitrages (2.38) der allgemeinen Lösung der homogenen Gleichung und des Beitrages (2.39) der partikulären Lösung, zu

$$M = C \sinh A\xi + D \cosh A\xi + \begin{cases} -\dfrac{wH^2}{A^2} & \text{(Gleichlast)} \\ -\dfrac{wH^2}{A^2}(1-\xi) & \text{(Dreiecklast)} \\ 0 & \text{(Einzellast)} \\ 0 & \text{(Einzelmoment)} \end{cases}$$
(2.40)

Die Formel für die Querkraft M' der Gesamtbiegescheibe erhält man durch Ableiten nach x der Formel (2.40) für das Gesamtmoment M gemäß

$$M' = \frac{dM}{dx} = \frac{dM}{d\xi}\frac{d\xi}{dx} = \frac{1}{H}\frac{dM}{d\xi} \quad (2.41)$$

zu

$$M' = \frac{A}{H}(C \cosh A\xi + D \sinh A\xi) + \begin{cases} 0 & \text{(Gleichlast)} \\ \dfrac{wH}{A^2} & \text{(Dreiecklast)} \\ 0 & \text{(Einzellast)} \\ 0 & \text{(Einzelmoment)} \end{cases} \quad (2.42)$$

Einfluß waagrechter Lasten. — Systeme aus vollen Scheiben

Die Integrationskonstanten C und D werden nun durch Einsetzen der allgemeinen Lösung (2.40) und ihrer Ableitung (2.41) nach x in die Randbedingungen ermittelt.

Die obere Randbedingung (2.30) ergibt

$$D = \begin{cases} \dfrac{wH^2}{A^2} & \text{(Gleichlast)} \\[4pt] \dfrac{wH^2}{A^2} & \text{(Dreiecklast)} \\[4pt] 0 & \text{(Einzellast)} \\[4pt] \mathfrak{M} & \text{(Einzelmoment)} \end{cases} \qquad (2.43)$$

Für den Lastfall Einzelmoment ist das Gesamtmoment M_0 am Systemoberrand nicht gleich Null, sondern dem am Systemoberrand angreifenden Moment $\mathfrak{M}$ gleichgesetzt.

Die untere Randbedingung (2.31) ergibt nach Berücksichtigung der Formeln (2.43) für die Integrationskonstante D und Ordnen

$$C = \begin{cases} \dfrac{A - AB\,(\cosh A - 1) - \sinh A}{\cosh A + AB\,\sinh A} \cdot \dfrac{wH^2}{A^2} & \text{(Gleichlast)} \\[6pt] \dfrac{\dfrac{A}{2} - \dfrac{1}{A} - \sinh A - AB\cosh A}{\cosh A + AB\,\sinh A} \cdot \dfrac{wH^2}{A^2} & \text{(Dreiecklast)} \\[6pt] \dfrac{1}{\cosh A + AB\,\sinh A} \cdot \dfrac{WH}{A} & \text{(Einzellast)} \\[6pt] -\dfrac{\sinh A + AB\cosh A}{\cosh A + AB\,\sinh A}\,\mathfrak{M} & \text{(Einzelmoment)} \end{cases} \qquad (2.44)$$

Die Formeln (2.44) für die Integrationskonstante C werden zur Vereinfachung in der Form

$$C = \begin{cases} c\,\dfrac{wH^2}{A^2} & \text{(Gleichlast)} \\[4pt] c\,\dfrac{wH^2}{A^2} & \text{(Dreiecklast)} \\[4pt] c\,\dfrac{WH}{A} & \text{(Einzellast)} \\[4pt] c\,\mathfrak{M} & \text{(Einzelmoment)} \end{cases} \qquad (2.45)$$

angeschrieben, mit der Abkürzung

$$c = \begin{cases} \dfrac{A - AB(\cosh A - 1) - \sinh A}{\cosh A + AB \sinh A} & \text{(Gleichlast)} \\[2mm] \dfrac{\dfrac{A}{2} - \dfrac{1}{A} - \sinh A - AB \cosh A}{\cosh A + AB \sinh A} & \text{(Dreiecklast)} \\[2mm] \dfrac{1}{\cosh A + AB \sinh A} & \text{(Einzellast)} \\[2mm] -\dfrac{\sinh A + AB \cosh A}{\cosh A + AB \sinh A} & \text{(Einzelmoment)} \end{cases} \qquad (2.46)$$

für die dimensionslosen Multiplikatoren in den Ausdrücken (2.44) für die Integrationskonstante C.

2.3.3 Grenzwerte des Multiplikators c

Scheibensysteme mit Auflagerkonstruktionen Typ 1 ($B = 0$). Die Formeln (2.46) für den Multiplikator c der Integrationskonstante C vereinfachen sich zu

$$c_0 = \begin{cases} \dfrac{A - \sinh A}{\cosh A} & \text{(Gleichlast)} \\[2mm] \dfrac{\dfrac{A}{2} - \dfrac{1}{A} - \sinh A}{\cosh A} & \text{(Dreiecklast)} \\[2mm] \operatorname{sech} A & \text{(Einzellast)} \\[2mm] -\tanh A & \text{(Einzelmoment)} \end{cases} \qquad (2.47)$$

Scheibensysteme, deren volle Scheiben an ihrem unteren Rand gelenkig gelagert sind ($B = \infty$). Die Multiplikatoren c nehmen gemäß den allgemeinen Formeln (2.46) den unbestimmten Wert ∞/∞ an. Ihre wahren Werte erhält man nach der L'Hospitalschen Regel, indem der Zähler und Nenner dieser Formeln jeweils für sich nach B abgeleitet wird, zu

$$c_\infty = \begin{cases} -\dfrac{\cosh A - 1}{\sinh A} & \text{(Gleichlast)} \\[2mm] -\coth A & \text{(Dreiecklast)} \\[2mm] 0 & \text{(Einzellast)} \\[2mm] -\coth A & \text{(Einzelmoment)} \end{cases} \qquad (2.48)$$

2.4 Gesamtschnittkräfte

Die Schnittkräfte der Elemente des Ersatzsystems, also der Gesamtbiegescheibe, der Gesamtschubscheibe und der Gesamtgrundkörperunterlage werden Gesamtschnittkräfte genannt.

Die Gesamtmomente M sind durch die Gleichung (2.40), die Gesamtquerkräfte M' durch die Gleichung (2.42), mit den Formeln (2.45) und (2.43) für die Integrationskonstanten C und D, eindeutig festgelegt.

Die Gesamtschubscheibequerkraft $\overline{M}'$ kann, anschließend, aus der Gleichgewichtsbedingung (2.5) ermittelt werden, also als Differenz der Kragträgerquerkraft $\mathfrak{M}'$ und der Gesamtquerkraft M', womit die in der Regel maßgebenden Schnittkräfte des Ersatzsystems bestimmt sind.

Das Gesamtschubscheibemoment $\overline{M}$ kann, erforderlichenfalls, aus der Gleichgewichtsbedingung (2.7), oder von der Gesamtschubscheibequerkraft $\overline{M}'$ ausgehend, nach der Gl. (2.8), die nach Einführung der dimensionslosen Kote ξ an Stelle von x, und der dimensionslosen Hilfsvariablen $\nu = \dfrac{v}{H}$ an Stelle von v, die Form

$$\overline{M} = H \int_0^\xi \overline{M}'(\nu)\, d\nu \qquad (2.49)$$

annimmt, ermittelt werden.

Die in der obersten Lamelle der stetigen Verbindung wirkende Längskraft ist, aus Gleichgewichtsgründen, der Gesamtschubscheibequerkraft $\overline{M}'_0$ am Systemoberrand gleich. Sie ist, gemäß der getroffenen Vorzeichenregel der Gesamtschubscheibequerkraft (Abschnitt 2.1.2), als Druckkraft positiv.

Die Intensität der verteilten Last (von links nach rechts positiv) der Gesamtschubscheibe ist der Ableitung nach x der Gesamtschubscheibequerkraft $\overline{M}'$, also $\overline{M}''$, gleich.

Aus Gleichgewichtsgründen stellt $\overline{M}''$ zugleich die Intensität der Längskraft, also die Größe der Längskraft je Höheneinheit, der stetigen Verbindung der Gesamtbiege- und der Gesamtschubscheibe dar. Da der Achsabstand der Lamellen dx ist, ergibt sich die Längskraft — als Druckkraft positiv — einer Lamelle zu $\overline{M}'' dx$.

Zur Vereinfachung der Zahlenarbeit bei statischen Berechnungen werden im folgenden — für die ersten drei der untersuchten Lastfälle, also jene, die in der Praxis am häufigsten auftreten — die Gesamtschnittkräfte auf die Randwerte $\mathfrak{M}_H$ und $\mathfrak{M}'_H$ des Kragträgermomentes $\mathfrak{M}$ bzw. der Kragträgerquerkraft $\mathfrak{M}'$ bezogen. Am Ende des Buches sind — für die Lastfälle Gleichlast und Dreiecklast — *Zahlentafeln* der Gesamtschnittkräftekoeffizienten gegeben, die durch Auswertung der im folgenden Abschnitt entwickelten Formeln erhalten wurden.

2.4.1 Entwicklung der Gebrauchsformeln für die Gesamtschnittkräfte und der Formeln für die Gesamtschnittkräftekoeffizienten

Werden die Formeln (2.45) und (2.43) für die Integrationskonstanten in die allgemeine Formel (2.40) für das *Gesamtmoment* eingesetzt, kann diese in der Form

$$M = \eta_M \cdot \mathfrak{M}_H \qquad (2.50)$$

angeschrieben werden. Das Gesamtmoment an einer beliebigen Kote x ist hiermit auf das Kragträgermoment $\mathfrak{M}_H$ am Systemunterrand bezogen. Für den dimensionslosen Koeffizienten η_M, Gesamtmomentkoeffizient genannt, ergeben sich die Formeln

$$\eta_M = \begin{cases} \dfrac{2}{A^2}(c\sinh A\xi + \cosh A\xi - 1) & \text{(Gleichlast)} \\[6pt] \dfrac{3}{A^2}(c\sinh A\xi + \cosh A\xi + \xi - 1) & \text{(Dreiecklast)} \\[6pt] \dfrac{1}{A}c\sinh A\xi & \text{(Einzellast)} \end{cases} \qquad (2.51)$$

Sinngemäß wird auch die Formel (2.42) für die *Gesamtquerkraft*, indem für die Integrationskonstanten C und D die entsprechenden Ausdrücke (2.45) und (2.43) eingesetzt werden, in der Form

$$M' = \eta_{M'} \cdot \mathfrak{M}'_H \qquad (2.52)$$

angeschrieben, womit die Gesamtquerkraft an einer beliebigen Kote x auf die Kragträgerquerkraft $\mathfrak{M}'_H$ am Systemunterrand bezogen ist. Der dimensionslose Koeffizient $\eta_{M'}$, Gesamtquerkraftkoeffizient genannt, ist durch die Formeln

$$\eta_{M'} = \begin{cases} \dfrac{1}{A}(c\cosh A\xi + \sinh A\xi) & \text{(Gleichlast)} \\[6pt] \dfrac{2}{A}\left(c\cosh A\xi + \sinh A\xi + \dfrac{1}{A}\right) & \text{(Dreiecklast)} \\[6pt] c\cosh A\xi & \text{(Einzellast)} \end{cases} \qquad (2.53)$$

gegeben.

Die *Gesamtschubscheibequerkraft* $\overline{M}'$ an einer beliebigen Kote x des Systems ist gemäß Gl. (2.5) der Differenz der auf diese Kote sich beziehenden Kragträgerquerkraft $\mathfrak{M}'$ und der Gesamtquerkraft M' gleich. Da sowohl $\mathfrak{M}'$ als auch M' auf $\mathfrak{M}'_H$ bezogen wurden [Gln. (2.36) und

(2.52)], wird auch die Gesamtschubscheibequerkraft $\overline{M}'$ gemäß

$$\overline{M}' = \eta_{\overline{M}'} \cdot \mathfrak{M}'_H \qquad (2.54)$$

auf die Kragträgerquerkraft $\mathfrak{M}'_H$ am Systemunterrand bezogen. Der dimensionslose Gesamtschubscheibequerkraftkoeffizient $\eta_{\overline{M}'}$ ist der Differenz

$$\eta_{\overline{M}'} = \eta_{\mathfrak{M}'} - \eta_{M'} \qquad (2.55)$$

des Kragträgerquerkraftkoeffizienten $\eta_{\mathfrak{M}'}$ und des Gesamtquerkraftkoeffizienten $\eta_{M'}$ gleich; nach Einsetzen der entsprechenden Ausdrücke für $\eta_{\mathfrak{M}'}$ und $\eta_{M'}$ ergeben sich für den Gesamtschubscheibequerkraftkoeffizienten die endgültigen Formeln

$$\eta_{\overline{M}'} = \begin{cases} \xi - \dfrac{1}{A}(c \cosh A\xi + \sinh A\xi) & \text{(Gleichlast)} \\[2pt] 2\xi - \xi^2 - \dfrac{2}{A} \times \\ \quad \times \left(c \cosh A\xi + \sinh A\xi + \dfrac{1}{A}\right) & \text{(Dreiecklast)} \\[2pt] 1 - c \cosh A\xi & \text{(Einzellast)} \end{cases} \qquad (2.56)$$

Für das *Gesamtschubscheibemoment* $\overline{M}$ an einer beliebigen Kote x wurde die Gl. (2.49) entwickelt; unter Berücksichtigung des Ansatzes Gl. (2.54) für die Gesamtschubscheibequerkraft nimmt sie die Form

$$\overline{M} = H \mathfrak{M}'_H \int_0^\xi \eta_{\overline{M}'}(\nu)\, d\nu \qquad (2.57)$$

an. Diese Gleichung kann, mit der Bezeichnung

$$\eta_{\overline{M}} = \frac{H \mathfrak{M}'_H}{\mathfrak{M}_H} \int_0^\xi \eta_{\overline{M}'}(\nu)\, d\nu \qquad (2.58)$$

für einen dimensionslosen Koeffizient, Gesamtschubscheibemomentkoeffizient genannt, in der endgültigen Form

$$\overline{M} = \eta_{\overline{M}} \cdot \mathfrak{M}_H \qquad (2.59)$$

angeschrieben werden. Hiermit ist das Gesamtschubscheibemoment $\overline{M}$ eines beliebigen Querschnittes, wie auch das Gesamtmoment M, auf das Kragträgermoment $\mathfrak{M}_H$ am Systemunterrand bezogen.

Die Auswertung der allgemeinen Formel (2.58) ergibt für die drei untersuchten Lastfälle die folgenden endgültigen Formeln für den

Gesamtschubscheibemomentkoeffizient:

$$\eta_{\overline{M}} = \begin{cases} \xi^2 - \dfrac{2}{A^2}(c \sinh A\xi + \cosh A\xi - 1) & \text{(Gleichlast)} \\ \dfrac{1}{2}(3\xi^2 - \xi^3) - \dfrac{3}{A^2} \times \\ \quad \times (c \sinh A\xi + \cosh A\xi + \xi - 1) & \text{(Dreiecklast)} \\ \xi - \dfrac{c}{A} \sinh A\xi & \text{(Einzellast)} \end{cases} \qquad (2.60)$$

Zur *Kontrolle* der entwickelten Formeln kann die Gleichgewichtsbedingung (2.6) der Biegemomente für den Teil des Systems oberhalb des betrachteten Querschnittes x angesetzt werden (Abb. 2.2a); sie besagt, daß die Summe der Biegemomente der Gesamtbiege- und der Gesamtschubscheibe dem Kragträgermoment an der betrachteten Kote gleich sein muß. Werden also in der Gl. (2.6) die Biegemomente M, $\overline{M}$ und $\mathfrak{M}$ gemäß den Formeln (2.50), (2.59) und (2.35) auf $\mathfrak{M}_H$ bezogen, nimmt sie, nach Kürzen durch $\mathfrak{M}_H$, die Form

$$\eta_M + \eta_{\overline{M}} = \eta_{\mathfrak{M}} \qquad (2.61)$$

an. Werden in die so transformierte Gleichgewichtsbedingung (2.61) für die Gesamtschnittkräftekoeffizienten η_M und $\eta_{\overline{M}}$ und den Kragträgermomentkoeffizienten $\eta_{\mathfrak{M}}$ die vorher entwickelten Formeln eingesetzt, sieht man, daß sie — für alle Lastfälle — befriedigt ist.

Die Zahlentafeln 1.1 und 1.2 am Ende des Buches enthalten — für Scheibensysteme mit Auflagerkonstruktionen Typ 1 ($B = 0$) — Zahlenwerte der Gesamtschnittkräftekoeffizienten, und zwar für die Zehntelpunkte $\xi = 0{,}0 \div 1{,}0 \; (0{,}1)$ der Systemhöhe H und die folgenden Zahlenwerte des Steifheitsparameters des Scheibensystems

$$A = \begin{cases} 0{,}00 \div 10{,}00 \; (0{,}25) \\ 10{,}0 \div 25{,}0 \; (0{,}5) \\ \infty \end{cases}$$

Die Zahlentafel 1.1 gilt für den Lastfall Gleichlast, die Zahlentafel 1.2 für den Lastfall Dreiecklast.

Die Gesamtschubscheibequerkraft- und Gesamtschubscheibemomentkoeffizienten $\eta_{\overline{M}'}$ bzw. $\eta_{\overline{M}}$ wurden durch Auswertung der Formeln (2.56) und (2.60) erhalten, die Gesamtmoment- und Gesamtquerkraftkoeffizienten anschließend aus den transformierten Gleichgewichtsbedingungen

$$\eta_M = \eta_{\mathfrak{M}} - \eta_{\overline{M}}, \qquad (2.62)$$

$$\eta_{M'} = \eta_{\mathfrak{M}'} - \eta_{\overline{M}'}. \qquad (2.63)$$

2.4.2 Rand- und Extremwerte der Gesamtschnittkräfte

Die Rand- und Extremwerte der Gesamtschnittkräfte sind durch die Rand- bzw. Extremwerte der entsprechenden Gesamtschnittkräftekoeffizienten bestimmt.

2.4.2.1 Gesamtschnittkräfte am Systemoberrand ($x = 0$, $\xi = 0$).

Das *Diagramm 1* am Ende des Buches zeigt — für Scheibensysteme mit Auflagerkonstruktionen Typ 1 und den Lastfall Gleichlast — den Verlauf des Gesamtquerkraftkoeffizienten für den Systemoberrand in Abhängigkeit vom Steifheitsparameter A des Scheibensystems:

$$\eta_{M',0,B=0} = \eta_{M',0,B=0}(A).$$

Gesamtmoment. Die Formel (2.51) ergibt

$$\eta_{M,0} = 0. \tag{2.64}$$

Das Gesamtmoment ist hiermit am Systemoberrand gleich Null, was übrigens bereits durch die Randbedingung (2.30) gefordert wurde.

Gesamtquerkraft. Die Formel (2.53) ergibt

$$\eta_{M',0} = \begin{cases} \dfrac{c}{A} & \text{(Gleichlast)} \\ \dfrac{2}{A}\left(c + \dfrac{1}{A}\right) & \text{(Dreiecklast)} \\ c & \text{(Einzellast)} \end{cases} \tag{2.65}$$

Für den Grenzfall $B = \infty$ folgt aus den Gln. (2.65), nachdem für c die entsprechenden c_∞-Werte gemäß Gl. (2.48) eingesetzt werden,

$$\eta_{M',0,B=\infty} = \begin{cases} \dfrac{1}{A}(\operatorname{cosech} A - \coth A) & \text{(Gleichlast)} \\ \dfrac{2}{A}\left(\dfrac{1}{A} - \coth A\right) & \text{(Dreiecklast)} \\ 0 & \text{(Einzellast)} \end{cases} \tag{2.66}$$

Ist außer $B = \infty$ noch $A = 0$, folgt aus den Gln. (2.66), nachdem die Hyperbelfunktionen in Reihen entwickelt werden, und Ordnen

$$\lim_{A \to 0} \eta_{M',0,B=\infty} = \begin{cases} -\dfrac{1}{2} & \text{(Gleichlast)} \\ -\dfrac{2}{3} & \text{(Dreiecklast)} \\ 0 & \text{(Einzellast)} \end{cases} \tag{2.67}$$

Die Gesamtbiegescheibe wirkt in diesem Grenzfall wie ein beidseitig, d. h. oben und unten gelenkig gelagerter, mit der äußeren Last belasteter, starrer Balken. Die Auflagerkraft $-M'_0$ am oberen Ende (von rechts nach links wirkend positiv) beträgt gemäß Gl. (2.52), für die drei erörterten Lastfälle, $\frac{1}{2}wH$, $\frac{1}{3}wH$ und W.

Gesamtschubscheibequerkraft. Aus der Formel (2.56) folgt

$$\eta_{\overline{M}',0} = \begin{cases} -\dfrac{c}{A} & \text{(Gleichlast)} \\ -\dfrac{2}{A}\left(c + \dfrac{1}{A}\right) & \text{(Dreiecklast)} \\ 1 - c & \text{(Einzellast)} \end{cases} \qquad (2.68)$$

Für die Lastfälle Gleichlast und Dreiecklast ist gemäß den Gln. (2.65) und (2.68) $\eta_{M',0} + \eta_{\overline{M}',0} = 0$ und hiermit $M'_0 + \overline{M}'_0 = 0$, für den Lastfall Einzellast $\eta_{M',0} + \eta_{\overline{M}',0} = 1$ und hiermit $M'_0 + \overline{M}'_0 = W$. Diese Gleichungen stellen die Gleichgewichtsbedingung waagrechter Kräfte eines unendlich kleinen Abschnittes des Systems an seinem oberen Rand dar. Für die ersten zwei Lastfälle sind also die Gesamtquerkraft und die Gesamtschubscheibequerkraft am Systemoberrand zahlenmäßig gleich, haben aber entgegengesetzte Vorzeichen. Im dritten Lastfall ist die Summe der Gesamtquerkraft und der Gesamtschubscheibequerkraft am Systemoberrand der äußeren Last W gleich.

Gesamtschubscheibemoment. Aus der Formel (2.60) folgt für alle drei Lastfälle

$$\eta_{\overline{M},0} = 0. \qquad (2.69)$$

Das Gesamtschubscheibemoment ist also, wie auch das Gesamtmoment, am Systemoberrand gleich Null.

2.4.2.2 Schnittkräfte am Systemunterrand ($x = H$, $\xi = 1$). *Diagramm 1* am Ende des Buches zeigt — für Scheibensysteme mit Auflagerkonstruktionen Typ 1 und den Lastfall Gleichlast — den Verlauf des Gesamtmoment- und des Gesamtschubscheibemomentkoeffizienten für den Systemunterrand in Abhängigkeit vom Steifheitsparameter A des Scheibensystems:

$$\eta_{M,H,B=0} = \eta_{M,H,B=0}(A),$$

$$\eta_{\overline{M},H,B=0} = \eta_{\overline{M},H,B=0}(A).$$

Einfluß waagrechter Lasten. — Systeme aus vollen Scheiben   117

Gesamtmoment. Die Formel (2.51) ergibt

$$\eta_{M,H} = \begin{cases} \dfrac{2}{A^2}(c \sinh A + \cosh A - 1) & \text{(Gleichlast)} \\ \dfrac{3}{A^2}(c \sinh A + \cosh A) & \text{(Dreiecklast)} \\ \dfrac{1}{A} c \sinh A & \text{(Einzellast)} \end{cases} \qquad (2.70)$$

Für den Grenzfall $B = 0$ wird, unter Berücksichtigung der Gln. (2.47) für den Multiplikator $c = c_0$

$$\eta_{M,H,B=0} = \begin{cases} \dfrac{2}{A^2}(\operatorname{sech} A + A \tanh A - 1) & \text{(Gleichlast)} \\ \dfrac{3}{A^2} \operatorname{sech} A + \left(\dfrac{A}{2} - \dfrac{1}{A}\right) \tanh A & \text{(Dreiecklast)} \\ \dfrac{\tanh A}{A} & \text{(Einzellast)} \end{cases} \qquad (2.71)$$

Ist außer $B = 0$ noch $A = 0$, nimmt der Koeffizient $\eta_{M,H,B=0}$ nach der Gl. (2.71) einen unbestimmten Wert an. Werden die Hyperbelfunktionen in dieser Gleichung gemäß

$$\left. \begin{aligned} \tanh A &= A - \frac{A^3}{3} + \frac{2A^5}{15} - \cdots \\ \operatorname{sech} A &= 1 - \frac{A^2}{2} + \frac{5A^4}{24} - \cdots \end{aligned} \right\} \qquad (2.72)$$

in Reihen entwickelt, folgt

$$\lim_{A \to 0} \eta_{M,H,B=0} = 1 \qquad (2.73)$$

und hiermit, für alle Lastfälle, das offensichtliche Ergebnis

$$M_{H,B=0,A=0} = \mathfrak{M}_H. \qquad (2.74)$$

Das gesamte Kragträgermoment $\mathfrak{M}_H$ aus der äußeren Last wird von der Gesamtbiegescheibe aufgenommen.

Ist außer $B = 0$ noch $A = \infty$, wird der Koeffizient $\eta_{M,H,B=0}$ gemäß Gl. (2.71) wieder unbestimmt. Unter Berücksichtigung der Beziehungen

$$(\operatorname{sech} A)' = \frac{1}{\sqrt{A^2 - 1}}, \quad (\tanh A)' = \operatorname{sech}^2 A \qquad (2.75)$$

liefert die Anwendung der L'Hospitalschen Regel auf die Ausdrücke (2.71), für alle Lastfälle,

$$\lim_{A\to\infty} \eta_{M,H,B=0} = 0. \qquad (2.76)$$

Es folgt das offensichtliche Ergebnis

$$M_{H,B=0,\,A=\infty} = 0. \qquad (2.77)$$

Das gesamte Kragträgermoment $\mathfrak{M}_H$ wird von der Gesamtschubscheibe aufgenommen.

Für den Grenzfall $B = \infty$ vereinfachen sich die allgemeinen Formeln (2.70), indem für den Multiplikator $c = c_\infty$ die Ausdrücke (2.48) eingesetzt werden, für alle drei Lastfälle zu

$$\eta_{M,H,B=\infty} = 0, \qquad (2.78)$$

was dem als offensichtlich erwarteten Ergebnis $M_{H,B=\infty} = 0$ entspricht.

Gesamtquerkraft. Die Formel (2.53) ergibt

$$\eta_{M',H} = \begin{cases} \dfrac{1}{A}(c\cosh A + \sinh A) & \text{(Gleichlast)} \\ \dfrac{2}{A}\left(c\cosh A + \sinh A + \dfrac{1}{A}\right) & \text{(Dreiecklast)} \\ c\cosh A & \text{(Einzellast)} \end{cases} \qquad (2.79)$$

Für den Grenzfall $B = 0$ folgt aus den Gln. (2.79), nachdem für c der entsprechende c_0-Wert gemäß Formel (2.47) eingesetzt wird, für alle A-Werte und alle Lastfälle

$$\eta_{M',H,B=0} = 1. \qquad (2.80)$$

Die gesamte Kragträgerquerkraft $\mathfrak{M}'_H$ wird durch die Gesamtbiegescheibe in den Baugrund übermittelt. Dies erklärt sich aus der Tatsache, daß bei starrer Auflagerung der Gesamtbiegescheibe der Drehwinkel der Tangente der — für die Gesamtbiege- und Gesamtschubscheibe gemeinsamen — Durchbiegungslinie am Systemunterrand gleich Null ist; demzufolge muß auch die diesem Drehwinkel proportionale Gesamtschubscheibequerkraft dort gleich Null sein.

Für den Grenzfall $B = \infty$ folgt aus den Gln. (2.79), nachdem für c der entsprechende c_∞-Wert gemäß Gl. (2.48) eingesetzt wird

$$\eta_{M',H,B=\infty} = \begin{cases} \dfrac{1}{A}(\coth A - \operatorname{cosech} A) & \text{(Gleichlast)} \\ \dfrac{2}{A}\left(\dfrac{1}{A} - \operatorname{cosech} A\right) & \text{(Dreiecklast)} \\ 0 & \text{(Einzellast)} \end{cases} \qquad (2.81)$$

Ist außer $B = \infty$ noch $A = 0$, folgt aus der Gl. (2.81), nachdem die dort enthaltenen Hyperbelfunktionen gemäß

$$\left. \begin{array}{l} \coth A = \dfrac{1}{A} + \dfrac{A}{3} - \dfrac{A^3}{45} + \cdots \\[2mm] \operatorname{cosech} A = \dfrac{1}{A} - \dfrac{A}{6} + \dfrac{7 A^3}{360} - \cdots \end{array} \right\} \quad (2.82)$$

in Reihen entwickelt werden,

$$\lim_{A \to 0} \eta_{M',H,B=\infty} = \left\{ \begin{array}{ll} \dfrac{1}{2} & \text{(Gleichlast)} \\[2mm] \dfrac{1}{3} & \text{(Dreiecklast)} \\[2mm] 0. & \text{(Einzellast)} \end{array} \right\} \quad (2.83)$$

Die Gesamtbiegescheibe verhält sich wie ein an seinem Ober- und Unterrand gelenkig gelagerter, mit der äußeren Last belasteter Balken. Die Auflagerkraft M'_H am unteren Ende (von rechts nach links wirkend positiv) beträgt gemäß Gl. (2.83), für die drei erörterten Lastfälle, $\frac{1}{2} wH$, $\frac{1}{6} wH$ und 0.

Ist außer $B = \infty$ noch $A = \infty$, folgt aus den Gln. (2.81)

$$\lim_{A \to \infty} \eta_{M',H,B=\infty} = 0. \quad (2.84)$$

Die gesamte Kragträgerquerkraft $\mathfrak{M}'_H$ wird durch die Gesamtschubscheibe auf die Auflagerkonstruktion übertragen.

Gesamtschubscheibequerkraft. Die Formel (2.56) ergibt

$$\eta_{\mathfrak{M}',H} = \left\{ \begin{array}{ll} 1 - \dfrac{1}{A} (c \cosh A + \sinh A) & \text{(Gleichlast)} \\[2mm] 1 - \dfrac{2}{A} \left(c \cosh A + \sinh A + \dfrac{1}{A} \right) & \text{(Dreiecklast)} \\[2mm] 1 - c \cosh A & \text{(Einzellast)} \end{array} \right\} \quad (2.85)$$

Gesamtschubscheibemoment. Die Formel (2.60) ergibt

$$\eta_{\mathfrak{M},H} = \left\{ \begin{array}{ll} 1 - \dfrac{2}{A^2} (c \sinh A + \cosh A - 1) & \text{(Gleichlast)} \\[2mm] 1 - \dfrac{3}{A^2} (c \sinh A + \cosh A) & \text{(Dreiecklast)} \\[2mm] 1 - \dfrac{c}{A} \sinh A & \text{(Einzellast)} \end{array} \right\} \quad (2.86)$$

2.4.2.3 Extremwerte der Gesamtschnittkräfte. Für Scheibensysteme mit Auflagerkonstruktionen Typ 1 ist der Verlauf der Gesamtschnittkräfte längs der Systemhöhe am übersichtlichsten aus den Zahlentafeln der Gesamtschnittkräftekoeffizienten ersichtlich.

Gesamtmoment. Bei Systemen mit steifer Grundkörperunterlage und verhältnismäßig schwachen Schubscheiben ist das M-Diagramm durchwegs positiv. Das größte Gesamtmoment entsteht am Systemunterrand. Bei Systemen mit verhältnismäßig nachgiebigen Grundkörperunterlagen und verhältnismäßig steifen Schubscheiben sind die Gesamtmomente im oberen und mittleren Bereich des Systems negativ. Der im oberen oder mittleren Bereich des Systems auftretende negative Extremwert des Gesamtmomentes ist aber üblicherweise viel kleiner als der positive Extremwert M_H am Systemunterrand. Bei verhältnismäßig nachgiebiger Grundkörperunterlage kommt es auch vor, daß der Maximalwert des Gesamtmomentes etwas über dem unteren Rand des Systems auftritt; seine Lage kann erforderlichenfalls aus der Bedingungsgleichung

$$\frac{d\eta_M}{d\xi} = 0 \qquad (2.87)$$

bestimmt werden.

Je nachgiebiger die Gesamtgrundkörperunterlage, um so stärker wird die Gesamtbiegescheibe durch die Gesamtschubscheibe entlastet.

Gesamtquerkraft. Die Extremwerte der Gesamtquerkraft M' sind normalerweise ihre Randwerte M'_0 und M'_H.

Gesamtschubscheibequerkraft. Der Extremwert $\overline{M}'_{\max}$ der Gesamtschubscheibequerkraft $\overline{M}'$ tritt an der durch die Bedingungsgleichung

$$\frac{d\eta_{\overline{M}'}}{d\xi} = 0 \qquad (2.88)$$

bestimmten Stelle auf.

Für Scheibensysteme mit Auflagerkonstruktionen Typ 1 ist der Verlauf der $\eta_{\overline{M}'}$-Kurve mit ausreichender Genauigkeit durch die am Ende des Buches gegebenen Zahlentafeln bestimmt, so daß sich in diesem Fall die Aufstellung und Lösung der Gl. (2.88) und die Berechnung des Maximalwertes max $\eta_{\overline{M}'}$ des Gesamtschubscheibequerkraftkoeffizienten durch Einsetzen des so erhaltenen ξ-Wertes in die allgemeine Formel (2.56) für den Gesamtschubscheibequerkraftkoeffizienten erübrigt.

Je nachgiebiger die Gesamtgrundkörperunterlage, um so größer sind die Gesamtschubscheibeschnittkräfte $\overline{M}'$ und $\overline{M}$.

Gesamtschubscheibemoment. Der Maximalwert des Gesamtschubscheibemomentes tritt üblicherweise am Systemunterrand ($x = H$) auf, ist also durch den Koeffizienten (2.86) bestimmt.

2.5 Schnittkräfte

2.5.1 Schnittkräfte der vollen Scheiben

Die Gesamtmomente M und Gesamtquerkräfte M' werden auf die einzelnen Biegescheiben, die vollen Scheiben, proportional ihren Steifheiten aufgeteilt. Führt man für das Verhältnis der Steifheit K_{Wi} der Biegescheibe i zur Steifheit K_W der Gesamtbiegescheibe die Bezeichnung

$$\varkappa_i = \frac{K_{Wi}}{K_W} \tag{2.89}$$

ein, hat man für das Biegemoment und die Querkraft der Scheibe i an einer beliebigen Kote die Formeln

$$M_i = \varkappa_i M,$$
$$M'_i = \varkappa_i M'. \tag{2.90}$$

Ist der Elastizitätsmodul aller vollen Scheiben, wie üblich, der gleiche, können die $\varkappa$-Werte auch als Verhältnis der Trägheitsmomente anstatt als Verhältnis der Steifheiten ermittelt werden.

Die auf die Grundkörperunterlage der Scheibe i einwirkenden Schnittkräfte, das Biegemoment und die Querkraft, sind den Randwerten M_{iH} und M'_{iH} des Biegemomentes M_i bzw. der Querkraft M'_i dieser Scheibe gleich (Abb. 2.2a).

2.5.2 Schnittkräfte der Stockwerkrahmen

2.5.2.1 Stabquerkräfte und Stabendmomente. Die Gesamtschubscheibequerkraft $\overline{M}'$ wird auf die einzelnen Schubscheiben, die Stockwerkrahmen, proportional ihren Steifheiten K_i [Formeln (1.4) und (1.5)] aufgeteilt. Da der Elastizitätsmodul normalerweise für sämtliche Stockwerkrahmen der gleiche ist, kann die Aufteilung auch im Verhältnis der Summen I_i der Eigenträgheitsmomente der Stützen der Stockwerkrahmen erfolgen. Die Querkräfte der einzelnen Stockwerkrahmen werden anschließend auf seine Stützen proportional *ihren* Trägheitsmomenten aufgeteilt.

Mit der Bezeichnung

$$I = \sum_i I_i = \sum_i \sum_k I_{ik} \tag{2.91}$$

für die Summe der Eigenträgheitsmomente sämtlicher Stützen sämtlicher Stockwerkrahmen, wobei i die Ordnungszahl des Stockwerkrahmens und k die Ordnungszahl der Stütze des Stockwerkrahmens i bezeichnet, hat man für die Querkraft der Stütze k des Stockwerkrahmens i die Formel

$$\overline{M}'_{ik} = \frac{I_{ik}}{I} \overline{M}'. \tag{2.92}$$

Die Stützen- und Riegelendmomente können mittels der Stützenquerkräfte $\overline{M}'_{ik}$ näherungsweise elementar berechnet werden, indem die Momentennullpunkte der Stäbe in deren Symmetralen angenommen werden.

2.5.2.2 Längskräfte der Stützen. Das Gesamtschubscheibemoment $\overline{M}$ wird, wie auch die Gesamtschubscheibequerkraft $\overline{M}'$, auf die einzelnen Stockwerkrahmen proportional ihren Steifheiten K_i bzw. proportional den Summen I_i der Trägheitsmomente ihrer Stützen aufgeteilt. Für das Biegemoment des, beliebigen, Stockwerkrahmens i gilt hiermit die Gleichung

$$\overline{M}_i = \frac{I_i}{I}\overline{M}. \qquad (2.93)$$

Vernachlässigt man die Mitwirkung der Innenstützen des Stockwerkrahmens, falls solche vorhanden sind, in der Aufnahme seines Biegemomentes, wird dieses durch die — Kräftepaare bildenden — Längskräfte der Außenstützen aufgenommen. Mit der Bezeichnung L_i für den Achsabstand der Außenstützen des betrachteten Stockwerkrahmens i hat man, für die Längskräfte seiner Außenstützen an einer beliebigen Kote, die Formel

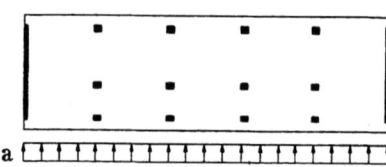

$$N_i = \frac{\overline{M}_i}{L_i} = \frac{I_i}{L_i I}\overline{M}; \qquad (2.94)$$

Abb. 2.4. Beispiel zur Ermittlung der Scheibenkräfte in der Dachscheibe: a) Grundriß des Scheibensystems (schematisch); b) seitens der lotrechten Scheiben auf die Dachscheibe einwirkende Kräfte.

sie sind Zugkräfte an der Luvseite und Druckkräfte an der Leeseite des Systems.

Die Längskräfte der Stützen der Stockwerkrahmen können, anstatt aus den Gesamtschubscheibemomenten $\overline{M}$, auch aus den Riegelquerkräften ermittelt werden.

2.5.3 Dach- und Deckenscheiben

Nennenswerte Scheibenkräfte ergeben sich normalerweise lediglich in der *Dach*scheibe; sie sind um so größer, je nachgiebiger die Grundkörperunterlage. Mittels der Gesamtschubscheibequerkraft $\overline{M}'_0$ und der Gesamtquerkraft M'_0 am Systemoberrand können sie leicht ermittelt werden.

Abb. 2.4a zeigt den Grundriß eines einfachen Scheibensystems aus zwei an den Giebeln angeordneten vollen Scheiben und vier Stockwerkrahmen, Abb. 2.4b die auf die Dachscheibe einwirkenden, aus der Lastverteilung zwischen den vollen Scheiben und den Stockwerkrahmen stammenden Scheibenkräfte. Der unmittelbare Einfluß der äußeren Last auf die Dachscheibe ist dabei vernachlässigt.

Die auf die *Decken*scheiben einwirkenden — aus der Lastverteilung zwischen den vollen Scheiben und Stockwerkrahmen stammenden — resultierenden Scheibenkräfte betragen — in und entgegengesetzt der Lastrichtung — $\overline{M}''h$ (s. Abschnitt 2.4!). Sie sind gering und werden normalerweise nicht berücksichtigt.

2.6 Durchbiegungen

2.6.1 Durchbiegung des Systemoberrandes im Grundsystem als Bezugsgröße

In der später zu entwickelnden Gebrauchsformel für die Durchbiegung wird die Durchbiegung des Systemoberrandes in einem Grundsystem als Bezugsgröße verwendet, so daß diese zuerst ermittelt werden soll.

Durchbiegungen seien positiv, wenn sie von links nach rechts erfolgen.

Ein vorteilhaftes Grundsystem wird so gewählt, daß in die Gesamtbiegescheibe in unendlich kleinen Abständen dx Gelenke eingeschaltet werden, womit die Gesamtbiegescheibe in eine Gelenkkette verwandelt wird.

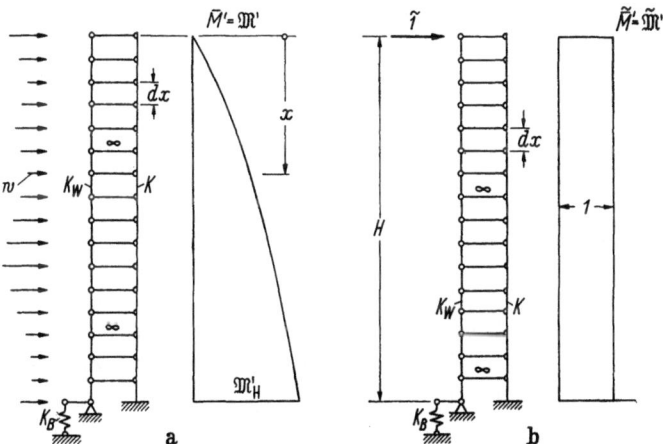

Abb. 2.5. a) Grundsystem mit der gegebenen Last und dem entsprechenden Gesamtschubscheibequerkraftdiagramm; b) Grundsystem mit dem Hilfsangriff zur Ermittlung der Durchbiegung des Systemoberrandes im Grundsystem und dem entsprechenden Gesamtschubscheibequerkraftdiagramm.

Abb. 2.5 zeigt das Grundsystem mit der gegebenen Last (Abb. 2.5a) bzw. mit dem Hilfsangriff $\tilde{1}$ am Systemoberrand (Abb. 2.5b), als auch die entsprechenden Diagramme der Gesamtschubscheibequerkraft; die Gesamtbiegescheibe als auch die Gesamtgrundkörperunterlage bleiben in beiden Fällen unbeansprucht.

Die Mohrsche Formel ergibt, mit den Bezeichnungen gemäß Abb. 2.5, für die Durchbiegung des Systemoberrandes im Grundsystem den Ausdruck

$$\delta_0 = \int_0^H \frac{\mathfrak{M}' \tilde{\mathfrak{M}}'}{K}\, dx. \tag{2.95}$$

Mit $\tilde{\mathfrak{M}}' \equiv 1$ und $\mathfrak{M}_0 = 0$ ergibt sich aus dieser Gleichung endgültig

$$\delta_0 = \int_0^H \frac{\mathfrak{M}'}{K}\, dx = \frac{\mathfrak{M}_H}{K}. \tag{2.96}$$

Die Größe $\dfrac{\mathfrak{M}'}{K}$ stellt dabei den Gleitwinkel an der Kote x, die Größe $\dfrac{\mathfrak{M}'}{K}\, dx$ den Beitrag $d\delta_0$ des Elementes dx der Durchbiegung δ_0 des Systemoberrandes dar. Mit $\mathfrak{M}$ und $\mathfrak{M}'$ sind, wie üblich, die Kragträgerschnittkräfte aus der gegebenen Last bezeichnet.

Für die drei untersuchten Lastfälle wird

$$\delta_0 = \begin{cases} \dfrac{wH^2}{2K} & \text{(Gleichlast)} \\[6pt] \dfrac{wH^2}{3K} & \text{(Dreiecklast)} \\[6pt] \dfrac{WH}{K} & \text{(Einzellast)} \end{cases} \tag{2.97}$$

2.6.2 Ableitung der Gleichung der Durchbiegungslinie

2.6.2.1 Ableitung der Gleichung der Durchbiegungslinie nach dem Reduktionssatz. Die Durchbiegung an einer beliebigen Kote x kann in einfacher Weise z. B. nach der Mohrschen Formel unter Zuziehung des Reduktionssatzes ermittelt werden. Abb. 2.6 zeigt das Grundsystem mit dem Hilfsangriff $\tilde{1}$ zur Ermittlung der Durchbiegung an der Kote x, als auch das entsprechende Diagramm der Gesamtschubscheibequerkraft $\tilde{\overline{M}}'$; diese ist, da die Last $\tilde{1}$ zur Gänze von der Gesamtschubscheibe aufgenommen wird, die Gesamtbiegescheibe und die Gesamtgrundkörperunterlage also unbeansprucht bleiben, der Kragträgerquerkraft $\tilde{\mathfrak{M}}'$ aus dem Hilfsangriff gleich.

Die allgemeine Formel für die Durchbiegung an der betrachteten Kote ist, da der Teil der Gesamtschubscheibe oberhalb dieser Kote keinen Beitrag liefert,

$$\Delta = \int_x^H \frac{\overline{M}'(v)\widetilde{\mathfrak{M}}'(v)}{K}\,dv, \qquad (2.98)$$

mit

$\overline{M}'$ Gesamtschubscheibequerkraft aus der gegebenen Last im Ersatzsystem,

$\widetilde{\mathfrak{M}}'$ Kragträgerquerkraft aus dem Hilfsangriff,

v Hilfsvariable, die bei der Integration den Bereich $x \leq v \leq H$ durchläuft.

Beim Übergang zu dimensionslosen Koordinaten wird die Formel (2.98) zu

$$\Delta = H \int_\xi^1 \frac{\overline{M}'(\nu)\widetilde{\mathfrak{M}}'(\nu)}{K}\,d\nu, \qquad (2.99)$$

wobei die Hilfsvariable $\nu = \dfrac{v}{H}$ bei der Integration den Bereich $\xi \leq \nu \leq 1$ durchläuft.

Die in der obigen Formel enthaltenen Schnittkräfte sind — im Integrationsbereich — durch die Gleichungen

$$\left.\begin{array}{l}\overline{M}' = \eta_{\overline{M}'} \cdot \mathfrak{M}'_H \\ \widetilde{\mathfrak{M}}' = 1\end{array}\right\} \qquad (2.100)$$

gegeben. Werden diese Ausdrücke in die allgemeine Formel (2.99) für die Durchbiegung eingesetzt, folgt

$$\Delta = \frac{H\mathfrak{M}'_H}{K} \int_\xi^1 \eta_{\overline{M}'}\,d\nu. \qquad (2.101)$$

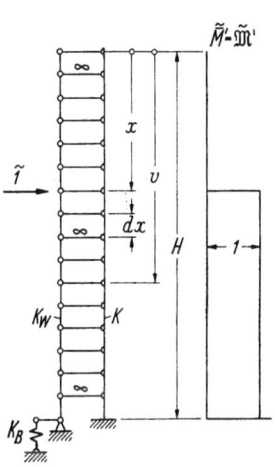

Abb. 2.6. Grundsystem mit dem Hilfsangriff zur Ermittlung der Durchbiegung des Ersatzsystems an einer beliebigen Kote x und dem entsprechenden Gesamtschubscheibequerkraftdiagramm.

2.6.2.2 Ableitung der Gleichung der Durchbiegungslinie aus ihrer Differentialgleichung. Die Differentialgleichung der Durchbiegungslinie der Gesamtschubscheibe hat, im Koordinatensystem gemäß Abb. 2.7, die allgemeine Form

$$-\Delta' = \frac{\overline{M}'}{K}, \qquad (2.102)$$

bzw., nachdem die Querkraft $\overline{M}'$ gemäß der Gebrauchsformel (2.54) auf den Extremwert $\mathfrak{M}'_H$ bezogen wird,

$$-\Delta' = \frac{\mathfrak{M}'_H}{K}\eta_{\overline{M}'}. \tag{2.103}$$

Die Ableitung Δ' der Durchbiegung Δ nach x, mit dem Vorzeichen Minus, kann, geometrisch, als Drehwinkel der Tangente der Durchbiegungslinie an der betrachteten Kote x gedeutet werden: $-\Delta' = \psi$ (Abb. 2.7).

Der Drehwinkel ψ ist positiv, wenn er, wie üblich, dem Uhrzeigerdrehsinn entspricht.

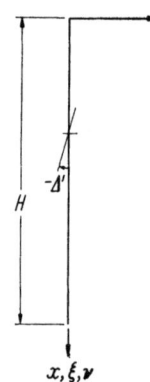

Abb. 2.7. Koordinatensystem zur Ermittlung der Durchbiegungen.

Die Größe Δ' kann gemäß

$$\Delta' = \frac{d\Delta}{dx} = \frac{d\Delta}{d\xi}\frac{d\xi}{dx} = \frac{1}{H}\frac{d\Delta}{d\xi} \tag{2.104}$$

durch die Ableitung der Durchbiegung nach ξ dargestellt werden, womit die Differentialgleichung der Durchbiegungslinie die endgültige Form

$$-\frac{d\Delta}{d\xi} = \frac{H\mathfrak{M}'_H}{K}\eta_{\overline{M}'} \tag{2.105}$$

annimmt.

Die Integration der Gl. (2.105) nach ξ ergibt

$$-\Delta = \frac{H\mathfrak{M}'_H}{K}\int \eta_{\overline{M}'}\,d\xi + F, \tag{2.106}$$

wobei F eine Integrationskonstante bezeichnet. Sie wird aus der Randbedingung

$$\Delta_H = 0, \tag{2.107}$$

die besagt, daß die Durchbiegung am Systemunterrand gleich Null sein muß, zu

$$F = -\frac{H\mathfrak{M}'_H}{K}\left(\int \eta_{\overline{M}'}\,d\xi\right)_H \tag{2.108}$$

bestimmt. Der Index hinter der Klammer gibt an, daß sich der Klammerausdruck auf den Systemunterrand ($x = H$, $\xi = 1$) bezieht.

Wird die Formel (2.108) für die Integrationskonstante F in die Gleichung (2.106) der Durchbiegungslinie eingesetzt, nimmt diese die Form

$$\Delta = \frac{H\mathfrak{M}'_H}{K}\left[\left(\int \eta_{\overline{M}'}\,d\xi\right)_H - \int \eta_{\overline{M}'}\,d\xi\right] \tag{2.109}$$

Einfluß waagrechter Lasten. — Systeme aus vollen Scheiben 127

an, woraus sich, nach Einführung der Hilfsvariable ν an Stelle von ξ, endgültig

$$\Delta = \frac{H\,\mathfrak{M}'_H}{K}\int_\xi^1 \eta_{\overline{M}'}\,d\nu \qquad (2.110)$$

ergibt. Diese Gleichung stimmt mit der vorher nach dem Reduktionssatz erhaltenen überein.

2.6.3 Entwicklung der Gebrauchsformel für die Durchbiegung und der Formel für den Durchbiegungskoeffizienten

Der Integralausdruck auf den rechten Seiten der Gleichungen (2.101) und (2.110) nimmt, nach Einsetzen der entsprechenden Formel (2.56) für $\eta_{\overline{M}'}$ und Durchführung der Integration die Form

$$\int_\xi^1 \eta_{\overline{M}'}\,d\nu = \begin{cases} \frac{1}{2}(1-\xi^2)-\frac{1}{A^2}\times \\ \times[c(\sinh A - \sinh A\xi)+ \\ +\cosh A - \cosh A\xi) & \text{(Gleichlast)} \\ \frac{1}{3}(2-3\xi^2+\xi^3)-\frac{2}{A^2}\times \\ \times[c(\sinh A - \sinh A\xi)+ \\ +\cosh A - \cosh A\xi + 1 - \xi] & \text{(Dreiecklast)} \\ 1-\xi-\frac{c}{A}(c\sinh A - \sinh A\xi) & \text{(Einzellast)} \end{cases} \qquad (2.111)$$

an.

Mit der Bezeichnung

$$\eta_\Delta = \begin{cases} 1-\xi^2-\frac{2}{A^2}\times \\ \times[c(\sinh A - \sinh A\xi)+ \\ +\cosh A - \cosh A\xi] & \text{(Gleichlast)} \\ \frac{1}{2}(2-3\xi^2+\xi^3)-\frac{3}{A^2}\times \\ \times[c(\sinh A - \sinh A\xi)+ \\ +\cosh A - \cosh A\xi + 1 - \xi] & \text{(Dreiecklast)} \\ 1-\xi-\frac{c}{A}(\sinh A - \sinh A\xi) & \text{(Einzellast)} \end{cases} \qquad (2.112)$$

für einen dimensionslosen, vom Lastfall und der Kote abhängigen Koeffizienten, Durchbiegungskoeffizient genannt, kann die Formel (2.101) bzw. (2.110) für die Durchbiegung an einer beliebigen Kote in der endgültigen Form

$$\varDelta = \eta_\varDelta \cdot \delta_0 \tag{2.113}$$

angeschrieben werden. Die Durchbiegung des Systems an einer beliebigen Kote ist hiermit auf die Durchbiegung des Systemoberrandes im Grundsystem bezogen.

In der Zahlentafel 2 am Ende des Buches sind — für Scheibensysteme mit Auflagerkonstruktionen Typ 1 ($B = 0$) und den Lastfall Gleichlast — die durch Auswertung der ersten der Formeln (2.112) erhaltenen Zahlenwerte des Durchbiegungskoeffizienten enthalten, für die Zehntelpunkte der Systemhöhe und dieselben Steifheitsparameter A des Scheibensystems wie bei den Zahlentafeln der Gesamtschnittkräftekoeffizienten. Der Verlauf des Durchbiegungskoeffizienten längs der Systemhöhe und hiermit der Verlauf der Durchbiegungslinien ist für Scheibensysteme mit Auflagerkonstruktionen Typ 1, den Lastfall Gleichlast und einige Werte des Steifheitsparameters A des Scheibensystems aus dem *Diagramm 2* ersichtlich.

Die Durchbiegungen $\varDelta$ des Scheibensystems können anstatt auf die Durchbiegung δ_0 des Oberrandes der Gesamtschubscheibe im vorher besprochenen Grundsystem auch auf die Durchbiegung δ_0^W der am unteren Rand als starr eingespannt angenommenen Gesamtbiegescheibe bezogen werden. Die Formeln (2.101) und (2.110) für die Durchbiegung des Scheibensystems an einer beliebigen Kote werden dann mittels der Beziehung

$$\frac{1}{K} = \frac{H^2}{A^2 K_W} \tag{2.114}$$

zu

$$\varDelta = \frac{H^3 \mathfrak{M}_H'}{K_W A^2} \int\limits_\xi^1 \eta_{\overline{M}'} \, d\nu \tag{2.115}$$

umgeformt.

Mit den aus der Festigkeitslehre bekannten Ergebnissen

$$\delta_0^W = \begin{cases} \dfrac{wH^4}{8\,K_W} & \text{(Gleichlast)} \\[4pt] \dfrac{13\,wH^4}{120\,K_W} & \text{(Trapezlast)} \\[4pt] \dfrac{11\,wH^4}{120\,K_W} & \text{(Dreiecklast)} \\[4pt] \dfrac{WH^3}{3\,K_W} & \text{(Einzellast)} \\[4pt] \dfrac{\mathfrak{M}H^2}{2\,K_W} & \text{(Einzelmoment)} \end{cases} \tag{2.116}$$

Einfluß waagrechter Lasten. — Systeme aus vollen Scheiben

und den Ausdrücken

$$\eta_\Delta^W = \begin{Bmatrix} \dfrac{4}{A^2} & \text{(Gleichlast)} \\ \dfrac{40}{11\,A^2} & \text{(Dreiecklast)} \\ \dfrac{3}{A^2} & \text{(Einzellast)} \end{Bmatrix} \cdot \eta_\Delta \quad (2.117)$$

die den Durchbiegungskoeffizient η_Δ^W durch den Durchbiegungskoeffizient η_Δ ausdrücken, hat man für die gesuchte Durchbiegung die der Gebrauchsformel (2.113) analoge Formel

$$\Delta = \eta_\Delta^W \cdot \delta_0^W. \quad (2.118)$$

2.6.4 Durchbiegung des Systemoberrandes

Die größte Durchbiegung $\Delta_{\max} = \Delta_0$ entsteht am Systemoberrand ($x = 0$, $\xi = 0$). Sie ist durch den Wert des Durchbiegungskoeffizienten für $\xi = 0$ bestimmt. Die allgemeinen Formeln (2.112) ergeben

$$\eta_{\Delta,0} = \begin{Bmatrix} 1 - \dfrac{2}{A^2}\,(c\sinh A + \cosh A - 1) & \text{(Gleichlast)} \\ 1 - \dfrac{3}{A^2}\,(c\sinh A + \cosh A) & \text{(Dreiecklast)} \\ 1 - \dfrac{c}{A}\sinh A & \text{(Einzellast)} \end{Bmatrix} \quad (2.119)$$

Für den Grenzfall $B = 0$ wird, unter Berücksichtigung der Gln. (2.47) für den Multiplikator $c = c_0$

$$\eta_{\Delta,0,B=0} = \begin{Bmatrix} 1 - \dfrac{2}{A^2}\,(\operatorname{sech} A + A\tanh A - 1) & \text{(Gleichlast)} \\ 1 - \dfrac{3}{A^2}\,\left[\operatorname{sech} A + \left(\dfrac{A}{2} - \dfrac{1}{A}\right)\tanh A\right] & \text{(Dreiecklast)} \\ 1 - \dfrac{\tanh A}{A} & \text{(Einzellast)} \end{Bmatrix} \quad (2.120)$$

Ist außer $B = 0$ auch $A = 0$, folgt aus den Gln. (2.120), nachdem die Hyperbelfunktionen in Reihen entwickelt werden, für alle Lastfälle das offensichtliche Ergebnis

$$\lim_{A \to 0} \eta_{\Delta,0,B=0} = 0. \quad (2.121)$$

Sind die Gesamtbiegescheibe *und* die Gesamtgrundkörperunterlage starr, treten Durchbiegungen nicht auf.

Für den Grenzfall $B = \infty$ vereinfachen sich die allgemeinen Formeln (2.119), indem für den Multiplikator $c = c_\infty$ die Ausdrücke (2.48) eingesetzt werden, für alle Lastfälle zu

$$\eta_{A,0,B=\infty} = 1. \tag{2.122}$$

Im Grenzfall der gelenkigen Auflagerung der Biegescheiben ist hiermit die Durchbiegung des Systemoberrandes von der Steifheit K_W der Gesamtbiegescheibe unabhängig. Die Durchbiegung des Systemoberrandes ist der Durchbiegung δ_0 der Gesamtschubscheibe im Grundsystem an dieser Kote gleich.

In der *Zahlentafel 3* sind — für Scheibensysteme mit Auflagerkonstruktionen Typ 1 und die Lastfälle Gleichlast, Trapezlast, Dreiecklast, Einzellast und Einzelmoment — die Durchbiegungskoeffizienten $\eta_{A,0,B=0}^{W}$ für den Systemoberrand zusammengestellt, und zwar für dieselben Werte des Steifheitsparameters A des Scheibensystems wie bei den Zahlentafeln der Gesamtschnittkräftekoeffizienten. Beim Lastfall Trapezlast ist die Intensität der Last am Systemunterrand zur halben Intensität der Last am Systemoberrand angenommen.

Das Diagramm 3 zeigt — für Scheibensysteme mit Auflagerkonstruktionen Typ 1 und den Lastfall Gleichlast — den Verlauf des Durchbiegungskoeffizienten für den Systemoberrand in Abhängigkeit vom Steifheitsparameter A des Scheibensystems:

$$\eta_{A,0,B=0}^{W} = \eta_{A,0,B=0}^{W}(A).$$

Der Zahlentafel 3 und dem Diagramm 3 liegen die folgenden Formeln zugrunde:

$$\eta_{A,0,B=0}^{W} = \begin{cases} \dfrac{4}{A^2}\left[1 - \dfrac{2}{A^2} \times \right. \\ \left. \times (\operatorname{sech} A + A \tanh A - 1)\right] & \text{(Gleichlast)} \\[2pt] \dfrac{50}{13 A^2}\left\{1 + \dfrac{6}{5 A^2}\left[1 - 2 \operatorname{sech} A - \right.\right. \\ \left.\left. - \left(1{,}5\, A - \dfrac{1}{A}\right)\tanh A\right]\right\} & \text{(Trapezlast)} \\[2pt] \dfrac{40}{11\, A^2}\left\{1 - \dfrac{3}{A^2}\left[\operatorname{sech} A + \right.\right. \\ \left.\left. + \left(\dfrac{A}{2} - \dfrac{1}{A}\right)\tanh A\right]\right\} & \text{(Dreiecklast)} \\[2pt] \dfrac{3}{A^2}\left(1 - \dfrac{\tanh A}{A}\right) & \text{(Einzellast)} \\[2pt] \dfrac{2}{A^2}(1 - \operatorname{sech} A) & \text{(Einzelmoment)} \end{cases} \tag{2.123}$$

2.6.5 Beziehung zwischen dem Gesamtschubscheibemomentkoeffizient und dem Durchbiegungskoeffizient

An Hand der Formeln (2.60) und (2.112) für den Gesamtschubscheibemomentkoeffizient $\eta_{\overline{M}}$ bzw. den Durchbiegungskoeffizient η_Δ ist leicht einzusehen, daß die beiden durch die Beziehung

$$\eta_{\overline{M}} + \eta_\Delta = \eta_{\overline{M},H} = \eta_{\Delta,0} \qquad (2.124)$$

verknüpft sind. Anschaulich ist diese Beziehung aus Abb. 2.8 ersichtlich.

2.7 Grenzfall der starren vollen Scheiben

2.7.1 Untersuchung mittels der Differentialgleichung der Aufgabe

Ist das Verhältnis $\alpha^2 = \dfrac{K}{K_W}$ der Steifheit K der Gesamtschubscheibe zur Steifheit K_W der Gesamtbiegescheibe so klein, daß das zweite Glied in der Differentialgleichung (2.23) des Gesamtmomentes unterdrückt werden kann, vereinfacht sich diese zu

$$M'' = w. \qquad (2.125)$$

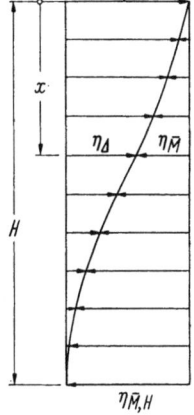

Abb. 2.8. Verknüpfung des Gesamtschubscheibemomentkoeffizienten $\eta_{\overline{M}}$ und des Durchbiegungskoeffizienten η_Δ.

Es ist dies die aus der Festigkeitslehre bekannte Differentialgleichung des querbelasteten Stabes.

Die zweimalige Integration der Differentialgleichung (2.125) ergibt

$$M' = \int_0^x w\,dx - C = \mathfrak{M}' - C \qquad (2.126)$$

$$M = \int_0^x \mathfrak{M}'\,dx - Cx + D = \mathfrak{M} - Cx + D, \qquad (2.127)$$

wobei $\mathfrak{M}'$ und $\mathfrak{M}$ wieder die Kragträgerschnittkräfte und C und D Integrationskonstanten bezeichnen.

Die Integrationskonstanten werden durch Einsetzen der allgemeinen Lösung (2.126) und (2.127) in die entsprechenden Randbedingungen ermittelt.

Die obere Randbedingung (2.13) ergibt

$$D = 0, \qquad (2.128)$$

die untere (2.24)

$$C = \frac{\mathfrak{M}_H}{H + \dfrac{K_B}{K}} = c\,\frac{\mathfrak{M}_H}{H}, \qquad [\text{Mp}] \qquad (2.129)$$

mit der Abkürzung

$$c = \frac{1}{1 + \dfrac{K_B}{HK}} \qquad (2.130)$$

für den dimensionslosen Multiplikator im Ausdruck (2.129) für die Integrationskonstante C.

Für das Gesamtmoment und die Gesamtquerkraft hat man hiermit, an Hand der allgemeinen Lösung (2.126) und (2.127), die Formeln

$$M = \mathfrak{M} - c\xi \mathfrak{M}_H = (\eta_\mathfrak{M} - c\xi)\mathfrak{M}_H \qquad (2.131)$$

$$M' = \mathfrak{M}' - c\frac{\mathfrak{M}_H}{H} = \eta_{\mathfrak{M}'} \cdot \mathfrak{M}'_H - c\frac{\mathfrak{M}_H}{H}, \qquad (2.132)$$

wobei an Stelle der Kote x wieder die bezogene Kote ξ eingeführt wurde.

Die Gesamtschubscheibequerkraft ergibt sich mittels der Gleichgewichtsbedingung (2.5) der Querkräfte zu

$$\overline{M}' = c\frac{\mathfrak{M}_H}{H}; \qquad (2.133)$$

sie ist längs der ganzen Systemhöhe konstant, und zwar der Integrationskonstante C gleich.

Das Gesamtschubscheibemoment ändert sich längs der Systemhöhe, da die Gesamtschubscheibequerkraft konstant ist, linear, und beträgt, da es am Systemoberrand gleich Null sein muß,

$$\overline{M} = c\xi\,\mathfrak{M}_H. \qquad (2.134)$$

Das Gesamtmoment M und das Gesamtschubscheibemoment $\overline{M}$ befriedigen offensichtlich die Gleichgewichtsbedingung $M + \overline{M} = \mathfrak{M}$.

Für den Systemunterrand ($x = H$, $\xi = 1$) ergibt sich

$$M_H = (1 - c)\,\mathfrak{M}_H \qquad (2.135)$$

$$\overline{M}_H = c\,\mathfrak{M}_H. \qquad (2.136)$$

Die Größe c, [Gl. (2.130)], der dimensionslose Multiplikator im Ausdruck für die Integrationskonstante C, bestimmt hiermit den Anteil des Kragträgermomentes $\mathfrak{M}_H$, der von der Gesamtschubscheibe aufgenommen wird.

Bezüglich der Verteilung der Gesamtschnittkräfte auf die einzelnen vollen Scheiben und Stockwerkrahmen und der Beanspruchung der Dachscheibe gilt das im Abschnitt 2.5 Gesagte.

Einfluß waagrechter Lasten. — Systeme aus vollen Scheiben

Der Drehwinkel der beiden Scheiben ist dem Schubwinkel der Gesamtschubscheibe gleich und beträgt

$$\psi = -\Delta' = \frac{\overline{M}'}{K} = \frac{c\mathfrak{M}_H}{HK}. \qquad (2.137)$$

Die Durchbiegung des Systemoberrandes ist hiermit

$$\Delta_0 = \frac{c\mathfrak{M}_H}{K}. \qquad (2.138)$$

Grenzfall $K_B = \infty$ (starre Gesamtgrundkörperunterlage). Gemäß der Gl. (2.129) wird $C = 0$ und die Formeln (2.131) bis (2.134) für die Gesamtschnittkräfte vereinfachen sich zu

$$\left.\begin{aligned} M &= \mathfrak{M} \\ M' &= \mathfrak{M}' \\ \overline{M}' &= 0 \\ \overline{M} &= 0 \end{aligned}\right\} \qquad (2.139)$$

Die äußere Last wird also zur Gänze von der Gesamtbiegescheibe aufgenommen und in die Gesamtgrundkörperunterlage übermittelt. Die Gesamtschubscheibe bleibt unbeansprucht.

Aus den Gln. (2.137) und (2.138) folgt

$$\left.\begin{aligned} \psi &= 0 \\ \Delta_0 &= 0 \end{aligned}\right\} \qquad (2.140)$$

Verschiebungen treten also nicht auf.

Grenzfall $K_B = 0$. (Die Gesamtbiegescheibe ist an ihrem unteren Rand gelenkig gelagert). Gemäß der Gl. (2.130) wird $c = 1$, so daß sich die Formeln (2.131) bis (2.134) für die Gesamtschnittkräfte zu

$$\left.\begin{aligned} M &= (\eta_\mathfrak{M} - \xi)\,\mathfrak{M}_H \\ M' &= \eta_{\mathfrak{M}'} \cdot \mathfrak{M}'_H - \frac{\mathfrak{M}_H}{H} \\ \overline{M}' &= \frac{\mathfrak{M}_H}{H} \\ \overline{M} &= \xi\,\mathfrak{M}_H \end{aligned}\right\} \qquad (2.141)$$

vereinfachen.

Für den Systemober- und -unterrand folgt aus den Formeln (2.141)

$$M_0 = 0 \qquad (2.142)$$

$$\overline{M}_0 = 0,$$

bzw.

$$M_H = 0. \qquad (2.143)$$

$$\overline{M}_H = \mathfrak{M}_H$$

Die Gesamtbiegescheibe verhält sich hiermit wie ein mit der äußeren Last belasteter beidseitig gelenkig gelagerter Stab. Die obere Auflagerkraft $\frac{\mathfrak{M}_H}{H}$ wird von der Gesamtschubscheibe aufgenommen.

Die Formeln (2.137) und (2.138) für den Drehwinkel der Scheiben und die Durchbiegung des Systemoberrandes vereinfachen sich zu

$$\psi = \frac{\mathfrak{M}_H}{KH}$$

$$\varDelta_0 = \frac{\mathfrak{M}_H}{K}. \qquad (2.144)$$

2.7.2 Untersuchung mittels des 2. Castiglianoschen Theorems

Das mechanische Wesen der vereinfachenden Annahme $K_W = \infty$ tritt am klarsten zum Ausdruck, wenn das System — ohne Anlehnung an vorangehende allgemeine Untersuchungen — für sich untersucht wird.

Zufolge ihrer Starrheit erfährt die Gesamtbiegescheibe, unter dem Einfluß der äußeren Last, lediglich eine Drehung um ihren Fußpunkt, ohne sich dabei zu verformen. Die Durchbiegungslinie der Gesamtschubscheibe ist hiermit, wie die der Gesamtbiegescheibe, ebenfalls eine Gerade. Nun ist die Durchbiegungslinie der Gesamtschubscheibe dann eine Gerade, wenn ihre Querkraft längs der ganzen Systemhöhe konstant ist, das heißt, wenn sie lediglich an ihrem Oberrand durch eine Einzellast belastet ist. Diese Einzellast sei mit C bezeichnet; sie *belastet* die Gesamtschubscheibe und *entlastet* die Gesamtbiegescheibe. Die Größe C ist zugleich die Längskraft — als Druckkraft positiv — der obersten Lamelle. Alle übrigen Lamellen bleiben unbeansprucht und man kann sie sich demzufolge weggelassen denken.

Abb. 2.9a zeigt das so erhaltene Ersatzsystem. Es hat einen Freiheitsgrad, und kann in einfacher Weise, z. B. nach dem Formänderungsgrößenverfahren, gelöst werden.

Hier soll die Aufgabe nach dem 2. Castiglianoschen Theorem gelöst werden, wobei als statisch überzählige Größe die Druckkraft C in der

Lamelle gewählt wird. Abb. 2.9 b zeigt das Grundsystem mit der statisch überzähligen Größe.

Die komplementäre Energie des Systems beträgt

$$U = \int_0^H \frac{C^2}{2K}\,dx + \frac{(\mathfrak{M}_H - CH)^2}{2K_B}; \quad (2.145)$$

das erste Glied gibt den Beitrag der Gesamtschubscheibe, das zweite den der Gesamtgrundkörperunterlage wieder.

Die Durchführung der Integration ergibt, da C und K längs der Systemhöhe konstant sind,

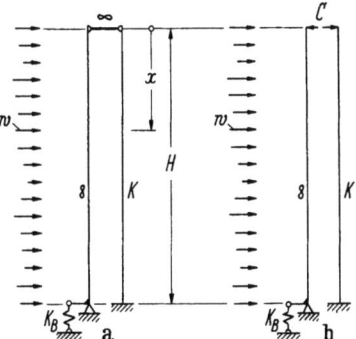

Abb. 2.9. a) Ersatzsystem und b) ein Grundsystem eines Scheibensystems aus starren vollen Scheiben und Stockwerkrahmen.

$$U = \frac{C^2 H}{2K} + \frac{(\mathfrak{M}_H - CH)^2}{2K_B}. \quad (2.146)$$

Aus der Bedingungsgleichung

$$\frac{dU}{dC} = 0 \quad (2.147)$$

des 2. Castiglianoschen Theorems folgt, mit der Bezeichnung (2.130) für einen dimensionslosen Multiplikator, für die Druckkraft der Lamelle die Formel

$$C = c\frac{\mathfrak{M}_H}{H}; \quad (2.148)$$

sie stimmt mit der im vorangehenden Abschnitt 2.7.1 erhaltenen Formel für die Integrationskonstante C überein. Dies ist also die mechanische Bedeutung der Integrationskonstante C.

Die übrigen Gesamtschnittkräfte ergeben sich durch Überlagerung der Beiträge der äußeren Last und der statisch überzähligen Größe.

3 Systeme aus vollen und gegliederten Scheiben

3.1 Entwicklung des Ersatzsystems

3.1.1 Gesamtsteifheiten

Es wird ein System aus einer beliebigen Anzahl voller und gegliederter Scheiben erörtert, wobei die vollen Scheiben nicht untereinander gleich sein müssen und unter den gegliederten Scheiben solche mit verschiedener Öffnungsspaltenanzahl und unterschiedlich angeordneten Öffnungsspalten sein können.

Die unteren Ränder sämtlicher Scheiben werden als in eine massive Auflagerkonstruktion oder einen starren Baugrund eingespannt angenommen [Auflagerkonstruktionen Typ 1 (Kap. A, Abb. 3.1a)].

Um vom diskreten zum stetigen System überzugehen, werden die Riegel der gegliederten Scheiben durch biege- und schubsteife, dabei aber dehnstarre Lamellen ersetzt, die die benachbarten Stützen der gegliederten Scheiben stetig verbinden. Sämtliche Lamellen *einer* gegliederten Scheibe an ein und derselben Kote bilden einen Lamellenstrang.

Die Deckenscheiben, die die einzelnen lotrechten Scheiben untereinander verbinden, ersetzt man durch in unendlich kleinen Abständen angeordnete unendlich dünne Scheiben; da das tatsächlich räumliche System als ein ebenes behandelt werden kann, werden diese als Pendellamellen dargestellt. Wie die Deckenscheiben werden auch die Pendellamellen als dehnstarr angenommen.

Sämtliche vollen Scheiben des zu untersuchenden Scheibensystems denkt man sich durch *eine* volle Scheibe, eine Biegescheibe, ersetzt, deren Steifheit (= Biegesteifheit) der Summe der Steifheiten (= Biegesteifheiten) sämtlicher vollen Scheiben gleich ist;

$$K_W^+ = \sum_i K_{Wi}. \quad [\text{Mpm}^2] \qquad (3.1)$$

Weiter denkt man sich sämtliche Stützen sämtlicher gegliederter Scheiben durch *eine* Stütze, eine zweite Biegescheibe, ersetzt, deren Steifheit (= Biegesteifheit) der Summe der Steifheiten (= Biegesteifheiten) aller Stützen gleich ist:

$$K_W^{++} = \sum_i \sum_k K_{Wik}. \quad [\text{Mpm}^2] \qquad (3.2)$$

In der Gl. (3.1) ist i die Ordnungszahl der vollen Scheibe, in der Gl. (3.2) i die Ordnungszahl der gegliederten Scheibe und k die Ordnungszahl der Stütze dieser Scheibe.

Sämtliche Lamellenstränge *einer* Kote, d. h. die Lamellenstränge *sämtlicher* gegliederter Scheiben an dieser Kote, ersetzt man durch *einen* Lamellenstrang, Gesamtlamellenstrang genannt, und stellt ihn auf den Bildern, einfachheitshalber, als einen Punkt dar, der den Querschnitt einer Torsionslamelle angibt. Die Torsionslamellen sind biegeweich und in einer anderen lotrechten Ebene torsionsstarr eingespannt. Die Steifheit (= Torsionssteifheit) einer Torsionslamelle ist der Steifheit (= Biegesteifheit) des Gesamtlamellenstranges gleich.

Die Gesamtheit sämtlicher $\dfrac{1}{\mathrm{d}x}$ längs der Höheneinheit des Systems angeordneter Gesamtlamellenstränge wird im folgenden als Gesamtverbindung bezeichnet.

Die Steifheit eines Gesamtlamellenstranges — und hiermit einer Torsionslamelle — ist der Summe der Steifheiten sämtlicher Lamellenstränge dieser Kote, und hiermit der Summe der Steifheiten der Lamellen sämtlicher Öffnungsspalten sämtlicher gegliederter Scheiben an dieser Kote gleich. Für die Steifheit sämtlicher 1/dx längs der Höheneinheit angeordneter Gesamtlamellenstränge, also für die Steifheit der Gesamtverbindung gilt die Formel

$$K = \sum_i K_i = \sum_i \sum_k K_{ik}. \quad [\text{Mp}] \quad (3.3)$$

Jede der Torsionslamellen, die man sich in unendlich kleinen Abständen dx längs der ganzen Systemhöhe angeordnet denkt, bewirkt, mit der Biegescheibe, die die Stützen der gegliederten Scheiben ersetzt, verbunden, eine waagrecht verschiebliche Einspannung dieser Scheibe.

Die Biegescheibe übt auf die Torsionslamellen, mit denen sie verbunden sind, Momente aus, Gesamtlamellenstrangmomente genannt.

Das Ersetzen sämtlicher voller Scheiben und der Stützen sämtlicher gegliederter Scheiben durch je eine Biegescheibe ist dadurch möglich, weil alle, da sie stetig verbunden sind, die gleichen Durchbiegungslinien haben.

Die beiden Biegescheiben sind durch Pendellamellen stetig miteinander verbunden; an ihrem unteren Rand sind beide starr eingespannt.

Abb. 3.1a zeigt das so erhaltene System. Die Last ist in der Form einer längs der Systemhöhe nach einem beliebigen Gesetz $w = w(x)$ verteilten Last angenommen.

Die Durchbiegungslinien der beiden Biegescheiben (Abb. 3.1a) sind offensichtlich untereinander gleich. Da es demzufolge bezüglich des Schnittkräfte- und Formänderungszustandes des Systems belanglos ist, ob die Gesamtverbindungsmomente auf die rechte oder die linke Biegescheibe (Abb. 3.1a), oder auf beide zusammen einwirken, werden die beiden Biegescheiben durch *eine*, Gesamtbiegescheibe genannt, ersetzt (Abb. 3.1b). Die Steifheit (= Biegesteifheit) der Gesamtbiegescheibe ist der Summe der Steifheiten der beiden Biegescheiben (Abb. 3.1a) gleich:

$$K_W = K_W^{\,|} + K_W^{\,|\,|}. \quad [\text{Mpm}^2] \quad (3.4)$$

Rekapitulierend sei festgestellt, daß die Untersuchung des gegebenen Scheibensystems aus einer beliebigen Anzahl beliebig gestalteter voller und gegliederter Scheiben auf die Untersuchung eines Ersatzsystems (Abb. 3.1b) aus

1. einer biegesteifen an ihrem unteren Rand starr eingespannten Scheibe (Gesamtbiegescheibe) mit der Steifheit K_W und der verteilten Last $w(x)$ und

138 Scheibensysteme als stetige Systeme

2. längs der Höhe der Gesamtbiegescheibe in unendlich kleinen Abständen $\mathrm{d}x$ angeordneten Torsionslamellen der Steifheit $K\,\mathrm{d}x$ zurückgeführt wurde.

Das Ersatzsystem stellt hiermit einen am unteren Rand starr eingespannten Kragträger dar, der längs seiner Höhe elastisch drehbar gestützt ist (Federkonstante $= K$) und mit der waagrechten verteilten Last $w = w(x)$ belastet ist.

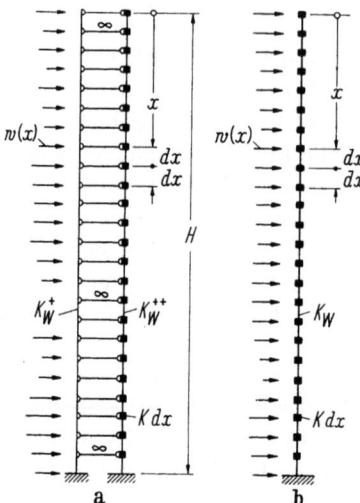
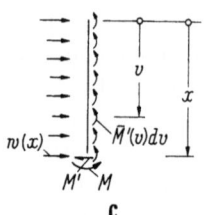

Abb. 3.1. Scheibensystem aus vollen und gegliederten Scheiben: a) statisches Schema; b) Ersatzsystem; c) Abschnitt des Systems oberhalb der Kote x.

Die Kote x ist vom Systemoberrand nach unten orientiert. Mit H ist die gesamte Höhe des Scheibensystems von seinem oberen bis zum unteren Rand, also bis zum Oberrand der Auflagerkonstruktion, bezeichnet.

Die Schnittkräfte aus der äußeren Last am unten eingespannten Kragträger werden wieder Kragträgerschnittkräfte genannt.

3.1.2 Beziehungen zwischen den Gesamtschnittkräften

Die Schnittkräfte des Ersatzsystems werden Gesamtschnittkräfte genannt. Es sind dies:

M Biegemoment der Gesamtbiegescheibe, Gesamtmoment genannt,

M' Querkraft der Gesamtbiegescheibe, Gesamtquerkraft genannt,

$\overline{M}'\,\mathrm{d}x$ Moment einer Torsionslamelle, Gesamtlamellenstrangmoment genannt ($\mathrm{d}x =$ Achsabstand der Lamellen),

$\overline{M}'$ Summe der Gesamtlamellenstrangmomente sämtlicher $1/\mathrm{d}x$ längs der Höheneinheit des Systems angeordneter Torsionslamellen, Gesamtverbindungsmoment genannt,

$\overline{M}$ Summe der Gesamtlamellenstrangmomente vom Systemoberrand bis zur betrachteten Kote, Summargesamtverbindungsmoment genannt.

Die Gesamtschnittkräfte beziehen sich auf einen beliebigen Querschnitt des Systems, sind also Funktionen der Kote x. Die Werte der Gesamtschnittkräfte am Systemunterrand ($x = H$) werden durch den Index H gekennzeichnet.

Das Gesamtverbindungsmoment $\overline{M}'$ und das Summargesamtverbindungsmoment $\overline{M}$ sind durch die Beziehung

$$\overline{M} = \int\limits_0^x \overline{M}'(v)\, \mathrm{d}v \qquad (3.5)$$

verknüpft, wobei v eine Hilfsvariable ist, die bei der Integration den Bereich $(0, x)$ durchläuft. Umgekehrt ist, da die Ableitung eines Integrals nach seiner oberen Grenze der hinter dem Integralzeichen stehenden Funktion gleich ist, das Gesamtverbindungsmoment durch die Ableitung des Summargesamtverbindungsmomentes nach der Kote gegeben.

Vorzeichen. Das Gesamtmoment M und das Kragträgermoment $\mathfrak{M}$ sind positiv, wenn sie an der linken Seite der Gesamtbiegescheibe Zugspannungen erzeugen. Das Gesamtverbindungsmoment und hiermit auch das Summargesamtverbindungsmoment sind positiv, wenn sie auf die Verbindung, also auf die Lamellen, im Uhrzeigerdrehsinn einwirken. Querkräfte, also die Gesamtquerkraft M' und die Kragträgerquerkraft $\mathfrak{M}'$, sind positiv, wenn sie seitens eines oberen auf einen unteren Teil des Systems von links nach rechts einwirken.

Für den Teil des Systems oberhalb des beliebigen Querschnittes x (Abb. 3.1c) folgt aus der Gleichgewichtsbedingung der Momente um das Schnittufer die Beziehung

$$M = \mathfrak{M} - \overline{M}\,; \qquad (3.6)$$

die Summe des Gesamtmomentes M und des Summargesamtverbindungsmomentes $\overline{M}$ ist hiermit dem Kragträgermoment $\mathfrak{M}$ an der betrachteten Kote gleich.

Aus der Gl. (3.6) folgt

$$\overline{M} = \mathfrak{M} - M, \quad [\mathrm{Mpm}] \qquad (3.7)$$

womit das Summargesamtverbindungsmoment durch die äußere Last und die statisch überzählige Größe ausgedrückt ist. Durch Ableiten der

Gl. (3.7) nach x folgt weiter

$$\overline{M}' = \mathfrak{M}' - M', \quad [\text{Mp}] \tag{3.8}$$

womit auch das auf die Höheneinheit des Systems sich beziehende Gesamtverbindungsmoment durch die statisch überzählige Größe ausgedrückt ist.

3.2 Formulierung der Aufgabe

3.2.1 Komplementäre Energie des Systems und Randbedingungen

Zur Formulierung der Aufgabe wird das Prinzip vom stationären Wert der komplementären Energie des Systems herangezogen.

Als statisch überzählige Größe wird das Biegemoment M der Gesamtbiegescheibe, das Gesamtmoment, gewählt.

Um das Prinzip vom stationären Wert der komplementären Energie des Systems anwenden zu können, sind vorerst die Gesamtschnittkräfte durch die äußere Last bzw. die durch diese hervorgerufenen Kragträgerschnittkräfte und die statisch überzählige Größe M, oder ihre Ableitung, auszudrücken. Entsprechende Beziehungen wurden im vorangehenden Abschnitt 3.1.2 angegeben.

Die komplementäre Energie des Ersatzsystems (Abb. 3.1 b) setzt sich aus Beiträgen der Gesamtbiegescheibe und der Torsionslamellen zusammen.

Die Energie der Gesamtbiegescheibe ergibt sich, da lediglich der Einfluß der Biegemomente auf die Verformung berücksichtigt wird, nach der bekannten Formel der Festigkeitslehre zu

$$U_W = \int_0^H \frac{M^2}{2\,K_W}\,\mathrm{d}x. \tag{3.9}$$

Die Energie einer Torsionslamelle ermittelt man als Arbeit des Gesamtlamellenstrangmomentes $\overline{M}'\,\mathrm{d}x$ am entsprechenden Drehwinkel $\varphi = \dfrac{\overline{M}'\,\mathrm{d}x}{K\,\mathrm{d}x}$, unter Berücksichtigung der Beziehung (3.8), zu

$$\mathrm{d}U_V = \frac{(\mathfrak{M}' - M')^2}{2\,K}\,\mathrm{d}x. \tag{3.10}$$

Der Drehwinkel φ der Torsionslamelle ist den Auflagerdrehwinkeln sämtlicher Lamellen des betrachteten Gesamtlamellenstranges gleich.

Die Energie sämtlicher Torsionslamellen ergibt sich als Integral des Beitrages (3.10) einer Torsionslamelle zu

$$U_V = \int_0^H \frac{(\mathfrak{M}' - M')^2}{2\,K}\,\mathrm{d}x. \tag{3.11}$$

Die gesamte komplementäre Energie des Systems erhält man durch Addition der Beträge (3.9) und (3.11):

$$U = \int_0^H \left[\frac{M^2}{2K_W} + \frac{(\mathfrak{M}' - M')^2}{2K} \right] dx. \tag{3.12}$$

Am oberen Rand der Gesamtbiegescheibe ist das Biegemoment offensichtlich gleich Null, also

$$M_0 = 0. \tag{3.13}$$

Die Querkraft M' der Gesamtbiegescheibe muß am unteren Rand $x = H$ des Systems der Resultierenden der äußeren Last, also der Kragträgerquerkraft $\mathfrak{M}'_H$, gleich sein:

$$M'_H = \mathfrak{M}'_H. \tag{3.14}$$

Die Gl. (3.13) ist im Sinne der Variationsrechnung als eine wesentliche, Gl. (3.14) als eine restliche oder natürliche Randbedingung aufzufassen.

Die behandelte Aufgabe ist durch den Ausdruck (3.12) für die komplementäre Energie des Systems und die Randbedingungen (3.13) und (3.14) eindeutig formuliert.

3.2.2 Ableitung der Differentialgleichung der Aufgabe

Gemäß dem Prinzip vom stationären Wert der komplementären Energie des Systems muß für die dem wirklich auftretenden Schnittkräftezustand entsprechende Funktion M die erste Variation der komplementären Energie gleich Null sein,

$$\delta U = 0, \tag{3.15}$$

womit die behandelte Aufgabe auf eine Aufgabe der Variationsrechnung zurückgeführt ist.

Die Bedingungsgleichung (3.15) kann auch als Forderung, daß U für zulässige Variationen der unbekannten Funktion M, also solche, die die wesentliche Randbedingung (3.13) befriedigen, stationär ist, ausgesagt werden.

Nach den Regeln der Variationsrechnung ist die unbekannte Funktion M aus der Bedingung zu ermitteln, daß sie die dem gegenständigen Variationsproblem zugeordnete Eulersche Differentialgleichung

$$F_M - \frac{d}{dx} F_{M'} = 0 \tag{3.16}$$

befriedigt; mit F ist dabei der hinter dem Integralzeichen der Gl. (3.12) in eckiger Klammer stehende Ausdruck bezeichnet, und die Indizes M und M' bei F geben die Größen an, nach denen F abzuleiten ist.

Die Durchführung der Ableitungen liefert:

$$\left.\begin{aligned} F_M &= \frac{M}{K_W} \\ F_{M'} &= \frac{M' - \mathfrak{M}'}{K} \\ \frac{\mathrm{d}}{\mathrm{d}x} F_{M'} &= \frac{M'' - w}{K}, \end{aligned}\right\} \qquad (3.17)$$

wobei von der bekannten Beziehung

$$\mathfrak{M}'' = w \qquad (3.18)$$

der Festigkeitslehre Gebrauch gemacht wurde, die besagt, daß die Ableitung der Querkraft nach der Kote der Intensität der verteilten Last gleich ist.

Werden die Ausdrücke (3.17) in die Eulersche Differentialgleichung (3.16), also in die Differentialgleichung des Gesamtmomentes M eingesetzt, nimmt diese die Form

$$M'' - \frac{K}{K_W} M = w \qquad (3.19)$$

an.

Für die weitere Untersuchung ist es zweckmäßig, den Steifheitsparameter

$$A = \sqrt{\frac{K}{K_W}}\, H \qquad (3.20)$$

des Scheibensystems in die Berechnung einzuführen. Die Differentialgleichung des Gesamtmomentes nimmt dann die endgültige Form

$$M'' - \frac{A^2}{H^2} M = w \qquad (3.21)$$

an. Es ist dies eine lineare Differentialgleichung II. Ordnung mit konstanten Koeffizienten. Das Lastglied w der Differentialgleichung ist im allgemeinen eine Funktion von x; im Lastfall Einzellast ist es gleich Null.

3.3 Lösung der Aufgabe

Es ist die durch die Differentialgleichung (3.21) und die Randbedingungen (3.13) und (3.14) beschriebene Randwertaufgabe zu lösen.

Einfluß waagrechter Lasten. — Systeme aus vollen und gegliederten Scheiben 143

Vergleicht man diese Gleichungen mit den im Abschnitt 2.2.4 für Systeme aus vollen Scheiben und Stockwerkrahmen erhaltenen, sieht man, daß sie einen durch $K_B = \infty$ und hiermit $B = 0$ gekennzeichneten Grenzfall jener darstellen. Dies ist auf die bei der Untersuchung der Scheibensysteme aus vollen und gegliederten Scheiben getroffene Annahme zurückzuführen, daß die Scheiben an ihrem unteren Rand als gegenseitig unverdrehbar gelagert sind.

Die Lösung der Randwertaufgabe des Systems aus vollen und gegliederten Scheiben ist hiermit bereits als Sonderfall in der Lösung der allgemeineren Randwertaufgabe im Abschnitt 2.3 enthalten. Sie wird daher hier nicht gesondert entwickelt.

3.4 Gesamtschnittkräfte

Für die Gesamtschnittkräfte hat man an Hand der Ergebnisse des Abschnittes 2.4 die folgenden Formeln:

$$M = \eta_M \cdot \mathfrak{M}_H \tag{3.22}$$

$$M' = \eta_{M'} \cdot \mathfrak{M}'_H \tag{3.23}$$

$$\overline{M}' = \eta_{\overline{M}'} \cdot \mathfrak{M}'_H \tag{3.24}$$

$$\overline{M} = \eta_{\overline{M}} \cdot \mathfrak{M}_H. \tag{3.25}$$

Die Gesamtschnittkräftekoeffizienten η_M, $\eta_{M'}$, $\eta_{\overline{M}'}$ und $\eta_{\overline{M}}$ sind durch die Formeln (2.51), (2.53), (2.56) und (2.60) gegeben, die in ihnen enthaltenen Multiplikatoren $c = c_0$ durch die Formel (2.47).

Bezüglich der Rand- und Extremwerte der Schnittkräfte, als auch ihren Verlaufs längs der Systemhöhe, gilt das in Abschnitt 2.4.2 Gesagte.

Die Rolle der Gesamtschubscheibequerkraft bei Systemen aus vollen Scheiben und Stockwerkrahmen übernimmt hier das Gesamtverbindungsmoment ([Mp], da auf die Höheneinheit bezogen), die des Gesamtschubscheibemomentes das Summargesamtverbindungsmoment.

3.5 Schnittkräfte

3.5.1 Schnittkräfte der vollen Scheiben und der Stützen der gegliederten Scheiben

Biegemomente und Querkräfte. Für die Aufteilung der Gesamtmomente M und Gesamtquerkräfte M' auf die einzelnen vollen Scheiben und Stützen der gegliederten Scheiben, also auf die einzelnen Biegescheiben, gilt das im Abschnitt 2.5.1 Gesagte.

Längskräfte der Stützen der gegliederten Scheiben. Die Längskräfte der Stützen der gegliederten Scheiben ergeben sich durch Überlagerung der Auflagerkräfte der an die betrachtete Stütze beidseitig angeschlossenen Riegel und Addieren der so erhaltenen resultierenden Auflagerkräfte vom Systemoberrand ($x = 0$) bis zum betrachteten Stockwerk. Bei den Innenstützen, falls solche vorhanden sind, heben sich die Beiträge der beiden benachbarten Riegel zum großen Teil auf, so daß nennenswerte Längskräfte lediglich in den Außenstützen der gegliederten Scheiben auftreten.

Wird, für Systeme mit größerer Stockwerkanzahl, die Summe durch ein Integral ersetzt, folgen aus der Formel (3.29) für die Riegelquerkraft die Formeln für die Längskräfte der linken Außenstütze 1 und der rechten Außenstütze $r_i + 1$ der gegliederten Scheibe i zu

$$\left.\begin{aligned} N_{i1} &= \frac{\bar{\varkappa}_{i1}}{l_{i1}} \overline{M} \\ N_{i,r_i+1} &= \frac{\bar{\varkappa}_{ir_i}}{l_{ir_i}} \overline{M} \end{aligned}\right\} \quad (3.26)$$

Das Integral des Gesamtverbindungsmomentes $\overline{M}'$ vom Systemoberrand $x = 0$ bis zur betrachteten Kote x wurde dabei, gemäß der Gl. (3.5), dem Summargesamtverbindungsmoment $\overline{M}$ gleichgesetzt.

Das Vorzeichen der Längskräfte ist durch das Vorzeichen der Riegelauflagerkräfte bestimmt. Sie sind Zugkräfte an der Luvseite und Druckkräfte an der Leeseite des Systems.

Die Summe der Längskräfte sämtlicher Stützen in einem beliebigen Querschnitt x der gegliederten Scheibe muß natürlich gleich Null sein.

3.5.2 Schnittkräfte der Riegel der gegliederten Scheiben

Das Gesamtverbindungsmoment $\overline{M}'$ wird auf die einzelnen Verbindungen, also Riegelspalten, proportional ihren Steifheiten K_{ik} aufgeteilt; dabei ist i die Ordnungszahl der gegliederten Scheibe und k die Ordnungszahl der Riegelspalte dieser gegliederten Scheibe.

Führt man für das Verhältnis der Steifheit K_{ik} der Verbindung ik zur Steifheit K der Gesamtverbindung die Abkürzung

$$\bar{\varkappa}_{ik} = \frac{K_{ik}}{K} \qquad (3.27)$$

ein, hat man, mit h als Stockwerkhöhe, für die Summe der Auflagermomente des Riegels ik, an einer beliebigen Kote, die Formel

$$\overline{M}'_{ik} = \bar{\varkappa}_{ik} h \overline{M}'. \quad \text{[Mpm]} \qquad (3.28)$$

Einfluß waagrechter Lasten. — Systeme aus vollen und gegliederten Scheiben 145

Bezüglich der Ermittlung der Riegeleinspannmomente aus den Summen $\overline{M}'_{ik}$ ihrer Auflagermomente gilt das bei der Erörterung diskreter Systeme Gesagte [Kap. B, Abschnitt 3.3.2, Gln. (3.35) bis (3.37), Abb. 1.3 b].

Die Querkraft des Riegels ik ergibt sich aus der Summe seiner Auflagermomente zu

$$T'_{ik} = \frac{\overline{M}'_{ik}}{l_{ik}} = \frac{\overline{x}_{ik}}{l_{ik}} h \, \overline{M}'. \quad [\text{Mp}] \qquad (3.29)$$

3.6 Durchbiegungen

3.6.1 Durchbiegung des Systemoberrandes infolge Dreiecklast

Es sei beispielsweise die Durchbiegung des Systemoberrandes infolge Dreiecklast zu ermitteln, wozu vorteilhafterweise die Mohrsche Formel unter Zuziehung des Reduktionssatzes Anwendung finden soll.

Das Grundsystem sei so gewählt, daß die Verbindungen der Gesamtbiegescheibe mit den Torsionslamellen durchschnitten werden. Der Hilfsangriff $\bar{1}$ am Systemoberrand wird dann von der Gesamtbiegescheibe aufgenommen und in die Auflagerkonstruktion übermittelt. Das Biegemoment $\tilde{M}$ der Gesamtbiegescheibe, das Gesamtmoment aus dem Hilfsangriff ist dem Kragträgermoment $\tilde{\mathfrak{M}}$ aus diesem Hilfsangriff gleich. Die Torsionslamellen bleiben unbeansprucht.

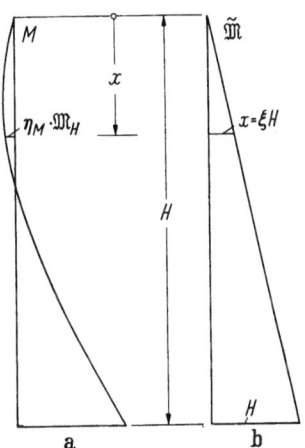

Die allgemeine Formel für die Durchbiegung des Systemoberrandes, positiv von links nach rechts, ist

$$\Delta_0 = \int_0^H \frac{M \tilde{\mathfrak{M}}}{K_W} \, dx \qquad (3.30)$$

bzw. nachdem von der Kote x zur bezogenen Kote ξ übergegangen wird,

$$\Delta_0 = H \int_0^1 \frac{M \tilde{\mathfrak{M}}}{K_W} \, d\xi. \qquad (3.31)$$

Abb. 3.2. Zur Ermittlung der Durchbiegung des Systemoberrandes: a) Diagramm des Gesamtmomentes aus der gegebenen Last; b) Diagramm des Gesamtmomentes ≡ Kragträgermomentes aus dem Hilfsangriff.

Abb. 3.2a zeigt das M-Diagramm, also das Diagramm des Gesamtmomentes am Ersatzsystem aus der gegebenen Dreiecklast, Abb. 3.2b das $\tilde{M} \equiv \tilde{\mathfrak{M}}$-Diagramm, also das Diagramm des Kragträgermomentes aus dem Hilfsangriff.

Das in der Gl. (3.31) enthaltene Gesamtmoment aus der gegebenen Dreiecklast wird nun gemäß der Gl. (2.50),

$$M = \eta_M \cdot \mathfrak{M}_H,\tag{3.32}$$

mittels des Gesamtmomentkoeffizienten η_M auf das Kragträgermoment $\mathfrak{M}_H$ am Systemunterrand bezogen.

Für das in der Gl. (3.31) enthaltene Kragträgermoment aus dem Hilfsangriff gilt die Gleichung

$$\widetilde{\mathfrak{M}} = x = H\xi.\tag{3.33}$$

Werden die Ausdrücke (3.32) und (3.33) für das Gesamtmoment aus der äußeren Last und das Kragträgermoment aus dem Hilfsangriff in die Formel (3.31) für die Durchbiegung eingesetzt, nimmt diese die Form

$$\varDelta_0 = \frac{wH^2}{3K} \cdot A^2 \int_0^1 \eta_M \xi \, d\xi\tag{3.34}$$

an. Dabei wurde für das Kragträgermoment $\mathfrak{M}_H$ der dem Lastfall Dreiecklast entsprechende Wert $\frac{1}{3} wH^2$ eingesetzt, und die Steifheit K_W der Gesamtbiegescheibe nach der Gl. (3.20) gemäß

$$\frac{1}{K_W} = \frac{A^2}{H^2 K}\tag{3.35}$$

durch den Steifheitsparameter A des Scheibensystems und die Steifheit K der Gesamtverbindung ausgedrückt.

Der erste Faktor $\frac{wH^2}{3K}$ auf der rechten Seite der Gl. (3.34) stellt gemäß der zweiten der Formeln (2.97) die Durchbiegung δ_0 einer gedachten Gesamtschubscheibe für den Fall dar, daß die gesamte äußere Last lediglich von dieser aufgenommen würde; die Steifheit der gedachten Gesamtschubscheibe ist der Steifheit der Gesamtverbindung gleich.

Der zweite Faktor, der A^2-fache Integralausdruck auf der rechten Seite der Gl. (3.34), nimmt, nachdem für den Gesamtmomentkoeffizient η_M die entsprechende der Formeln (2.51) eingesetzt wird, nach Durchführung der Integration und Berücksichtigung des $c = c_0$-Wertes gemäß Gl. (2.47), den Wert

$$A^2 \int_0^1 \eta_M \xi \, d\xi = 1 - \frac{3}{A^2}(c \sinh A + \cosh A) = \eta_{\varDelta,0}\tag{3.36}$$

Einfluß waagrechter Lasten. — Systeme aus vollen und gegliederten Scheiben 147

an. Es ist dies die bereits im Abschnitt 2.6.4 bei der Untersuchung der Scheibensysteme aus vollen Scheiben und Stockwerkrahmen erhaltene Formel des Durchbiegungskoeffizienten $\eta_{\Delta,0}$ für die Durchbiegung des Systemoberrandes infolge Dreiecklast.

Für die gesuchte Durchbiegung hat man hiermit, endgültig, den Ausdruck
$$\Delta_0 = \eta_{\Delta,0} \cdot \delta_0. \qquad (3.37)$$

3.6.2 Gleichung der Durchbiegungslinie für die drei erörterten Lastfälle

Aus dem Ergebnis des vorangehenden Abschnittes 3.6.1 kann gefolgert werden, daß für die Durchbiegungen der Scheibensysteme aus vollen und gegliederten Scheiben dieselben Formeln und Zahlentafeln gelten wie für Scheibensysteme aus vollen Scheiben und Stockwerkrahmen (Abschnitt 2.6, Zahlentafeln 2 und 3 und Diagramme 2 und 3).

Die Rolle der Gesamtschubscheibe der Systeme aus vollen Scheiben und Stockwerkrahmen übernimmt hier die Gesamtheit sämtlicher Torsionslamellen. Der Steifheit der Gesamtschubscheibe entspricht die Steifheit der Gesamtverbindung.

Die Gleichung der Durchbiegungslinie ist also durch die Formel (2.113) gegeben, mit den Formeln (2.112) für den Durchbiegungskoeffizient.

Für den in den Formeln für den Durchbiegungskoeffizient η_Δ enthaltenen Multiplikator c ist der der Auflagerungsart der Scheibensysteme aus vollen und gegliederten Scheiben entsprechende c_0-Wert gemäß den Formeln (2.47) einzusetzen.

3.7 Zahlenbeispiel

Das auf Abb. 3.3 im Grundriß gezeigte zehnstöckige Scheibensystem aus zwei vollen Giebelscheiben und drei gegliederten Scheiben mit Gurten ist auf Windlast in Querrichtung des Baues zu untersuchen. Das Scheibensystem ist in eine massive Auflagerkonstruktion eingespannt (Auflagerkonstruktion Typ 1).

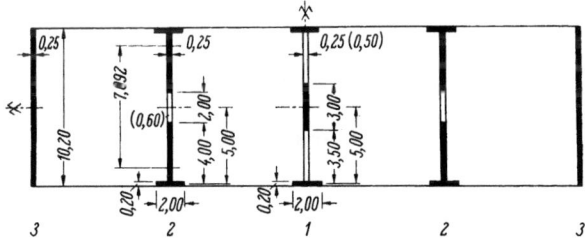

Abb. 3.3. Querschnitt des Scheibensystems zum Zahlenbeispiel (Maße in Meter).

Die Grundrißgestaltung des Scheibensystems ist die gleiche wie beim fünfstöckigen System im Zahlenbeispiel Abschnitt 3.5, Kap. B.

3.7.1 Gegebene Daten

Die Querschnittsabmessungen sind aus Abb. 3.3 ersichtlich.

Stockwerkhöhe: $h = 3{,}00$ m,
Systemhöhe: $H = 10 \cdot 3{,}00 = 30{,}00$ m
Elastizitätsmodul: $E = 2{,}1 \cdot 10^6$ Mp/m^2
Windlast (Druck + Sogwirkung): $w = 5{,}0$ Mp/m konstant längs der Systemhöhe

Zufolge der einfachen Grundrißgestaltung kann man sich bei den Querschnittswerten, Steifheiten, den Verhältniszahlen $\varkappa$ der Steifheiten und den Schnittkräften mit je einem Index begnügen; er gibt die Ordnungszahl der Scheibe an.

3.7.2 Querschnittswerte und Steifheiten

Scheibe 1

Mittelstütze: $I_1 = 0{,}5625$ m^4

Riegel: $3\,\bar{I}_1 = 0{,}00770$ m^4 [Gl. (1.19), Kap. B, mit $\lambda = 3$, da der Riegel als einseitig gelenkig angeschlossen angenommen wird]

Steifheit eines Riegels:

$$K_1 = \frac{3\,E\,\bar{I}_1}{b_1^3}\,l_1^2 = 0{,}004\,E \text{ Mpm [Gl. (1.21), Kap. B]}$$

Scheibe 2

Stütze: $I_2 = 2{,}429$ m^4

Riegel: $12\,\bar{I}_2 = 0{,}04344$ m^4 [Gl. (1.19), Kap. B, mit $\lambda = 12$, da der Riegel als beidseitig eingespannt betrachtet wird]

Steifheit eines Riegels:

$$K_2 = \frac{12\,E\,\bar{I}_2}{b_2^3}\,l_2^2 = 0{,}273\,E \text{ Mpm [Gl. (1.21), Kap. B]}$$

Scheibe 3

$$I_3 = 22{,}10 \text{ m}^4$$

3.7.3 Gesamtsteifheiten

Gesamtbiegescheibe:

$$K_W = E\,(I_1 + 4\,I_2 + 2\,I_3) = 54{,}48\,E \text{ Mpm}^2$$

Gesamtverbindung:

$$K = \frac{1}{h}\,(2\,K_1 + 2\,K_2) = \frac{0{,}554\,E}{3} = 0{,}1847\,E = 0{,}3879 \cdot 10^6 \text{ Mp}$$

Einfluß waagrechter Lasten. — Systeme aus vollen und gegliederten Scheiben 149

3.7.4 Steifheitsparameter des Scheibensystems

$$A = \sqrt{\frac{K}{K_W}} H = 1{,}747$$

$$B = 0.$$

3.7.5 Kragträgerschnittkräfte am Systemunterrand und Durchbiegung des Systemoberrandes der gedachten Schubscheibe

$$\mathfrak{M}_H = \frac{1}{2} w H^2 = 2250 \text{ Mmp}$$

$$\mathfrak{M}'_H = w H = 150 \text{ Mp}$$

$$\delta_0 = \frac{\mathfrak{M}_H}{K} = 0{,}00580 \text{ m}.$$

3.7.6 Ermittlung der Gesamtschnittkräfte und der Durchbiegungen

Die Gesamtschnittkräfte- und Durchbiegungskoeffizienten sind für $A = 1{,}75$ aus den Zahlentafeln 1.1 und 2 abgelesen und in die Tab. 3.1 eingetragen. In der Fortsetzung der Tabelle sind gemäß

$$M = \eta_M \cdot \mathfrak{M}_H, \quad M' = \eta_{M'} \cdot \mathfrak{M}'_H, \quad \overline{M}' = \eta_{\overline{M}'} \cdot \mathfrak{M}'_H, \quad \overline{M} = \eta_{\overline{M}} \cdot \mathfrak{M}_M$$

$$\varDelta = \eta_\varDelta \cdot \delta_0$$

Tab. 3.1 *Ermittlung der Gesamtschnittkräfte und der Durchbiegungen zum Zahlenbeispiel*

ξ	η_M	$\eta_{M'}$	$\eta_{\overline{M}'}$	$\eta_{\overline{M}}$	$\eta_\varDelta$	M	M'	$\overline{M}'$	$\overline{M}$	$\varDelta$
0,0	0,000	−0,201	0,201	0,000	0,357	0	−30,2	30,2	0	0,00207
0,1	−0,030	−0,103	0,203	0,040	0,317	−68	−15,5	30,5	90	0,00184
0,2	−0,041	−0,009	0,209	0,081	0,276	−92	−1,4	31,4	182	0,00160
0,3	−0,034	0,085	0,215	0,124	0,233	−77	12,8	32,3	279	0,00135
0,4	−0,007	0,182	0,218	0,167	0,190	−16	27,3	32,7	376	0,00110
0,5	0,039	0,284	0,216	0,211	0,146	88	42,6	32,4	475	0,00085
0,6	0,107	0,395	0,205	0,253	0,104	241	59,3	30,8	569	0,00060
0,7	0,198	0,518	0,182	0,292	0,065	446	77,7	27,3	657	0,00038
0,8	0,315	0,657	0,143	0,325	0,032	709	98,6	21,5	731	0,00019
0,9	0,462	0,816	0,084	0,348	0,009	1040	122,4	12,6	783	0,00005
1,0	0,643	1,000	0,000	0,357	0,000	1447	150,0	0,0	803	0,00000
						[Mpm]	[Mp]	[Mp]	[Mpm]	[m]

die Gesamtschnittkräfte und die Durchbiegungen berechnet. Abb. 3.4 zeigt die Diagramme der Gesamtschnittkräfte und der Durchbiegung.

Vom Kragträgermoment $\mathfrak{M}_H = 2250$ Mpm am Systemunterrand wird also lediglich der Teil $M_H = 1447$ Mpm durch Biegung der vollen Scheiben und der Stützen der gegliederten Scheiben aufgenommen, während der Rest $\overline{M}_H = 803$ Mpm durch Kräftepaare bildende Längskräfte der Stützen der gegliederten Scheiben aufgenommen wird.

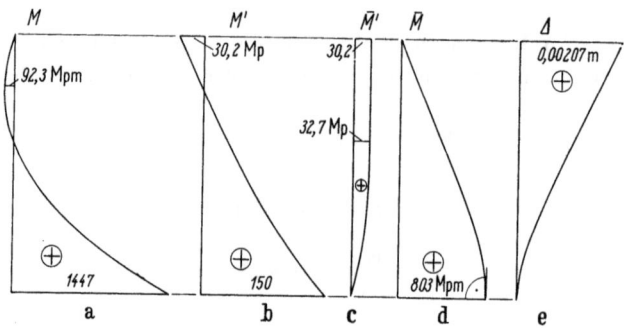

Abb. 3.4. Diagramme der Gesamtschnittkräfte und der Durchbiegung zum Zahlenbeispiel: a) Gesamtmoment; b) Gesamtquerkraft; c) Gesamtverbindungsmoment; d) Summargesamtverbindungsmoment; e) Durchbiegung.

3.7.7 Ermittlung der Schnittkräfte

Biegemomente und Querkräfte der vollen Scheiben und der Stützen der gegliederten Scheiben. Es übernehmen die Mittelstütze der gegliederten Scheibe 1 den $\varkappa_1$-ten, eine Stütze einer der gegliederten Scheiben 2 den $\varkappa_2$-ten und eine der vollen Scheiben 3 den $\varkappa_3$-ten Teil der Gesamtmomente und der Gesamtquerkräfte;

$$\varkappa_1 = \frac{0{,}563}{54{,}48} = 0{,}0103\,,$$

$$\varkappa_2 = \frac{2{,}429}{54{,}48} = 0{,}0446\,,$$

$$\varkappa_3 = \frac{22{,}10}{54{,}48} = 0{,}4058\,.$$

Den weitaus größten Teil der Gesamtmomente und der Gesamtquerkräfte übernehmen hiermit die vollen Giebelscheiben.

Biegemomente und Querkräfte der Riegel der gegliederten Scheiben. Der Riegel der gegliederten Scheibe 1 übernimmt den $\bar{\varkappa}_1$-ten, der Riegel einer der gegliederten Scheiben 2 den $\bar{\varkappa}_2$-ten Teil des h-fachen Gesamtverbindungsmomentes;

$$\bar{\varkappa}_1 = \frac{0{,}004}{0{,}554} = 0{,}0072\,,$$

$$\bar{\varkappa}_2 = \frac{0{,}273}{0{,}554} = 0{,}4928\,.$$

Einfluß waagrechter Lasten. — Systeme aus vollen und gegliederten Scheiben 151

Für die Summen der Auflagermomente dieser Riegel hat man hiermit die Formeln

$$\left.\begin{array}{l}\overline{M}_1' = \overline{\varkappa}_1\, h\, \overline{M}' = 0{,}0216\, \overline{M}' \\ \overline{M}_2' = \overline{\varkappa}_2\, h\, \overline{M}' = 1{,}4784\, \overline{M}' \end{array}\right\} \qquad (3.28)$$

Kontrolle: $2\,(\overline{M}_1' + \overline{M}_2') = 3\,\overline{M}' = h\overline{M}'$.

Da die Riegel der gegliederten Scheiben 1 als an die Gurte gelenkig angeschlossen angenommen wurden, sind ihre Auflagermomente an der Gurtseite gleich Null.

Die oben erhaltenen Summen der Auflagermomente müssen noch auf die lichte Breite der Riegel reduziert werden. Die Einspannmomente der Riegel 1 berechnet man gemäß Gl. (3.37), Kap. B, die der Riegel 2 gemäß Gl. (3.36), Kap. B; s. auch Abb. 1.3, Kap. B.

Die Querkraft eines Riegels 1 ergibt sich aus dem Auflagermoment $\overline{M}_1'$ dieses Riegels durch Dividieren durch die Spannweite zu

$$T_1' = \frac{\overline{M}_1'}{l_1} = 0{,}0432\, \overline{M}' \qquad (3.29)$$

und die des Riegels 2 sinngemäß zu

$$T_2' = \frac{\overline{M}_2'}{l_2} = 0{,}208\, \overline{M}'.$$

Am stärksten beansprucht sind die Riegel an der Kote $x = 0{,}4\, H$.

Längskräfte der Stützen der gegliederten Scheiben. Gurte der gegliederten Scheibe 1:

$$N_1 = \frac{\overline{\varkappa}_1}{l_1} \overline{M} = 0{,}00144\, \overline{M} \qquad (3.26)$$

Stützen der gegliederten Scheiben 2:

$$N_2 = \frac{\overline{\varkappa}_2}{l_2} \overline{M} = 0{,}0695\, \overline{M}.$$

4 Systeme aus vollen Scheiben, Stockwerkrahmen und gegliederten Scheiben

In den Abschnitten 3.3 und 3.6.2 wurde festgestellt, daß sich Systeme aus vollen Scheiben und Stockwerkrahmen und Systeme aus vollen und gegliederten Scheiben — bei den getroffenen Annahmen — statisch und kinematisch analog verhalten.

Die Ersatzsysteme beider Arten von Scheibensystemen haben eine Gesamtbiegescheibe, die der Systeme aus vollen Scheiben und Stockwerkrahmen weiter eine Gesamtschubscheibe und die der Systeme aus vollen und gegliederten Scheiben eine Gesamtverbindung. Sowohl die Gesamtschubscheibe als auch die Gesamtverbindung widersetzen sich Drehungen der Querschnitte der Gesamtbiegescheibe, so daß — in beiden Fällen — die Gesamtbiegescheibe als ein am unteren Ende starr eingespannter und längs seiner Höhe stetig elastisch drehbar gelagerter Kragträger aufgefaßt werden kann. Die Schnittkräfte der Gesamtschubscheibe, die Gesamtschubscheibequerkraft und das Gesamtschubscheibemoment, einerseits, und die Schnittkräfte der Gesamtverbindung, das Gesamtverbindungsmoment und das Summargesamtverbindungsmoment, anderseits, entsprechen sich gegenseitig.

Aus dieser Erkenntnis folgt, daß auch Systeme aus vollen Scheiben, Stockwerkrahmen *und* gegliederten Scheiben nach den vorher entwickelten Verfahren (Abschnitte 2 und 3), unter Benützung der Zahlentafeln für die Gesamtschnittkräfte- und Durchbiegungskoeffizienten, berechnet werden können.

Bezeichnet man die Steifheiten der Gesamtschubscheibe und der Gesamtverbindung des Ersatzsystems des Scheibensystems aus vollen Scheiben, Stockwerkrahmen *und* gegliederten Scheiben mit K_S bzw. K_V, hat man für ihre Summe, die Bettungszahl der elastisch drehbaren Stützung der Gesamtbiegescheibe, den Ausdruck

$$K = K_S + K_V. \quad \text{[Mp]} \qquad (4.1)$$

Diese summare Steifheit ist der Berechnung der Schnittkräfte und Durchbiegungen nach den vorher entwickelten Formeln zugrunde zu legen.

Die Gesamtschubscheibequerkraft und das Gesamtschubscheibemoment erhält man dann gemäß

$$\left. \begin{aligned} \overline{M}'_S &= \frac{K_S}{K} \overline{M}' \\ \overline{M}_S &= \frac{K_S}{K} \overline{M}, \end{aligned} \right\} \qquad (4.2)$$

das Gesamtverbindungsmoment und das Summargesamtverbindungsmoment gemäß

$$\left. \begin{aligned} \overline{M}'_V &= \frac{K_V}{K} \overline{M}' \\ \overline{M}_V &= \frac{K_V}{K} \overline{M}. \end{aligned} \right\} \qquad (4.3)$$

Die Aufteilung der Schnittkräfte $\overline{M}'_S$ und $\overline{M}_S$ auf die einzelnen Stockwerkrahmen und der Schnittkräfte $\overline{M}'_V$ und $\overline{M}_V$ auf die Riegel und Stützen der gegliederten Scheiben erfolgt dann wie in den Abschnitten 2.5 und 3.5 eingehend beschrieben.

II. Dynamik

Zusätzliche Bezeichnungen

m, q	Masse und Gewicht des Scheibensystems je Höheneinheit
g	Schwerebeschleunigung ($= 9{,}81$ m/sec^2)
y	waagrechte Verschiebung beim Schwingungsvorgang
Π_K, Π_P	kinetische und potentielle Energie des Systems beim Schwingungsvorgang
t	Zeitkoordinate
Y	Schwingungsausschlag (nur bis auf einen unbestimmten Multiplikator bestimmbar)
n	Zeitfunktion
p	Kreisfrequenz der Schwingung
B_1, B_2	Integrationskonstanten der Schwingungsgleichung
A_1, A_2, A_3, A_4	Integrationskonstanten der Schwingungsformgleichung
s	Wurzel der Frequenzgleichung
T	Schwingzeit
η_T	Schwingzeitkoeffizient
C_1, C_2	Integrationskonstanten der allgemeinen Lösung der Schwingungsformgleichung bei Scheibensystemen aus Stockwerkrahmen
r	Ordnungszahl des Tones der Schwingung, bei Scheibensystemen aus Stockwerkrahmen
θ, Θ	Drehwinkel des Scheibensystems, dessen volle Scheiben und Stützen der gegliederten Scheiben als starr angenommen werden können, und Drehwinkelausschlag beim Schwingen
λ	Konstante, dem Verhältnis des Schwingungsausschlages Y zur Durchbiegung Δ aus der statisch wirkenden dem Gewicht des Systems entsprechenden Gleichlast qH gleich
$\varkappa$	Multiplikator in der Simpsonschen Regel

Ableitungen nach der Zeit werden mit Punkten ($\cdot$) gekennzeichnet.

1 Exakte Formulierung und Lösung der Eigenwertaufgabe

1.1 Aufgabenstellung

Es sei ein Scheibensystem aus beliebig vielen beliebig gestalteten vollen Scheiben, Stockwerkrahmen und gegliederten Scheiben erörtert. Abb. 1.1 zeigt das entsprechende Ersatzsystem, das aus einer Gesamtbiegescheibe, die die vollen Scheiben und Stützen der gegliederten Scheiben ersetzt, einer Gesamtschubscheibe, die die Stockwerkrahmen ersetzt, und Torsionslamellen, die die Riegel der gegliederten Scheiben ersetzen, zusammengesetzt ist. Die Gesamtbiegescheibe ist auf der Gesamtgrundkörperunterlage, die die Grundkörperunterlagen der vollen Scheiben und der als gesondert gegründet angenommenen Stützen der gegliederten Scheiben ersetzt, gelagert. Die — voraussetzungsgemäß starren — waagrechten Pendelstäbchen, die die Gesamtbiegescheibe und die Gesamtschubscheibe stetig verbinden, ersetzen die Deckenscheiben.

Die Steifheiten der Elemente des Ersatzsystems sind:

K_W Steifheit der Gesamtbiegescheibe,

$K = K_S + K_V$ Summe der Steifheiten der Gesamtschubscheibe und der Gesamtverbindung (der längs der Höheneinheit des Systems angeordneten $1/\mathrm{d}x$ Torsionslamellen) und

K_B Steifheit der Gesamtgrundkörperunterlage.

Die Masse m und hiermit das Gewicht $q = mg$ des Systems je Höheneinheit seien als längs der Höhe H des Systems konstant angenommen. Die Kote x sei wieder vom Systemoberrand nach unten orientiert.

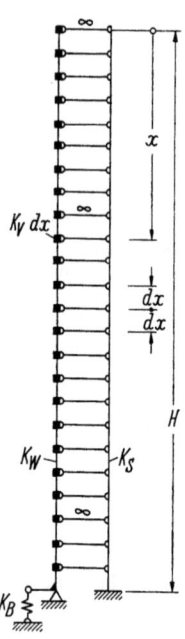

Abb. 1.1. Ersatzsystem eines Scheibensystems aus vollen Scheiben, Stockwerkrahmen und gegliederten Scheiben (die vollen Scheiben und die Stützen der gegliederten Scheiben sind elastisch drehbar gelagert).

Beim Schwingen des Systems erfahren seine Massenelemente $m\,\mathrm{d}x$ waagrechte Verschiebungen; diese werden, um sie nicht mit den mit $\varDelta$ bezeichneten waagrechten Durchbiegungen infolge gegebener Lasten zu verwechseln, mit y bezeichnet. Verschiebungen werden als positiv angenommen, wenn sie von links nach rechts erfolgen.

Die Verschiebung des Systemunterrandes muß durchwegs gleich Null sein:

$$y_H = 0. \tag{1.1}$$

Diese Randbedingung ist im Sinne der Variationsrechnung als eine wesentliche aufzufassen.

Die Untersuchung der Eigenschwingungen des Ersatzsystems (Abb. 1.1) wird nach dem Hamiltonschen Prinzip [5.2] durchgeführt. Dieses besagt, daß das zeitliche Integral über die Differenz $\varPi_K - \varPi_P$ der kinetischen und der potentiellen Energie des Systems, genommen zwischen zwei festen Zeitpunkten t_1 und t_2, für den wirklichen Schwingungsablauf im Vergleich zu gedachten zulässigen Variationen, also solchen, die die wesentliche Randbedingung (1.1) befriedigen, zum Minimum wird:

$$\int_{t_1}^{t_2} (\varPi_K - \varPi_P)\,\mathrm{d}t = \text{Min.} \tag{1.2}$$

Die Differenz der kinetischen und der potentiellen Energie des Systems wird auch als kinetisches Potential bezeichnet.

Zur praktischen Anwendung wird die Gleichung (1.2), durch Variieren, in der Form

$$\int_{t_1}^{t_2} (\delta \varPi_K - \delta \varPi_P)\,\mathrm{d}t = 0 \tag{1.3}$$

Dynamik. — Exakte Formulierung und Lösung der Eigenwertaufgabe   155

angeschrieben. Nun besagt sie, daß — für den wirklich auftretenden Schwingungsablauf — das zeitliche Integral über die Differenz $\delta\Pi_K - \delta\Pi_P$ der ersten Variationen der kinetischen und der potentiellen Energie des Systems zu Null wird.

1.2 Aufstellung der Ausdrücke für die kinetische und die potentielle Energie des Systems und ihre ersten Variationen

Für die kinetische Energie des Systems gilt die bekannte Formel

$$\Pi_K = \frac{1}{2}\int_0^H m\,\dot{y}^2\,dx, \qquad (1.4)$$

wobei der Punkt angibt, daß die unter ihm stehende Größe y nach der Zeit (t) abzuleiten ist. Es ist also $\dot{y}$ die Geschwindigkeit des betrachteten Massenelementes $m\,dx$ im betrachteten Zeitpunkt t.

Die erste Variation von $\Pi_K = \Pi_K(x, \dot{y})$ erhält man aus dem Ausdruck (1.4) für Π_K nach den Regeln zur Ermittlung des Differentiales, indem die Zeichen d für Differentiale durch die Zeichen δ für Variationen ersetzt werden, zu

$$\delta\Pi_K = \int_0^H m\,\dot{y}\,\delta\dot{y}\,dx. \qquad (1.5)$$

Das in der Gl. (1.3) enthaltene zeitliche Integral der Variation der kinetischen Energie kann durch zweimalige Vertauschung der Reihenfolge des Integrierens und Anwendung der Regel für partielle Integration zu

$$\int_{t_1}^{t_2}\delta\Pi_K\,dt = \int_{t_1}^{t_2}\left\{\int_0^H m\dot{y}\,\delta\dot{y}\,dx\right\}dt = \int_0^H m\left\{\int_{t_1}^{t_2}\dot{y}\,\delta\dot{y}\,dt\right\}dx = \int_0^H m\left\{\dot{y}\,\delta y\Big|_{t_1}^{t_2} - \int_{t_1}^{t_2}\ddot{y}\,\delta y\,dt\right\}dx = -\int_0^H m\left\{\int_{t_1}^{t_2}\ddot{y}\,\delta y\,dt\right\}dx = -\int_{t_1}^{t_2}\left\{\int_0^H m\ddot{y}\,\delta y\,dx\right\}dt$$

(1.6)

umgeformt werden, womit die Variation $\delta\dot{y}$ der Geschwindigkeit $\dot{y}$ in die Variation der Funktion y selbst, also in die Variation der Verschiebung überführt ist. Der Ausdruck $\dot{y}\,\delta y\Big|_{t_1}^{t_2}$ wurde in der obigen Ableitung gleich Null gesetzt, da die Variation δy der Verschiebung y am Anfang t_1 und am Ende t_2 des betrachteten Zeitintervalles (t_1, t_2) verschwinden muß. Mit $\ddot{y}$ ist die zweite Ableitung der Verschiebung y nach der Zeit, also die Beschleunigung des betrachteten Massenelementes im betrachteten Zeitpunkt, bezeichnet.

Für die potentielle Energie des Systems hat man, indem Ableitungen nach der Kote x mit Strichen bezeichnet werden, an Hand elementarer Formeln der Festigkeitslehre, den Ausdruck

$$\Pi_P = \frac{1}{2} \int_0^H K_W\, y''^2\, \mathrm{d}x + \frac{1}{2} \int_0^H K\, y'^2\, \mathrm{d}x + \frac{1}{2} K_B\, y_H'^2. \qquad (1.7)$$

Das erste Glied ist der Beitrag der Gesamtbiegescheibe, das zweite der Beitrag der Gesamtschubscheibe und der Torsionslamellen, das dritte der Beitrag der Gesamtgrundkörperunterlage.

Die potentielle Energie Π_P des Systems muß, da die Untersuchung auf Schwingungen im Elastizitätsbereich beschränkt ist, seiner komplementären Energie U gleich sein [Gln. (2.12) und (3.12), Kap. C. I]. Werden in diesen Gleichungen die Gesamtschnittkräfte nach den bekannten Beziehungen

$$M = K_W\, y'' \qquad (1.8)$$

$$M_H = -\, K_B\, y_H' \qquad (1.9)$$

$$\overline{M}' = -\, K\, y' \qquad (1.10)$$

durch die Formänderungsgrößen y' und y'' ausgedrückt, nehmen sie tatsächlich die Form (1.7) an, was zur Kontrolle dienen kann.

Durch die Ausdrücke (1.4) und (1.7) für die kinetische und die potentielle Energie des Systems beim Schwingungsvorgang ist — in Verbindung mit dem Kriterium (1.2) und der wesentlichen Randbedingung (1.1) — die behandelte Eigenwertaufgabe eindeutig formuliert.

Die erste Variation von $\Pi_P = \Pi_P(x, y'', y', y_H')$ erhält man wieder als Differential von Π_P, indem die Zeichen d für Differentiale durch die Zeichen δ für Variationen ersetzt werden. Es ergibt sich

$$\delta \Pi_P = K_W \int_0^H y''\, \delta y''\, \mathrm{d}x + K \int_0^H y'\, \delta y'\, \mathrm{d}x + K_B\, y_H'\, \delta y_H' \qquad (1.11)$$

Im Ausdruck (1.11) für die Variation der potentiellen Energie sind nun die Variationen der Ableitungen y'' und y' der Funktion y in Variationen der Funktion y selbst zu überführen; dies wird durch mehrmalige Anwendung der Formel für partielle Integration auf seine ersten zwei Glieder erreicht.

Die Umformung des ersten Gliedes auf der rechten Seite der Gl. (1.11) geht wie folgt vor sich:

$$\left.\begin{aligned}\int_0^H y''\,\delta y''\,\mathrm{d}x &= y''\,\delta y'\Big|_0^H - \int_0^H y'''\,\delta y'\,\mathrm{d}x = \\ &= y''\,\delta y'\Big|_0^H - y'''\,\delta y\Big|_0^H + \int_0^H y^{IV}\,\delta y\,\mathrm{d}x = \\ &= y''_H\,\delta y'_H - y''_0\,\delta y'_0 - y'''_H\,\delta y_H + y'''_0\,\delta y_0 + \\ &\quad + \int_0^H y^{IV}\,\delta y\,\mathrm{d}x.\end{aligned}\right\} \qquad (1.12)$$

Sinngemäß wird mit dem Integralausdruck des zweiten Gliedes auf der rechten Seite der Gl. (1.11) vorgegangen:

$$\int_0^H y'\,\delta y'\,\mathrm{d}x = y'_H\,\delta y_H - y'_0\,\delta y_0 - \int_0^H y''\,\delta y\,\mathrm{d}x. \qquad (1.13)$$

Da die Variation δy_H der Verschiebung y_H des Systemunterrandes — wie diese Verschiebung selbst — die wesentliche Randbedingung (1.1) befriedigen muß, sind die δy_H enthaltenden Glieder der Ausdrücke (1.12) und (1.13) gleich Null. Für die Variation der potentiellen Energie ergibt sich hiermit, an Hand der Gl. (1.11), der endgültige Ausdruck

$$\left.\begin{aligned}\delta \Pi_P &= K_W \int_0^H y^{IV}\,\delta y\,\mathrm{d}x - K \int_0^H y''\,\delta y\,\mathrm{d}x + K_W y''_H\,\delta y'_H - \\ &\quad - K_W y''_0\,\delta y'_0 + K_W y'''_0\,\delta y_0 - K y'_0\,\delta y_0 + K_B y'_H\,\delta y'_H.\end{aligned}\right\} \qquad (1.14)$$

1.3 Lösung der Eigenwertaufgabe

Die Bedingungsgleichung (1.3) des Hamiltonschen Prinzips nimmt, nachdem für das zeitliche Integral der Variation der kinetischen Energie der Ausdruck (1.6) und für die Variation der potentiellen Energie des Systems der Ausdruck (1.14) eingesetzt wird, und Ordnen, die endgültige Form

$$\int_{t_1}^{t_2}\left\{\int_0^H (-m\ddot{y} - K_W y^{IV} + K y'')\,\delta y\,\mathrm{d}x + (K y'_0 - K_W y'''_0)\,\delta y_0 + \right. \\ \left. + (K_W y''_0)\,\delta y'_0 - (K_W y''_H + K_B y'_H)\,\delta y'_H\right\}\mathrm{d}t = 0 \qquad (1.15)$$

an.

Da das betrachtete Zeitintervall (t_1, t_2) beliebig sein kann, muß der in der obigen Gleichung in gewundener Klammer stehende Ausdruck gleich Null sein. Da ferner die Variation δy im ganzen, als auch ihr Randwert δy_0 und die Randwerte $\delta y'_0$ und $\delta y'_H$ der Variation $\delta y'$ der Funktion y' beliebig sein können, müssen die neben ihnen — in runden Klammern stehenden — Ausdrücke für sich verschwinden.

Wird der erste Klammerausdruck der Gl. (1.15) gleich Null gesetzt, erhält man die Differentialgleichung

$$K_W\, y^{IV} - K\, y'' + m\, \ddot{y} = 0 \qquad (1.16)$$

des Schwingungsvorganges des Systems. Es ist dies eine partielle Differentialgleichung IV. Ordnung mit konstanten Koeffizienten.

Werden die drei folgenden Klammerausdrücke der Gl. (1.15) gleich Null gesetzt, erhält man die drei natürlichen Randbedingungen der Aufgabe:

$$K_W\, y'''_0 - K\, y'_0 = 0, \qquad (1.17)$$

$$y''_0 = 0, \qquad (1.18)$$

$$K_W\, y''_H + K_B\, y'_H = 0. \qquad (1.19)$$

Bekanntlich werden als natürliche oder restliche jene Randbedingungen bezeichnet, die — zusammen mit der Differentialgleichung des Problems — durch Lösung der entsprechenden Eigenwertaufgabe erhalten werden. Rein mathematisch sind diese Randbedingungen — bei Differentialgleichungen IV. Ordnung — dadurch gekennzeichnet, daß sie Ableitungen zweiter und höherer Ordnung enthalten, während Randbedingungen, die lediglich Ableitungen nullter und erster Ordnung enthalten, als wesentliche Randbedingungen bezeichnet werden. Das mechanische Kennzeichen besteht darin, daß wesentliche Randbedingungen geometrische und natürliche Randbedingungen dynamische Randbedingungen sind in dem Sinne, daß sie Kraftwirkungen enthalten. Ein Blick auf die Randbedingungen (1.1) und (1.17) bis (1.19) der behandelten Aufgabe zeigt, daß sie diesen allgemeinen Kennzeichen entsprechen.

Der mechanische Inhalt der drei natürlichen Randbedingungen (1.17) bis (1.19) kann leicht, wie folgt, festgestellt werden.

Das erste Glied $K_W\, y'''_0$ der Randbedingung (1.17) stellt die Gesamtquerkraft M'_0 am Systemoberrand, das zweite $-K y'_0$ gemäß Gl. (1.10) die Summe $\overline{M}'_0$ der Gesamtschubscheibequerkraft $\overline{M}'_{S,0}$ und des Gesamtverbindungsmomentes $\overline{M}'_{V,0}$ am Systemoberrand dar. Denkt man sich das Moment $\overline{M}'_{V,0}\, dx$ der obersten Torsionslamelle durch ein waagrechtes Kräftepaar am Hebelarm dx ersetzt, kann die Randbedingung (1.17) als Gleichgewichtsbedingung gedeutet werden, die besagt, daß die Summe der am Systemoberrand angreifenden waagrechten Kräfte gleich Null sein muß.

Dynamik. — Exakte Formulierung und Lösung der Eigenwertaufgabe 159

Die Randbedingung (1.18) verlangt, daß am Systemoberrand die Krümmung der Schwingungslinie, und hiermit das Gesamtmoment M, gleich Null ist. Da am Systemoberrand voraussetzungsgemäß kein Einzelmoment angreift, stellt diese Randbedingung die Gleichgewichtsbedingung der Biegemomente für den Systemoberrand dar.

Das erste Glied $K_W\,y_H''$ der Randbedingung (1.19) stellt gemäß Gl. (1.8) das Gesamtmoment M_H, also das Biegemoment der Gesamtbiegescheibe am Systemunterrand, das zweite $K_B\,y_H'$ das seitens der Gesamtgrundkörperunterlage auf die Gesamtbiegescheibe einwirkende Moment mit entgegengesetzten Vorzeichen dar. Die Randbedingung (1.19) ist hiermit die Gleichgewichtsbedingung der Biegemomente für den Systemunterrand, die verlangt, daß die Summe der seitens der Gesamtbiegescheibe und der Gesamtgrundkörperunterlage auf die Sohlfläche ($x = H$) des Gesamtgrundkörpers einwirkenden Biegemomente gleich Null sein muß.

Die Differentialgleichung (1.16) des Schwingungsvorganges selbst, ohne den natürlichen Randbedingungen kann, einfacher, auch aus der Differentialgleichung (2.23), Kap. C. I, des Gesamtmomentes erhalten werden, indem in dieser das Gesamtmoment M und seine zweite Ableitung M'' gemäß Gl. (1.8) durch Ableitungen der Verschiebung y ausgedrückt werden und für die Intensität w der Last die Intensität $-m\,\ddot{y}$ der Massenkraft eingesetzt wird.

1.4 Die Schwingungsdifferentialgleichung und die Schwingungsformdifferentialgleichung

Die behandelte Eigenwertaufgabe wurde im vorangehenden Abschnitt 1.3 auf die Differentialgleichung (1.16) mit den vier Randbedingungen (1.1) und (1.17) bis (1.19) zurückgeführt.

Die Lösung der Differentialgleichung (1.16) suchen wir in der Form des Ansatzes

$$y = Y n, \qquad (1.20)$$

wobei $Y = Y(x)$ eine Funktion der Kote und $n = n(t)$ eine Funktion der Zeit ist, also in der Form eines Produktes zweier Funktionen, von denen jede lediglich von einem Argument abhängt. Die Funktion Y beschreibt die Form der Schwingungsausschlaglinie und wird daher als Schwingungsformfunktion bezeichnet, die Funktion n den zeitlichen Verlauf der Schwingung und wird mit Schwingungsfunktion bezeichnet.

Werden der Ansatz (1.20) für die Verschiebung y und die aus diesem Ansatz sich ergebenden Ausdrücke für die Ableitungen der Verschiebung nach der Kote x und der Zeit t in die Differentialgleichung (1.16) des Schwingungsvorganges eingesetzt, nimmt diese, nach Ordnen und

Gruppieren der Funktionen Y und n und ihrer Ableitungen auf der linken bzw. rechten Seite der Gleichung, die Form

$$\frac{K_W Y^{IV} - K Y''}{m Y} = -\frac{\ddot{n}}{n} \qquad (1.21)$$

an. Nun können aber die Ausdrücke auf der linken und rechten Seite dieser Gleichung, von denen der erste eine Funktion von x und der zweite eine Funktion von t ist, nur dann für alle möglichen Paare der beiden Argumente x und t gleich sein, wenn beide ein und derselben Konstante gleich sind. Diese sei mit p^2 bezeichnet. Die partielle Differentialgleichung (1.21) zerfällt hiermit in die zwei gewöhnlichen Differentialgleichungen II. bzw. IV. Ordnung

$$\ddot{n} + p^2 n = 0, \qquad (1.22)$$

$$Y^{IV} - \frac{K}{K_W} Y'' - \frac{m}{K_W} p^2 Y = 0, \qquad (1.23)$$

die Schwingungsdifferential- und die Schwingungsformdifferentialgleichung.

Die Substitution der Verschiebung y durch den Ansatz (1.20) muß auch in den Randbedingungen durchgeführt werden. Nach Kürzen der Funktion n, da diese beim Schwingungsvorgang von Null unterschiedliche Werte annimmt, ergibt sich

$$Y_H = 0, \qquad (1.24)$$

$$K_W Y_0''' - K Y_0' = 0, \qquad (1.25)$$

$$Y_0'' = 0, \qquad (1.26)$$

$$K_W Y_H'' + K_B Y_H' = 0. \qquad (1.27)$$

1.5 Allgemeine Lösung der Schwingungsdifferentialgleichung und der Schwingungsformdifferentialgleichung

Die allgemeine Lösung

$$n = B_1 \sin pt + B_2 \cos pt \qquad (1.28)$$

der Schwingungsdifferentialgleichung (1.22) ist bereits aus der Dynamik des Massenpunktes bekannt. Sie besagt, auf die hier behandelte Aufgabe angewendet, daß die Schwingung jedes Massenelementes $m \, dx$ des Systems eine *harmonische Schwingung* ist, *mit ein und derselben Kreisfrequenz p für alle Massenelemente*. Die Integrationskonstanten B_1 und B_2

Dynamik. — Exakte Formulierung und Lösung der Eigenwertaufgabe

wären aus den Anfangsbedingungen der Schwingung zu ermitteln, worauf aber, da lediglich Eigenschwingungen des Systems untersucht werden, verzichtet wird.

Die charakteristische Gleichung

$$(r^2)^2 - \frac{K}{K_W} r^2 - \frac{m}{K_W} p^2 = 0 \tag{1.29}$$

der Schwingungsformdifferentialgleichung (1.23) ist eine biquadratische Gleichung.

Die Lösung der Gl. (1.29) nach r^2 ist

$$(r^2)_{1,2} = \frac{K}{2 K_W} \pm \sqrt{\left(\frac{K}{2 K_W}\right)^2 + \frac{m}{K_W} p^2}, \tag{1.30}$$

so daß sich für r, mit den Abkürzungen

$$\left.\begin{aligned}\beta &= \sqrt{\sqrt{\left(\frac{K}{2 K_W}\right)^2 + \frac{m}{K_W} p^2} + \frac{K}{2 K_W}} \\ \gamma &= \sqrt{\sqrt{\left(\frac{K}{2 K_W}\right)^2 + \frac{m}{K_W} p^2} - \frac{K}{2 K_W}}\end{aligned}\right\} \tag{1.31}$$

die folgenden Lösungen ergeben:

$$\left.\begin{aligned}r_1 &= -r_2 = \beta, \\ r_3 &= -r_4 = i\gamma.\end{aligned}\right\} \tag{1.32}$$

Mit $i = \sqrt{-1}$ ist dabei die imaginäre Einheit bezeichnet.

Die immer realen Größen β und γ sind, worüber man sich durch Multiplikation der Quadrate der beiden Ausdrücke auf den rechten Seiten der Gln. (1.31) leicht überzeugen kann, durch die Beziehung

$$\beta^2 \gamma^2 = \frac{m}{K_W} p^2 \tag{1.33}$$

verknüpft.

Die allgemeine Lösung

$$Y = \sum_{i=1}^{4} e^{r_i x} \tag{1.34}$$

der Schwingungsformdifferentialgleichung (1.23) nimmt, nachdem von den Exponential- zu hyperbolischen und trigonometrischen Funktionen übergegangen wird, unter Berücksichtigung der bekannten Beziehungen

$$\left.\begin{aligned}\cosh i\gamma x &= \cos \gamma x \\ \sinh i\gamma x &= i \sin \gamma x\end{aligned}\right\} \tag{1.35}$$

11 Rosman, Scheibensysteme

zwischen trigonometrischen und hyperbolischen Funktionen, die endgültige Form

$$Y = A_1 \cosh \beta x + A_2 \sinh \beta x + A_3 \cos \gamma x + A_4 \sin \gamma x \qquad (1.36)$$

an.

1.6 Entwicklung der Frequenzgleichung. Schwingzeiten freier Schwingungen

Durch Einsetzen der allgemeinen Lösung (1.36) und ihrer Ableitungen nach x in das System (1.24) bis (1.27) der vier Randbedingungen, ergibt sich zur Ermittlung der vier Integrationskonstanten A_1 bis A_4 der Schwingungsformgleichung (1.36) das folgende lineare Gleichungssystem:

$$\left.\begin{aligned}
&A_1 \cosh \beta H + A_2 \sinh \beta H + A_3 \cos \gamma H + A_4 \sin \gamma H = 0, \\
&A_2(K\beta - K_W \beta^3) + A_4(K\gamma + K_W \gamma^3] = 0, \\
&A_1 \beta^2 - A_3 \gamma^2 = 0, \\
&A_1(K_W \beta^2 \cosh \beta H + K_B \beta \sinh \beta H) + A_2(K_W \beta^2 \sinh \beta H + \\
&\quad + K_B \beta \cosh \beta H) + A_3(-K_W \gamma^2 \cos \gamma H - K_B \gamma \sin \gamma H) + \\
&\quad + A_4(-K_W \gamma^2 \sin \gamma H + K_B \gamma \cos \gamma H) = 0.
\end{aligned}\right\} \quad (1.37)$$

An Stelle der in den Gln. (1.37) enthaltenen Verhältnisse der Steifheiten der Elemente des Ersatzsystems sollen nun, gemäß den Gln. (2.26) und (2.27), Kap. C. I, die dimensionslosen Steifheitsparameter

$$A = \sqrt{\frac{K}{K_W}} H, \qquad (1.38)$$

$$B = \frac{K_W}{H K_B} \qquad (1.39)$$

des Scheibensystems und seiner Unterlage eingeführt werden.

Die Argumente βH und γH der in den Gln. (1.37) enthaltenen hyperbolischen und trigonometrischen Funktionen sind, worüber man sich an Hand der Ausdrücke auf den rechten Seiten der Gln. (1.31) leicht überzeugen kann, durch die Beziehung

$$(\beta H)^2 - (\gamma H)^2 = A^2 \qquad (1.40)$$

verknüpft. Führt man noch für die dimensionslose Größe βH die Abkürzung s ein, folgt aus der Gl. (1.40) die Beziehung

$$\gamma H = \sqrt{s^2 - A^2}. \qquad (1.41)$$

Dynamik. — Exakte Formulierung und Lösung der Eigenwertaufgabe   163

Da an Hand der ersten der Gln. (1.31) $s^2 > A^2$ ist, ist die Größe γH immer real.

Nach Durchführung der Substitutionen gemäß den Gln. (1.38), (1.39) und (1.41) nimmt das Gleichungssystem (1.37) zur Ermittlung der Integrationskonstanten der Schwingungsformgleichung die endgültige Form

$$\left. \begin{array}{l} A_1 \cosh s + A_2 \sinh s + A_3 \cos \sqrt{s^2 - A^2} + A_4 \sin \sqrt{s^2 - A^2} = 0, \\ A_2(A^2 s - s^3) + A_4 \big(A^2 \sqrt{s^2 - A^2} + \sqrt{(s^2 - A^2)^3}\big) = 0, \\ A_1 s^2 - A_3(s^2 - A^2) = 0, \\ A_1(B s^2 \cosh s + s \sinh s) + A_2(B s^2 \sinh s + s \cosh s) + \\ \quad + A_3 \big[-B(s^2 - A^2) \cos \sqrt{s^2 - A^2} - \sqrt{s^2 - A^2} \sin \sqrt{s^2 - A^2}\big] + \\ \quad + A_4 \big[-B(s^2 - A^2) \sin \sqrt{s^2 - A^2} + \sqrt{s^2 - A^2} \cos \sqrt{s^2 - A^2}\big] = 0 \end{array} \right\} \quad (1.42)$$

an.

Von Null unterschiedliche Lösungen für die Integrationskonstanten A_1 bis A_4 und hiermit von Null unterschiedliche Schwingungsausschläge Y sind, da das Gleichungssystem (1.42) homogen ist, nur dann möglich, wenn die Determinante der Gleichungskoeffizienten verschwindet. Diese Bedingung führt, nach Vertauschung der Reihenfolge der ersten und der dritten Gleichung, zur Frequenzgleichung

$$\begin{vmatrix} s^2 & 0 & A^2 - s^2 & 0 \\ 0 & A^2 s - s^3 & 0 & A^2 \sqrt{s^2 - A^2} + (s^2 - A^2)^{3/2} \\ \cosh s & \sinh s & \cos \sqrt{s^2 - A^2} & \sin \sqrt{s^2 - A^2} \\ B s^2 \cosh s + s \sinh s & B s^2 \sinh s + s \cosh s & -B(s^2 - A^2) \cos \sqrt{s^2 - A^2} - \sqrt{s^2 - A^2} \sin \sqrt{s^2 - A^2} & -B(s^2 - A^2) \sin \sqrt{s^2 - A^2} + \sqrt{s^2 - A^2} \cos \sqrt{s^2 - A^2} \end{vmatrix} = 0 \quad (1.43)$$

Die Auflösung der Frequenzgleichung (1.43), einer transzendenten Gleichung der allgemeinen Form $f(s, A, B) = 0$, nach der Unbekannten s, kann im Einzelfall etwa durch Probieren, im allgemeinen Fall, also für verschiedene Paare der Steifigkeitsparameter A und B des Scheibensystems und seiner Unterlage, durch eine elektronische Anlage erfolgen.

Nachdem die Wurzeln s der Frequenzgleichung gefunden sind, bedient man sich zur Ermittlung der Kreisfrequenz der Beziehung (1.33); diese nimmt nach Umformung, und nachdem die Masse m des Systems je Höheneinheit gemäß $m = q/g$ durch das Gewicht q des Systems je Höheneinheit ausgedrückt wird, die Form

$$p = \frac{s\sqrt{s^2 - A^2}}{H^2} \sqrt{g} \sqrt{\frac{K_W}{q}} \qquad (1.44)$$

an.

Die Schwingzeit der freien Schwingungen ist mit der Kreisfrequenz durch die Beziehung

$$T = \frac{2\pi}{p} \qquad (1.45)$$

verknüpft. Wird in die allgemeine Formel (1.45) für die Schwingzeit der Ausdruck (1.44) für die Kreisfrequenz eingesetzt, nimmt sie nach Einführung der Bezeichnung

$$\eta_T = \frac{2\pi}{s\sqrt{s^2 - A^2}\sqrt{g}} \qquad \left[\frac{\text{sec}}{\sqrt{\text{m}}}\right] \qquad (1.46)$$

für einen von der Wurzel s der Frequenzgleichung und dem Steifheitsparameter A des Scheibensystems abhängigen Koeffizient, Schwingzeitkoeffizient genannt, die endgültige Form

$$T = \eta_T \cdot H^2 \sqrt{\frac{q}{K_W}} \qquad [\text{sec}] \qquad (1.47)$$

an.

Scheibensysteme aus Scheiben unterschiedlicher Charakteristiken sind üblicherweise so steif, daß man sich bei der Untersuchung dynamischer Einwirkungen auf die Ermittlung der Grundschwingzeit des Systems, also der Schwingzeit der freien Schwingungen nach dem Grundton, beschränken kann. Dieser entspricht die kleinste der Wurzeln s der Frequenzgleichung und hiermit der größte der η_T-Werte gemäß Gl. (1.46).

Ist man an der Schwingungsform interessiert, bestimmt man — mittels des entsprechenden s-Wertes — aus den Gln. (1.42) die Verhältnisse der Integrationskonstanten A_1 bis A_4 der Schwingungsformgleichung (1.36). Diese ergibt dann — bis auf einen unbestimmten Multiplikator — die Schwingungsausschläge.

Dynamik. — Exakte Formulierung und Lösung der Eigenwertaufgabe

1.7 Vereinfachungen bei Grenzwerten der Gesamtsteifheitsverhältnisse

1.7.1 Vereinfachungen bei Scheibensystemen mit Auflagerkonstruktionen Typ 1 ($B = 0$) und Scheibensystemen, bei denen die vollen Scheiben und die Stützen der gegliederten Scheiben gelenkig gelagert sind ($\boldsymbol{B = \infty}$)

Im Grenzfall der Scheibensysteme mit Auflagerkonstruktionen Typ 1 ($B = 0$) vereinfachen sich die Glieder der letzten Reihe der Frequenzgleichung (1.43).

Im Grenzfall der Scheibensysteme mit gelenkig gelagerten vollen Scheiben und Stützen der gegliederten Scheiben ($B = \infty$) sind zuerst die Glieder der letzten Reihe der Frequenzgleichung (1.43) durch B zu dividieren, womit dann die B enthaltenden Glieder zu Null werden.

1.7.2 Vereinfachungen bei Scheibensystemen aus elastisch eingespannten vollen Scheiben ($\boldsymbol{A = 0}$)

Für $K = 0$ und hiermit $A = 0$ und $\beta H = \gamma H = s$, also für den Fall, daß im Ersatzsystem lediglich die Gesamtbiegescheibe und ihre Unterlage übrig bleiben, vereinfacht sich die Frequenzgleichung (1.43) zu

$$\begin{vmatrix} s^2 & 0 & -s^2 & 0 \\ 0 & -s^3 & 0 & s^3 \\ \cosh s & \sinh s & \cos s & \sin s \\ Bs^2\cosh s + s\sinh s & Bs^2\sinh s + s\cosh s & -Bs^2\cos s - s\sin s & -Bs^2\sin s + s\cos s \end{vmatrix} = 0 \quad (1.48)$$

Die Gl. (1.48) entspricht der bekannten Schwingungsformdifferentialgleichung

$$Y^{IV} - \frac{m}{K_W} p^2 Y = 0, \quad (1.49)$$

bzw. ihrer allgemeinen Lösung, der Schwingungsformgleichung

$$Y = A_1 \cosh \beta x + A_2 \sinh \beta x + A_3 \cos \beta x + A_4 \sin \beta x \quad (1.50)$$

und den Randbedingungen

$$\left. \begin{aligned} Y_H &= 0, \\ Y_0''' &= 0, \\ Y_0'' &= 0, \\ K_W Y_H'' + K_B Y_H' &= 0 \end{aligned} \right\} \quad (1.51)$$

des querbelasteten elastisch eingespannten Kragträgers.

1.7.3 Lösung für das Scheibensystem aus Stockwerkrahmen ($A = \infty$)

1.7.3.1 Entwicklung der Formeln für die Kreisfrequenz und die Schwingzeit. Die Schwingungsformgleichung. Wird in die mit K_W multiplizierte Schwingungsformdifferentialgleichung (1.23) des allgemeinen Scheibensystems für die Steifheit K_W der Gesamtbiegescheibe der Wert Null eingesetzt, erhält man die Schwingungsformdifferentialgleichung

$$Y'' + \frac{m}{K} p^2 Y = 0 \qquad (1.52)$$

des Scheibensystems, das lediglich aus Schubscheiben besteht. Dabei ist $K = K_S$ die Steifheit der Gesamtschubscheibe.

Die allgemeine Lösung der Differentialgleichung (1.52) ist, mit den Bezeichnungen C_1 und C_2 für Integrationskonstanten,

$$Y = C_1 \sin \sqrt{\frac{m}{K}}\, px + C_2 \cos \sqrt{\frac{m}{K}}\, px. \qquad (1.53)$$

An Stelle der vier Randbedingungen, wie beim allgemeinen Scheibensystem, hat man nun, da die Schwingungsformdifferentialgleichung hier der II. und nicht der IV. Ordnung ist, nur zwei Randbedingungen:

$$Y_H = 0, \qquad (1.54)$$

$$Y'_0 = 0. \qquad (1.55)$$

Die erste fordert, daß die Durchbiegung am Systemunterrand gleich Null ist, die zweite, daß die Tangente der Schwingungslinie am Systemoberrand lotrecht bleibt. Die zweite Randbedingung (1.55) folgt — in Verbindung mit der Gl. (1.10) — aus der Forderung, daß die Querkraft am Systemoberrand gleich Null ist.

Durch Einsetzen der Ableitung nach x der allgemeinen Lösung (1.53) in die zweite Randbedingung, die Gl. (1.55), ergibt sich

$$C_1 = 0, \qquad (1.56)$$

so daß in der allgemeinen Lösung (1.53) der Schwingungsformdifferentialgleichung nur das zweite Glied übrigbleibt.

Wird die so vereinfachte allgemeine Lösung der Schwingungsformdifferentialgleichung in die erste Randbedingung, die Gl. (1.54), eingesetzt, ergibt sich, da $C_2 = 0$ der trivialen, nicht interessierenden Lösung $Y \equiv 0$ entspricht, die Frequenzgleichung der Aufgabe zu

$$\cos \sqrt{\frac{m}{K}}\, pH = 0. \qquad (1.57)$$

Dynamik. — Exakte Formulierung und Lösung der Eigenwertaufgabe 167

Die Lösung der Frequenzgleichung (1.57) liefert für die Kreisfrequenz der Eigenschwingungen nach dem r-ten Ton die Formel

$$p_r = \frac{(2r-1)\pi}{2H} \sqrt{\frac{K}{m}} \cdot \quad [1/\text{sec}] \quad (r = 1, 2, 3 \ldots) \quad (1.58)$$

Die Schwingzeit ergibt sich hiermit, wenn noch die Masse m gemäß $m = q/g$ durch das Gewicht q je Höheneinheit des Systems ausgedrückt wird, mit $g = 9{,}81$ m/sec², zu

$$T_r = \frac{4H}{(2r-1)\sqrt{g}} \sqrt{\frac{q}{K}} = \frac{1{,}277\,H}{2r-1} \sqrt{\frac{q}{K}} \quad [\text{sec}] \quad (r = 1, 2, 3 \ldots) \quad (1.59)$$

Zweckmäßigerweise werden die Systemhöhe H in [m], das Gewicht q je Höheneinheit in [Mp/m] und die Steifheit K in [Mp] eingesetzt, so daß die Schwingzeit in Sekunden erhalten wird.

Für die in der Praxis wichtigste Schwingung, die Schwingung nach dem Grundton, ist $r = 1$; die allgemeine Formel (1.59) ergibt die Formel

$$T = \frac{4H}{\sqrt{g}} \sqrt{\frac{q}{K}} = 1{,}277\,H \sqrt{\frac{q}{K}} \quad [\text{sec}] \quad (1.60)$$

für die Grundschwingzeit. Die auf den Grundton ($r = 1$) sich beziehenden Größen werden einfachheitshalber ohne den Index 1 angeschrieben.

Für wachsende r-Werte, also für wachsende Ordnungszahlen der Schwingung, verkleinern sich die Schwingzeiten und vergrößern sich die Kreisfrequenzen.

Aus der Gl. (1.58) folgt die Beziehung

$$\sqrt{\frac{m}{K}}\, p_r = \frac{(2r-1)\pi}{2H}, \quad (1.61)$$

womit die Schwingungsformgleichung (1.53) unter Berücksichtigung des Ergebnisses (1.56) und Einführung der bezogenen Kote $\xi = \dfrac{x}{H}$ an Stelle von x, die endgültige Form

$$Y_r = C_2 \cos \frac{(2r-1)\pi}{2} \xi \quad (1.62)$$

annimmt.

Für $r = 1$ folgt aus der Schwingungsformgleichung (1.62) eines beliebigen Tones r die Grundschwingungsformgleichung

$$Y = C_2 \cos \frac{\pi}{2} \xi. \quad (1.63)$$

Sie stellt eine Cosinusoide mit dem Scheitel am Systemoberrand und dem Nullpunkt am Systemunterrand dar.

1.7.3.2 Größe und Verteilung der seismischen Last längs der Systemhöhe.

Die einfache Formulierung und Lösung der behandelten Eigenwertaufgabe bei Scheibensystemen aus Stockwerkrahmen ermöglicht, daß auch für die seismische Last und ihre Verteilung längs der Systemhöhe einfache Formeln entwickelt werden können.

Mittels der Schwingungsformgleichung (1.62) kann auch der Schwingungsformkoeffizient leicht formelmäßig angegeben werden. Mit den Hilfswerten

$$\left.\begin{aligned} \int_0^H Y_r \, dx &= \frac{2H}{(2r-1)\pi} C_2 \\ \int_0^H Y_r^2 \, dx &= \frac{H}{2} C_2^2 \end{aligned}\right\} \qquad (1.64)$$

ergibt sich aus der allgemeinen Formel [Anhang, Abschnitt 1, Gl. (1.10)] für den Schwingungsformkoeffizient:

$$\eta_r = \frac{4}{(2r-1)\pi} \cos \frac{(2r-1)\pi}{2} \xi. \qquad (r = 1, 2, 3 \ldots) \qquad (1.65)$$

Für Schwingungen nach dem Grundton ($r = 1$) folgt aus der für ein beliebiges r gültigen Formel

$$\eta = \frac{4}{\pi} \cos \frac{\pi}{2} \xi. \qquad (1.66)$$

Am Systemoberrand ist $\eta_{1,0} = \eta_{\max} = \frac{4}{\pi} = 1{,}273$.

Werden der Ermittlung der seismischen Last die im Anhang, Abschnitt 1.1.3, angegebenen Formeln zugrunde gelegt, hat man, wenn man sich auf die — in der Regel maßgebende — Schwingung nach dem Grundton beschränkt, für die Intensität der seismischen Last die Formel

$$w = \frac{0{,}748}{H} k \sqrt{Kq} \cdot \cos \frac{\pi}{2} \xi. \qquad (1.67)$$

Die Intensität der seismischen Last verkleinert sich hiermit — nach dem Gesetz $\cos \frac{\pi}{2} \xi$ — vom Maximalwert $\frac{0{,}748}{H} k \sqrt{Kq}$ am Systemoberrand zu Null am Systemunterrand.

Die ungünstigste Beanspruchung ergibt sich im kritischen Querschnitt des Systems, an seinem Unterrand ($x = H$, $\xi = 1$), aus der maximalen Querkraft; diese ist der gesamten seismischen Last

$$\int_0^H w \, dx = 0{,}476 \, k \sqrt{Kq} \qquad (1.68)$$

gleich. Die gesamte seismische Last ist hiermit von der Systemhöhe H unabhängig.

Dynamik. — Exakte Formulierung und Lösung der Eigenwertaufgabe 169

Für praktische Zwecke ist es vorteilhaft, die gesamte seismische Last $\int_0^H w\,dx$ durch das gesamte Gewicht qH des Systems auszudrücken. Es wird

$$\int_0^H w\,dx = \frac{0{,}476}{H} k \sqrt{\frac{K}{q}} \cdot qH. \tag{1.69}$$

Der Multiplikator $\dfrac{0{,}476}{H} k \sqrt{\dfrac{K}{q}}$ stellt den Teil des Gewichtes des Systems dar, der als seismische Last anzusetzen ist.

1.7.4 Lösung für Scheibensysteme, bei denen die vollen Scheiben und die Stützen der gegliederten Scheiben als starr angenommen werden können

1.7.4.1 Schwingzeit freier Schwingungen. Sind die vollen Scheiben und die Stützen der gegliederten Scheiben im Vergleich zu den Stockwerkrahmen und den Riegeln der gegliederten Scheiben so steif, daß sie als starr angenommen werden können, degeneriert das Scheibensystem mit im allgemeinen unendlich vielen Freiheitsgraden zu einem System mit *einem* Freiheitsgrad.

Die Schwingung der Gesamtbiegescheibe ist eine Drehschwingung um ihren unteren Rand (Abb. 1.2); der Drehwinkel zu einem beliebigen Zeitpunkt t sei mit θ, sein Maximalwert, der Drehwinkelausschlag mit Θ bezeichnet. Der Drehwinkel sämtlicher Torsionslamellen, also ihre Verdrillung, ist zu jedem Zeitpunkt dem Drehwinkel θ der Gesamtbiegescheibe gleich. Die Verschiebungslinie der Gesamtschubscheibe ist, da sie mit der Gesamtbiegescheibe stetig durch starre Pendelstäbchen verbunden ist, gleichfalls eine Gerade; der Neigungswinkel dieser Geraden, der Gleitwinkel, ist natürlich ebenfalls dem Drehwinkel θ der Gesamtbiegescheibe gleich.

Die freie — als ungedämpft vorausgesetzte — Schwingung des Systems ist eine harmonische Schwingung. Der Schwingungsvorgang ist durch die Gleichung

$$\theta = \Theta \sin pt \tag{1.70}$$

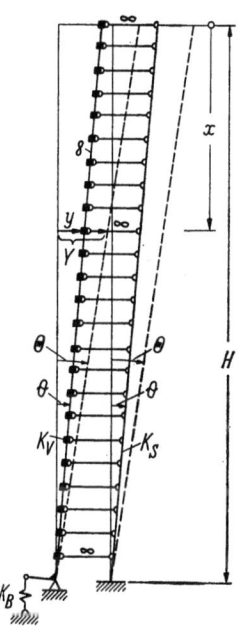

Abb. 1.2. Ersatzsystem eines Scheibensystems aus vollen Scheiben, Stockwerkrahmen und gegliederten Scheiben, dessen volle Scheiben und Stützen der gegliederten Scheiben als starr angenommen werden können, dabei aber elastisch drehbar gelagert sind. Drehung und Drehungsausschlag des Systems beim Schwingen.

beschrieben, wobei p die Kreisfrequenz der Schwingung und t die Zeitkoordinate bezeichnet. Die Winkelgeschwindigkeit ergibt sich durch Ableiten der Gl. (1.70) nach der Zeit zu

$$\dot{\theta} = p\Theta \cos pt. \tag{1.71}$$

Die waagrechte Verschiebung eines beliebigen Massenelementes $m\,\mathrm{d}x$ in der Entfernung x vom Systemoberrand im betrachteten Zeitpunkt t beträgt

$$y = (H - x)\,\theta, \tag{1.72}$$

seine Geschwindigkeit

$$\dot{y} = (H - x)\,\dot{\theta} = (H - x)\,p\Theta \cos pt. \tag{1.73}$$

Für den Schwingungsausschlag an einer beliebigen Kote gilt die Gleichung

$$Y = (H - x)\,\Theta. \tag{1.74}$$

Der Maximalwert der Geschwindigkeit $\dot{y}$ tritt im Zeitpunkt des Durchganges des Systems durch seine Nullage auf:

$$\dot{Y} = (H - x)\,p\Theta. \tag{1.75}$$

Die Untersuchung der Eigenschwingungen des Systems wird nach dem Prinzip von der Erhaltung der Energie durchgeführt.

Die kinetische Energie des Systems ist maximal im Zeitpunkt seines Durchganges durch die Nullage; sie beträgt

$$\Pi_{K,\max} = \frac{1}{2}\int_0^H m\,\dot{Y}^2\,\mathrm{d}x = \frac{1}{2}\,mp^2\Theta^2 \int_0^H (H-x)^2\,\mathrm{d}x = \frac{1}{6}\,mH^3 p^2\Theta^2. \tag{1.76}$$

Die Größe $\dfrac{1}{3}\,mH^3$ stellt dabei das Massenträgheitsmoment des Systems um seinen Unterrand dar.

Der Maximalwert der potentiellen Energie des Systems entsteht im Zeitpunkt des Schwingungsausschlages. Der Beitrag der Gesamtschubscheibe und der Torsionslamellen ist

$$\Pi_{P,S+V,\max} = \frac{1}{2}\int_0^H K\Theta^2\,\mathrm{d}x = \frac{1}{2}\,KH\Theta^2, \tag{1.77}$$

der Beitrag der Gesamtgrundkörperunterlage

$$\Pi_{P,B,\max} = \frac{1}{2}\,K_B\Theta^2. \tag{1.78}$$

Dynamik. — Exakte Formulierung und Lösung der Eigenwertaufgabe 171

Die Gesamtbiegescheibe liefert, da sie unverformbar ist, keinen Beitrag. Insgesamt ist

$$\Pi_{P,\max} = \frac{1}{2}(KH + K_B)\Theta^2. \tag{1.79}$$

Bei jeder Viertelschwingung verwandelt sich die beim Durchgang durch die Nullage vorhandene kinetische Energie in die beim Schwingungsausschlag vorhandene potentielle Energie. Aus der Gleichsetzung der Ausdrücke (1.76) und (1.79) für die beiden Energien folgt, wenn noch die Masse m gemäß $m = q/g$ durch das Gewicht q des Systems je Höheneinheit ausgedrückt wird, für die Kreisfrequenz der freien Schwingungen die Formel

$$p = \frac{\sqrt{3g}}{H}\sqrt{\frac{K + \dfrac{K_B}{H}}{q}}. \quad [1/\text{sec}] \tag{1.80}$$

Für die Schwingzeit ergibt sich hiermit die Formel

$$T = \frac{2\pi H}{\sqrt{3g}}\sqrt{\frac{q}{K + \dfrac{K_B}{H}}} = 1{,}158\,H\sqrt{\frac{q}{K + \dfrac{K_B}{H}}}, \quad [\text{sec}] \tag{1.81}$$

wobei für die Schwerebeschleunigung der Wert $g = 9{,}81 \text{ m/sec}^2$ eingesetzt wurde. Der Wurzelausdruck in der obigen Formel ist in [m] einzusetzen.

Für $K = 0$ vereinfacht sich die Formel (1.81) zur Formel

$$T = 1{,}158\,H\sqrt{\frac{qH}{K_B}} \tag{1.82}$$

der Schwingzeit des Scheibensystems aus elastisch drehbar gelagerten starren Scheiben.

1.7.4.2 Größe und Verteilung der seismischen Last längs der Systemhöhe. Die allgemeine Formel [Anhang, Abschnitt 1, Gl. (1.10)] für den Schwingungsformkoeffizient vereinfacht sich, da q längs der Systemhöhe konstant ist, mit den Hilfswerten

$$\left.\begin{aligned}\int_0^H Y\,dx &= \frac{H}{2}Y_0, \\ \int_0^H Y^2\,dx &= \frac{H}{3}Y_0^2,\end{aligned}\right\} \tag{1.83}$$

und nach Einführung der bezogenen Kote ξ an Stelle der Kote x, zu

$$\eta = 1{,}5\,(1 - \xi). \tag{1.84}$$

Am Systemoberrand ($x = \xi = 0$) ist $\eta_0 = \eta_{\max} = 1{,}5$. Dieses Ergebnis stimmt mit dem im Abschnitt 2.5.2.2, Kap. B, für diskrete Systeme erhaltenen Ergebnis $\lim\limits_{n\to\infty} \eta_0 = 1{,}5$ überein. Längs der Systemhöhe ändert sich η nach einer Geraden und nimmt am Systemunterrand den Wert Null an.

Wie der Schwingungsformkoeffizient ändert sich auch die seismische Last längs der Systemhöhe nach einer Geraden mit dem Nullpunkt am Systemunterrand. Die seismische Last ist also eine Dreiecklast.

Werden der Ermittlung der seismischen Last die im Anhang, Abschnitt 1.1.3, angegebenen Formeln zugrunde gelegt, ergibt sich für die Intensität der seismischen Last am Systemoberrand die Formel

$$w_0 = 0{,}9712 \frac{k}{H} \sqrt{\left(K + \frac{K_B}{H}\right) q}\,. \quad [\text{Mp/m}] \tag{1.85}$$

2 Näherungslösung für die Grundschwingzeit

Während für

Scheibensysteme aus Stockwerkrahmen und

Scheibensysteme, bei denen die vollen Scheiben und Stützen der gegliederten Scheiben als starr angenommen werden können,

die exakte Lösung für die dynamischen Charakteristiken angegeben werden konnte (Abschnitte 1.7.3 und 1.7.4), führte die Untersuchung des Scheibensystems aus vollen Scheiben, Stockwerkrahmen und gegliederten Scheiben im allgemeinen Fall zur verhältnismäßig schwierig zu lösenden Frequenzgleichung (1.43).

Für praktische Zwecke wird man sich auf die Untersuchung der Schwingungen nach dem Grundton beschränken. Die Ermittlung der Grundschwingzeit wird nach dem Prinzip von der Erhaltung der Energie in Verknüpfung mit einem Näherungsverfahren durchgeführt. Dieses baut auf der Annahme auf, daß die Schwingungslinie des Systems der Durchbiegungslinie infolge der dem Gewicht des Systems entsprechenden waagrechten Gleichlast qH ähnlich ist.

Die waagrechte Verschiebung des Massenelementes $m\,dx$ an der — beliebigen — Kote x sei mit y, der Schwingungsausschlag Y an dieser Kote mit $\lambda\Delta$ bezeichnet. Dabei ist λ eine Konstante und Δ die Durchbiegung an der betrachteten Kote infolge der statisch wirkenden waagrechten Gleichlast qH.

Da die Schwingung harmonisch ist, gilt für den Schwingungsablauf des betrachteten Massenelementes die Gleichung

$$y = \lambda \varDelta \cos pt; \qquad (2.1)$$

dabei ist p die — für sämtliche Massenelemente längs der ganzen Systemhöhe gleiche — Kreisfrequenz.

Die Geschwindigkeit des Massenelementes beim Durchgang durch die Nullage beträgt

$$\dot{Y} = \lambda p \varDelta. \qquad (2.2)$$

Die kinetische Energie des ganzen Systems beim Schwingungsvorgang nimmt ihren Maximalwert zum Zeitpunkt des Durchganges des Systems durch seine Nullage an:

$$\varPi_{K,\max} = \frac{\lambda^2 p^2}{2g} q \int_0^H \varDelta^2 \, dx. \qquad (2.3)$$

Die potentielle Energie erreicht ihren Maximalwert zum Zeitpunkt des Schwingungsausschlages; man ermittelt ihn als Arbeit der Differentiale $\lambda q \, dx$ der Last an den entsprechenden Verschiebungen $\lambda \varDelta$ zu

$$\varPi_{P,\max} = \frac{\lambda^2 q}{2} \int_0^H \varDelta \, dx. \qquad (2.4)$$

Da die Dämpfung vernachlässigt werden kann, geht bei jeder Viertelschwingung die kinetische Energie in die potentielle und dann umgekehrt über. Aus der Gleichsetzung der Ausdrücke (2.3) und (2.4) für die beiden Energien erhält man für die Kreisfrequenz der freien Schwingungen nach dem Grundton die Formel

$$p = \sqrt{\frac{\int_0^H \varDelta \, dx}{\int_0^H \varDelta^2 \, dx} g}. \qquad (2.5)$$

Die Durchbiegung $\varDelta$ wird nun — nach der Gebrauchsformel (2.113), Kap. C.I — mittels des Durchbiegungskoeffizienten $\eta_\varDelta$ auf die Durchbiegung δ_0 [erste der Formeln (2.97), Kap. C.I] des Systemoberrandes im Grundsystem bezogen.

Mit den Ergebnissen

$$\left.\begin{array}{l}\int\limits_0^H \Delta\,dx = H\,\delta_0 \int\limits_0^1 \eta_\Delta\,d\xi \\ \int\limits_0^H \Delta^2\,dx = H\,\delta_0^2 \int\limits_0^1 \eta_\Delta^2\,d\xi \end{array}\right\} \qquad (2.6)$$

und

$$\delta_0 = \frac{qH^2}{2K} = \frac{qH^4}{2K_W A^2}, \qquad (2.7)$$

wobei an Stelle der Kote x wieder die bezogene Kote ξ eingeführt wurde, nimmt die Formel (2.5) für die Grundfrequenz die Form

$$p = \frac{A}{H^2}\sqrt{2K_W\,\frac{g}{q}\,\frac{\int\limits_0^1 \eta_\Delta\,d\xi}{\int\limits_0^1 \eta_\Delta^2\,d\xi}} \qquad (2.8)$$

an.

Mit der Abkürzung

$$\eta_T = \frac{2\pi}{A\sqrt{2g}}\sqrt{\frac{\int\limits_0^1 \eta_\Delta^2\,d\xi}{\int\limits_0^1 \eta_\Delta\,d\xi}} = \frac{1{,}4185}{A}\sqrt{\frac{\int\limits_0^1 \eta_\Delta^2\,d\xi}{\int\limits_0^1 \eta_\Delta\,d\xi}} \quad \left[\frac{\text{sec}}{\sqrt{\text{m}}}\right] \qquad (2.9)$$

für einen von den Steifheitsparametern A und B des Scheibensystems und seiner Unterlage abhängigen Koeffizient, Schwingzeitkoeffizient genannt, ergibt sich — nach der Beziehung $T = \dfrac{2\pi}{p}$ — für die Grundschwingzeit die Gebrauchsformel

$$T = \eta_T \cdot H^2 \sqrt{\frac{q}{K_W}}. \quad [\text{sec})] \qquad (2.10)$$

Sie stimmt mit der entsprechenden Formel (1.47) der exakten Lösung formal überein.

Die in der Formel (2.9) für den Schwingzeitkoeffizient enthaltenen Integralausdrücke können am einfachsten durch numerische Quadratur nach der Simpsonschen Regel berechnet werden. Mit der Bezeichnung

$\varkappa_{0,0} = 1$, $\varkappa_{0,1} = 4$, $\varkappa_{0,2} = 2$, $\varkappa_{0,3} = 4$, ... $\varkappa_{0,8} = 2$, $\varkappa_{0,9} = 4$, $\varkappa_{1,0} = 1$

für die Multiplikatoren der Simpsonschen Regel nimmt dann die Formel für den Schwingzeitkoeffizient die endgültige Form

$$\eta_T = \frac{1{,}4185}{A} \sqrt{\frac{\sum\limits_{\xi=0,0}^{1,0} \varkappa_\xi \eta_{\Delta\xi}^2}{\sum\limits_{\xi=0,0}^{1,0} \varkappa_\xi \eta_{\Delta\xi}}} \quad \left[\frac{\sec}{\sqrt{m}}\right] \qquad (2.11)$$

an. Die Zahlenwerte η_Δ des Durchbiegungskoeffizienten in den Zehntelpunkten der Systemhöhe werden dabei entweder der Zahlentafel 2 entnommen, falls $B = 0$, oder sie werden, falls $B \neq 0$, durch Auswertung der ersten der Formeln (1.112), Kap. C.I, ermittelt.

Für Scheibensysteme mit Auflagerkonstruktionen Typ 1 sind die durch Auswertung der Formel (2.11) erhaltenen Schwingzeitkoeffizienten, für die Zahlenwerte

$$A = \begin{cases} 0{,}00 \div 10{,}00 & (0{,}25) \\ 10{,}0 \div 25{,}0 & (0{,}5) \end{cases}$$

des Steifheitsparameters des Scheibensystems, in der ersten Zeile der *Zahlentafel 8* zusammengestellt.

3 Zahlenbeispiel. Ermittlung der Grundschwingzeit eines Scheibensystems aus vollen Scheiben und Stockwerkrahmen, der seismischen Last und des durch diese hervorgerufenen Schnittkräfte- und Formänderungszustandes

Das auf Abb. 3.1a im Grundriß gezeigte zehnstöckige Scheibensystem aus zweimal je zwei vollen Scheiben, fünf Zweifeldrahmen und einem Halbrahmen ist auf den Einfluß der bei Erdbeben in Querrichtung des Baues auftretenden Massenkräfte zu untersuchen. Die einzelnen Scheiben sind gesondert gegründet. Abb. 3.1b zeigt die Abmessungen der Grundkörpersohlen der vollen Scheiben.

Die Grundrißgestaltung des Scheibensystems ist dieselbe wie beim fünfstöckigen System im Zahlenbeispiel Abschnitt 2.6, Kap. B.

Da sowohl das System als auch die Belastung symmetrisch sind, wird die Hälfte des Systems untersucht.

Die seismischen Lasten sind nach dem im Anhang, Abschnitt 1.1.3, beschriebenen Verfahren zu ermitteln.

Zuerst sei das Beispiel nach dem in den Abschnitten 2 der Kap. C.I und C.II beschriebenen genaueren Verfahren, das die Verformung der vollen Scheiben berücksichtigt, untersucht. Anschließend wird, zum

Vergleich, die Näherungsberechnung unter Vernachlässigung der Verformung der vollen Scheiben nach dem in den Abschnitten 2.7, Kap. C.I und 1.7.4, Kap. C.II beschriebenen Verfahren durchgeführt.

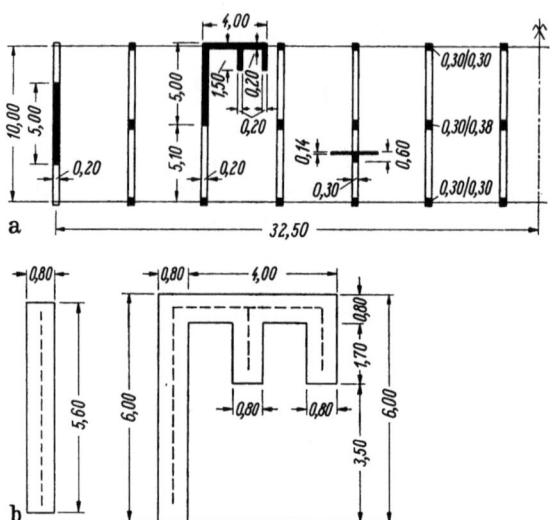

Abb. 3.1. Scheibensystem zum Zahlenbeispiel: a) Grundriß des Scheibensystems; b) Abmessungen der Grundkörpersohlen der vollen Scheiben (Maße in Meter).

3.1 Gegebene Daten

Geometrische Daten

Die Querschnittsabmessungen sind aus Abb. 3.1 ersichtlich.

Stockwerkhöhe: $h = 3{,}00$ m

Systemhöhe: $H = 30{,}0$ m

Materialkonstanten

volle Scheiben: $E = 2{,}75 \cdot 10^6$ Mp/m²

Rahmen: $E = 3{,}50 \cdot 10^6$ Mp/m²

Baugrund: $c = 0{,}5 \cdot 10^4$ Mp/m³

Seismischer Koeffizient

$k = 0{,}08$ (für IX. Zone nach der Mercalli-Cancani-Sieberg-Skala und gutem Baugrund)

Gewicht des Systems je Höheneinheit

einschließlich einer Hälfte der Nutzlast:

$q = \dfrac{250}{3} = 83{,}33$ Mp/m

3.2 Querschnittswerte

Volle Scheiben

    äußere volle Scheibe (|): $I_1 = 2{,}083$ m^4
    innere volle Scheibe (⊓): $I_2 = 5{,}160$ m^4
    beide vollen Scheiben: $I = 7{,}243$ m^4

Sohlflächen der Grundkörper der vollen Scheiben

    der äußeren vollen Scheibe: $I_{B1} = 11{,}71$ m^4
    der inneren vollen Scheibe: $I_{B2} = 28{,}40$ m^4
    gemeinsame der beiden Scheiben: $I_B = 40{,}11$ m^4
(Das Verhältnis I_B/I beträgt für die äußere Scheibe 5,62, für die innere 5,50, ist also für beide Scheiben annähernd gleich)

Rahmen

    Außenstützen: $I_a = 0{,}000\,675$ m^4
    Innenstützen: $I_i = 2 \cdot 0{,}000\,675$ m^4
    Sämtliche Stützen: $\Sigma I = 21 \cdot 0{,}000\,675 = 0{,}01418$ m^4
    Riegel: $\bar{I}_1 = 0{,}0112$ m^4
(Die mittragende Plattenbreite ist zu 2,00 m angenommen)
    Sämtliche Riegel: $\Sigma \bar{I} = 11 \cdot 0{,}0112 = 0{,}1232$ m^4

3.3 Gesamtsteifheiten

Gesamtbiegescheibe: $K_W = EI = 19{,}92 \cdot 10^6$ Mpm^2
Gesamtgrundkörperunterlage: $K_B = 2\,c\,I_B = 0{,}401 \cdot 10^6$ Mpm
Gesamtschubscheibe ($l =$ Spannweite der Riegel):

$$K = \frac{12\,EI}{h^2\left(1 + \dfrac{l\,I}{h\,\bar{I}}\right)} = \frac{0{,}167}{3}\,10^6 = 0{,}05567 \cdot 10^6 \text{ Mp}$$

3.4 Untersuchung unter Berücksichtigung der Verformung der vollen Scheiben

3.4.1 Steifheitsparameter des Scheibensystems und seiner Unterlage

$$A = \sqrt{\frac{K}{K_W}}\,H = 1{,}585$$

$$B = \frac{K_W}{H\,K_B} = 1{,}656$$

3.4.2 Ermittlung der Grundschwingzeit

Multiplikator c für Gleichlast:
$$c = \frac{A - AB(\cosh A - 1) - \sinh A}{\cosh A + AB \sinh A} = -0{,}5532$$

Durchbiegungskoeffizient:
$$\eta_\Delta = 1 - \xi^2 - \frac{2}{A^2}[c(\sinh A - \sinh A\xi) + \cosh A - \cosh A\xi].$$

Die Auswertung dieser Formel und die Berechnung der η_Δ^2-Werte ist in der Tab. 3.1 durchgeführt.

Schwingzeitkoeffizient:
$$\frac{\sum\limits_{\xi=0,0}^{1,0} \varkappa_\xi \eta_{\Delta\xi}^2}{\sum\limits_{\xi=0,0}^{1,0} \varkappa_\xi \eta_{\Delta\xi}} = \frac{6{,}8724}{12{,}529} = 0{,}5485$$

$$\eta_T = \frac{1{,}4185}{A} \sqrt{\frac{\sum\limits_{\xi=0,0}^{1,0} \varkappa_\xi \eta_{\Delta\xi}^2}{\sum\limits_{\xi=0,0}^{1,0} \varkappa_\xi \eta_{\Delta\xi}}} = 0{,}6628 \frac{\text{sec}}{\sqrt{m}}$$

Grundschwingzeit:
$$H^2 \sqrt{\frac{q}{K_W}} = 1{,}8405 \sqrt{m}$$

$$T = \eta_T \cdot H^2 \sqrt{\frac{q}{K_W}} = 1{,}220 \text{ sec}$$

3.4.3 Ermittlung der seismischen Last

Die seismische Last wird als Dreiecklast mit der maximalen Intensität am Systemoberrand angenommen.

Dynamischer Koeffizient: $\beta = \dfrac{0{,}75}{T} = 0{,}615$.

Schwingungsformkoeffizient für den Systemoberrand: $\eta_0 = 1{,}5$.

Intensität der seismischen Last am Systemoberrand:
$$w_0 = k\beta\eta_0 q = 6{,}15 \text{ Mp/m}$$

Gesamte seismische Last:
$$W = \frac{1}{2} w_0 H = 92{,}25 \text{ Mp};$$

sie beträgt hiermit

$$\frac{92{,}25}{83{,}33 \cdot 30} 100 = 3{,}69\% \text{ des gesamten Gewichtes des Systems.}$$

Dynamik. — Zahlenbeispiel

Tab. 3.1 Berechnung der Grundschwingzeit, der Gesamtschnittkräfte und der Durchbiegungen zum Zahlenbeispiel

Ermittlung der Grundschwingzeit

ξ	$A\xi$	$\sinh A\xi$	$\cosh A\xi$	$\sinh A - \\ -\sinh A\xi$	$\cosh A - \\ -\cosh A\xi$	$1-\xi^2$	$c(\sinh A - \\ -\sinh A\xi)$	[....]	$\dfrac{2}{A^3}$ [....]	η_A	η_A^2
0,0	0,0000	0,0000	1,0000	2,3372	1,5421	1,000	−1,2929	0,2492	0,1984	0,8016	0,6426
0,1	0,1585	0,1592	1,0126	2,1780	1,5295	0,990	−1,2049	0,3246	0,2584	0,7316	0,5352
0,2	0,3170	0,3223	1,0507	2,0149	1,4914	0,960	−1,1146	0,3768	0,3000	0,6600	0,4356
0,3	0,4755	0,4936	1,1152	1,8436	1,4269	0,910	−1,0199	0,4070	0,3240	0,5860	0,3434
0,4	0,6340	0,6773	1,2078	1,6599	1,3343	0,840	−0,9183	0,4160	0,3312	0,5088	0,2589
0,5	0,7925	0,8781	1,3308	1,4591	1,2113	0,750	−0,8072	0,4041	0,3217	0,4283	0,1834
0,6	0,9510	1,1010	1,4873	1,2362	1,0548	0,640	−0,6839	0,3709	0,2953	0,3447	0,1188
0,7	1,1095	1,3516	1,6813	0,9856	0,8608	0,510	−0,5452	0,3156	0,2513	0,2587	0,0669
0,8	1,2680	1,6362	1,9176	0,7010	0,6245	0,360	−0,3878	0,2367	0,1884	0,1716	0,0294
0,9	1,4265	1,9620	2,2021	0,3752	0,3400	0,190	−0,2076	0,1324	0,1054	0,0846	0,0072
1,0	1,5850	2,3372	2,5421	0,0000	0,0000	0,000	0,0000	0,0000	0,0000	0,0000	0,0000

Ermittlung der Gesamtschnittkräfte- und Durchbiegungskoeffizienten

ξ	$c\sinh A\xi$	(....)	η_M	$\xi-1$	$c\cosh A\xi$	(....)	$\eta_{M'}$	$\eta_{M'}$	η_{M}	η_{M}	η_A
0,0	0,0000	0,0000	0,0000	−1,0	−1,0197	−0,3888	−0,4906	0,4906	0,0000	0,8102
0,1	−0,1623	−0,0497	−0,0594	−0,9	−1,0325	−0,2424	−0,3059	0,4959	0,0744	0,7358
0,2	−0,3286	−0,0779	−0,0930	−0,8	−1,0714	−0,1182	−0,1491	0,5091	0,1490	0,6612
0,3	−0,5033	−0,0881	−0,1052	−0,7	−1,1372	−0,0127	−0,0160	0,5260	0,2272	0,5830
0,4	−0,6906	−0,0828	−0,0989	−0,6	−1,2316	0,0766	0,0966	0,5434	0,3069	0,5033
0,5	−0,8954	−0,0646	−0,0771	−0,5	−1,3570	0,1520	0,1918	0,5582	0,3901	0,4201
0,6	−1,1227	−0,0354	−0,0423	−0,4	−1,5166	0,2153	0,2717	0,5683	0,4743	0,3359
0,7	−1,3782	0,0031	0,0037	−0,3	−1,7144	0,2681	0,3383	0,5717	0,5603	0,2499
0,8	−1,6684	0,0492	0,0588	−0,2	−1,9554	0,3117	0,3933	0,5667	0,6452	0,1650
0,9	−2,0007	0,1014	0,1211	−0,1	−2,2455	0,3474	0,4383	0,5517	0,7299	0,0803
1,0	−2,3832	0,1589	0,1898	0,0	−2,5922	0,3759	0,4743	0,5257	0,8102	0,0000

Ermittlung der Gesamtschnittkräfte und Durchbiegungen

M	M'	$\overline{M}'$	$\overline{M}$	Δ
0	−45,3	45,3	0	0,0269
−110	−28,2	45,7	137	0,0244
−172	−13,8	47,0	275	0,0219
−194	−1,5	48,5	419	0,0193
−182	8,9	50,1	566	0,0167
−142	17,7	51,5	720	0,0139
−78	25,1	52,4	875	0,0111
7	31,2	52,7	1034	0,0083
108	36,3	52,3	1190	0,0055
223	40,4	50,9	1347	0,0027
350	43,8	48,5	1495	0,0000

[Mpm] [Mp] [Mp] [Mpm] [m]

3.4.4 Ermittlung der Gesamtschnittkräfte und der Durchbiegungen

Multiplikator c für Dreiecklast:

$$c = \frac{\frac{A}{2} - \frac{1}{A} - \sinh A - AB \cosh A}{\cosh A + AB \sinh A} = -1{,}0197$$

Gesamtschnittkräfte- und Durchbiegungskoeffizienten:

$$\eta_M = \frac{3}{A^2}(c \sinh A\xi + \cosh A\xi + \xi - 1)$$

$$\eta_{M'} = \frac{2}{A}\left(c \cosh A\xi + \sinh A\xi + \frac{1}{A}\right)$$

$$\eta_{\overline{M}'} = \eta_{\mathfrak{M}'} - \eta_{M'}$$

$$\eta_{\overline{M}} = \eta_{\mathfrak{M}} - \eta_M$$

$$\eta_\Delta = \eta_{\overline{M},H} - \eta_{\overline{M}}$$

($\eta_{\overline{M},H}$ = Gesamtschubscheibemomentkoeffizient für den Systemunterrand).

Die Auswertung der obigen Formeln erfolgte gleichfalls in der Tab. 3.1. Kragträgerschnittkräfte und Durchbiegung des Systemoberrandes im Grundsystem (Gesamtbiegescheibe in Gelenkkette verwandelt):

$$\mathfrak{M}_H = \frac{1}{3} w_0 H^2 = 1845 \text{ Mpm}$$

$$\mathfrak{M}'_H = \frac{1}{2} w_0 H = 92{,}25 \text{ Mp}$$

$$\delta_0 = \frac{\mathfrak{M}_H}{K} = 0{,}03314 \text{ m}$$

Gesamtschnittkräfte und Durchbiegungen:

$$M = \eta_M \cdot \mathfrak{M}_H$$

$$M' = \eta_{M'} \cdot \mathfrak{M}'_H$$

$$\overline{M}' = \eta_{\overline{M}'} \cdot \mathfrak{M}'_H$$

$$\overline{M} = \eta_{\overline{M}} \cdot \mathfrak{M}_H$$

$$\Delta = \eta_\Delta \cdot \delta_0$$

Auch die Auswertung dieser Formeln erfolgte in der Tab. 3.1. Abb. 3.2 zeigt — mit vollen Linien — die Diagramme der Gesamtschnittkräfte und die Durchbiegungslinie.

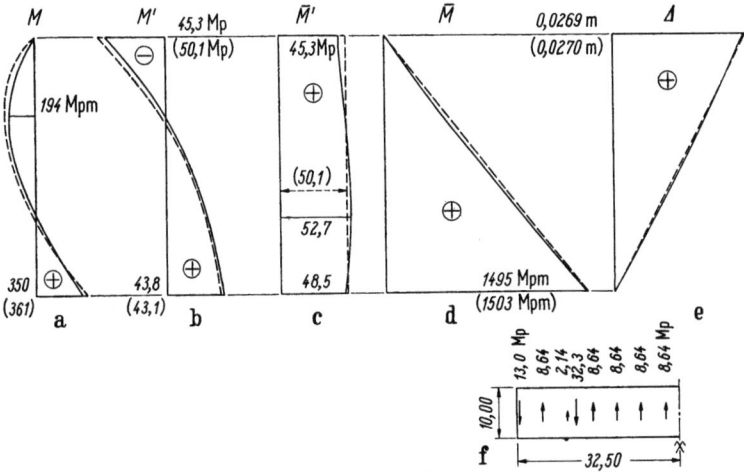

Abb. 3.2. Diagramme der Gesamtschnittkräfte und der Durchbiegung und Scheibenlasten der Dachscheibe zum Zahlenbeispiel: a) Gesamtmoment; b) Gesamtquerkraft; c) Gesamtschubscheibequerkraft; d) Gesamtschubscheibemoment; e) Durchbiegung; f) Beanspruchung der Dachscheibe. Die vollen Linien entsprechen der Lösung mit, die unterbrochenen jener ohne Berücksichtigung der Verformung der vollen Scheiben.

3.4.5 Ermittlung der Schnittkräfte

Schnittkräfte der vollen Scheiben

Die äußere volle Scheibe übernimmt den $\varkappa_1$-ten, die innere volle Scheibe den $\varkappa_2$-ten Teil der Gesamtbiegemomente und der Gesamtquerkräfte.

$$\left. \begin{aligned} \varkappa_1 &= \frac{I_1}{I} = 0{,}2876 \\ \varkappa_2 &= \frac{I_2}{I} = 0{,}7124 \end{aligned} \right\} \quad \varkappa_1 + \varkappa_2 = 1{,}000 \quad \text{(Kontrolle)}$$

Schnittkräfte der Stockwerkrahmen

Die Auflagerbedingungen des inneren Endes des in die innere volle Scheibe (⊓) einmündenden Riegels weichen von den Auflagerbedingungen der übrigen 21 Enden der 11 Riegel ab. Von dieser Abweichung wird einfachheitshalber nicht Rechnung getragen. Die Momentennullpunkte werden in den Symmetralen der Stäbe angenommen.

Stabquerkräfte

Außenstützen: $\dfrac{I_a}{\Sigma I}\overline{M}' = \dfrac{1}{21}\overline{M}' = 0{,}0476\,\overline{M}'$

Innenstützen: $\dfrac{I_i}{\Sigma I}\overline{M}' = \dfrac{2}{21}\overline{M}' = 0{,}0952\,\overline{M}'$

Riegel (Abb. 3.3): $T' = \dfrac{3}{21\cdot 2{,}5}\overline{M}' = 0{,}0571\,\overline{M}'$

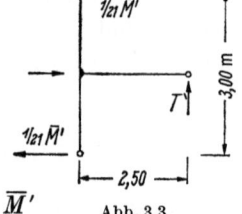

Abb. 3.3
Zur Ermittlung
der Riegelquerkraft
im Zahlenbeispiel.

Stabendmomente

Außenstützen: ⎫
Innenstützen: ⎬ 1,50 m × Querkraft der Stützen

Riegel: 2,50 m × Querkraft des Riegels

Längskräfte der Außenstützen

Auf einen Stockwerkrahmen entfällt der $\dfrac{4}{21}$-te Teil des Gesamtschubscheibemomentes. Die Innenstützen erhalten keine Längskraft.

$$N = \dfrac{4}{21\cdot 2l}\overline{M} = \dfrac{4}{210}\overline{M} = 0{,}0190\,\overline{M}$$

Extremwerte der Schnittkräfte

am Systemunterrand

Biegemoment der vollen Scheibe 1:	$0{,}2876 \cdot 350 = 100{,}7$ Mpm
Querkraft der vollen Scheibe 1:	$0{,}2876 \cdot 43{,}8 = 12{,}6$ Mp
Biegemoment der vollen Scheibe 2:	$0{,}7124 \cdot 350 = 249{,}3$ Mpm
Querkraft der vollen Scheibe 2:	$0{,}7124 \cdot 43{,}8 = 31{,}2$ Mp
Längskraft der Außenstützen:	$0{,}0190 \cdot 1495 = 28{,}5$ Mp

an der Kote $x = 0{,}7\,H$

Querkraft der Außenstützen:	$0{,}0476 \cdot 52{,}7 = 2{,}51$ Mp
Querkraft der Innenstützen:	$0{,}0952 \cdot 52{,}7 = 5{,}02$ Mp
Endmoment der Außenstützen:	$2{,}51 \cdot 1{,}5 = 3{,}76$ Mpm
Endmoment der Innenstützen:	$5{,}02 \cdot 1{,}5 = 7{,}52$ Mpm
Querkraft der Riegel:	$0{,}0571 \cdot 52{,}7 = 3{,}01$ Mp
Endmoment der Riegel:	$2{,}50 \cdot 3{,}01 = 7{,}52$ Mpm

Scheibenlasten der Dachscheibe

Die Beanspruchung der Dachscheibe ist aus Abb. 3.2f ersichtlich.

3.5 Untersuchung unter Vernachlässigung der Verformung der vollen Scheiben

Intensität der seismischen Last am Systemoberrand

$$w_0 = 0{,}9712 \frac{k}{H} \sqrt{\left(K + \frac{K_B}{H}\right)q} = 6{,}213 \text{ Mp/m}$$

Kragträgermoment am Systemunterrand

$$\mathfrak{M}_H = \frac{1}{3} w_0 H^2 = 1864 \text{ Mpm}$$

Multiplikator c

$$c = \frac{1}{1 + \dfrac{K_B}{HK}} = 0{,}8064$$

Gesamtschnittkräfte und Durchbiegung des Systemoberrandes

$$M_H = (1-c)\mathfrak{M}_H = 361 \text{ Mpm}$$

$$\overline{M}' = c\frac{\mathfrak{M}_H}{H} = 50{,}10 \text{ Mp} \quad \text{(längs der Systemhöhe konstant)}$$

$$\overline{M}_H = c\mathfrak{M}_H = 1503 \text{ Mpm}$$

$$\Delta_0 = c\frac{\mathfrak{M}_H}{K} = 0{,}0270 \text{ m}$$

Der Verlauf der Gesamtschnittkräfte und der Durchbiegungen nach der Näherungslösung ist auf Abb. 3.2 mit unterbrochenen Linien angegeben.

Der Vergleich der hier erhaltenen Näherungswerte mit den im vorangehenden Abschnitt 3.4 erhaltenen genaueren zeigt, daß zwischen den beiden lediglich geringe Unterschiede bestehen, was auf die Tatsache zurückzuführen ist, daß die vollen Scheiben im Vergleich zu den Stockwerkrahmen sehr steif sind. Die Näherungswerte der Gesamtschnittkräfte und der Durchbiegung sind etwas zu groß, also auf der sicheren Seite, da das Scheibensystem tatsächlich nicht so steif ist, wie es beim Näherungsverfahren angenommen wird ($K_W = \infty$).

Schnittkräfte

Die Schnittkräfte können sinngemäß wie beim genaueren Verfahren (Abschnitt 3.4.5) ermittelt werden.

D. Scheibensysteme unter Berücksichtigung der Dehnungen der Stützen der gegliederten Scheiben

I. Einfache Scheibensysteme

1 Aufgabenstellung

Als einfache Scheibensysteme werden im folgenden Scheibensysteme aus einer beliebigen Anzahl beliebig gestalteter voller Scheiben und lediglich *einem* Typ gegliederter Scheiben mit einer beliebig angeordneten oder zwei symmetrisch angeordneten Öffnungsspalten bezeichnet. Abb. 1.1 zeigt schematisch die Grundrisse einiger solcher Scheibensysteme. Die Auflagerkonstruktionen sollen dem Typ 1 (Kap. A, Abschnitt 3) entsprechen.

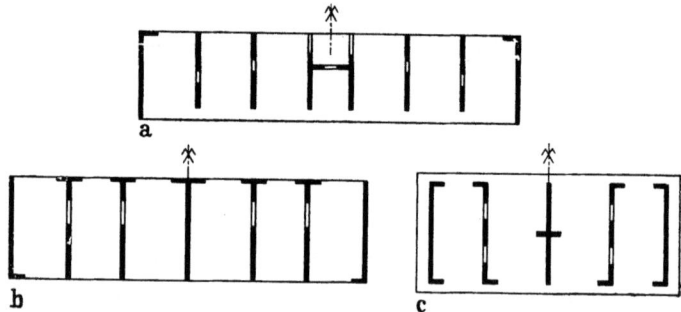

Abb. 1.1. Querschnitte einiger einfacher Scheibensysteme (schematisch).

Die Berücksichtigung des Einflusses der Dehnungen der Stützen der gegliederten Scheiben empfiehlt sich bei der Untersuchung von Scheibensystemen mit verhältnismäßig schlanken gegliederten Scheiben.

Die Behandlung der Aufgabe erfolgt an Hand stetiger statischer Schemata; sie baut auf den entsprechenden Untersuchungen des Kap. C auf.

Die Ergebnisse dieses Kapitels können an Hand der statischen Verwandtschaft der gegliederten Scheiben und Stockwerkrahmen auch zur Untersuchung von Scheibensystemen aus vollen Scheiben und schlanken Stockwerkrahmen herangezogen werden, bei denen die Dehnungen der Stützen der Stockwerkrahmen einen nennenswerten Einfluß auf den Schnittkräftezustand ausüben.

2 Einfluß waagrechter Lasten

2.1 Statische Schemata

Die Abb. 2.1a und b zeigt die statischen Schemata der Scheibensysteme aus einer beliebigen Anzahl beliebig gestalteter voller Scheiben und einer beliebigen Anzahl untereinander gleicher gegliederter Scheiben mit einer bzw. zwei Öffnungsspalten. Links ist jeweils die summare volle Scheibe dargestellt, deren Biegesteifheit der Summe der Biegesteifheiten sämtlicher vollen Scheiben des Scheibensystems gleich ist, rechts die summare gegliederte Scheibe, deren Querschnittswerte und Steifheiten der Summe der entsprechenden Beiträge der einzelnen gegliederten Scheiben des Scheibensystems gleich sind.

Die Bedeutung der gewählten Bezeichnungen ist die folgende:

I_v Eigenträgheitsmoment der summaren vollen Scheibe,

F_1, F_2, I_1, I_2 beim Scheibensystem mit gegliederten Scheiben mit *einer* Öffnungsspalte: Querschnittsflächen und Eigenträgheitsmomente der linken bzw. rechten Stütze der summaren gegliederten Scheibe,

F_1, I_1, I_2 beim Scheibensystem mit gegliederten Scheiben mit *zwei* Öffnungsspalten: Querschnittsfläche und Eigenträgheitsmoment einer der beiden Außenstützen und Eigenträgheitsmoment der Mittelstütze der summaren gegliederten Scheibe,

$\bar{I}$ reduziertes Trägheitsmoment eines inneren Riegels der summaren gegliederten Scheibe,

b, l lichte Breite der Öffnungen und Achsabstand der benachbarten Stützen der gegliederten Scheiben,

h, H Stockwerkhöhe und Höhe des Scheibensystems vom Systemoberrand bis zur Grundkörperoberfläche,

x Kote, vom Systemoberrand nach unten orientiert,

w Intensität an der Kote x der als verteilt angenommenen waagrechten Last des Scheibensystems,

T bei Scheibensystemen mit gegliederten Scheiben mit einer Öffnungsspalte: längs der Öffnungsspalte der summaren gegliederten Scheibe wirkende Schubkraft,

T bei Scheibensystemen mit gegliederten Scheiben mit zwei Öffnungsspalten: Summe der längs beider Öffnungsspalten der summaren gegliederten Scheibe wirkenden Schubkräfte.

Als Gesamtschnittkräfte werden wieder die Schnittkräfte der summaren vollen Scheibe und der summaren gegliederten Scheibe bezeichnet.

Die Kraft T wird im folgenden Gesamtschubkraft genannt (Abb. 2.1). Die äußere Last erzeugt in einem beliebigen Querschnitt x des Scheibensystems das — Kragträgermoment genannte — Biegemoment $\mathfrak{M}$.

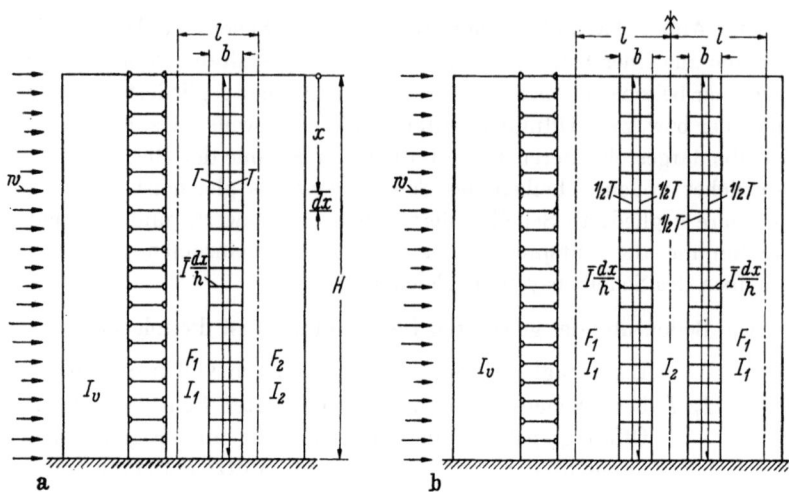

Abb. 2.1. Statische Schemata samt Last der Scheibensysteme aus einer beliebigen Anzahl beliebig gestalteter voller Scheiben und einer beliebigen Anzahl untereinander gleicher gegliederter Scheiben mit einer (a) bzw. zwei (b) Öffnungsspalten.

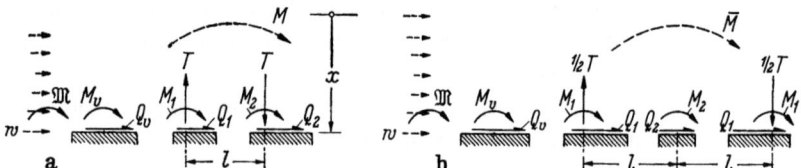

Abb. 2.2. Gesamtschnittkräfte im beliebigen Querschnitt x des Scheibensystems mit gegliederten Scheiben mit einer (a) bzw. zwei (b) Öffnungsspalten.

Dieses wird gemäß
$$M + \overline{M} = \mathfrak{M} \tag{2.1}$$
in zwei Anteile aufgespalten (Abb. 2.2): das Gesamtmoment
$$M = \left\{ \begin{array}{l} M_v + M_1 + M_2 \\ M_v + 2M_1 + M_2, \end{array} \right\} \tag{2.2}$$
das als Summe der Biegemomente der summaren vollen Scheibe und sämtlicher Stützen der summaren gegliederten Scheibe definiert ist und das Summargesamtverbindungsmoment
$$\overline{M} = Tl, \tag{2.3}$$

Einfache Scheibensysteme. — Einfluß waagrechter Lasten 187

das den Anteil von $\mathfrak{M}$ darstellt, welcher durch Längskräfte der Stützen der summaren gegliederten Scheibe aufgenommen wird.

Durch Ableiten der Gl. (2.3) nach der Kote x ergibt sich die Beziehung

$$\overline{M}' = T'l, \tag{2.4}$$

die das Gesamtverbindungsmoment $\overline{M}'$ und den Gesamtschubfluß T' verknüpft.

Der positive Sinn der Gesamtschnittkräfte ist durch die Abb. 2.2 festgelegt.

2.2 Steifheiten

2.2.1 Steifheiten des Scheibensystems

Als Biegesteifheit des Scheibensystems wird die Summe der Biegesteifheiten der summaren vollen Scheibe und sämtlicher Stützen der summaren gegliederten Scheibe bezeichnet:

$$K_W = \Sigma EI = E\Sigma I. \tag{2.5}$$

Sie ist als Gesamtmoment M definiert, das an seiner Wirkungsstelle die Krümmung 1 der Durchbiegungslinie des Scheibensystems erzeugt. Der zweite der oben angegebenen Ausdrücke für K_W gilt für den Normalfall, wenn der Elastizitätsmodul E für sämtliche vollen Scheiben und Stützen der gegliederten Scheiben gleich ist. Mit ΣI ist dann die Summe der Eigenträgheitsmomente sämtlicher vollen Scheiben und Stützen der gegliederten Scheiben bezeichnet.

Die Berücksichtigung der Dehnungen der Stützen der gegliederten Scheiben erfordert die Einführung einer weiteren Steifheit, die Dehnbiegesteifheit des Scheibensystems genannt und mit $K_W^\backprime$ bezeichnet sei. Sie wird als Summargesamtverbindungsmoment $\overline{M}$ definiert, das an seiner Wirkungsstelle die Krümmung 1 der Durchbiegungslinie des Scheibensystems erzeugt. Es ist also

$$K_W^\backprime = E_N J. \tag{2.6}$$

Dabei bezeichnet E_N den Elastizitätsmodul der Stützen der gegliederten Scheiben für Dehnungen und J das Trägheitsmoment der Querschnittsflächen der Stützen der summaren gegliederten Scheibe bezüglich ihrer gemeinsamen Schwerachse (ohne den Beitrag der Eigenträgheitsmomente), also das Eigenträgheitsmoment des netto Querschnittes der summaren gegliederten Scheibe. Für die summaren gegliederten Schei-

188 Berücksichtigung der Dehnungen der Stützen gegliederter Scheiben

ben mit einer bzw. zwei Öffnungsspalten ist (Abb. 2.3)

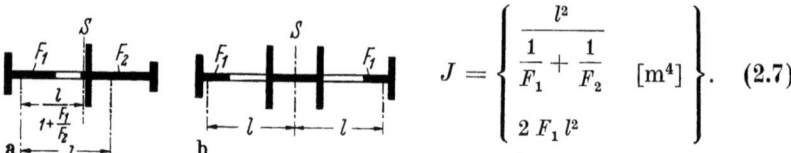

$$J = \left\{ \begin{array}{l} \dfrac{l^2}{\dfrac{1}{F_1} + \dfrac{1}{F_2}} \quad [\text{m}^4] \\ 2 F_1 l^2 \end{array} \right\}. \quad (2.7)$$

Abb. 2.3. Zur Ermittlung des Trägheitsmomentes J der summaren gegliederten Scheiben mit einer (a) bzw. zwei (b) Öffnungsspalten.

Die Überprüfung der Beziehung zwischen dem Summargesamtverbindungsmoment $\bar{M}$ und der Krümmung $1/\varrho$ der Durchbiegungslinie des Scheibensystems und hiermit der Richtigkeit der Ergebnisse (2.6) und (2.7) kann leicht an Hand der Abb. 2.4 erfolgen; die Elemente der Länge dx der Stützen der summaren gegliederten Scheiben sind dabei einfachheitshalber in ihrer unverschobenen Lage dargestellt.

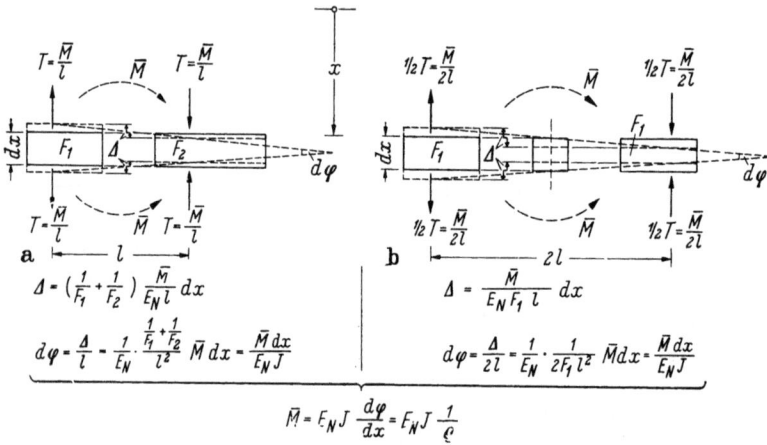

Abb. 2.4. Zur Ermittlung der Beziehung zwischen dem Summargesamtverbindungsmoment $\bar{M}$ und der Krümmung $1/\varrho$ der Durchbiegungslinie des Scheibensystems mit gegliederten Scheiben mit einer (a) bzw. zwei (b) Öffnungsspalten.

Dem im Kap. C behandelten Grenzfall dehnstarrer Stützen entspricht $F_1 = \infty$, $F_2 = \infty$ und hiermit auch $J = \infty$ und $K_W = \infty$.

Für die Steifheit der Gesamtverbindung der Scheibensysteme mit gegliederten Scheiben mit einer bzw. zwei Öffnungsspalten gelten gemäß den Ausführungen des Kapitels C.I, Abschnitte 1.3 und 3.1.1, die Formeln

$$K = \left\{ \begin{array}{l} \dfrac{\lambda E_R \bar{I}}{hl} \left(\dfrac{l}{b}\right)^3 = \lambda \dfrac{E_R \bar{I} l^2}{h b^3} \\ 2 \dfrac{\lambda E_R \bar{I}}{hl} \left(\dfrac{l}{b}\right)^3 = 2\lambda \dfrac{E_R \bar{I} l^2}{h b^3} \end{array} \right\} \quad [\text{Mp}]. \quad (2.8)$$

Diese Steifheit wurde als Gesamtverbindungsmoment $\overline{M}'$ definiert, das Auflagerdrehwinkel 1 der Lamellen erzeugt. Mit E_R ist nun der Elastizitätsmodul der Riegel bezeichnet. Zahlenwerte des Momentennullpunktlagekoeffizienten λ sind in Kap. B, Abschnitt 1.3.2.2, angegeben.

Im Sonderfall der Diagonalriegel hat man von der Gl. (1.11), Kap. C.I, ausgehend die Formeln

$$K = \left\{ \begin{array}{c} \dfrac{E_d F_d l^2 \sin^3 \vartheta}{h^2} \\ 2\dfrac{E_d F_d l^2 \sin^3 \vartheta}{h^2} \end{array} \quad [\text{Mp}] \right\} \qquad (2.9)$$

für die Steifheiten der Gesamtverbindung der Scheibensysteme mit gegliederten Scheiben mit einer bzw. zwei Öffnungsspalten. Mit F_d ist die Querschnittsfläche eines Diagonalriegels der summaren gegliederten Scheibe, mit E_d sein Elastizitätsmodul bezeichnet.

2.2.2 Steifheitsparameter des Scheibensystems. Korrekturkoeffizient, der den Einfluß der Dehnungen der Stützen der gegliederten Scheiben berücksichtigt

Der Steifheitsparameter des Scheibensystems wird allgemein durch den dimensionslosen Ausdruck

$$A = \sqrt{\left(\dfrac{1}{K_W} + \dfrac{1}{K_W'}\right) K\, H} \qquad (2.10)$$

definiert. Für Scheibensysteme mit gegliederten Scheiben mit einer bzw. zwei Öffnungsspalten folgen aus (2.10), wenn die Steifheiten K_W, K_W' und K des Scheibensystems nach den im vorangehenden Abschnitt 2.2.1 angegebenen Formeln durch die Querschnittswerte der summaren vollen Scheibe und der summaren gegliederten Scheibe ausgedrückt werden und $E = E_N = E_R$ gesetzt wird, die Formeln

$$A = \left\{ \begin{array}{c} \sqrt{\left(\dfrac{l^2}{\Sigma I} + \dfrac{1}{F_1} + \dfrac{1}{F_2}\right) \dfrac{\lambda \overline{I}}{h b^3}}\, H \\ \sqrt{\left(\dfrac{2\, l^2}{\Sigma I} + \dfrac{1}{F_1}\right) \dfrac{\lambda \overline{I}}{h b^3}}\, H \end{array} \right\}. \qquad (2.11)$$

In den folgenden Abschnitten 2.3 und 2.4 wird die Lösung der behandelten Aufgabe durch Einführung eines dimensionslosen Korrekturkoeffizienten auf die dem Grenzfall $K_W' = \infty$ zugehörige Lösung (Kap. C.I) zurückgeführt. Dieser Korrekturkoeffizient, der den Einfluß der Dehnungen der Stützen der gegliederten Scheiben berücksichtigt und im folgenden kurz Korrekturkoeffizient genannt wird, beträgt im allgemeinen bzw. für $E_N = E$

$$\beta = \frac{1}{1 + \dfrac{K_W}{K'_W}} = \frac{1}{1 + \dfrac{\Sigma I}{J}}. \tag{2.12}$$

Für Scheibensysteme mit gegliederten Scheiben mit einer bzw. zwei Öffnungsspalten folgen aus dem zweiten der Ausdrücke (2.12), wenn für J die Ergebnisse (2.7) eingesetzt werden, die Formeln

$$\beta = \begin{Bmatrix} \dfrac{1}{1 + \left(\dfrac{1}{F_1} + \dfrac{1}{F_2}\right)\dfrac{\Sigma I}{l^2}} \\ \dfrac{1}{1 + \dfrac{1}{2F_1}\dfrac{\Sigma I}{l^2}} \end{Bmatrix}. \tag{2.13}$$

Offensichtlich ist $\beta \leq 1$. Der Grenzwert $\beta = 1$ entspricht der Näherungslösung, bei der die Dehnungen der Stützen der gegliederten Scheiben unberücksichtigt bleiben. Bei üblichen Verhältnissen ist $\beta > 0{,}7$.

2.3 Formulierung der Aufgabe

Vorerst sind die Gesamtschnittkräfte durch die statisch überzählige Größe, das Gesamtmoment M, auszudrücken. Aus der Gleichgewichtsbedingung (2.1) folgen unmittelbar und nach Ableiten nach x die Beziehungen

$$\left.\begin{aligned} \overline{M} &= \mathfrak{M} - M, \\ \overline{M}' &= \mathfrak{M}' - M'. \end{aligned}\right\} \tag{2.14}$$

Die komplementäre Energie des Scheibensystems erweitert sich im Vergleich zu jener des Grenzfalles dehnstarrer Stützen [Kap. C.I, Gl. (3.12)] um den Beitrag des Summargesamtverbindungsmomentes, der dort zufolge von $K'_W = \infty$ gleich Null war. Es wird

$$U = \int_0^H \left[\frac{M^2}{2K_W} + \frac{(\mathfrak{M} - M)^2}{2K'_W} + \frac{(\mathfrak{M}' - M')^2}{2K}\right] dx. \tag{2.15}$$

Die Randbedingungen werden durch die Berücksichtigung der Dehnungen der Stützen der gegliederten Scheiben nicht beeinflußt und sind daher hier dieselben wie vorher [Kap. C.I, Gln. (3.13) und (3.14)].

Einfache Scheibensysteme. — Einfluß waagrechter Lasten 191

Die der behandelten Variationsaufgabe zugehörige Eulersche Differentialgleichung

$$F_M - F'_{M'} = 0, \qquad (2.16)$$

wobei F den hinter dem Integralzeichen der Gl. (2.15) in der eckigen Klammer stehenden Ausdruck bezeichnet, nimmt nach Durchführung der Ableitungen und Ordnen die endgültige Form

$$M'' - \left(\frac{1}{K_W} + \frac{1}{K'_W}\right) K \cdot M = w - \frac{K}{K'_W} \mathfrak{M} \qquad (2.17)$$

an. Vergleicht man sie mit der dem Grenzfall $K'_W = \infty$ entsprechenden Gleichung [Kap. C.I, Gl. (3.19)]

$$M'' - \frac{K}{K_W} M = w, \qquad (2.18)$$

die sich auch unmittelbar aus der Gl. (2.17) ergibt, indem die $1/K'_W$ enthaltenden Glieder gleich Null gesetzt werden, sieht man, daß die dort für M und demzufolge auch für M' erhaltene Lösung im hier behandelten allgemeinen Fall $K'_W \neq \infty$ nicht anwendbar ist.

Die Differentialgleichung (2.17) des Gesamtmomentes wird nun, indem das Gesamtmoment gemäß $M = \mathfrak{M} - \overline{M}$ durch das Summargesamtverbindungsmoment ausgedrückt wird, in die Differentialgleichung des Summargesamtverbindungsmomentes überführt:

$$-\overline{M}'' + \left(\frac{1}{K_W} + \frac{1}{K'_W}\right) K \cdot \overline{M} = \frac{K}{K'_W} \mathfrak{M}. \qquad (2.19)$$

Nach Einführung des Steifheitsparameters A des Scheibensystems und des Korrekturkoeffizienten β nimmt die Differentialgleichung (2.19) des Summargesamtverbindungsmomentes die endgültige Form

$$-\overline{M}'' + \frac{A^2}{H^2} \overline{M} = \frac{A^2}{H^2} \beta \mathfrak{M} \qquad (2.20)$$

an.

2.4 Lösung der Aufgabe

2.4.1 Gebrauchsformel für das Summargesamtverbindungsmoment

Die dem Grenzfall $K'_W = \infty$ und hiermit $\beta = 1$ entsprechende Differentialgleichung des Summargesamtverbindungsmomentes und ihre Lösung haben gemäß Kap. C.I, wenn man die $K'_W = \infty$ entsprechenden

192 Berücksichtigung der Dehnungen der Stützen gegliederter Scheiben

Größen nun durch den Index ∞ kennzeichnet, die Form

$$\left.\begin{array}{c}-\overline{M}''_\infty + \dfrac{A_\infty^2}{H^2}\overline{M}_\infty = \dfrac{A_\infty^2}{H^2}\mathfrak{M} \\[2mm] \overline{M}_\infty = \eta_{\overline{M}}(A_\infty)\cdot \mathfrak{M}_H\end{array}\right\} \qquad (2.21)$$

Da Schnittkräfte der Größe der Last und hiermit dem Kragträgermoment proportional sind, gilt mit C als einer Konstanten, auch

$$-\overline{M}''_\infty + \dfrac{A_\infty^2}{H^2}\overline{M}_\infty = \dfrac{A_\infty^2}{H^2}C\mathfrak{M}, \qquad (2.22)$$

$$\overline{M}_\infty = \eta_{\overline{M}}(A_\infty)\cdot C\mathfrak{M}_H. \qquad (2.23)$$

Die Lösung der Differentialgleichung (2.20) der hier behandelten Aufgabe kann an Hand des Vergleichs mit der Differentialgleichung (2.22) und ihrer Lösung (2.23) unmittelbar zu

$$\overline{M} = \eta_{\overline{M}}(A)\cdot \beta \cdot \mathfrak{M}_H \qquad (2.24)$$

angeschrieben werden, wobei der Summargesamtverbindungsmomentkoeffizient $\eta_{\overline{M}}$ [Kap. C.I, Formeln (2.60) und Zahlentafeln 1] dem gemäß der Formel (2.11) zu ermittelnden Steifheitsparameter A des Scheibensystems entspricht und der Korrekturkoeffizient β durch die Formeln (2.13) gegeben ist.

Sinngemäß können auch die im Kap. C.I entwickelten Formeln als auch die Zahlenwerte des Gesamtverbindungsmomentkoeffizienten $\eta_{\overline{M}'}$ zur Berechnung des Gesamtverbindungsmomentes $\overline{M}'$ herangezogen werden.

2.4.2 Gebrauchsformel für die Gesamtschubkraft

Bei den hier behandelten Scheibensystemen mit lediglich einem Typ gegliederter Scheiben kann man zur Ermittlung der Gesamtschnittkräfte auch von der Gesamtschubkraft T an Stelle vom Summargesamtverbindungsmoment $\overline{M}$ ausgehen.

Wären die Riegel der gegliederten Scheiben starr und die Stützen der summaren gegliederten Scheibe dehnstarr, würde die — nun Kragträgerschubkraft genannte — Gesamtschubkraft für eine beliebige Kote bzw. für den Systemunterrand

$$\left.\begin{array}{c}\mathfrak{T} = \dfrac{\mathfrak{M}}{l} = \eta_{\mathfrak{M}}\dfrac{\mathfrak{M}_H}{l} \\[2mm] \mathfrak{T}_H = \dfrac{\mathfrak{M}_H}{l}\end{array}\right\} \qquad (2.25)$$

betragen. Das Scheibensystem kann sich dann nämlich nicht verformen, ist also starr, das Gesamtmoment M gleich Null, und das gesamte Kragträgermoment $\mathfrak{M}$ muß durch Längskräfte der Stützen der summaren gegliederten Scheibe aufgenommen werden. Durch eine einfache energetische Betrachtung kann man sich leicht davon überzeugen.

Aus den Gln. (2.24) und (2.25) und der Beziehung $T = \overline{M}/l$ folgt für die Gesamtschubkraft für eine beliebige Kote die Gebrauchsformel

$$T = \eta_{\overline{M}} \cdot \beta \cdot \mathfrak{T}_H. \tag{2.26}$$

Summargesamtverbindungsmomentkoeffiziente sind hiermit den Gesamtschubkraftkoeffizienten gleich ($\eta_{\overline{M}} = \eta_T$). Sinngemäß sind die Gesamtverbindungsmomentkoeffizienten $\eta_{\overline{M}'}$ den Gesamtschubflußkoeffizienten gleich ($\eta_{\overline{M}'} = \eta_{T'}$).

Für den Fall starrer Riegel und dehnstarrer Stützen der gegliederten Scheiben ist $\beta = 1$ und zufolge $\bar{I} = \infty$ auch $A = \infty$. Mit $\lim\limits_{A \to \infty} \eta_{\overline{M}} = \eta_{\mathfrak{M}}$ wird die Formel (2.26) tatsächlich zu $T \to \mathfrak{T} = \eta_{\mathfrak{M}} \cdot \mathfrak{T}_H$.

Rekapitulierend sei festgestellt, daß man die Gesamtschubkraft T für eine beliebige Kote x bzw. bezogene Kote ξ aus der Kragträgerschubkraft $\mathfrak{T}_H$ [zweite der Formeln (2.25)] für den Systemunterrand ($x = H$, $\xi = 1$) durch Vervielfältigung mit zwei dimensionslosen Multiplikatoren ermittelt. Der Multiplikator $\eta_{\overline{M}}$ [Kap. C.I, Formeln (2.60) und Zahlentafeln 1] berücksichtigt die Nachgiebigkeit der Riegel der gegliederten Scheiben und gibt die Veränderlichkeit der Gesamtschubkraft längs der Systemhöhe H wieder. Der Multiplikator β berücksichtigt die Dehnungen der Stützen der gegliederten Scheiben.

Da sowohl $\eta_{\overline{M}} \leq 1{,}0$ als auch $\beta \leq 1{,}0$ ist, ist durchwegs $T \leq \mathfrak{T}_H$. Durch die Berücksichtigung der Dehnungen der Stützen erhält man also kleinere Längskräfte der Stützen, aber größere Biegemomente.

2.5 Gesamtschnittkräfte. Schnittkräfte

Das Gesamtmoment berechnet man aus der Gleichgewichtsbedingung (2.1) unter Berücksichtigung des Ansatzes (2.24) zu

$$M = (\eta_{\mathfrak{M}} - \beta \eta_{\overline{M}}) \cdot \mathfrak{M}_H \tag{2.27}$$

und teilt es auf die einzelnen vollen Scheiben und Stützen der gegliederten Scheiben im Verhältnis ihrer Biegesteifigkeiten EI, oder, wenn E für alle gleich ist, im Verhältnis ihrer Eigenträgheitsmomente I auf. Zahlenwerte des Kragträgermomentkoeffizienten $\eta_{\mathfrak{M}}$ und Formeln für das Kragträgermoment $\mathfrak{M}_H$ am Systemunterrand sind im Anhang, Abschnitt 3, angegeben.

Die Längskräfte der vollen Scheiben sind natürlich gleich Null. Die Längskräfte der Stützen der summaren gegliederten Scheibe mit einer Öffnungsspalte betragen $\pm T$ (Abb. 2.2a), die der Außenstützen der summaren gegliederten Scheibe mit zwei Öffnungsspalten $\pm \frac{1}{2} T$ (Abb. 2.2b), werden also mittels der Formel (2.26) berechnet. Die so erhaltenen Gesamtlängskräfte werden zu gleichen Teilen auf die entsprechenden Stützen sämtlicher gegliederter Scheiben aufgeteilt und sind Zugkräfte an der Luv- bzw. Druckkräfte an der Leeseite des Scheibensystems.

Sinngemäß wie die Gesamtschubkraft T auf die Kragträgerschubkraft $\mathfrak{T}_H$ für den Systemunterrand bezogen wurde, wird der Gesamtschubfluß T' auf den Kragträgerschubfluß $\mathfrak{T}'_H$ für den Systemunterrand bezogen. Aus der aus $T' = \frac{\overline{M}'}{l}$ und $\overline{M}' = \eta_{\overline{M}'} \beta \, \mathfrak{M}'_H$ sich ergebenden Gleichung $T' = \eta_{\overline{M}'} \beta \frac{\mathfrak{M}'_H}{l}$ folgt unter Berücksichtigung des aus $\mathfrak{T}' = \frac{\mathfrak{M}'}{l}$ folgenden Wertes

$$\mathfrak{T}'_H = \frac{\mathfrak{M}'_H}{l} \qquad (2.28)$$

des Kragträgerschubflusses für den Systemunterrand die Gebrauchsformel

$$T' = \eta_{\overline{M}'} \cdot \beta \cdot \mathfrak{T}'_H \qquad (2.29)$$

für den Gesamtschubfluß.

Der Gesamtverbindungsmomentkoeffizient $\eta_{\overline{M}'}$ ist durch die Formeln (2.56), Kap. C.I, und die Zahlentafeln 1 festgelegt.

Die Gesamtquerkraft ergibt sich — für die inneren bzw. den obersten Riegel der summaren gegliederten Scheibe — aus dem Gesamtschubfluß T' durch Multiplikation mit der ganzen bzw. halben Stockwerkhöhe h zu

$$\left.\begin{aligned} T` &= \eta_{\overline{M}'} \cdot \beta \cdot h \mathfrak{T}'_H \\ T`_0 &= \eta_{\overline{M}',0} \cdot \beta \cdot \frac{h}{2} \mathfrak{T}'_H \end{aligned}\right\} . \qquad (2.30)$$

wobei $\eta_{\overline{M}',0}$ den Wert des Gesamtverbindungsmomentkoeffizienten $\eta_{\overline{M}'}$ für den Systemoberrand bezeichnet.

Die Gesamtquerkräfte werden zu gleichen Teilen auf die entsprechenden Riegel sämtlicher gegliederter Scheiben des Scheibensystems aufgeteilt.

Zahlenwerte der Gesamtschnittkräftekoeffizienten $\eta_{\overline{M}} = \eta_T$ und $\eta_{\overline{M}'} = \eta_{T'}$ sind — in den Zahlentafeln 1 — für Gleichlast und Dreiecklast angegeben. Es kann aber leicht gezeigt werden, daß η_T und $\eta_{T'}$ für Einzellast am Systemoberrand bzw. Einzelmoment am Systemoberrand jenen für lotrechte Last [Formeln (4.14) und (4.16), Zahlentafel 5] bzw. Temperaturänderung [Formeln (5.8) und (5.10), Zahlentafel 6] gleich sind. Dies folgt aus der Gleichheit des Verlaufs längs der Systemhöhe des Lastgliedes der Differentialgleichung für die zwei jeweiligen Einflüsse.

2.6 Durchbiegungen

2.6.1 Gleichung der Durchbiegungslinie für Gleichlast

Die Ermittlung der Durchbiegung $\varDelta$ der Scheibensysteme gemäß Abb. 2.1a und b an einer beliebigen Kote x kann verhältnismäßig einfach nach der Mohrschen Formel unter Zuziehung des Reduktionssatzes erfolgen. Als statisch bestimmte Grundsysteme werden die Scheibensysteme mit in die Lamellen der summaren gegliederten Scheiben eingeführten Querkraftnullfeldern gewählt. Beiträge der Durchbiegung liefern dann lediglich die Biegemomente der summaren vollen Scheiben und der Stützen der summaren gegliederten Scheiben.

An Hand der auf Abb. 2.5a gezeigten Diagramme des Gesamtmomentes M infolge der gegebenen äußeren — waagrechten — Last und des Gesamtmomentes $\widetilde{M}$ infolge des Hilfsangriffs $\overline{1}$ an der Kote x können für die — von links nach rechts positive — E-fache Durchbiegung an der Kote x der Scheibensysteme mit gegliederten Scheiben mit einer bzw. zwei Öffnungsspalten die Ausdrücke

$$E\varDelta = \begin{cases} \int_x^H \left\{ \frac{1}{I_v}\left(\frac{I_v}{\varSigma I}M\right)\left[\frac{I_v}{\varSigma I}(v-x)\right] + \frac{1}{I_1}\left(\frac{I_1}{\varSigma I}M\right)\left[\frac{I_1}{\varSigma I}(v-x)\right] + \right. \\ \left. + \frac{1}{I_2}\left(\frac{I_2}{\varSigma I}M\right)\left[\frac{I_2}{\varSigma I}(v-x)\right] \right\} dv \\ \int_x^H \left\{ \frac{1}{I_v}\left(\frac{I_v}{\varSigma I}M\right)\left[\frac{I_v}{\varSigma I}(v-x)\right] + \frac{2}{I_1}\left(\frac{I_1}{\varSigma I}M\right)\left[\frac{I_1}{\varSigma I}(v-x)\right] + \right. \\ \left. + \frac{1}{I_2}\left(\frac{I_2}{\varSigma I}M\right)\left[\frac{I_2}{\varSigma I}(v-x)\right] \right\} dv \end{cases} \quad (2.31)$$

angeschrieben werden. Dabei ist v eine Hilfskote, die bei der Integration den Bereich (x, H) durchläuft.

Nach Ordnen folgt — mit $K_W = E\,\varSigma I$ — aus beiden Gleichungen (2.31), also für beide Scheibensysteme

$$K_W \cdot \varDelta = \int_x^H M(v-x)\,dv. \qquad (2.32)$$

196 Berücksichtigung der Dehnungen der Stützen gegliederter Scheiben

Wird noch das Gesamtmoment M gemäß der Formel (2.27) auf das Kragträgermoment $\mathfrak{M}_H$ am Systemunterrand bezogen und von der Kote x und der Hilfskote v zu den entsprechenden auf die Systemhöhe H bezogenen — dimensionslosen — Koten $\xi = x/H$ und $\nu = v/H$ übergegangen, erhält man für die Durchbiegung der Scheibensysteme an der Kote x die allgemeine — für eine beliebige Last gültige — Formel

$$\Delta = \frac{\mathfrak{M}_H H^2}{K_W} \int_\xi^1 (\eta_\mathfrak{M} - \beta \eta_{\overline{M}}) (\nu - \xi) \, d\nu; \qquad (2.33)$$

es sind dabei $\mathfrak{M}_H$ das Kragträgermoment am Systemunterrand, $\eta_\mathfrak{M}$ und $\eta_{\overline{M}}$ der Kragträgermomentkoeffizient und der Summargesamtverbindungsmomentkoeffizient für die jeweilige Last.

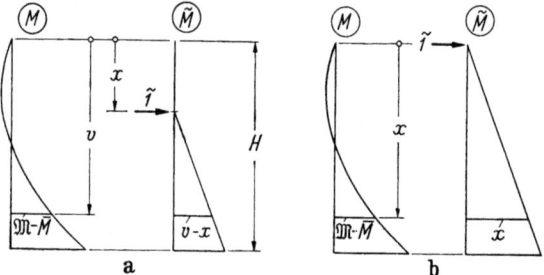

Abb. 2.5. Zur Ermittlung der Durchbiegung der Scheibensysteme an der Kote x (a) und am Systemoberrand (b).

Zur besseren Übersichtlichkeit wird die Durchbiegung Δ an der Kote x der Scheibensysteme auf die Durchbiegung δ_0 des Oberrandes ihrer Grundsysteme, also der Scheibensysteme mit in die Lamellen der summaren gegliederten Scheiben eingeführten Querkraftnullfeldern bezogen. Die Gl. (2.33) der Durchbiegungslinie der Scheibensysteme wird hiermit endgültig zu

$$\Delta = \eta_\Delta \cdot \delta_0 \qquad (2.34)$$

umgeformt; der dimensionslose Durchbiegungskoeffizient η_Δ hängt vom Steifheitsparameter A des Scheibensystems, dem Korrekturkoeffizient β, der bezogenen Kote ξ und natürlich vom Lastfall, die Durchbiegung δ_0 lediglich von der Biegesteifigkeit K_W des Scheibensystems und vom Lastfall ab.

Im Kap. C.I wurden die auf das Grundsystem — das Scheibensystem mit in die Lamellen der summaren gegliederten Scheibe eingeführten Querkraftnullfeldern — sich beziehenden Durchbiegungskoeffizienten und Durchbiegungen des Oberrandes des Grundsystems mit oberen Indizes W gekennzeichnet (η_Δ^W, δ_0^W); da aber nun andere

Einfache Scheibensysteme. — Einfluß waagrechter Lasten

Grundsysteme nicht angewendet werden und es daher zu Verwechslungen nicht kommen kann, werden diese Indizes hier einfachheitshalber fortgelassen.

Für *Gleichlast* der Intensität w ist $\mathfrak{M}_H = \frac{1}{2} w H^2$ und

$$\delta_0 = \frac{w H^4}{8 K_W}, \tag{2.35}$$

so daß sich für den Durchbiegungskoeffizient — an Hand der allgemeinen Gleichung (2.33) — der Ausdruck

$$\eta_\varDelta = 4 \int_\xi^1 (\eta_\mathfrak{M} - \beta \eta_{\overline{M}})(\nu - \xi)\, d\nu \tag{2.36}$$

ergibt. Setzt man in der Gl. (2.36) für den Kragträgermomentkoeffizient und den Summargesamtverbindungsmomentkoeffizient die entsprechenden Ausdrücke [Anhang 3 und Kap. C.I, erste der Formeln (2.60)] als Funktionen von ν ein, erhält man durch Integration unter Berücksichtigung der bekannten Beziehungen

$$\left. \begin{array}{l} \int \nu \sinh A\nu\, d\nu = \dfrac{\nu}{A} \cosh A\nu - \dfrac{\sinh A\nu}{A^2} \\[1ex] \int \nu \cosh A\nu\, d\nu = \dfrac{\nu}{A} \sinh A\nu - \dfrac{\cosh A\nu}{A^2} \end{array} \right\} \tag{2.37}$$

nach längerer Zwischenrechnung die Gebrauchsformel

$$\eta_\varDelta = \left(1 - \frac{4}{3}\xi + \frac{\xi^4}{3}\right)(1-\beta) + \frac{4\beta}{A^2} \times$$
$$\times \left[1 - \xi^2 - \frac{1 + A(\sinh A - \sinh A\xi) - \cosh(A - A\xi)}{\frac{1}{2} A^2 \cosh A}\right] \tag{2.38}$$

für den Durchbiegungskoeffizient.

Für $\beta = 1$ degeneriert die Formel (2.38) zu der entsprechenden der Formeln (2.112), Kap. C.I, des Durchbiegungskoeffizienten für Scheibensysteme mit dehnstarren Stützen.

Das *Diagramm 4* zeigt den Verlauf des Durchbiegungskoeffizienten längs der Systemhöhe — und hiermit den Verlauf der Durchbiegungslinie — für einige Paare des Steifheitsparameters A des Scheibensystems und des Korrekturkoeffizienten β. Es ist ersichtlich, daß bei großen A- und kleinen β-Werten die Dehnungen der Stützen der gegliederten Scheiben einen beachtlichen Einfluß auf die Durchbiegungen ausüben.

198 Berücksichtigung der Dehnungen der Stützen gegliederter Scheiben

Dies erklärt sich aus der Tatsache, daß für kleine A-Werte die Längskräfte der Stützen der gegliederten Scheiben klein sind, während sie für wachsende A-Werte stark anwachsen, und der Einfluß der Längskräfte um so größer ist, je größer das Verhältnis der Dehnbiegesteifheit K'_W des Scheibensystems zu seiner Biegesteifheit K_W ist.

Die Tangente auf die Durchbiegungslinie am Systemunterrand ist durchwegs lotrecht.

Den nach der Gebrauchsformel (2.34) zu berechnenden Durchbiegungen ist erforderlichenfalls noch der Beitrag der Verformung der Grundkörperunterlage zu überlagern.

2.6.2 Durchbiegung des Systemoberrandes für mehrere Lastfälle

Für die Durchbiegung des Systemoberrandes folgen aus den allgemeinen Formeln (2.33) und (2.34) und an Hand der Abb. 2.5b die Ausdrücke

$$\Delta_0 = \frac{\mathfrak{M}_H H^2}{K_W} \int_0^1 (\eta_\mathfrak{M} - \beta \eta_{\overline{M}}) \, \xi \, d\xi = \eta_{\Delta,0} \cdot \delta_0. \tag{2.39}$$

Der Bezugswert, die Durchbiegung des Oberrandes des Grundsystems, ist durch die bekannten Formeln

$$\delta_0 = \begin{cases} \dfrac{1}{8} \dfrac{w H^4}{K_W} & \text{(Gleichlast)} \\[6pt] \dfrac{13}{120} \dfrac{w H^4}{K_W} & \text{(Trapezlast)} \\[6pt] \dfrac{11}{120} \dfrac{w H^4}{K_W} & \text{(Dreiecklast)} \\[6pt] \dfrac{1}{3} \dfrac{W H^3}{K_W} & \text{(Einzellast)} \\[6pt] \dfrac{1}{2} \dfrac{\mathfrak{M} H^2}{K_W} & \text{(Einzelmoment)} \end{cases} \tag{2.40}$$

der Festigkeitslehre gegeben.

Der Durchbiegungskoeffizient $\eta_{\Delta,0}$ für den Systemoberrand hängt vom Steifheitsparameter A des Scheibensystems, dem Korrekturkoeffizient β und natürlich vom Lastfall ab, kann aber in der Form

$$\eta_{\Delta,0} = 1 - \beta \chi \tag{2.41}$$

angeschrieben werden, wobei der — gleichfalls dimensionslose — Hilfskoeffizient χ von A und dem Lastfall, nicht aber von β abhängt. Nach längerer Zwischenrechnung erhält man, von der Gl. (2.39) ausgehend, für den *Durchbiegungshilfskoeffizient* χ die Formeln

$$\chi = \begin{cases} 1 + \dfrac{4}{A^2}\left\{1 + \dfrac{2}{A^2}\left[\dfrac{1}{\cosh A} - \right.\right. \\ \qquad\left.\left. - A^2 + A\tanh A - 1\right]\right\} & \text{(Gleichlast)} \\[6pt] 1 + \dfrac{40}{13\,A^2}\left\{1 + \dfrac{3}{A^2}\left[\dfrac{1}{\cosh A} + \right.\right. \\ \qquad\left.\left. + (0{,}5 - 0{,}75\,A^2)\left(1 - \dfrac{\tanh A}{A}\right) - 1\right]\right\} & \text{(Trapezlast)} \\[6pt] 1 + \dfrac{20}{11\,A^2}\left\{1 + \dfrac{6}{A^2}\left[\dfrac{1}{\cosh A} + \right.\right. \\ \qquad\left.\left. + (1 - 0{,}5\,A^2)\left(1 - \dfrac{\tanh A}{A}\right) - 1\right]\right\} & \text{(Dreiecklast)} \\[6pt] 1 + \dfrac{3}{A^2}\left(\dfrac{\tanh A}{A} - 1\right) & \text{(Einzellast)} \\[6pt] 1 + \dfrac{2}{A^2}\left(\dfrac{1}{\cosh A} - 1\right) & \text{(Einzelmoment)} \end{cases} \quad (2.42)$$

Durch Auswertung der Formeln (2.42) erhaltene Zahlenwerte des Durchbiegungshilfskoeffizienten sind in der *Zahlentafel 7* zusammengestellt.

3 Grundschwingzeit

Zur Ermittlung der Schwingzeit der freien Schwingungen des Scheibensystems nach dem Grundton beschränken wir uns auf das im Kap. C.II, Abschnitt 2, beschriebene Näherungsverfahren.

Die Grundformel für die Schwingzeit

$$T = \frac{2\pi}{\sqrt{g}}\sqrt{\frac{\int_0^H \varDelta^2\,dx}{\int_0^H \varDelta\,dx}} \tag{3.1}$$

wird an Hand der Hilfsergebnisse

$$\left.\begin{aligned} \int_0^H \varDelta\,dx &= H\,\delta_0 \int_0^1 \eta_\varDelta\,d\xi \\ \int_0^H \varDelta^2\,dx &= H\,\delta_0^2 \int_0^1 \eta_\varDelta^2\,d\xi \\ \delta_0 &= \frac{qH^4}{8\,K_W} \end{aligned}\right\} \tag{3.2}$$

wieder in der Gebrauchsform

$$T = \eta_T \cdot H^2 \sqrt{\frac{q}{K_W}} \quad [\text{sec}] \qquad (3.3)$$

angeschrieben. Der Schwingzeitkoeffizient ergibt sich nun zu

$$\eta_T = \frac{\pi}{\sqrt{2g}} \sqrt{\frac{\int_0^1 \eta_\Delta^2 \, d\xi}{\int_0^1 \eta_\Delta \, d\xi}} = 0{,}7092 \sqrt{\frac{\sum\limits_{\xi=0{,}0}^{1{,}0} \varkappa_\xi \, \eta_{\Delta\xi}^2}{\sum\limits_{\xi=0{,}0}^{1{,}0} \varkappa_\xi \, \eta_{\Delta\xi}}} \quad \left[\frac{\text{sec}}{\sqrt{m}}\right] \qquad (3.4)$$

Die Formel (3.4) für den — über η_Δ von A und β abhängigen — Schwingzeitkoeffizient wurde unter Berücksichtigung der Formel (2.38) für den Durchbiegungskoeffizient η_Δ zahlenmäßig ausgewertet, u. zw. für

$$A = \begin{cases} 0{,}25 \div 10{,}0 \; (0{,}25) \\ 10{,}0 \div 20{,}0 \; (0{,}5) \end{cases}$$

$$\beta = 0{,}76 \div 1{,}0 \; (0{,}02).$$

Die Ergebnisse sind in der *Zahlentafel 8* zusammengestellt. Die in der ersten Reihe für $\beta = 1$ angegebenen Werte entsprechen Scheibensystemen mit dehnstarren Stützen.

Die Berücksichtigung der Dehnungen der Stützen der gegliederten Scheiben hat natürlich eine Vergrößerung des Schwingzeitkoeffizienten und hiermit der Schwingzeit zur Folge. Die Betrachtung der Zahlentafel 8 zeigt, daß bei kleinen A-Werten dieser Einfluß gering ist, bei wachsenden A-Werten und kleiner werdenden β-Werten aber stark anwächst.

4 Einfluß lotrechter Lasten

Lotrechte Lasten werden als längs der ganzen Systemhöhe verteilte Gleichlasten angenommen. Die Intensität der lotrechten Last einer vollen Scheibe v_k sei mit $\mathfrak{n}_{v_k}$, ihre Exzentrizität bezüglich der Schwerachse der Scheibe mit e_{v_k} bezeichnet. Sinngemäß bezeichnen $\mathfrak{n}_1$, e_1 und $\mathfrak{n}_2$, e_2 die Intensitäten bzw. Exzentrizitäten der lotrechten Lasten der Stützen 1 und 2 der summaren gegliederten Scheibe. Die Intensitäten und Exzentrizitäten der lotrechten Lasten müssen als für gleichnamige Stützen sämtlicher gegliederter Scheiben untereinander gleich angenommen werden. Lasten seien von oben nach unten wirkend positiv; Exzentrizitäten e seien positiv, wenn die Last rechts von der Schwerachse der Scheibe bzw. Stütze angreift.

4.1 Scheibensysteme mit gegliederten Scheiben mit einer Öffnungsspalte

4.1.1 Statisches Schema

Abb. 4.1 zeigt das statische Schema des Scheibensystems samt Last und der statisch überzähligen Größe, der längs der Gesamtverbindung wirkenden Gesamtschubkraft T. Links sind von der beliebigen Anzahl voller Scheiben zwei dargestellt, nämlich die vollen Scheiben v_1 und v_2, rechts ist die summare gegliederte Scheibe.

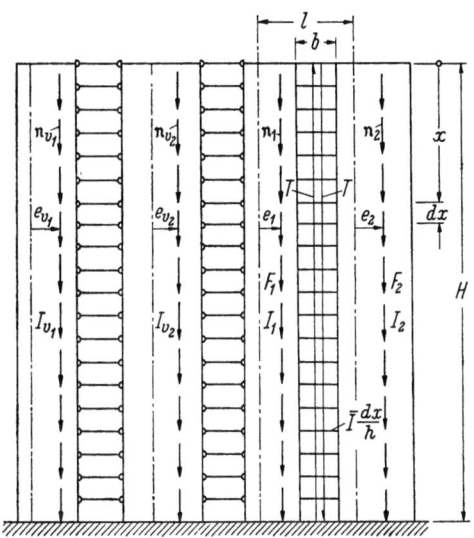

Abb. 4.1. Statisches Schema samt Last und statisch überzähliger Größe des Scheibensystems mit gegliederten Scheiben mit *einer* Öffnungsspalte.

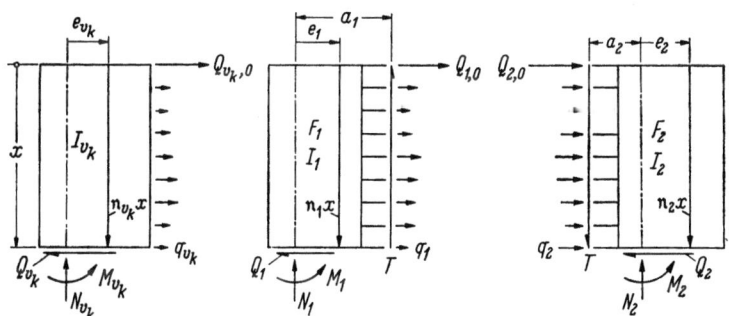

Abb. 4.2. Abschnitte der Länge x der vollen Scheibe v_k und der beiden Stützen 1 und 2 der summaren gegliederten Scheibe des Scheibensystems gemäß Abb. 4.1 samt Krafteinwirkungen.

Das Kragträgermoment an der beliebigen Kote x beträgt

$$\mathfrak{M} = (\Sigma \, \mathfrak{n}_v e_v + \mathfrak{n}_1 e_1 + \mathfrak{n}_2 e_2) x; \qquad (4.1)$$

das Summenzeichen beim ersten Glied bezieht sich dabei auf sämtliche vollen Scheiben des Scheibensystems.

Für die Gesamtschnittkräfte als Funktionen der statisch überzähligen Größe, nämlich das Gesamtmoment und die Längskräfte der beiden Stützen 1 und 2 der summaren gegliederten Scheibe (Abb. 4.2) gelten die Formeln

$$\left. \begin{array}{l} M = \mathfrak{M} - Tl, \\[4pt] N_1 = \mathfrak{n}_1 x - T, \\[4pt] N_2 = \mathfrak{n}_2 x + T. \end{array} \right\} \qquad (4.2)$$

4.1.2 Formulierung der Aufgabe

Für die komplementäre Energie des Scheibensystems hat man an Hand elementarer Formeln der Festigkeitslehre und unter Berücksichtigung der Beziehungen (4.2) den Ausdruck

$$U = \int_0^H \left[\frac{T'^2}{2\,S} + \frac{(\mathfrak{M} - Tl)^2}{2\,K_W} + \frac{(\mathfrak{n}_1 x - T)^2}{2\,E_N F_1} + \frac{(\mathfrak{n}_2 x + T)^2}{2\,E_N F_2} \right] dx; \qquad (4.3)$$

dabei bezeichnet S die als Schubfluß T' definierte Steifheit der Gesamtverbindung, die eine senkrecht zu den Lamellenachsen zwischen den beiden Endtangenten ihrer Durchbiegungslinien gemessene gegenseitige Verschiebung 1 erzeugt und mit der Steifheit K der Gesamtverbindung [Kap. C.I, Formeln (3.3) und (1.6)] durch die Beziehung $S = K/l^2$ verknüpft ist [Kap. B, Formel (1.32)]. Im Ausdruck (4.3) gibt das erste Glied den Beitrag der Gesamtverbindung, das zweite den Beitrag des Gesamtmomentes, das dritte und vierte die Beiträge der Gesamtlängskräfte wieder.

Die in der der behandelten Aufgabe zugehörigen Eulerschen Differentialgleichung $F_T - F'_{T'} = 0$ auftretenden Glieder sind nun

$$\left. \begin{array}{l} F_T = \left[\dfrac{l^2}{K_W} + \dfrac{1}{E_N} \left(\dfrac{1}{F_1} + \dfrac{1}{F_2} \right) \right] T + \dfrac{1}{E_N} \left(\dfrac{\mathfrak{n}_2}{F_2} - \dfrac{\mathfrak{n}_1}{F_1} \right) x - \dfrac{\mathfrak{M} l}{K_W} \\[10pt] F'_{T'} = \dfrac{T''}{S}, \end{array} \right\} \qquad (4.4)$$

Einfache Scheibensysteme. — Einfluß lotrechter Lasten

so daß sich die Eulersche Differentialgleichung selbst, wenn noch für das Kragträgermoment $\mathfrak{M}$ der Ausdruck (4.1) eingesetzt wird, zu

$$-\frac{T''}{S} + \left[\frac{l^2}{K_W} + \frac{1}{E_N}\left(\frac{1}{F_1} + \frac{1}{F_2}\right)\right] T = \left[\frac{1}{E_N}\left(\frac{n_1}{F_1} - \frac{n_2}{F_2}\right) + \right.$$
$$\left. + \frac{1}{K_W}(\Sigma \mathfrak{n}_v\, e_v + \mathfrak{n}_1\, e_1 + \mathfrak{n}_2\, e_2)\right] x \qquad (4.5)$$

ergibt.

Wären die Riegel der gegliederten Scheiben starr ($\bar{I} = \infty$) und hiermit $S = \infty$, würde in der Differentialgleichung (4.5) das erste Glied zu Null, so daß sie in eine lineare algebraische Gleichung degenerieren würde. Ihre Lösung bezüglich der Unbekannten T wäre dann

$$\mathfrak{T} = \mathfrak{T}' x \qquad (4.6)$$

mit der Bezeichnung

$$\mathfrak{T}' = \frac{\dfrac{1}{E_N}\left(\dfrac{n_1}{F_1} - \dfrac{n_2}{F_2}\right) + \dfrac{1}{K_W}(\Sigma \mathfrak{n}_v\, e_v + \mathfrak{n}_1\, e_1 + \mathfrak{n}_2\, e_2)}{\dfrac{l^2}{K_W} + \dfrac{1}{E_N}\left(\dfrac{1}{F_1} + \dfrac{1}{F_2}\right)} =$$

$$= \frac{\dfrac{n_1}{F_1} - \dfrac{n_2}{F_2} + \dfrac{l}{\Sigma I}(\Sigma \mathfrak{n}_v\, e_v + \mathfrak{n}_1\, e_1 + \mathfrak{n}_2\, e_2)}{\dfrac{l^2}{\Sigma I} + \dfrac{1}{F_1} + \dfrac{1}{F_2}} \qquad (4.7)$$

für den $S = \infty$ entsprechenden — längs der Systemhöhe konstanten — Gesamtschubfluß. Die Größen $\mathfrak{T}$ bzw. $\mathfrak{T}'$ werden im folgenden Kragträgerschubkraft bzw. Kragträgerschubfluß genannt. Der zweite der Ausdrücke (4.7) gilt für $E_N = E$.

Tatsächlich ist im allgemeinen $S \neq \infty$. Zur Differentialgleichung (4.5) der Gesamtschubkraft zurückkehrend transformieren wir diese durch Einführung des Steifheitsparameters A des Scheibensystems [erste der Formeln (2.11)] und des Kragträgerschubflusses $\mathfrak{T}'$ [Formel (4.7)], zur endgültigen Form

$$-T'' + \frac{A^2}{H^2} T = \frac{A^2}{H^2} \mathfrak{T}' x. \qquad (4.8)$$

Dabei wurde $E_R = E_N = E$, also der Elastizitätsmodul für das ganze Scheibensystem konstant angenommen.

Die Randbedingungen sind

$$\left.\begin{array}{l} T_0 = 0, \\ T'_H = 0. \end{array}\right\} \qquad (4.9)$$

204 Berücksichtigung der Dehnungen der Stützen gegliederten Scheiben

Die Lösung der Differentialgleichung (4.8) der Gesamtschubkraft T suchen wir in der Form des Ansatzes

$$T = \eta_T \cdot \mathfrak{T}_H, \qquad (4.10)$$

beziehen also die Gesamtschubkraft für ein beliebiges x auf die Kragträgerschubkraft

$$\mathfrak{T}_H = \frac{\dfrac{n_1}{F_1} - \dfrac{n_2}{F_2} + \dfrac{l}{\Sigma I}(\Sigma n_v e_v + n_1 e_1 + n_2 e_2)}{\dfrac{l^2}{\Sigma I} + \dfrac{1}{F_1} + \dfrac{1}{F_2}} H \qquad (4.11)$$

für den Systemunterrand. Der dimensionslose Koeffizient η_T sei Gesamtschubkraftkoeffizient genannt.

Durch Einführung des Ansatzes (4.10), Berücksichtigung der Beziehung (4.6) und Übergang von der Kote x zur dimensionslosen Kote $\xi = x/H$ wird die Differentialgleichung (4.8) der Gesamtschubkraft zur Differentialgleichung

$$-\eta_T'' + A^2 \eta_T = A^2 \xi \qquad (4.12)$$

des Gesamtschubkraftkoeffizienten.

Die Randbedingungen (4.9) der Gesamtschubkraft werden sinngemäß in die Randbedingungen

$$\left.\begin{array}{l} \eta_{T,0} = 0 \\ \eta_{T,1}' = 0 \end{array}\right\} \qquad (4.13)$$

des Gesamtschubkraftkoeffizienten überführt.

Durch die Differentialgleichung (4.12) und die Randbedingungen (4.13) ist die behandelte Aufgabe eindeutig formuliert.

4.1.3 Lösung der Aufgabe

Die Lösung der durch die Gln. (4.12) und (4.13) beschriebenen Randwertaufgabe führt zur Formel

$$\eta_T = \xi - \frac{\sinh A \xi}{A \cosh A} \qquad (4.14)$$

des Gesamtschubkraftkoeffizienten.

Der Gesamtschubfluß ergibt sich durch Ableiten nach x der Gebrauchsformel (4.10) für die Gesamtschubkraft und Einführung des

Kragträgerschubflusses $\mathfrak{T}' = \dfrac{\mathfrak{T}_H}{H}$ zu

$$T' = \frac{d\eta_T}{d\xi} \cdot \frac{d\xi}{dx} \mathfrak{T}_H = \eta_{T'} \cdot \mathfrak{T}'. \qquad (4.15)$$

Der Gesamtschubfluß T' für ein beliebiges x ist hiermit auf den längs x konstanten Kragträgerschubfluß $\mathfrak{T}'$ bezogen.

Die Formel des Gesamtschubflußkoeffizienten $\eta_{T'}$ erhält man durch Ableiten nach ξ der Formel (4.14) zu

$$\eta_{T'} = 1 - \frac{\cosh A\,\xi}{\cosh A}. \qquad (4.16)$$

Die durch Auswertung der Formeln (4.14) und (4.16) erhaltenen Zahlenwerte des Gesamtschubkraft- und Gesamtschubflußkoeffizienten sind in der *Zahlentafel 5* zusammengestellt.

4.1.4 Gesamtschnittkräfte. Schnittkräfte

Die Ermittlung der Gesamtschnittkräfte und Schnittkräfte erfolgt zweckmäßigerweise tabellarisch etwa für die Zehntelpunkte der Systemhöhe.

4.1.4.1 Biegemomente der vollen Scheiben. Biegemomente und Längskräfte der Stützen der gegliederten Scheiben. Querkräfte und Einspannmomente der Riegel. Zuerst ermittelt man nach der Gebrauchsformel (4.10) unter Zuziehung der Zahlentafel 5 die Gesamtschubkraft T.

Das Gesamtmoment M berechnet man nach der ersten der Formeln (4.2) und teilt es auf die einzelnen vollen Scheiben und Stützen der gegliederten Scheiben im Verhältnis ihrer Eigenträgheitsmomente auf.

Die Gesamtlängskräfte N_1 und N_2 berechnet man mittels der zweiten und dritten der Formeln (4.2) und teilt sie zu gleichen Teilen auf die Stützen 1 bzw. 2 der einzelnen gegliederten Scheiben auf. Die Längskräfte der vollen Scheiben sind durch die unmittelbar auf sie einwirkende lotrechte Last bestimmt.

Biegemomente sind positiv, wenn sie an der linken Seite der betrachteten Scheibe Zugspannungen erzeugen. Längskräfte sind als Druckkräfte positiv (Abb. 4.2).

Die Gesamtquerkräfte der Riegel ermittelt man unter Zuziehung der Zahlentafel 5 nach den Formeln

$$\left.\begin{aligned} T &= \eta_{T'} \cdot h\,\mathfrak{T}', \\ T_0 &= \eta_{T',0} \cdot \frac{h}{2}\,\mathfrak{T}'; \end{aligned}\right\} \qquad (4.17)$$

die erste gilt für sämtliche inneren, die zweite für den obersten Riegel. Die Gesamtquerkräfte werden zu gleichen Teilen auf die Riegel der einzelnen gegliederten Scheiben aufgeteilt. Die positive Richtung von T'' und T^v ist durch die positive Richtung von T bestimmt (Abbn. 4.1 und 4.2). Die Einspannmomente der Riegel kann man an Hand ihrer Querkräfte und der angenommenen Lage des Momentennullpunktes elementar bestimmen.

4.1.4.2 Querkräfte der vollen Scheiben und Stützen der gegliederten Scheiben. Die Querkräfte der vollen Scheiben und Stützen der gegliederten Scheiben sind, da Biegemomente nicht nur durch die Querlasten hervorgerufen werden, nicht der Ableitung des entsprechenden Biegemomentes nach der Kote gleich. Man kann sie erforderlichenfalls wie folgt ermitteln.

Abb. 4.2 zeigt Abschnitte der Länge x einer der vollen Scheiben, und zwar beispielsweise der vollen Scheibe k und der beiden Stützen 1 und 2 der summaren gegliederten Scheibe des untersuchten Scheibensystems gemäß Abb. 4.1. Die Pendellamellen, die die einzelnen vollen Scheiben untereinander und mit den Stützen der summaren gegliederten Scheibe verbinden, sind entfernt und die Lamellen, die die beiden Stützen der summaren gegliederten Scheibe verbinden, im Momentennullpunkt durchschnitten. Die Einwirkung der entfernten und durchschnittenen Lamellen auf die vollen Scheiben und Stützen der summaren gegliederten Scheibe ist durch auf diese einwirkende Querlasten und die Gesamtschubkraft T ersetzt. Ferner sind die im Querschnitt x wirkenden Schnittkräfte angegeben.

Die Bedeutung der neu eingeführten Bezeichnungen ist die folgende:

a_1, a_2 Abstände des Momentennullpunktes der Lamellen von den Schwerachsen der benachbarten Stützen

M_{v_k}, M_1, M_2 Biegemomente
N_{v_k}, N_1, N_2 Längskräfte
Q_{v_k}, Q_1, Q_2 Querkräfte
q_{v_k}, q_1, q_2 Intensitäten der Querlasten
m_{v_k}, m_1, m_2 Biegemomente aus den Querlasten
$Q_{v_k,0}, Q_{1,0}, Q_{2,0}$ Querlasten, zugleich Querkräfte am Systemoberrand

an der Kote x der vollen Scheibe v_k und der Stützen 1 und 2 der summaren gegliederten Scheibe

Der positive Sinn der besprochenen Schnittkräfte ist auf Abb. 4.2 festgelegt.

Die Ermittlung der Intensität der Querlasten, der Querlasten am Systemoberrand und der Querkräfte der vollen Scheiben und Stützen der summaren gegliederten Scheibe geht wie folgt vor sich.

Einfache Scheibensysteme. — Einfluß lotrechter Lasten

Volle Scheibe v_k

$$\left.\begin{aligned}M_{v_k} &= \mathfrak{n}_{v_k}\, x\, e_{v_k} + m_{v_k} = \frac{I_{v_k}}{\Sigma I}\left[\left(\sum \mathfrak{n}_v\, e_v + \mathfrak{n}_1\, e_1 + \mathfrak{n}_2\, e_2\right) x - Tl\right] \\ m_{v_k} &= \frac{I_{v_k}}{\Sigma I}\left(\sum \mathfrak{n}_v\, e_v + \mathfrak{n}_1\, e_1 + \mathfrak{n}_2\, e_2\right) x - \mathfrak{n}_{v_k}\, e_{v_k}\, x - l\,\frac{I_{v_k}}{\Sigma I}\, T\end{aligned}\right\} \quad (4.18)$$

$$\left.\begin{aligned}Q_{v_k} &= m'_{v_k} = \frac{I_{v_k}}{\Sigma I}\left(\sum \mathfrak{n}_v\, e_v + \mathfrak{n}_1\, e_1 + \mathfrak{n}_2\, e_2\right) - \mathfrak{n}_{v_k}\, e_{v_k} - l\,\frac{I_{v_k}}{\Sigma I}\, T' \\ Q_{v_k,0} &= \frac{I_{v_k}}{\Sigma I}\left(\sum \mathfrak{n}_v\, e_v + \mathfrak{n}_1\, e_1 + \mathfrak{n}_2\, e_2\right) - \mathfrak{n}_{v_k}\, e_{v_k} - l\,\frac{I_{v_k}}{\Sigma I}\, T'_0 \\ q_{v_k} &= Q'_{v_k} = -l\,\frac{I_{v_k}}{\Sigma I}\, T''\end{aligned}\right\} \quad (4.19)$$

Stütze 1 der summaren gegliederten Scheibe

$$\left.\begin{aligned}M_1 &= \mathfrak{n}_1\, x\, e_1 - T\, a_1 + m_1 = \frac{I_1}{\Sigma I} \times \\ &\quad \times \left[\left(\sum \mathfrak{n}_v\, e_v + \mathfrak{n}_1\, e_1 + \mathfrak{n}_2\, e_2\right) x - Tl\right] \\ m_1 &= \frac{I_1}{\Sigma I}\left(\sum \mathfrak{n}_v\, e_v + \mathfrak{n}_1\, e_1 + \mathfrak{n}_2\, e_2\right) x - \mathfrak{n}_1\, e_1\, x + \\ &\quad + \left(a_1 - l\,\frac{I_1}{\Sigma I}\right) T\end{aligned}\right\} \quad (4.20)$$

$$\left.\begin{aligned}Q_1 &= m'_1 = \frac{I_1}{\Sigma I}\left(\sum \mathfrak{n}_v\, e_v + \mathfrak{n}_1\, e_1 + \mathfrak{n}_2\, e_2\right) - \mathfrak{n}_1\, e_1 + \\ &\quad + \left(a_1 - l\,\frac{I_1}{\Sigma I}\right) T' \\ Q_{1,0} &= \frac{I_1}{\Sigma I}\left(\sum \mathfrak{n}_v\, e_v + \mathfrak{n}_1\, e_1 + \mathfrak{n}_2\, e_2\right) - \mathfrak{n}_1\, e_1 + \\ &\quad + \left(a_1 - l\,\frac{I_1}{\Sigma I}\right) T'_0 \\ q_1 &= Q'_1 = \left(a_1 - l\,\frac{I_1}{\Sigma I}\right) T''\end{aligned}\right\} \quad (4.21)$$

Stütze 2 der summaren gegliederten Scheibe

$$\left.\begin{aligned}M_2 &= \mathfrak{n}_2\, x\, e_2 - T\, a_2 + m_2 = \\ &= \frac{I_2}{\Sigma I}\left(\sum \mathfrak{n}_v\, e_v + \mathfrak{n}_1\, e_1 + \mathfrak{n}_2\, e_2\right) x - Tl] \\ m_2 &= \frac{I_2}{\Sigma I}\left(\sum \mathfrak{n}_v\, e_v + \mathfrak{n}_1\, e_1 + \mathfrak{n}_2\, e_2\right) x - \mathfrak{n}_2\, e_2\, x + \\ &\quad + \left(a_2 - l\,\frac{I_2}{\Sigma I}\right) T\end{aligned}\right\} \quad (4.22)$$

208 Berücksichtigung der Dehnungen der Stützen gegliederter Scheiben

$$\left.\begin{aligned} Q_2 &= m_2' = \frac{I_2}{\Sigma I}\left(\sum n_v\, e_v + n_1\, e_1 + n_2\, e_2\right) - n_2\, e_2 + \\ &\quad + \left(a_2 - l\frac{I_2}{\Sigma I}\right) T' \\ Q_{2,0} &= \frac{I_2}{\Sigma I}\left(\sum n_v\, e_v + n_1\, e_1 + n_2\, e_2\right) - n_2\, e_2 + \\ &\quad + \left(a_2 - l\frac{I_2}{\Sigma I}\right) T_0' \\ q_2 &= Q_2' = \left(a_2 - l\frac{I_2}{\Sigma I}\right) T'' \end{aligned}\right\} \quad (4.23)$$

Zur Kontrolle können die Gleichgewichtsbedingungen

$$\left.\begin{aligned} \sum Q_{v_k,0} + Q_{1,0} + Q_{2,0} &= 0 \\ \sum q_{v_k} + q_1 + q_2 &= 0 \end{aligned}\right\} \quad (4.24)$$

angesetzt werden. Sie besagen, daß die Summe der Querlasten am Systemoberrand bzw. an der Kote x sämtlicher vollen Scheiben und Stützen der gegliederten Scheiben gleich Null sein muß; das Scheibensystem ist nämlich nur lotrecht belastet. Setzt man in die Gln. (4.24) für die Querlasten am Systemoberrand und die Intensitäten der Querlasten an der Kote x die oben entwickelten Ausdrücke ein, sieht man, daß sie befriedigt sind.

Die Querkräfte der Stützen der summaren gegliederten Scheibe verteilt man zu gleichen Teilen auf die entsprechenden Stützen der einzelnen gegliederten Scheiben.

4.1.4.3 Scheibenkräfte der Dach- und Deckenscheiben. Die Scheibenkräfte der Dach- und Deckenscheiben können erforderlichenfalls unmittelbar aus den oben ermittelten Querlasten der vollen Scheiben und Stützen der gegliederten Scheiben angegeben werden.

Die seitens der vollen Scheibe v_k auf die *Dach*scheibe einwirkende Scheibenkraft und die Resultierenden der seitens der Stützen 1 und 2 sämtlicher gegliederter Scheiben auf die Dachscheibe einwirkenden Scheibenkräfte betragen $-\left(Q_{v_k,0} + q_{v_k,0}\frac{h}{2}\right)$, $-\left(Q_{1,0} + q_{1,0}\frac{h}{2}\right)$ und $-\left(Q_{2,0} + q_{2,0}\frac{h}{2}\right)$. Die Minuszeichen geben an, daß diese Kräfte den auf die vollen Scheiben und Stützen der gegliederten Scheiben einwirkenden entgegen gerichtet sind. Die Beiträge der zweiten Glieder sind klein und können oft vernachlässigt werden.

Sinngemäß betragen die auf die *Decken*scheiben einwirkenden Scheibenkräfte $-q_{v_k} h$, $-q_1 h$ und $-q_2 h$. Die Beanspruchung der

Deckenscheiben ist aber normalerweise so gering, daß sie nicht untersucht zu werden braucht.

Abb. 4.3 zeigt — als Beispiel — die auf die Dachscheibe des Scheibensystems gemäß Abb. 1.1b einwirkenden Scheibenkräfte.

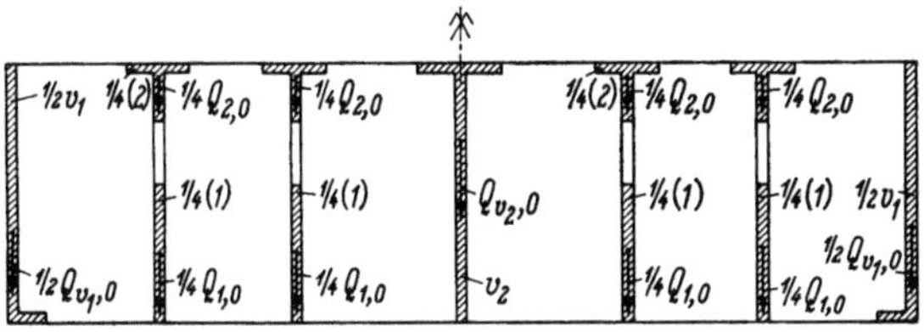

Abb. 4.3. Auf die Dachscheibe des Scheibensystems gemäß Abb. 1.1b einwirkende Scheibenkräfte.

4.1.4.4 Bemerkung bezüglich der Lastsonderfälle. Wirken die lotrechten Lasten mittig, vereinfachen sich die oben entwickelten Formeln für die Kragträgerschubkraft $\mathfrak{T}_H$ für den Systemunterrand, für den Kragträgerschubfluß $\mathfrak{T}'$ und für die Gesamtschnittkräfte. Sämtliche e-Werte enthaltende Glieder fallen aus.

Ist außerdem $\dfrac{n_1}{F_1} = \dfrac{n_2}{F_2}$ wird gemäß der Gl. (4.11) $\mathfrak{T}_H = 0$ und hiermit gemäß der Gl. (4.10) $T \equiv 0$. In den vollen Scheiben und Stützen der gegliederten Scheiben treten somit keine Biegemomente auf. Die Riegel bleiben, da zufolge $T \equiv 0$ auch $T' \equiv 0$ ist, unbeansprucht.

Das Ergebnis der Untersuchung stimmt mit dem als offensichtlich erwarteten überein.

4.2 Scheibensysteme aus einer beliebigen Anzahl beliebig gestalteter voller Scheiben und einer beliebigen Anzahl von Paaren untereinander gleicher symmetrisch angeordneter und belasteter gegliederten Scheiben mit einer Öffnungsspalte. Scheibensysteme aus einer beliebigen Anzahl beliebig gestalteter voller Scheiben und einer beliebigen Anzahl untereinander gleicher symmetrischer, symmetrisch belasteter gegliederter Scheiben mit drei Öffnungsspalten

Abb. 4.4a zeigt das statische Schema samt Last und statisch überzähliger Größe des Scheibensystems aus einer beliebigen Anzahl beliebig gestalteter voller Scheiben und einer beliebigen Anzahl Paaren untereinander gleicher symmetrisch angeordneter gegliederter Scheiben mit einer Öffnungsspalte. Links sind von der beliebigen Anzahl voller Scheiben zwei dargestellt, rechts ist das Paar der summaren gegliederten Scheiben. Die vollen Scheiben werden als mittig belastet angenommen.

Sinngemäß zeigt Abb. 4.4b das statische Schema samt Last und statisch überzähliger Größe des Scheibensystems aus einer beliebigen Anzahl beliebig gestalteter voller Scheiben und einer beliebigen Anzahl

210 Berücksichtigung der Dehnungen der Stützen gegliederter Scheiben

untereinander gleicher symmetrischer symmetrisch belasteter gegliederter Scheiben mit drei Öffnungsspalten. Links sind von der beliebigen Anzahl voller Scheiben wieder zwei dargestellt, rechts ist die summare ge-

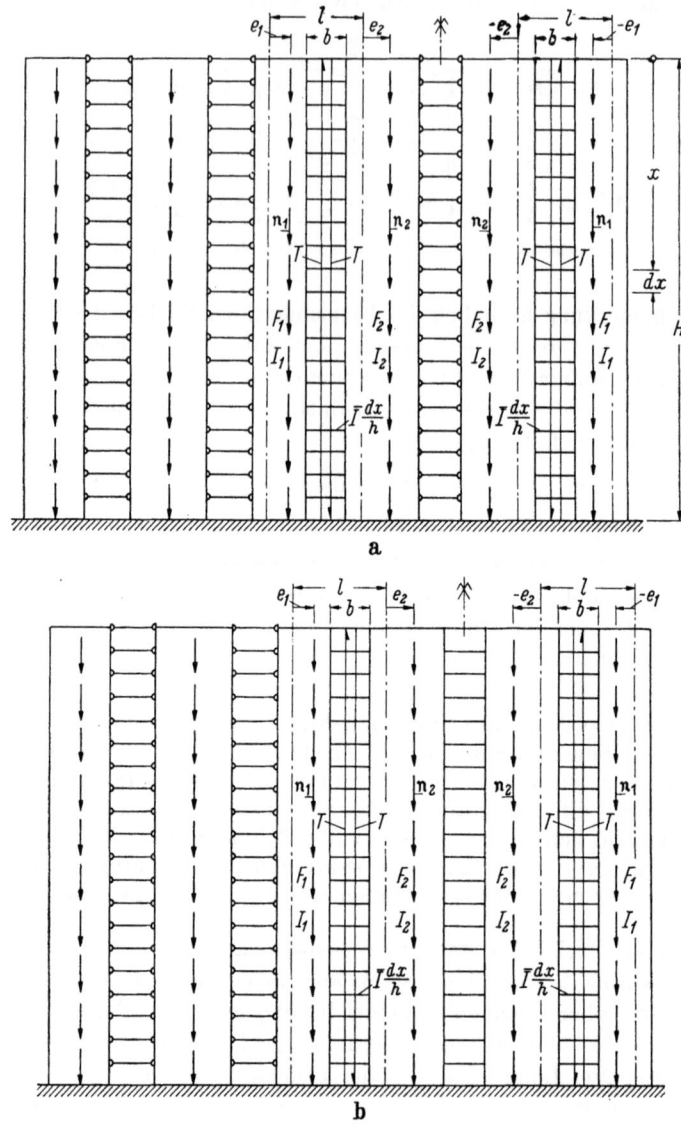

Abb. 4.4. a) Statisches Schema des Scheibensystems aus einer beliebigen Anzahl beliebig gestalteter voller Scheiben und einer beliebigen Anzahl Paaren untereinander gleicher symmetrisch angeordneter und belasteter gegliederter Scheiben mit einer Öffnungsspalte; b) statisches Schema des Scheibensystems aus einer beliebigen Anzahl beliebig gestalteter voller Scheiben und einer beliebigen Anzahl untereinander gleicher symmetrischer symmetrisch belasteter gegliederter Scheiben mit drei Öffnungsspalten.

gliederte Scheibe; diese hat, dem Aufbau der gegliederten Scheiben entsprechend, vier Stützen und drei Lamellenstränge.

Der Unterschied der beiden Schemata ist darin, daß beim Scheibensystem gemäß Abb. 4.4a die beiden summaren gegliederten Scheiben durch Pendellamellen miteinander verbunden sind, während beim Scheibensystem gemäß Abb. 4.4b die beiden Innenstützen der summaren gegliederten Scheibe durch biegesteif angeschlossene Lamellen verbunden sind. Trotz dieses Unterschiedes sind aber der Schnittkräfte- und Formänderungszustand der beiden Scheibensysteme gleich. Dies folgt aus der Tatsache, daß bei der Formänderung der Systeme die gegenständigen Lamellen lediglich eine Parallelverschiebung nach unten oder oben erfahren, ohne sich dabei zu verformen. Es ist demzufolge belanglos, wie sie an die benachbarten Stützen angeschlossen sind.

Bei der durch die gegebene Last verursachten Formänderung des Systems erfahren die vollen Scheiben und die Stützen der gegliederten Scheiben lediglich Dehnungen. Waagrechte Durchbiegungen der Scheibensysteme treten nicht auf. Die Lamellen bzw. Riegel der summaren gegliederten Scheiben gemäß Abb. 4.4a und die Lamellen bzw. Riegel der äußeren Öffnungsspalten der summaren gegliederten Scheibe gemäß Abb. 4.4b sind auf Biegung beansprucht; sie gleichen die Dehnungen der benachbarten Stützen zum Teil aus.

Die vollen Scheiben haben keinen Einfluß auf den Schnittkräfte- und Formänderungszustand der gegliederten Scheiben; sie brauchen daher bei der folgenden Untersuchung nicht berücksichtigt zu werden. Sinngemäß üben die gegliederten Scheiben keinen Einfluß auf die vollen Scheiben aus.

Als statisch überzählige Größe wird wieder die Gesamtschubkraft T (Abb. 4.4) gewählt.

Die Untersuchung wird sinngemäß wie bei Scheibensystemen mit gegliederten Scheiben mit einer Öffnungsspalte (Abschnitt 4.1) durchgeführt, so daß auf die Wiederholung der Erläuterungen verzichtet wird.

Kragträgermoment: $\mathfrak{M} = 0$ \hfill (4.25)

Gesamtmoment: $M = 0$ \hfill (4.26)

Gesamtlängskräfte: $N_1 = \mathfrak{n}_1 x - T$
$N_2 = \mathfrak{n}_2 x + T.$ \hfill (4.27)

Komplementäre Energie des Systems:

$$U = \int_0^H \left[\frac{T'^2}{S} + \frac{(\mathfrak{n}_1 x - T)^2}{E_N F_1} + \frac{(\mathfrak{n}_2 x + T)^2}{E_N F_2} \right] dx \quad (4.28)$$

(S bezieht sich auf *eine* Lamellenspalte *einer* summaren gegliederten Scheibe)

Eulersche Differentialgleichung:

$$-\frac{T''}{S} + \frac{1}{E_N}\left(\frac{1}{F_1} + \frac{1}{F_2}\right)T = \frac{1}{E_N}\left(\frac{n_1}{F_1} - \frac{n_2}{F_2}\right)x \qquad (4.29)$$

Kragträgerschubkraft für ein beliebiges x und für den Systemunterrand:

$$\left.\begin{aligned}\mathfrak{T} &= \frac{\dfrac{n_1}{F_1} - \dfrac{n_2}{F_2}}{\dfrac{1}{F_1} + \dfrac{1}{F_2}}\,x \\[2mm] \mathfrak{T}_H &= \frac{\dfrac{n_1}{F_1} - \dfrac{n_2}{F_2}}{\dfrac{1}{F_1} + \dfrac{1}{F_2}}\,H\end{aligned}\right\} \qquad (4.30)$$

Kragträgerschubfluß (längs der Systemhöhe konstant):

$$\mathfrak{T}' = \frac{\dfrac{n_1}{F_1} - \dfrac{n_2}{F_2}}{\dfrac{1}{F_1} + \dfrac{1}{F_2}} \qquad (4.31)$$

Durch Einführung des — natürlich dimensionslosen — *Steifheitsparameters*

$$A = \sqrt{\left(\frac{1}{F_1} + \frac{1}{F_2}\right)\frac{S}{E_N}}\,H = \sqrt{\left(\frac{1}{F_1} + \frac{1}{F_2}\right)\frac{\lambda \bar{I}}{h b^3}}\,H \qquad (4.32)$$

des Scheibensystems für symmetrische Last und des Kragträgerschubflusses $\mathfrak{T}'$ nimmt die Differentialgleichung (4.29) der Gesamtschubkraft T die endgültige Form (4.8) an (Abschnitt 4.1). Der zweite der Ausdrücke (4.32) gilt für den Normalfall $E_R = E_N$. Es gelten also auch für die hier untersuchten Scheibensysteme die Gebrauchsformeln

(4.10) für die Gesamtschubkraft T,
(4.15) für den Gesamtschubfluß T',
(4.14) für den Gesamtschubkraftkoeffizient η_T und
(4.16) für den Gesamtschubflußkoeffizient $\eta_{T'}$

als auch die Zahlentafel 5.

Die Gesamtlängskräfte ermittelt man nach den Formeln (4.27) und teilt sie zu gleichen Teilen auf die Stützen 1 bzw. 2 der einzelnen gegliederten Scheiben auf.

Die Gesamtquerkräfte der Riegel berechnet man nach den Formeln (4.17) und teilt auch sie zu gleichen Teilen auf die Riegel der einzelnen gegliederten Scheiben auf.

4.3 Scheibensysteme mit gegliederten Scheiben mit zwei Öffnungsspalten

Eine — auf ein symmetrisches System einwirkende — beliebige lotrechte Last kann in eine antimetrische und eine symmetrische Komponente aufgespaltet werden. Die erste ruft einen antimetrischen, die zweite einen symmetrischen Schnittkräftezustand hervor. Den der gegebenen Last entsprechenden Schnittkräftezustand erhält man durch Überlagerung der Beiträge beider Lastkomponenten.

Abb. 4.5 zeigt das statische Schema des Scheibensystems aus einer beliebigen Anzahl beliebig gestalteter voller Scheiben und einer beliebigen Anzahl symmetrischer gegliederter Scheiben mit zwei Öffnungsspalten samt antimetrischer (a) bzw. symmetrischer (b) lotrechter Last. Links sind jeweils von der beliebigen Anzahl voller Scheiben zwei dargestellt, rechts ist die summare gegliederte Scheibe. Mit $\bar{I}$ ist das reduzierte Trägheitsmoment eines inneren Riegels der summaren gegliederten Scheibe, mit $\frac{1}{2} T$ die *einer* Lamellenspalte der summaren gegliederten Scheibe entsprechende Schubkraft bezeichnet.

Die Steifheit $S = \dfrac{2\lambda E_R \bar{I}}{h b^3}$ bezieht sich auf *beide* Öffnungsspalten der summaren gegliederten Scheibe.

Als statisch überzählige Größe wird die Gesamtschubkraft T (Abb. 4.5) gewählt.

4.3.1 Einfluß antimetrischer lotrechter Last (Abb. 4.5a)

Kragträgermoment: $\mathfrak{M} = 2 \left(\sum n_v e_v + n_1 e_1 \right) x$ (4.33)

Gesamtmoment: $M = \mathfrak{M} - Tl$ (4.34)

Gesamtlängskräfte: $N_1 = n_1 x - \dfrac{1}{2} T$ (4.35)

(links als Druckkraft, rechts als Zugkraft positiv)

$$N_2 = 0$$

Komplementäre Energie des Systems:

$$U = \int_0^H \left[\frac{T'^2}{2S} + \frac{(\mathfrak{M} - Tl)^2}{2K_W} + \frac{\left(n_1 x - \frac{1}{2} T\right)^2}{E F_1} \right] dx, \quad (4.36)$$

214 Berücksichtigung der Dehnungen der Stützen gegliederter Scheiben

Eulersche Differentialgleichung:

$$-\frac{T''}{S} + \left(\frac{l^2}{K_W} + \frac{1}{2E_N F_1}\right) T = \left[\frac{n_1}{E_N F_1} + \frac{2l}{K_W}\left(\sum n_v e_v + n_1 e_1\right)\right] x, \quad (4.37)$$

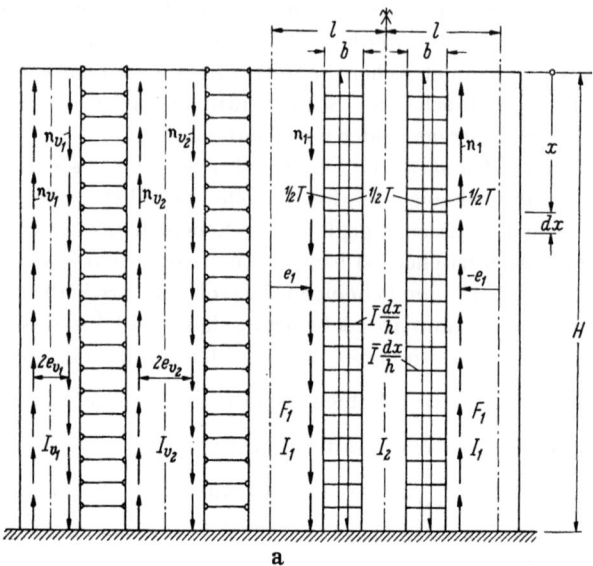

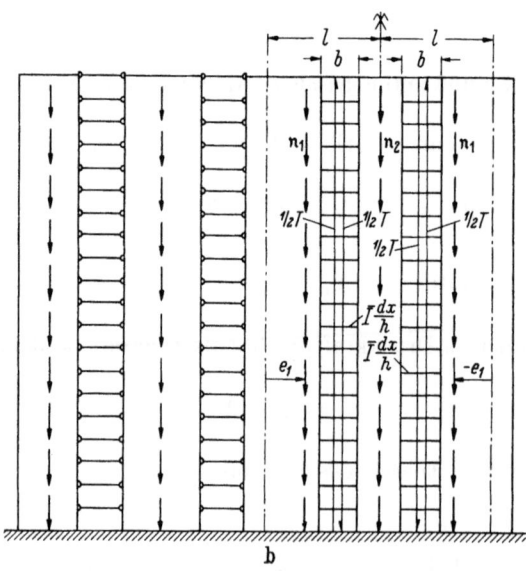

Abb. 4.5. Statisches Schema des Scheibensystems aus einer beliebigen Anzahl beliebig gestalteter voller Scheiben und einer beliebigen Anzahl symmetrischer gegliederter Scheiben mit zwei Öffnungsspalten samt antimetrischer (a) bzw. symmetrischer (b) Last und den statisch überzähligen Größen.

Kragträgerschubkraft für ein beliebiges x und für den Systemunterrand ($E = E_N$):

$$\left.\begin{aligned}\mathfrak{T} &= \frac{\dfrac{n_1}{F_1} + \dfrac{2l}{\Sigma I}(\Sigma\, n_v\, e_v + n_1\, e_1)}{\dfrac{l^2}{\Sigma I} + \dfrac{1}{2F_1}}\, x \\[2mm] \mathfrak{T}_H &= \frac{\dfrac{n_1}{F_1} + \dfrac{2l}{\Sigma I}(\Sigma\, n_v\, e_v + n_1\, e_1)}{\dfrac{l^2}{\Sigma I} + \dfrac{1}{2F_1}}\, H\end{aligned}\right\} \quad (4.38)$$

Kragträgerschubfluß (längs der Systemhöhe konstant):

$$\mathfrak{T}' = \frac{\dfrac{n_1}{F_1} + \dfrac{2l}{\Sigma I}(\Sigma\, n_v\, e_v + n_1\, e_1)}{\dfrac{l^2}{\Sigma I} + \dfrac{1}{2F_1}}. \qquad (4.39)$$

Führt man in die Differentialgleichung (4.37) der Gesamtschubkraft den Steifheitsparameter A [zweite der Formeln (2.11)] des Scheibensystems und den Kragträgerschubfluß [Formel (4.39)] ein, nimmt sie die endgültige Form (4.8) an. Es gelten also auch für die hier behandelte Aufgabe die Gebrauchsformeln

(4.10) für die Gesamtschubkraft,

(4.15) für den Gesamtschubfluß,

(4.14) für den Gesamtschubkraftkoeffizient η_T und

(4.16) für den Gesamtschubflußkoeffizient $\eta_{T'}$

als auch die Zahlentafel 5.

Das Gesamtmoment ermittelt man nach der Formel (4.34) und teilt es auf die einzelnen vollen Scheiben und Stützen der gegliederten Scheiben im Verhältnis ihrer Eigenträgheitsmomente auf. Die Gesamtlängskräfte N_1 berechnet man nach der Formel (4.35) und teilt sie zu gleichen Teilen auf die linken bzw. rechten Außenstützen der einzelnen gegliederten Scheiben auf. Die Längskräfte der vollen Scheiben sind gleich Null.

Die Gesamtquerkräfte berechnet man nach den Formeln (4.17) und teilt sie zu gleichen Teilen auf die Riegel *beider* Öffnungsspalten der einzelnen gegliederten Scheiben auf.

Intensitäten der Querlasten, Querlasten am Systemoberrand und Querkräfte der vollen Scheiben und Stützen der gegliederten Scheiben (Abb. 4.6):

Volle Scheibe v_1:

$$m_{v_1} = 2\frac{I_{v_1}}{\Sigma I}\left(\sum n_v e_v + n_1 e_1\right)x - 2n_{v_1}e_{v_1}x - l\frac{I_{v_1}}{\Sigma I}T \quad (4.40)$$

$$\left.\begin{aligned}Q_{v_1} &= 2\frac{I_{v_1}}{\Sigma I}\left(\sum n_v e_v + n_1 e_1\right) - 2n_{v_1}e_{v_1} - l\frac{I_{v_1}}{\Sigma I}T'\\ Q_{v_1,0} &= 2\frac{I_{v_1}}{\Sigma I}\left(\sum n_v e_v + n_1 e_1\right) - 2n_{v_1}e_{v_1} - l\frac{I_{v_1}}{\Sigma I}T'_0\\ q_{v_1} &= -l\frac{I_{v_1}}{\Sigma I}T''\end{aligned}\right\} \quad (4.41)$$

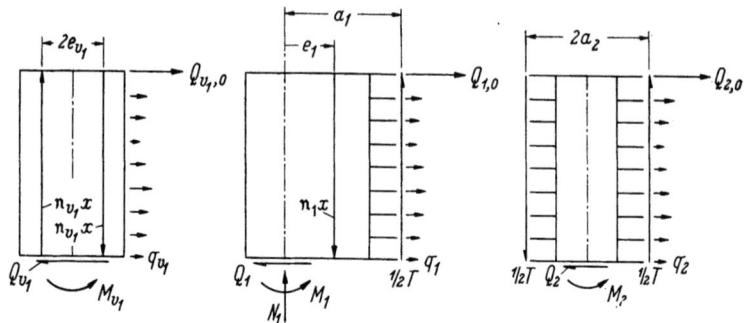

Abb. 4.6. Abschnitte der Länge x der vollen Scheibe v_k und der beiden Stützen 1 und 2 der summaren gegliederten Scheibe des Scheibensystems gemäß Abb. 4.5a samt Krafteinwirkungen.

Stütze 1 der summaren gegliederten Scheibe:

$$m_1 = 2\frac{I_1}{\Sigma I}\left(\sum n_v e_v + n_1 e_1\right)x - n_1 e_1 x + \left(\frac{a_1}{2} - l\frac{I_1}{\Sigma I}\right)T \quad (4.42)$$

$$\left.\begin{aligned}Q_1 &= 2\frac{I_1}{\Sigma I}\left(\sum n_v e_v + n_1 e_1\right) - n_1 e_1 + \left(\frac{a_1}{2} - l\frac{I_1}{\Sigma I}\right)T'\\ Q_{1,0} &= 2\frac{I_1}{\Sigma I}\left(\sum n_v e_v + n_1 e_1\right) - n_1 e_1 + \left(\frac{a_1}{2} - l\frac{I_1}{\Sigma I}\right)T'_0\\ q_1 &= \left(\frac{a_1}{2} - l\frac{I_1}{\Sigma I}\right)T''\end{aligned}\right\} \quad (4.43)$$

Stütze 2 der summaren gegliederten Scheibe

$$m_2 = 2\frac{I_2}{\Sigma I}\left(\sum n_v e_v + n_1 e_1\right)x + \left(a_2 - l\frac{I_2}{\Sigma I}\right)T \quad (4.44)$$

$$\left.\begin{aligned}Q_2 &= 2\frac{I_2}{\Sigma I}\left(\sum n_v e_v + n_1 e_1\right) + \left(a_2 - l\frac{I_2}{\Sigma I}\right)T'\\ Q_{2,0} &= 2\frac{I_2}{\Sigma I}\left(\sum n_v e_v + n_1 e_1\right) + \left(a_2 - l\frac{I_2}{\Sigma I}\right)T'_0\\ q_2 &= \left(a_2 - l\frac{I_2}{\Sigma I}\right)T''\end{aligned}\right\} \quad (4.45)$$

Einfache Scheibensysteme. — Einfluß lotrechter Lasten

4.3.2 Einfluß symmetrischer lotrechter Last (Abb. 4.5b)

Die Stützen der summaren gegliederten Scheibe erfahren lediglich Dehnungen; die sie verbindenden Lamellen werden im allgemeinen auf Biegung beansprucht. Waagrechte Durchbiegungen des Scheibensystems treten nicht auf. Die vollen Scheiben haben keinen Einfluß auf den Schnittkräftezustand der summaren gegliederten Scheibe.

Kragträgermoment: $\mathfrak{M} = 0$ (4.46)

Gesamtmoment: $M = 0$ (4.47)

Gesamtlängskräfte:
$$\left. \begin{array}{l} N_1 = \mathfrak{n}_1 x - \dfrac{1}{2} T \\[4pt] N_2 = \mathfrak{n}_2 x + T \end{array} \right\} \quad (4.48)$$

Komplementäre Energie des Systems:

$$U = \int_0^H \left[\frac{T'^2}{2S} + \frac{\left(\mathfrak{n}_1 x - \dfrac{1}{2} T\right)^2}{E F_1} + \frac{(\mathfrak{n}_2 x + T)^2}{2 E F_2} \right] dx, \quad (4.49)$$

Eulersche Differentialgleichung:

$$-\frac{T''}{S} + \frac{1}{E_N}\left(\frac{1}{2F_1} + \frac{1}{F_2}\right) T = \frac{1}{E_N}\left(\frac{\mathfrak{n}_1}{F_1} - \frac{\mathfrak{n}_2}{F_2}\right) x, \quad (4.50)$$

Kragträgerschubkraft für ein beliebiges x und für den Systemunterrand:

$$\left. \begin{array}{l} \mathfrak{T} = \dfrac{\dfrac{\mathfrak{n}_1}{F_1} - \dfrac{\mathfrak{n}_2}{F_2}}{\dfrac{1}{2F_1} + \dfrac{1}{F_2}}\, x \\[18pt] \mathfrak{T}_H = \dfrac{\dfrac{\mathfrak{n}_1}{F_1} - \dfrac{\mathfrak{n}_2}{F_2}}{\dfrac{1}{2F_1} + \dfrac{1}{F_2}}\, H \end{array} \right\} \quad (4.51)$$

Kragträgerschubfluß (längs der Systemhöhe konstant):

$$\mathfrak{T}' = \frac{\dfrac{\mathfrak{n}_1}{F_1} - \dfrac{\mathfrak{n}_2}{F_2}}{\dfrac{1}{2F_1} + \dfrac{1}{F_2}}. \quad (4.52)$$

Durch Einführung des *Steifheitsparameters*

$$A = \sqrt{\left(\frac{1}{2F_1} + \frac{1}{F_2}\right)\frac{S}{E_N}}\,H = \sqrt{\left(\frac{1}{F_1} + \frac{2}{F_2}\right)\frac{\lambda \bar{l}}{hb^3}}\,H \qquad (4.53)$$

des Scheibensystems für symmetrische Last und des Kragträgerschubflusses $\mathfrak{T}'$ [Formel (4.52)] nimmt die Differentialgleichung (4.50) der Gesamtschubkraft T die endgültige Form (4.8) an (Abschnitt 4.1). Der zweite der Ausdrücke (4.53) gilt für den Normalfall $E_R = E_N$. Es gelten also auch für das hier untersuchte Scheibensystem die Gebrauchsformeln

(4.10) für die Gesamtschubkraft,
(4.15) für den Gesamtschubfluß,
(4.14) für den Gesamtschubkraftkoeffizient η_T und
(4.16) für den Gesamtschubflußkoeffizient $\eta_{T'}$

als auch die Zahlentafel 5.

Die Gesamtlängskräfte N_1 und N_2 ermittelt man nach den Formeln (4.48) und teilt sie zu gleichen Teilen auf die linken bzw. rechten Außenstützen bzw. auf die Innenstützen der einzelnen gegliederten Scheiben auf.

Die Gesamtquerkräfte berechnet man nach den Formeln (4.17) und teilt sie zu gleichen Teilen auf *beide* Riegel an der betrachteten Kote der einzelnen gegliederten Scheiben auf.

Es zeigt sich, daß die Exzentritäten e_1 der lotrechten Lasten keinen Einfluß auf die statisch überzählige Größe haben.

Im *Sonderfall* $\dfrac{n_1}{F_1} = \dfrac{n_2}{F_2}$, also wenn die gegebene lotrechte Last in allen Stützen der summaren gegliederten Scheibe gleiche Normalspannungen erzeugt, sind die Kragträgerschubkraft $\mathfrak{T}$ und der Kragträgerschubfluß $\mathfrak{T}'$ und hiermit auch die Gesamtschubkraft T und der Gesamtschubfluß T' identisch gleich Null. Die Riegel der gegliederten Scheiben bleiben — von gegebenenfalls ($e_1 \neq 0$) auftretenden Längskräften abgesehen — unbeansprucht. Die Untersuchung bestätigt also dieses als offensichtlich erwartete Ergebnis.

5 Einfluß von Temperaturänderungen

5.1 Statisches Schema

Der Einfluß von Temperaturänderungen sei beispielsweise am Scheibensystem aus einer beliebigen Anzahl beliebig gestalteter voller Scheiben und einer beliebigen Anzahl untereinander gleicher gegliederter Scheiben mit einer Öffnungsspalte untersucht. Abb. 5.1a zeigt das statische Schema des Scheibensystems samt der statisch überzähligen Größe, der Gesamtschubkraft T; links sind von der beliebigen Anzahl

Einfache Scheibensysteme. — Einfluß von Temperaturänderungen

voller Scheiben zwei dargestellt, rechts ist die summare gegliederte Scheibe. Abb. 5.1b zeigt das Diagramm der Temperaturänderung. Temperaturänderungen werden in Graden (°C) gemessen. Sie seien als Temperaturerhöhung positiv.

Die Temperaturänderungen werden als längs der Systemhöhe konstant und längs der Querschnittshöhen der vollen Scheiben und Stützen der gegliederten Scheiben geradlinig angenommen. Die Temperaturänderungen sämtlicher gegliederter Scheiben werden als gleich vorausgesetzt.

Die Bedeutung der Bezeichnungen ist die folgende (Abbildung 5.1b):

Δt_{v_k} Differenz der Temperaturänderungen des linken und rechten Randes der vollen Scheibe v_k;

$\Delta t_1, \Delta t_2$ Differenz der Temperaturänderungen des linken und rechten Randes der Stützen 1 bzw. 2 der summaren gegliederten Scheibe;

t Differenz der in den Schwerachsen gemessenen Temperaturänderungen der Stützen 2 und 1 der summaren gegliederten Scheibe;

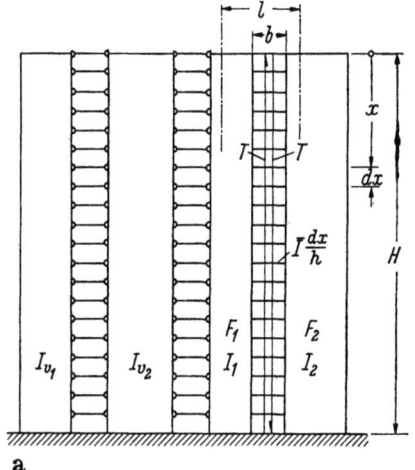

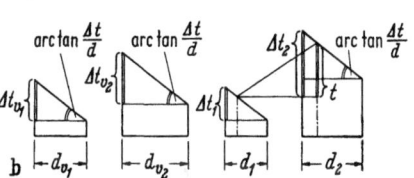

Abb. 5.1. a) Statisches Schema des Scheibensystems samt statisch überzähliger Größe; b) Diagramm der Temperaturänderung.

d_{v_k}, d_1, d_2 Querschnittshöhen der vollen Scheibe v_k und der Stützen 1 und 2 der summaren gegliederten Scheibe;

α Wärmeausdehnungszahl, also Längenänderung der Längeneinheit bei einer Temperaturänderung von 1 °C.

Der Temperaturgradient $\Delta t/d$ wird für sämtliche volle Scheiben und beide Stützen der summaren gegliederten Scheibe gleich vorausgesetzt.

5.2 Formulierung der Aufgabe

Das Gesamtmoment beträgt

$$M = -Tl, \qquad (5.1)$$

220 Berücksichtigung der Dehnungen der Stützen gegliederter Scheiben

die Längskräfte der Stützen der summaren gegliederten Scheibe $\pm T$. Die Längskräfte der vollen Scheiben sind gleich Null. Die komplementäre Energie des Scheibensystems wird als Arbeit der Gesamtschnittkräfte an den durch die Temperaturänderung und die Gesamtschnittkräfte selbst hervorgerufenen Verschiebungen ermittelt. Dem Gesamtschubfluß T' entspricht die Verschiebung $\dfrac{T'}{S}$, dem Gesamtmoment $-Tl$ die Verschiebung $\dfrac{-Tl}{K_W}\,\mathrm{d}x + \alpha\dfrac{\varDelta t}{d}\,\mathrm{d}x$ und den Gesamtlängskräften T die Verschiebung $\dfrac{1}{E_N}\left(\dfrac{1}{F_1} + \dfrac{1}{F_2}\right) T\,\mathrm{d}x - \alpha t\,\mathrm{d}x$.

Die komplementäre Energie des Scheibensystems beträgt daher

$$U = \int_0^H \left[\frac{T'^2}{2S} + \frac{(-Tl)^2}{2K_W} + \frac{1}{2E_N}\left(\frac{1}{F_1} + \frac{1}{F_2}\right) T^2 - \frac{1}{2}\alpha\, tT - \frac{1}{2}\alpha\frac{\varDelta t}{d} lT\right] \mathrm{d}x. \tag{5.2}$$

Die Eulersche Differentialgleichung ergibt sich zu

$$-\frac{T''}{S} + \left[\frac{l^2}{K_W} + \frac{1}{E_N}\left(\frac{1}{F_1} + \frac{1}{F_2}\right)\right] T = \frac{\alpha}{2}\left(t + \frac{\varDelta t}{d} l\right). \tag{5.3}$$

Für $S = \infty$ folgt mit $E_N = E$ aus Gl. (5.3) die Formel

$$\mathfrak{T} = \frac{\dfrac{\alpha}{2} E\left(t + \dfrac{\varDelta t}{d} l\right)}{\dfrac{l^2}{\Sigma I} + \dfrac{1}{F_1} + \dfrac{1}{F_2}} \tag{5.4}$$

für die Kragträgerschubkraft; sie ist längs der Systemhöhe konstant und wirkt daher zur Gänze auf die oberste Lamelle. Alle übrigen Lamellen bleiben unbeansprucht.

Zur Differentialgleichung (5.3) der Gesamtschubkraft zurückkehrend transformieren wir diese durch Einführung des Steifheitsparameters A [erste der Formeln (2.11)] des Scheibensystems und der Kragträgerschubkraft [Formel (5.4)] mit $E_R = E$ zu

$$-T'' + \frac{A^2}{H^2} T = \frac{A^2}{H^2}\,\mathfrak{T}. \tag{5.5}$$

Das Lastglied dieser Differentialgleichung ist eine Konstante.

Die Lösung der Differentialgleichung (5.5) suchen wir in der Form

$$T = \eta_T \cdot \mathfrak{T} \tag{5.6}$$

des Produktes des dimensionslosen Gesamtschubkraftkoeffizienten η_T und der Kragträgerschubkraft $\mathfrak{T}$.

Einfache Scheibensysteme. — Einfluß von Temperaturänderungen

Durch Einführung des Ansatzes (5.6) und Übergang von der Kote x zur dimensionslosen bezogenen Kote ξ wird die Differentialgleichung (5.5) der Gesamtschubkraft zur Differentialgleichung

$$-\eta_T'' + A^2 \eta_T = A^2 \tag{5.7}$$

des Gesamtschubkraftkoeffizienten. Rechts fallende Striche sind Zeichen für Ableitungen nach ξ.

5.3 Lösung der Aufgabe

Die Lösung der Differentialgleichung (5.7) führt — unter Berücksichtigung der Randbedingungen (4.13) zur Formel

$$\eta_T = \tanh A \cdot \sinh A\xi - \cosh A\xi + 1 \tag{5.8}$$

des Gesamtschubkraftkoeffizienten.

Für den Gesamtschubfluß wählen wir den Ansatz

$$T' = \eta_{T'} \cdot \frac{\mathfrak{T}}{H}, \tag{5.9}$$

beziehen ihn also nicht auf den Kragträgerschubfluß für den Systemunterrand, da dieser gleich Null ist, sondern auf den Mittelwert des Kragträgerschubflusses längs der Systemhöhe. Die Gl. (5.9) folgt auch aus der Gl. (5.6) durch Ableiten nach x, indem die Ableitung η_T' von η_T nach ξ mit $\eta_{T'}$ bezeichnet wird.

Die Formel des Gesamtschubflußkoeffizienten $\eta_{T'}$ erhält man durch Ableiten nach ξ der Formel (5.8) für den Gesamtschubkraftkoeffizient:

$$\eta_{T'} = A \, (\tanh A \cdot \cosh A\xi - \sinh A\xi). \tag{5.10}$$

Für große A-Werte (etwa $A > 10$) kann $\tanh A$ gleich 1 gesetzt werden. Unter Berücksichtigung der bekannten Beziehungen zwischen den Hyperbel- und Exponentialfunktionen vereinfachen sich dann die Formeln (5.8) und (5.10) zu

$$\eta_T = 1 - e^{-A\xi} \tag{5.8a}$$

$$\eta_{T'} = A \, e^{-A\xi}. \tag{5.10a}$$

Die durch Auswertung der Formeln (5.8) und (5.10) bzw. (5.8a) und (5.10a) erhaltenen Zahlenwerte des Gesamtschubkraft- und des Gesamtschubflußkoeffizienten sind in der *Zahlentafel 6* zusammengestellt.

5.4 Gesamtschnittkräfte. Schnittkräfte

Die Gesamtlängskräfte $\pm T$ berechnet man nach der Gebrauchsformel (5.6) unter Zuziehung der Zahlentafel 6 und teilt sie zu gleichen Teilen auf die Stützen 1 bzw. 2 der einzelnen gegliederten Scheiben auf.

Anschließend berechnet man das Gesamtmoment $M = -Tl$ und teilt es auf die vollen Scheiben und Stützen der gegliederten Scheiben im Verhältnis ihrer Eigenträgheitsmomente auf. Biegemomente sind positiv, wenn sie an der linken Seite der betrachteten vollen Scheibe bzw. Stütze der gegliederten Scheibe Zugspannungen erzeugen.

T und hiermit auch M wachsen von Null am Systemoberrand zu ihren Extremwerten am Systemunterrand.

Die Gesamtquerkräfte der Riegel ermittelt man nach den Formeln (4.17), wobei für $\mathfrak{T}_H$ die Kragträgerschubkraft $\mathfrak{T}$ gemäß Formel (5.4) einzusetzen ist, und teilt sie zu gleichen Teilen auf die Riegel der einzelnen gegliederten Scheiben auf. T' fällt von seinem Extremwert am Systemoberrand zu Null am Systemunterrand. Für $A \geq 3{,}75$ ist $\eta_{T',0} \doteq A$ und der Gesamtschubfluß für den Systemoberrand hiermit gleich $A\dfrac{\mathfrak{T}}{H}$.

Die Querkräfte der vollen Scheiben und Stützen der gegliederten Scheiben als auch die Scheibenkräfte der Dach- und Deckenscheiben können sinngemäß wie im Abschnitt 4.1.4 ermittelt werden.

II. Ein Näherungsverfahren für beliebige Scheibensysteme

1 Aufgabenstellung

Die statische Untersuchung eines Scheibensystems aus einer beliebigen Anzahl voller Scheiben und n verschiedenen gegliederten Scheiben führt, wenn man die Anzahl der Öffnungsspalten der gegliederten Scheibe i mit r_i bezeichnet, im allgemeinen, also wenn die gegliederten Scheiben nicht symmetrisch sind, zu einem System $\sum\limits_{i=1}^{n} r_i$ gekoppelter Differentialgleichungen 2. Ordnung.

Als statisch überzählige Größen wählt man dabei zweckmäßigerweise die längs der Öffnungsspalten der gegliederten Scheiben wirkenden Schubkräfte; untereinander gleiche gegliederte Scheiben werden dabei zu *einer* — mit summaren Querschnittswerten — zusammengefaßt. Das System der Differentialgleichungen kann zu *einer* Differentialgleichung $2\sum\limits_{i=1}^{n} r_i$-ter Ordnung umgeformt werden. Bereits für $\sum\limits_{i=1}^{n} r_i = 2$ und um so mehr für $\sum\limits_{i=1}^{n} r_i > 2$ wird aber die Lösung der Aufgabe so schwierig und zeitraubend, daß ihre praktische Anwendung im Ingenieurbüro kaum vertretbar ist. Man ist daher auf ein Näherungsverfahren angewiesen.

Abb. 1.1 zeigt schematisch — als Beispiel — den Grundriß eines Scheibensystems aus — einerseits der Symmetrieachse — einer vollen Scheibe (3), zwei gegliederten Scheiben (1, 2) mit je einer Öffnungsspalte, einer gegliederten Scheibe (5) mit zwei Öffnungsspalten, einer gegliederten Scheibe (4) mit drei Öffnungsspalten und — in der Symmetrieachse — einer gegliederten Scheibe (6) mit drei Öffnungsspalten. Die Anzahl der statisch überzähligen Größen, der Schubkräfte, beträgt $\sum_{i=1}^{n} r_i = 1 + 1 + 0 + 3 + 2 + 3 = 10$. Die — im Sinne der üblichen Annahmen — exakte Formulierung der Aufgabe würde hiermit zu 10 gekoppelten Differentialgleichungen 2. Ordnung führen.

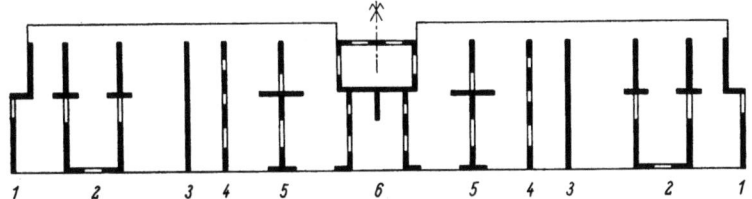

Abb. 1.1. Schematischer Grundriß eines Scheibensystems aus — einerseits der Symmetrieachse — einer vollen Scheibe (3), zwei gegliederten Scheiben (1, 2) mit je einer Öffnungsspalte, einer gegliederten Scheibe (5) mit zwei Öffnungsspalten, einer gegliederten Scheibe (4) mit drei Öffnungsspalten und — in der Symmetrieachse — einer gegliederten Scheibe (6) mit drei Öffnungsspalten.

Ein Näherungsverfahren besteht darin, daß man den *Verlauf* der längs der Öffnungsspalten der gegliederten Scheiben wirkenden Schubkräfte für sämtliche Öffnungsspalten sämtlicher gegliederter Scheiben gleich, und zwar dem Verlauf des Kragträgermomentes $\mathfrak{M}$ gleich, annimmt:

$$T_{ik} = \eta_{\mathfrak{M}} \cdot T_{ikH}. \qquad (k = 1 \ldots r_i,\ i = 1 \ldots n) \qquad (1.1)$$

Die statisch überzähligen Größen sind nun nicht mehr Funktionen, wie bei der exakten Formulierung der Aufgabe, sondern die Werte T_{ikH} der Schubkräfte T_{ik} für den Systemunterrand.

Das Gesamtmoment des Scheibensystems am Systemunterrand wird mittels der Gleichung

$$M_H = \mathfrak{M}_H - \sum_{i=1}^{n} \sum_{k=1}^{r_i} T_{ikH}\, l_{ik} \qquad (1.2)$$

durch die statisch überzähligen Größen T_{ikH} ausgedrückt. Der Verlauf des Gesamtmomentes M längs der Systemhöhe ist durch den Verlauf des Kragträgermomentes $\mathfrak{M}$ und der Schubkräfte T_{ik} festgelegt.

Für die Schubflüsse folgt durch Ableiten nach der Kote des Ansatzes (1.1) die Formel

$$T'_{ik} = \eta'_{\mathfrak{M}} \cdot \frac{T_{ikH}}{H}. \qquad (k = 1 \ldots r_i, \quad i = 1 \ldots n) \qquad (1.3)$$

Die Bedeutung der Bezeichnungen ist die folgende:

T_{ik}, T_{ikH} Schubkraft der Öffnungsspalte k der gegliederten Scheibe i für die — beliebige — Kote x und für den Systemunterrand $(x = H)$;

$\eta_{\mathfrak{M}}$ Kragträgermomentkoeffizient (Anhang 3);

$\eta'_{\mathfrak{M}}$ Schubflußkoeffizient, der Ableitung des Kragträgermomentkoeffizienten nach der auf die Systemhöhe H bezogenen Kote ξ gleich;

H, l_{ik} Höhe des Scheibensystems und Achsabstand der Stützen k und $k+1$ der gegliederten Scheibe i.

Setzt man in das der exakten Formulierung der Aufgabe entsprechende System der Differentialgleichungen der Schubkräfte die Ansätze (1.1) ein, degeneriert es zu einem System $\sum_{i=1}^{n} r_i$ linearer algebraischer Gleichungen. Zur Erlangung der Näherungslösung braucht man das System der Differentialgleichungen natürlich gar nicht aufzustellen; man leitet das System der linearen algebraischen Gleichungen vielmehr — vom Ausdruck für die komplementäre Energie des Scheibensystems ausgehend — unmittelbar nach dem Ritzschen Verfahren ab.

Zur Auflösung des Gleichungssystems der Schubkräfte kann der gekürzte Gaußsche Algorithmus empfohlen werden. Anstatt dessen kann man, da die Koeffizienten an der Hauptdiagonale des Gleichungssystems üblicherweise wesentlich größer sind als die übrigen, von geschätzten Näherungswerten der Unbekannten ausgehend, diese durch Iteration bis zur gewünschten Genauigkeit verbessern. Bei sehr großer Anzahl $\sum_{i=1}^{n} r_i$ der Unbekannten wird man das Gleichungssystem durch eine elektronische Anlage lösen lassen.

Die Ansätze (1.1) für die Schubkräfte befriedigen die Randbedingungen

$$T_{ik0} = 0 \qquad (k = 1 \ldots r_i, \, i = 1 \ldots n) \qquad (1.4)$$

am Systemoberrand, die Ansätze (1.3) für die Schubflüsse aber nicht die Randbedingungen

$$T'_{ikH} = 0 \qquad (k = 1 \ldots r_i, \, i = 1 \ldots n) \qquad (1.5)$$

am Systemunterrand. Im Sinne der Variationsrechnung sind die Randbedingungen (1.4) als wesentliche, die Randbedingungen (1.5) hingegen als restliche aufzufassen. Da die Ansätze (1.1) für die Unbekannten die wesentlichen Randbedingungen befriedigen, sind die Bedingungen für die Anwendung des Ritzschen Verfahrens erfüllt und brauchbare Näherungsergebnisse zu erwarten.

Der Vergleich des Verlaufs der $\eta_\mathfrak{M}$-Kurven mit der exakten Lösung entsprechenden T-Kurven zeigt, daß die Näherungswerte der Schubkräfte im oberen Bereich des Scheibensystems etwas zu klein, im unteren etwas zu groß sind; der Vorzeichenwechsel des Gesamtmomentes in einem kleinen Bereich unterhalb des Systemoberrandes kann dadurch nicht erfaßt werden. Praktisch hat dies wenig Bedeutung, da die waagrechten Lasten ohnehin in beiden Richtungen angesetzt werden müssen. Die Maximalwerte der Schubflüsse treten nach der Näherungslösung am Systemunterrand, tatsächlich aber etwas oberhalb des Systemunterrandes auf; die mittels der Näherungslösung erhaltenen Maximalwerte der Schubflüsse sind aber allenfalls auf der sicheren Seite.

Da der Verlauf längs der Systemhöhe der Schubkräfte T_{ik} dem Verlauf des Kragträgermomentes $\mathfrak{M}$ gleichgesetzt wird, ist der Verlauf der Durchbiegungslinie des Scheibensystems — und hiermit auch jeder einzelnen Scheibe — dem Verlauf der Kragträgerdurchbiegungslinie gleich. Dies ermöglicht bei der Untersuchung des Einflusses waagrechter Lasten eine weitere wesentliche Vereinfachung. Durch Einführung des Begriffs der ihrer Durchbiegung umgekehrt proportionalen Steifheit einer gegliederten Scheibe kann die gegebene Last des Scheibensystems — oder das aus dieser sich ergebende Kragträgermoment — auf die einzelnen vollen und gegliederten Scheiben im Verhältnis ihrer Steifheiten aufgeteilt werden. Die Steifheit jeder Scheibe wird dabei für sich, unabhängig von jenen der übrigen Scheiben, ermittelt. Mathematisch gedeutet zerfällt das dem Scheibensystem als Ganzem zugeordnete System der völlig gekoppelten $\sum_{i=1}^{n} r_i$ Schubkraftgleichungen in n kleinere Gleichungssysteme, eins für jede der gegliederten Scheiben, wobei das i-te r_i Unbekannte aufweist.

Die Steifheit einer vollen Scheibe v_i ist ihrer Biegesteifheit gleich:

$$R_{v_i} = E_{v_i} I_{v_i}, \qquad (1.6)$$

wobei E_{v_i} ihren Elastizitätsmodul und I_{v_i} ihr Eigenträgheitsmoment bezeichnet; der Ausdruck für die Steifheit der vollen Scheiben konnte unmittelbar angegeben werden, da die vollen Scheiben keine Unbekannten dem Gleichungssystem der Aufgabe beitragen.

2 Einfluß waagrechter Lasten. Das Steifheitsverfahren

2.1 Die einzelne gegliederte Scheibe

2.1.1 Gleichungssystem der Schubkräfte

2.1.1.1 Allgemeiner Fall. Abb. 2.1a zeigt das statische Schema samt anfallender Last und statisch überzähligen Größen der gegliederten Scheibe i mit r_i Öffnungsspalten und hiermit $r_i + 1$ Stützen, Abb. 2.1b die im Querschnitt x dieser Scheibe wirkenden Schnittkräfte.

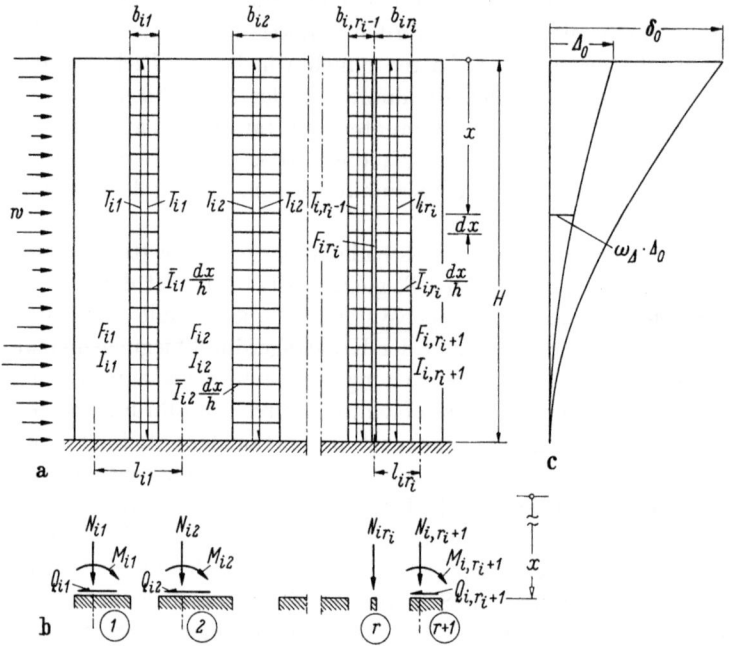

Abb. 2.1. a) Statisches Schema samt Last und statisch überzähligen Größen einer gegliederten Scheibe i mit r_i Öffnungsspalten; b) Schnittkräfte im Querschnitt x der Scheibe; c) Durchbiegungslinie der Scheibe und ihres Grundsystems.

Für das Gesamtmoment am Systemunterrand der betrachteten gegliederten Scheibe als Funktion ihrer statisch überzähligen Größen hat man die Formel

$$M_{iH} = \mathfrak{M}_{iH} - \sum_{k=1}^{r_i} T_{ikH}\, l_{ik} = (1 - \sum_{k=1}^{r_i} T^0_{ikH}\, l_{ik})\, \mathfrak{M}_{iH}; \qquad (2.1)$$

dabei bezeichnet $\mathfrak{M}_{iH}$ den — zunächst unbekannten — auf die gegliederte Scheibe i anfallenden Teil des Kragträgermomentes $\mathfrak{M}_H$ am Systemunterrand. Der zweite der Ausdrücke (2.1) für M_{iH} folgt aus dem ersten durch Dividieren und Multiplizieren seines zweiten Gliedes mit $\mathfrak{M}_{iH}$; die Schubkräfte T^0_{ikH} beziehen sich also auf $\mathfrak{M}_{iH} = 1$. Diese Umformung ist möglich, da die Unbekannten des Gleichungssystems den Lastgliedern proportional sind.

Zufolge der Gleichheit der Durchbiegungslinien sämtlicher Stützen der gegliederten Scheibe verteilt sich das Gesamtmoment M_{iH} auf die einzelnen Stützen im Verhältnis ihrer Biegesteifheiten, bzw. falls E für alle gleich ist, im Verhältnis ihrer Eigenträgheitsmomente. Biegemomente der Stützen sind, wie auch das Gesamtmoment, positiv, wenn sie an der linken Seite der betrachteten Stütze bzw. Scheibe Zugspannungen erzeugen. Ist das Eigenträgheitsmoment einer oder mehrerer Stützen der betrachteten gegliederten Scheibe im Vergleich zu jenen der übrigen verschwindend klein, werden diese als lediglich durch Längskräfte beansprucht aufgefaßt (Stütze r_i auf Abb. 2.1).

Die — als Druckkräfte positiven — Längskräfte der Stützen am Systemunterrand werden mittels der Formeln

$$\left. \begin{array}{l} N_{i1H} = -T_{i1H} \\ N_{ikH} = T_{i,k-1,H} - T_{ikH} \quad (k = 2 \ldots r_i) \\ N_{i,r_i+1,H} = T_{i,r_i,H} \end{array} \right\} \quad (2.2)$$

durch die statisch überzähligen Größen, die Schubkräfte T_{ikH} für den Systemunterrand, ausgedrückt.

Für die komplementäre Energie der betrachteten gegliederten Scheibe i gilt der allgemeine Ausdruck

$$U_i = \int_0^H \left[\sum_{k=1}^{r_i} \frac{T'^2_{ik}}{2 S_{ik}} + \frac{\left(\mathfrak{M}_i - \sum_{k=1}^{r_i} T_{ik} l_{ik} \right)^2}{2 K_{Wi}} + \sum_{k=1}^{r_i+1} \frac{(T_{i,k-1} - T_{ik})^2}{2 E_{Ni} F_{ik}} \right] dx. \quad (2.3)$$

Dabei bezeichnet S_{ik} die als Schubfluß T'_{ik} definierte Steifheit der der Öffnungsspalte k der betrachteten gegliederten Scheibe i entsprechenden Verbindung, die eine senkrecht zu den Lamellenachsen zwischen den beiden Endtangenten ihrer Durchbiegungslinien gemessene gegenseitige Verschiebung 1 erzeugt und mit der Steifheit K_{ik} dieser Verbindung [Kap. C.I, Formel (1.6)] durch die Beziehung $S_{ik} = K_{ik}/l^2_{ik}$ verknüpft ist [Kap. B, Formel (1.32)]. Die Biegesteifheit der betrachteten gegliederten Scheibe i beträgt

$$K_{Wi} = \sum_{k=1}^{r_i+1} E_{ik} I_{ik}; \quad (2.4)$$

die Beiträge der annahmegemäß lediglich durch Längskräfte beanspruchten Stützen sind dabei nicht zu berücksichtigen. E_{Ni} bezeichnet den

Elastizitätsmodul der Stützen für Dehnungen, F_{ik} die Querschnittsfläche der Stütze k.

Das erste Glied im Ausdruck (2.3) für die komplementäre Energie des Systems stellt den Beitrag der Schubflüsse dar, das zweite den Beitrag des Gesamtmomentes und hiermit der Biegemomente der Stützen, das dritte den Beitrag der Längskräfte der Stützen.

Bezieht man im Ausdruck (2.3) für die komplementäre Energie der Scheibe die Schubkräfte und Schubflüsse gemäß den Beziehungen (1.1) bzw. (1.3) auf die entsprechenden Schubkräfte für den Systemunterrand, nimmt er die endgültige Form

$$U_i = \int_0^H \eta_{\mathfrak{M}}'^2 dx \cdot \sum_{k=1}^{r_i} \frac{T_{ikH}^2}{2H^2 S_{ik}} +$$

$$+ \int_0^H \eta_{\mathfrak{M}}^2 dx \cdot \left[\frac{\left(\mathfrak{M}_{iH} - \sum_{k=1}^{r_i} T_{ikH} l_{ik}\right)^2}{2 K_{Wi}} + \sum_{k=1}^{r_i+1} \frac{(T_{i,k-1,H} - T_{ikH})^2}{2 E_{Ni} F_{ik}} \right] \quad (2.5)$$

an.

Die Bedingungsgleichungen

$$\frac{\partial U_i}{\partial T_{ikH}} = 0 \quad (k = 1 \ldots r_i) \quad (2.6)$$

des Ritzschen Verfahrens auf den Ausdruck (2.5) angewendet ergeben, mit der Bezeichnung

$$\sigma = \frac{\int_0^H \eta_{\mathfrak{M}}'^2 dx}{\int_0^H \eta_{\mathfrak{M}}^2 dx} = \frac{\int_0^1 \eta_{\mathfrak{M}}'^2 d\xi}{\int_0^1 \eta_{\mathfrak{M}}^2 d\xi} \quad (2.7)$$

für einen lediglich von der Lastverteilung längs der Systemhöhe abhängigen dimensionslosen Koeffizient das in der Tab. 2.1 — beispielsweise für $r_i = 5$ — angegebene Gleichungssystem. Es ist symmetrisch bezüglich seiner Hauptdiagonale. Die doppelt ausgezogene lotrechte Linie gibt das Ist-gleich-Zeichen der Gleichungen an. Keiner der Gleichungskoeffizienten ist gleich Null.

In den Ausdrücken für die Lastglieder des Gleichungssystems Tab. 2.1 ist $\mathfrak{M}_{iH}$ gleich 1 gesetzt und die Unbekannten demzufolge mit oberen Indizes 0 gekennzeichnet.

Die mechanische Bedeutung der Koeffizienten und Lastglieder des Gleichungssystems ist leicht festzustellen: sie stellen die Koeffizienten bzw. Lastglieder des Systems der der behandelten Aufgabe entsprechenden Kompatibilitätsgleichungen des Kraftgrößenverfahrens dar. Das

Tabelle 2.1 *Gleichungssystem der Schubkräfte einer gegliederten Scheibe i mit $r_i = 5$ Öffnungsspalten ($\mathfrak{M}_{iH} = 1$)*

	T^0_{i1H}	T^0_{i2H}	T^0_{i3H}	T^0_{i4H}	T^0_{i5H}	
($i1$)	$\dfrac{l^2_{i1}}{K_{Wi}} + \dfrac{1}{E_{Ni}} \times \left(\dfrac{1}{F_{i1}} + \dfrac{1}{F_{i2}}\right) + \dfrac{\sigma}{H^2 S_{i1}}$	$\dfrac{l_{i1}l_{i2}}{K_{Wi}} - \dfrac{1}{E_{Ni}F_{i2}}$	$\dfrac{l_{i1}l_{i3}}{K_{Wi}}$	$\dfrac{l_{i1}l_{i4}}{K_{Wi}}$	$\dfrac{l_{i1}l_{i5}}{K_{Wi}}$	$\dfrac{l_{i1}}{K_{Wi}}$
($i2$)		$\dfrac{l^2_{i2}}{K_{Wi}} + \dfrac{1}{E_{Ni}} \times \left(\dfrac{1}{F_{i2}} + \dfrac{1}{F_{i3}}\right) + \dfrac{\sigma}{H^2 S_{i2}}$	$\dfrac{l_{i2}l_{i3}}{K_{Wi}} - \dfrac{1}{E_{Ni}F_{i3}}$	$\dfrac{l_{i2}l_{i4}}{K_{Wi}}$	$\dfrac{l_{i2}l_{i5}}{K_{Wi}}$	$\dfrac{l_{i2}}{K_{Wi}}$
($i3$)			$\dfrac{l^2_{i3}}{K_{Wi}} + \dfrac{1}{E_{Ni}} \times \left(\dfrac{1}{F_{i3}} + \dfrac{1}{F_{i4}}\right) + \dfrac{\sigma}{H^2 S_{i3}}$	$\dfrac{l_{i3}l_{i4}}{K_{Wi}} - \dfrac{1}{E_{Ni}F_{i4}}$	$\dfrac{l_{i3}l_{i5}}{K_{Wi}}$	$\dfrac{l_{i3}}{K_{Wi}}$
($i4$)				$\dfrac{l^2_{i4}}{K_{Wi}} + \dfrac{1}{E_{Ni}} \times \left(\dfrac{1}{F_{i4}} + \dfrac{1}{F_{i5}}\right) + \dfrac{\sigma}{H^2 S_{i4}}$	$\dfrac{l_{i4}l_{i5}}{K_{Wi}} - \dfrac{1}{E_{Ni}F_{i5}}$	$\dfrac{l_{i4}}{K_{Wi}}$
($i5$)					$\dfrac{l^2_{i5}}{K_{Wi}} + \dfrac{1}{E_{Ni}} \times \left(\dfrac{1}{F_{i5}} + \dfrac{1}{F_{i6}}\right) + \dfrac{\sigma}{H^2 S_{i5}}$	$\dfrac{l_{i5}}{K_{Wi}}$

Grundsystem ist dabei das System mit in die Lamellen an den Momentennullpunkten eingeschalteten Querkraftnullfeldern, die statisch überzähligen Größen die längs dieser Querkraftnullfelder wirkenden Schubkräfte.

Die Koeffizienten $\delta_{ik,\,ik}$ an der Hauptdiagonale des Gleichungssystems enthalten den Koeffizient σ und sind daher von der angenommenen Verteilung der Schubkräfte längs der Systemhöhe und hiermit von der Lastverteilung abhängig. Die Dimension der Gleichungskoeffizienten ist Mp^{-1}, während die Lastglieder, wenn man die Dimension Mpm des nicht angeschriebenen Multiplikators $\mathfrak{M}_{iH} = 1$ berücksichtigt, dimensionslos sind.

Tabelle 2.2 *Schema des Gleichungssystems der Schubkräfte einer symmetrischen gegliederten Scheibe i mit gerader ($r_i = 6$) Öffnungsspaltenanzahl ($\mathfrak{M}_{iH} = 1$)*

T^0_{i1H}	T^0_{i2H}	T^0_{i3H}	
$\delta_{i11} + \delta_{i16}$	$\delta_{i12} + \delta_{i15}$	$\delta_{i13} + \delta_{i14}$	$-\varDelta^0_{i1}$
	$\delta_{i22} + \delta_{i25}$	$\delta_{i23} + \delta_{i24}$	$-\varDelta^0_{i2}$
		$\delta_{i33} + \delta_{i34}$	$-\varDelta^0_{i3}$

Tabelle 2.3 *Schema des Gleichungssystems der Schubkräfte einer symmetrischen gegliederten Scheibe i mit ungerader ($r_i = 5$) Öffnungsspaltenanzahl ($\mathfrak{M}_{iH} = 1$)*

T^0_{i1H}	T^0_{i2H}	T^0_{i3H}	
$\delta_{i11} + \delta_{i15}$	$\delta_{i12} + \delta_{i14}$	δ_{i13}	$-\varDelta^0_{i1}$
	$\delta_{i22} + \delta_{i24}$	δ_{i23}	$-\varDelta^0_{i2}$
		$\dfrac{1}{2}\delta_{i33}$	$-\dfrac{1}{2}\varDelta^0_{i3}$

Wenn die zu untersuchende gegliederte Scheibe i symmetrisch ist, vereinfacht sich die Aufgabe wesentlich. Die Anzahl r_i der Unbekannten verringert sich, wenn r_i gerade ist, auf $\dfrac{r_i}{2}$, wenn r_i ungerade ist auf $\dfrac{r_i}{2} + 1$. Die Tab. 2.2 zeigt — als Beispiel — das Schubkraftgleichungssystem einer symmetrischen gegliederten Scheibe mit $r_i = 6$ Öffnungs-

Ein Näherungsverfahren für beliebige Scheibensysteme. — Waagrechte Lasten 231

spalten, die Tab. 2.3 das Schubkraftgleichungssystem einer symmetrischen gegliederten Scheibe mit $r_i = 5$ Öffnungsspalten; um im letztgenannten Fall eine symmetrische Matrix zu erhalten, wurde die der Öffnungsspalte $k = 3$ an der Symmetrieachse der Scheibe entsprechende Gleichung durch 2 dividiert.

2.1.1.2 Explizite Lösungen für gegliederte Scheiben mit einer und zwei Öffnungsspalten und symmetrische gegliederte Scheiben mit drei Öffnungsspalten. Die Schubkraftgleichungssysteme der gegliederten Scheiben mit einer und zwei Öffnungsspalten und der symmetrischen gegliederten Scheiben mit drei Öffnungsspalten können leicht in allgemeiner Form gelöst werden.

Für eine gegliederte Scheibe i mit *einer* Öffnungsspalte ($r_i = 1$) ist

$$T^0_{i1H} = \frac{\dfrac{l_{i1}}{K_{Wi}}}{\dfrac{l_{i1}^2}{K_{Wi}} + \dfrac{1}{E_{Ni}}\left(\dfrac{1}{F_{i1}} + \dfrac{1}{F_{i2}}\right) + \dfrac{\sigma}{H^2 S_{i1}}} = \frac{\dfrac{l_{i1}}{I_{i1} + I_{i2}}}{\dfrac{l_{i1}^2}{I_{i1} + I_{i2}} + \dfrac{1}{F_{i1}} + \dfrac{1}{F_{i2}} + \dfrac{\sigma h b_{i1}^3}{H^2 \lambda_i \bar{I}_i}}. \tag{2.8}$$

Der zweite der Ausdrücke (2.8) gilt, wenn $E_{Ri} = E_{Ni} = E_i$ ist.

Für symmetrische bzw. unsymmetrische gegliederte Scheiben mit *zwei* Öffnungsspalten ist

$$T^0_{i1H} = T^0_{i2H} = \frac{\dfrac{l_{i1}}{K_{Wi}}}{\dfrac{2 l_{i1}^2}{K_{Wi}} + \dfrac{1}{E_N F_{i1}} + \dfrac{\sigma}{H^2 S_{i1}}} = \frac{\dfrac{l_{i1}}{2 I_{i1} + I_{i2}}}{\dfrac{2 l_{i1}^2}{2 I_{i1} + I_{i2}} + \dfrac{1}{F_{i1}} + \dfrac{\sigma h b_{i1}^3}{H^2 \lambda_{i1} \bar{I}_{i1}}} \tag{2.9a}$$

$$\left.\begin{aligned} T^0_{i1H} &= \frac{-\delta_{i2,i2} \Delta^0_{i1} + \delta_{i1,i2} \Delta^0_{i2}}{\delta_{i1,i1}\, \delta_{i1,i2} - \delta^2_{i1,i2}} \\ T^0_{i2H} &= \frac{-\delta_{i1,i1} \Delta^0_{i2} + \delta_{i1,i2} \Delta^0_{i1}}{\delta_{i1,i1}\, \delta_{i1,i2} - \delta^2_{i1,i2}} \end{aligned}\right\} \tag{2.9b}$$

mit ($E_{Ri} = E_{Ni} = E_i$)

$$\left.\begin{aligned} \delta_{i1,i1} &= \frac{l_{i1}^2}{I_{i1} + I_{i2} + I_{i0}} + \frac{1}{F_{i1}} + \frac{1}{F_{i2}} + \frac{\sigma h b_{i1}^3}{H^2 \lambda_{i1} \bar{I}_{i1}} \\ \delta_{i1,i2} &= \frac{l_{i1} l_{i2}}{I_{i1} + I_{i2} + I_{i3}} - \frac{1}{F_{i2}} \\ \delta_{i2,i2} &= \frac{l_{i2}^2}{I_{i1} + I_{i2} + I_{i3}} + \frac{1}{F_{i2}} + \frac{1}{F_{i3}} + \frac{\sigma h b_{i2}^3}{H^2 \lambda_{i2} \bar{I}_{i2}} \\ -\Delta^0_{i1} &= \frac{l_{i1}}{I_{i1} + I_{i2} + I_{i3}} \\ -\Delta^0_{i2} &= \frac{l_{i2}}{I_{i1} + I_{i2} + I_{i3}} \end{aligned}\right\} \tag{2.9c}$$

Für symmetrische gegliederte Scheiben mit *drei* Öffnungsspalten ist

$$\left.\begin{aligned}T^0_{i1H} &= \frac{\delta_{i2,i2}\Delta^0_{i1} - \delta_{i1,i2}\Delta^0_{i2}}{2\delta^2_{i1,i2} - \delta_{i2,i2}(\delta_{i1,i1} + \delta_{i1,i3})} \\ T^0_{i2H} &= \frac{-2\delta_{i1,i2}\Delta^0_{i1} + (\delta_{i1,i1} + \delta_{i1,i3})\Delta^0_{i2}}{2\delta^2_{i1,i2} - \delta_{i2,i2}(\delta_{i1,i1} + \delta_{i1,i3})}\end{aligned}\right\} \quad (2.10)$$

mit $(E_{Ri} = E_{Ni} = E_i)$

$$\left.\begin{aligned}\delta_{i1,i1} &= \frac{l^2_{i1}}{2I_{i1} + 2I_{i2}} + \frac{1}{F_{i1}} + \frac{1}{F_{i2}} + \frac{\sigma h b^3_{i1}}{H^2 \lambda_{i1} \bar{I}_{i1}} \\ \delta_{i1,i2} &= \frac{l_{i1} l_{i2}}{2I_{i1} + 2I_{i2}} - \frac{1}{F_{i2}} \\ \delta_{i1,i3} &= \frac{l_{i1} l_{i3}}{2I_{i1} + 2I_{i2}} \\ \delta_{i2,i2} &= \frac{l^2_{i2}}{2I_{i1} + 2I_{i2}} + \frac{2}{F_{i2}} + \frac{\sigma h b^3_{i2}}{H^2 \lambda_{i2} \bar{I}_{i2}} \\ -\Delta^0_{i1} &= \frac{l_{i1}}{2I_{i1} + 2I_{i2}} \\ -\Delta^0_{i2} &= \frac{l_{i2}}{2I_{i1} + 2I_{i2}}\end{aligned}\right\} \quad (2.10\,\text{a})$$

2.1.1.3 Zahlenwerte des Koeffizienten σ. Die Auswertung des zweiten der Ausdrücke (2.7) für den Koeffizient σ ergibt die Zahlenwerte

$$\sigma = \left\{\begin{array}{ll} 6{,}667 & \text{(Gleichlast)} \\ 5{,}952 & \text{(Trapezlast)} \\ 5{,}091 & \text{(Dreiecklast)} \\ 3{,}000 & \text{(Einzellast)} \end{array}\right\} \quad (2.11)$$

2.1.2 Durchbiegungslinie des Scheibensystems. Steifheit einer gegliederten Scheibe

Da die Durchbiegungslinien sämtlicher Scheiben voraussetzungsgemäß gleich sein müssen, sind die Ordnungszahl der Scheibe angebende Indizes bei Durchbiegungen nicht erforderlich.

Die Differentialgleichung der Durchbiegungslinie (Abb. 2.1c) der gegliederten Scheibe i hat unter Berücksichtigung des Ausdruckes (2.1) für ihr Gesamtmoment die Form

$$K_{Wi}\Delta'' = \eta_\mathfrak{M} \cdot \left(1 - \sum_{k=1}^{r_i} T^0_{ikH} l_{ik}\right) \mathfrak{M}_{iH}, \quad (2.12)$$

die ihres Grundsystems, also der Scheibe mit in die Lamellen an den Momentennullpunktstellen eingeführten Querkraftnullfeldern die Form

$$K_{Wi}\delta_i'' = \eta_{\mathfrak{M}} \cdot \mathfrak{M}_{iH}. \tag{2.13}$$

Durch Verknüpfung der Gln. (2.12) und (2.13) ergibt sich die Beziehung

$$\Delta'' = \left(1 - \sum_{k=1}^{r_i} T_{ikH}^0 \, l_{ik}\right) \delta_i''. \tag{2.14}$$

Da die Randbedingungen sowohl für Δ als auch für δ_i dieselben sind, (Durchbiegung am Systemunterrand gleich Null, Tangentendrehwinkel am Systemunterrand gleich Null), folgt aus (2.14)

$$\Delta = \left(1 - \sum_{k=1}^{r_i} T_{ikH}^0 \, l_{ik}\right) \delta_i; \tag{2.15}$$

durch die Gl. (2.15) ist die Durchbiegung der gegliederten Scheibe i auf die Durchbiegung ihres Grundsystems an der betrachteten — beliebigen — Kote bezogen.

Für die Durchbiegung δ_i des Grundsystems an der beliebigen Kote x bzw. an der auf die Systemhöhe H bezogenen Kote ξ hat man an Hand bekannter Ergebnisse der Festigkeitslehre die Formel

$$\delta_i = \omega_\Delta \cdot \delta_{i,0} = \omega_\Delta \cdot \frac{\varkappa_i}{K_{Wi}} \tag{2.16}$$

mit

$$\omega_\Delta = \begin{cases} 1 - \dfrac{4}{3}\xi + \dfrac{\xi^4}{3} & \text{(Gleichlast)} \\[4pt] 1 - \dfrac{35}{26}\xi + \dfrac{10}{26}\xi^4 - \dfrac{1}{26}\xi^5 & \text{(Trapezlast)} \\[4pt] 1 - \dfrac{15}{11}\xi + \dfrac{5}{11}\xi^4 - \dfrac{1}{11}\xi^5 & \text{(Dreiecklast)} \\[4pt] 1 - \dfrac{3}{2}\xi + \dfrac{1}{2}\xi^3 & \text{(Einzellast)} \end{cases} \tag{2.17}$$

und

$$\varkappa = \begin{cases} \dfrac{1}{8}\,wH^4 & \text{(Gleichlast)} \\[4pt] \dfrac{13}{120}\,wH^4 & \text{(Trapezlast)} \\[4pt] \dfrac{11}{120}\,wH^4 & \text{(Dreiecklast)} \\[4pt] \dfrac{1}{3}\,wH^3 & \text{(Einzellast)} \end{cases} \tag{2.18}$$

Der dimensionslose Koeffizient $\omega_\Delta = \omega_\Delta(\xi)$ beschreibt den Verlauf der Durchbiegungslinie längs der Systemhöhe, während der von der Größe und Verteilung der Last abhängige Koefffzient $\varkappa$ die Größe der Durchbiegung des Systemoberrandes bestimmt. Der Index i bei $\varkappa$ gibt an, daß lediglich der auf die betrachtete Scheibe i anfallende Lastteil zu berücksichtigen ist.

Führt man in die Gleichung (2.15) der Durchbiegungslinie des Scheibensystems für δ_i den zweiten der Ausdrücke (2.16) ein, nimmt sie, mit der Bezeichnung

$$R_i = \frac{K_{Wi}}{1 - \sum_{k=1}^{r_i} T^0_{ikH}\, l_{ik}} \qquad [\text{Mpm}^2] \qquad (2.19)$$

die Form

$$\Delta = \omega_\Delta \frac{\varkappa_i}{R_i} \qquad (2.20)$$

an. Die Größe R_i sei *Steifheit der gegliederten Scheibe i* genannt. Sind die Steifheiten S_{ik} sämtlicher r_i Verbindungen der betrachteten gegliederten Scheibe so klein, daß sie gleich Null gesetzt werden können, werden auch die Schubkräfte T^0_{ikH} $(k = 1 \ldots r_i)$ zu Null und die Steifheit R_i der gegliederten Scheibe degeneriert zu ihrer Biegesteifigkeit $K_{Wi} = E_i \Sigma I$.

Mit der Bezeichnung

$$R = \Sigma R_{v_i} + \Sigma R_i \qquad (2.21)$$

für die — *Steifheit des Scheibensystems* genannte — Summe der Steifheiten sämtlicher vollen und gegliederten Scheiben kann die Gleichung (2.20) der Durchbiegungslinie des Scheibensystems in der endgültigen Form

$$\Delta = \omega_\Delta \cdot \frac{\varkappa}{R} \qquad (2.22)$$

angeschrieben werden.

Für die Durchbiegung des Systemoberrandes folgt aus der allgemeinen Formel (2.23), da $\omega_{\Delta,0}$ für alle Lastfälle gleich 1 ist, die Formel

$$\Delta_0 = \frac{\varkappa}{R}. \qquad (2.23)$$

2.2 Verteilung der Last des Scheibensystems auf die einzelnen Scheiben. Schnittkräfte

Aus der Gl. (2.20) folgt, da die Durchbiegungen sämtlicher Scheiben an jeder Kote gleich sein müssen, daß sich die Last des Scheibensystems — und hiermit auch das Kragträgermoment — auf die einzelnen vollen und gegliederten Scheiben des Scheibensystems im Verhältnis ihrer Steifheiten R aufteilt. Auf die geliederte Scheibe i entfällt hiermit der Anteil

$$\mathfrak{M}_{iH} = \frac{R_i}{R} \mathfrak{M}_H, \qquad (2.24)$$

auf die volle Scheibe v_i der Anteil

$$\mathfrak{M}_{v_i H} = \frac{R_{v_i}}{R} \mathfrak{M}_H \qquad (2.25)$$

des Kragträgermomentes $\mathfrak{M}_H$ am Systemunterrand.

Die Schubkräfte T_{ikH} für den Systemunterrand der einzelnen gegliederten Scheiben ermittelt man durch Multiplikation der vorher, bei der Ermittlung der Steifheiten R_i der gegliederten Scheiben, für $\mathfrak{M}_{iH} = 1$ erhaltenen T^0_{ikH}-Werte mit $\mathfrak{M}_{iH}$:

$$T_{ikH} = T^0_{ikH}\, \mathfrak{M}_{iH}. \qquad (2.26)$$

Die Längskräfte N_{ikH} der Stützen ergeben sich nach den Gln. (2.2).

Das Gesamtmoment M_H des Scheibensystems am Systemunterrand ermittelt man anschließend nach der Formel (1.2) und teilt es auf die einzelnen vollen Scheiben und Stützen der gegliederten Scheiben im Verhältnis ihrer Biegesteifheiten EI, bzw., wenn E für alle gleich ist, im Verhältnis ihrer Eigenträgheitsmomente auf.

Der Verlauf der Längskräfte und der Biegemomente längs der Systemhöhe ist durch den Verlauf des Kragträgermomentkoeffizienten $\eta_\mathfrak{M}$ gegeben (Anhang, Abschnitt 3).

Die Schubflüsse berechnet man aus den Schubkräften T_{ikH} für den Systemunterrand nach der Formel (1.3); der Verlauf der Schubflüsse längs der Systemhöhe ist durch den Verlauf des Schubflußkoeffizienten

$$\eta'_\mathfrak{M} = \left\{ \begin{array}{ll} 2\xi & \text{(Gleichlast)} \\ \dfrac{12}{5}\xi - \dfrac{3}{5}\xi^2 & \text{(Trapezlast)} \\ 3\xi - \dfrac{3}{2}\xi^2 & \text{(Dreiecklast)} \\ 1 & \text{(Einzellast)} \end{array} \right\} \qquad (2.27)$$

festgelegt. Die Querkräfte der Riegel ermittelt man aus dem entsprechenden Schubfluß durch Multiplikation mit der Stockwerkhöhe h. An Hand der bereits bei der Ermittlung der Steifheiten S der Verbindungen angenommenen Lage des Momentennullpunkts der Riegel können dann die Riegeleinspannmomente unmittelbar angegeben werden.

Das geschilderte Verfahren zur Untersuchung des Einflusses waagrechter Lasten kann als Steifheitsverfahren bezeichnet werden.

3 Dynamische Charakteristiken

3.1 Schwingzeit, Schwingungsformkoeffizient und seismische Last

Es wird angenommen, daß das Gewicht und hiermit die Masse des Scheibensystems gleichmäßig längs seiner Höhe verteilt sind, und daß auch das Gewicht symmetrisch bezüglich der Symmetrieachse des Systems angeordnet ist. Das Gewicht je Höheneinheit des Scheibensystems sei mit q bezeichnet.

Für die Schwingzeit der freien Schwingungen des Scheibensystems nach dem Grundton gilt die bekannte Formel

$$T = 0{,}570\, H^2 \sqrt{\frac{q}{R}} \quad [\text{sec}] \tag{3.1}$$

für den Kragträger mit gleichmäßig verteilter Masse.

Die Steifheit R des Scheibensystems ist dabei gemäß der Formel (2.21) als Summe der Steifheiten sämtlicher vollen und gegliederten Scheiben zu ermitteln. Die einzelnen Größen sind im Meter-Megapond-System auszudrücken.

Der Schwingungsformkoeffizient η wird von der allgemeinen Formel (10), Anhang, Abschnitt 1, ausgehend bestimmt; er ändert sich längs der Systemhöhe nach dem Gesetz der Durchbiegungslinie infolge Gleichlast, also nach einer Parabel IV. Ordnung. Mittels der Gleichung (2.22) für die Durchbiegungslinie des Scheibensystems und $\omega_\varDelta$ gemäß der ersten der Formeln (2.17) wird

$$\eta(x) = \omega_\varDelta\, \frac{\varkappa}{R}\, \frac{\dfrac{\varkappa}{R}\displaystyle\int_0^H \omega_\varDelta\, \mathrm{d}x}{\left(\dfrac{\varkappa}{R}\right)^2 \displaystyle\int_0^H \omega_\varDelta^2\, \mathrm{d}x} = \omega_\varDelta\, \frac{\displaystyle\int_0^1 \omega_\varDelta\, \mathrm{d}\xi}{\displaystyle\int_0^1 \omega_\varDelta^2\, \mathrm{d}\xi} = 1{,}555\, \omega_\varDelta. \tag{3.2}$$

Für den Systemoberrand ergibt sich, da $\omega_{\varDelta,0} = 1$ ist,

$$\eta = 1{,}555. \tag{3.3}$$

Die seismische Last ändert sich längs der Systemhöhe nach dem Gesetz des Schwingungsformkoeffizienten; ihre Intensität an der beliebigen Kote x beträgt gemäß Formel (9), Anhang, Abschnitt 1

$$w(x) = \eta(x) \cdot \beta k q = 1{,}555\, \omega_\varDelta\, \frac{0{,}75}{T}\, k q = \omega_\varDelta\, \frac{1{,}166}{T}\, k q \tag{3.4}$$

Ein Näherungsverfahren f. bel. Scheibensysteme. — Dyn. Charakteristiken 237

und am Systemoberrand

$$w = \frac{1{,}166}{T} \, kq; \quad [\text{Mp/m}] \tag{3.5}$$

am Systemunterrand ist sie gleich Null. Mit k ist der seismische Koeffizient bezeichnet.

3.2 Schnittkräftezustand des Scheibensystems und Durchbiegungslinie

Der durch die seismische Last hervorgerufene Schnittkräftezustand des Scheibensystems kann in einfacher Weise nach dem Steifheitsverfahren (Abschnitt 2) ermittelt werden.

Das Kragträgermoment am Systemunterrand aus der seismischen Last beträgt

$$\mathfrak{M}_H = \frac{26}{90} \, w H^2 \tag{3.6}$$

und ändert sich längs der Systemhöhe nach dem Gesetz

$$\eta_\mathfrak{M} = \frac{45}{26} \xi^2 - \frac{10}{13} \xi^3 + \frac{1}{26} \xi^6. \tag{3.7}$$

ξ	$\xi_\mathfrak{M}$
0,0	0,000
0,1	0,017
0,2	0,063
0,3	0,135
0,4	0,228
0,5	0,337
0,6	0,459
0,7	0,589
0,8	0,724
0,9	0,862
1,0	1,000

Zahlenwerte des Kragträgermomentkoeffizienten $\eta_\mathfrak{M}$ sind für die Zehntelpunkte der Systemhöhe in der Tabelle nebenan angegeben.

Der Schubflußkoeffizient ergibt sich durch Ableiten der Gleichung (3.7) des Kragträgermomentkoeffizienten $\eta_\mathfrak{M}$ zu

$$\eta'_\mathfrak{M} = \frac{45}{13} \xi - \frac{30}{13} \xi^2 + \frac{3}{13} \xi^5. \tag{3.8}$$

Durchbiegungen aus der seismischen Last können erforderlichenfalls nach der Formel (2.22) ermittelt werden; der von der Größe und Verteilung der Last abhängige Koeffizient $\varkappa$ beträgt nun

$$\varkappa = \frac{413}{5040} \, w H^4, \tag{3.9}$$

während der Verlauf der Durchbiegungslinie durch den Koeffizient

$$\omega_\Delta = 1 - \frac{568}{413} \xi + \frac{210}{413} \xi^4 - \frac{56}{413} \xi^5 + \frac{1}{413} \xi^8 \tag{3.10}$$

bestimmt ist.

4 Einfluß lotrechter Lasten

Lotrechte Lasten werden als längs der ganzen Systemhöhe verteilte Gleichlasten angenommen. Die Intensität der lotrechten Last der vollen Scheibe v_i sei mit $\mathfrak{n}_{v_i}$, die der Stütze k der gegliederten Scheibe i mit $\mathfrak{n}_{ik}$ bezeichnet; e_{v_i} und e_{ik} seien die Exzentrizitäten dieser Lasten. Exzentrizitäten werden als positiv angenommen, wenn die jeweilige lotrechte Last rechts von der Schwerachse der betrachteten vollen Scheibe bzw. Stütze der gegliederten Scheibe angreift.

Abb. 4.1 zeigt das statische Schema samt statisch überzähligen Größen eines Scheibensystems aus beispielsweise zwei vollen Scheiben, zwei verschiedenen gegliederten Scheiben mit je einer Öffnungsspalte, einer gegliederten Scheibe mit zwei Öffnungsspalten und einer gegliederten Scheibe mit drei Öffnungsspalten; die lotrechte Last selbst ist zur besseren Übersichtlichkeit nicht eingezeichnet.

Die Biegesteifheit K_W des Scheibensystems ist der Summe der Biegesteifheiten EI sämtlicher seiner vollen Scheiben und Stützen der gegliederten Scheiben gleich.

Das Kragträgermoment

$$\mathfrak{M} = \left(\sum \mathfrak{n} e\right) x, \tag{4.1}$$

wobei sich die Summe auf sämtliche vollen Scheiben und Stützen der gegliederten Scheiben erstreckt, als auch die aus der Last sich ergebenden Längskräfte

$$\left.\begin{array}{r}\mathfrak{N}_{v_i} = \mathfrak{n}_{v_i} x \\ \mathfrak{N}_{ik} = \mathfrak{n}_{ik} x\end{array}\right\} \tag{4.2}$$

der vollen Scheiben bzw. Stützen der gegliederten Scheiben wachsen von Null am Systemoberrand linear zum Maximalwert am Systemunterrand an. Derselbe Verlauf wird voraussetzungsgemäß für die statisch überzähligen Größen, die Schubkräfte, angenommen:

$$T_{ik} = \frac{x}{H} T_{ikH}; \qquad (k = 1 \ldots r_i, \quad i = 1 \ldots n) \tag{4.3}$$

der Index i gibt wieder die Ordnungszahl der gegliederten Scheibe, k die Ordnungszahl der Öffnungsspalte und H den Systemunterrand an.

Durch Ableiten nach der Kote der Gl. (4.3) ergibt sich für die Schubflüsse der Ausdruck

$$T'_{ik} = \frac{T_{ikH}}{H}; \qquad (k = 1 \ldots r_i, \quad i = 1 \ldots n) \tag{4.4}$$

sie sind also längs der Systemhöhe konstant.

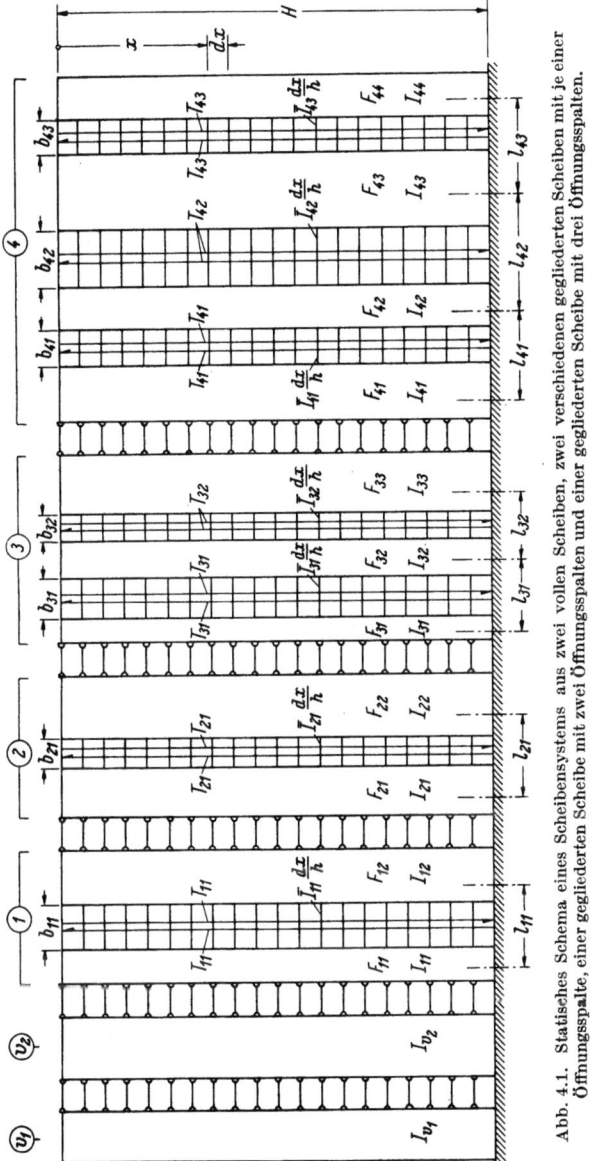

Abb. 4.1. Statisches Schema eines Scheibensystems aus zwei vollen Scheiben, zwei verschiedenen gegliederten Scheiben mit je einer Öffnungsspalte, einer gegliederten Scheibe mit zwei Öffnungsspalten und einer gegliederten Scheibe mit drei Öffnungsspalten.

Berücksichtigung der Dehnungen der Stützen gegliederter Scheiben

Das Gesamtmoment des Scheibensystems und die Längskräfte der Stützen der gegliederten Scheiben verlaufen gleichfalls linear von Null am Systemoberrand zu den Extremwerten

$$\left.\begin{aligned}
M_H &= \mathfrak{M}_H - \sum_{i=1}^{n} \sum_{k=1}^{r_i} T_{ikH}\, l_{ik} \\
N_{11H} &= \mathfrak{N}_{11H} - T_{11H} \\
N_{12H} &= \mathfrak{N}_{12H} + T_{11H} \\
N_{21H} &= \mathfrak{N}_{21H} - T_{21H} \\
N_{22H} &= \mathfrak{N}_{22H} + T_{21H} \\
N_{31H} &= \mathfrak{N}_{31H} - T_{31H} \\
N_{32H} &= \mathfrak{N}_{32H} + T_{31H} - T_{32H} \\
N_{33H} &= \mathfrak{N}_{33H} + T_{32H} \\
N_{41H} &= \mathfrak{N}_{41H} - T_{41H} \\
N_{42H} &= \mathfrak{N}_{42H} + T_{41H} - T_{42H} \\
N_{43H} &= \mathfrak{N}_{43H} + T_{42H} - T_{43H} \\
N_{44H} &= \mathfrak{N}_{44H} + T_{43H}
\end{aligned}\right\} \quad (4.5)$$

am Systemunterrand. Dabei ist $\mathfrak{M}_H = \left(\sum \mathfrak{n} e\right) H$ und $\mathfrak{N}_{ikH} = \mathfrak{n}_{ik} H$.

Der allgemeine Ausdruck

$$U = \int_0^H \Bigg\{ \sum_{i=1}^{n} \sum_{k=1}^{r_i} \frac{T_{ik}'^2}{2 S_{ik}} + \frac{\left(\mathfrak{M} - \sum_{i=1}^{n} \sum_{k=1}^{r_i} T_{ik}\, l_{ik}\right)^2}{2 K_W} +$$

$$+ \frac{1}{2 E_N} \Bigg[\frac{(\mathfrak{N}_{11} - T_{11})^2}{F_{11}} + \frac{(\mathfrak{N}_{12} + T_{11})^2}{F_{12}} + \frac{(\mathfrak{N}_{21} - T_{21})^2}{F_{21}} + \frac{(\mathfrak{N}_{22} + T_{21})^2}{F_{22}} +$$

$$+ \frac{(\mathfrak{N}_{31} - T_{31})^2}{F_{31}} + \frac{(\mathfrak{N}_{32} + T_{31} - T_{32})^2}{F_{32}} + \frac{(\mathfrak{N}_{33} + T_{32})^2}{F_{33}} + \frac{(\mathfrak{N}_{41} - T_{41})^2}{F_{41}} +$$

$$+ \frac{(\mathfrak{N}_{42} + T_{41} - T_{42})^2}{F_{42}} + \frac{(\mathfrak{N}_{43} + T_{42} - T_{43})^2}{F_{43}} + \frac{(\mathfrak{N}_{44} + T_{43})^2}{F_{44}} \Bigg] \Bigg\} dx \quad (4.6)$$

für die komplementäre Energie des Scheibensystems nimmt unter Berücksichtigung des linearen Verlaufs der Schnittkräfte und der Ausdrücke (4.5) für ihre Extremwerte am Systemunterrand nach Integration

Ein Näherungsverfahren für beliebige Scheibensysteme. — Lotrechte Lasten 241

die endgültige Form

$$\frac{3}{H} U = \sum_{i=1}^{n} \sum_{k=1}^{r_i} \frac{3 T_{ikH}^2}{2 H^2 S_{ik}} + \frac{\left(\mathfrak{M}_H - \sum_{i=1}^{n} \sum_{k=1}^{r_i} T_{ikH} l_{ik}\right)^2}{2 K_W} +$$

$$+ \frac{1}{2 E_N} \left[\frac{(\mathfrak{N}_{11H} - T_{11H})^2}{F_{11}} + \frac{(\mathfrak{N}_{12H} + T_{11H})^2}{F_{12}} + \frac{(\mathfrak{N}_{21H} - T_{21H})^2}{F_{21}} + \right.$$

$$+ \frac{(\mathfrak{N}_{22H} + T_{21H})^2}{F_{22}} + \frac{(\mathfrak{N}_{31H} - T_{31H})^2}{F_{31}} + \frac{(\mathfrak{N}_{32H} + T_{31H} - T_{32H})^2}{F_{32}} +$$

$$+ \frac{(\mathfrak{N}_{33H} + T_{32H})^2}{F_{33}} + \frac{(\mathfrak{N}_{41H} - T_{41H})^2}{F_{41}} + \frac{(\mathfrak{N}_{42H} + T_{41H} - T_{42H})^2}{F_{42}} +$$

$$+ \left. \frac{(\mathfrak{N}_{43H} + T_{42H} - T_{43H})^2}{F_{43}} + \frac{(\mathfrak{N}_{44H} + T_{43H})^2}{F_{44}} \right] \qquad (4.7)$$

an.

Die Bedingungsgleichungen

$$\frac{\partial \left(\frac{3}{H} U \right)}{\partial T_{ikH}} = 0 \qquad (k = 1 \ldots r_i, \quad i = 1 \ldots n) \qquad (4.8)$$

des Ritzschen Verfahrens auf den Ausdruck (4.7) für die komplementäre Energie des Scheibensystems angewendet ergeben — zur Ermittlung der statisch überzähligen Größen, der Schubkräfte T_{ikH} für den Systemunterrand — das in der Tab. 4.1 angegebene bezüglich seiner Hauptdiagonale symmetrische lineare algebraische Gleichungssystem. Die doppelt ausgezogene lotrechte Linie gibt wieder das Ist-gleich-Zeichen der Gleichungen an.

Bezüglich der mechanischen Bedeutung der Koeffizienten und Lastglieder des Gleichungssystems gilt das in Abschnitt 2.1 bei der Untersuchung der einzelnen gegliederten Scheibe Gesagte.

Greifen alle lotrechten Lasten mittig an, ist $\mathfrak{M}_H = 0$ und sind außerdem die aus der lotrechten Last sich ergebenden Normalspannungen $\frac{\mathfrak{N}_{ikH}}{F_{ik}}$ am Systemunterrand sämtlicher $r_i + 1$ Stützen jeder einzelnen gegliederten Scheibe i untereinander gleich, wird das Gleichungssystem Tab. 4.1 homogen; sämtliche T_{ikH}-Werte sind dann gleich Null. Die Riegel bleiben unbeansprucht, bewirken also keine Lastumlagerung zwischen den einzelnen Stützen. Die statische Untersuchung bestätigt dieses als offensichtlich erwartete Ergebnis.

Nachdem durch Auflösung des Gleichungssystems Tab. 4.1 die Schnittkräfte T_{ikH} für den Systemunterrand gefunden sind, ermittelt man das Gesamtmoment M_H am Systemunterrand und die Längskräfte N_{ikH} der Stützen der gegliederten Scheiben am Systemunterrand nach

Tabelle 4.1 *Gleichungssystem der Schubkräfte für das Scheibensystem gemäß Abb. 4.1 (Einfluß lotrechter Lasten)*

	T_{11H}	T_{21H}	T_{31H}	T_{32H}
(11)	$\dfrac{l_{11}^2}{K_W} + \dfrac{1}{E_N}\left(\dfrac{1}{F_{11}} + \dfrac{1}{F_{12}}\right) + \dfrac{3}{H^2 S_{11}}$	$\dfrac{l_{11} l_{21}}{K_W}$	$\dfrac{l_{11} l_{31}}{K_W}$	$\dfrac{l_{11} l_{32}}{K_W}$
(21)		$\dfrac{l_{21}^2}{K_W} + \dfrac{1}{E_N}\left(\dfrac{1}{F_{21}} + \dfrac{1}{F_{22}}\right) + \dfrac{3}{H^2 S_{21}}$	$\dfrac{l_{21} l_{31}}{K_W}$	$\dfrac{l_{21} l_{32}}{K_W}$
(31)			$\dfrac{l_{31}^2}{K_W} + \dfrac{1}{E_N}\left(\dfrac{1}{F_{31}} + \dfrac{1}{F_{32}}\right) + \dfrac{3}{H^2 S_{31}}$	$\dfrac{l_{31} l_{32}}{K_W} - \dfrac{1}{E_N F_{32}}$
(32)				$\dfrac{l_{32}^2}{K_W} + \dfrac{1}{E_N}\left(\dfrac{1}{F_{32}} + \dfrac{1}{F_{33}}\right) + \dfrac{3}{H^2 S_{32}}$
(41)				
(42)				
(43)				

Tabelle 4.1 (Fortsetzung)

	T_{41H}	T_{42H}	T_{43H}	
(11)	$\dfrac{l_{11}l_{41}}{K_W}$	$\dfrac{l_{11}l_{42}}{K_W}$	$\dfrac{l_{11}l_{43}}{K_W}$	$\dfrac{1}{E_N}\left(\dfrac{\mathfrak{N}_{11H}}{F_{11}} - \dfrac{\mathfrak{N}_{12H}}{F_{12}}\right) + \dfrac{\mathfrak{M}_H l_{11}}{K_W}$
(21)	$\dfrac{l_{21}l_{41}}{K_W}$	$\dfrac{l_{21}l_{42}}{K_W}$	$\dfrac{l_{21}l_{43}}{K_W}$	$\dfrac{1}{E_N}\left(\dfrac{\mathfrak{N}_{21H}}{F_{21}} - \dfrac{\mathfrak{N}_{22H}}{F_{22}}\right) + \dfrac{\mathfrak{M}_H l_{21}}{K_W}$
(31)	$\dfrac{l_{31}l_{41}}{K_W}$	$\dfrac{l_{31}l_{42}}{K_W}$	$\dfrac{l_{31}l_{43}}{K_W}$	$\dfrac{1}{E_N}\left(\dfrac{\mathfrak{N}_{31H}}{F_{31}} - \dfrac{\mathfrak{N}_{32H}}{F_{32}}\right) + \dfrac{\mathfrak{M}_H l_{31}}{K_W}$
(32)	$\dfrac{l_{32}l_{41}}{K_W}$	$\dfrac{l_{32}l_{42}}{K_W}$	$\dfrac{l_{32}l_{43}}{K_W}$	$\dfrac{1}{E_N}\left(\dfrac{\mathfrak{N}_{32H}}{F_{32}} - \dfrac{\mathfrak{N}_{33H}}{F_{33}}\right) + \dfrac{\mathfrak{M}_H l_{32}}{K_W}$
(41)	$\dfrac{l_{41}^2}{K_W} + \dfrac{1}{E_N}\left(\dfrac{1}{F_{41}} + \dfrac{1}{F_{42}}\right) + \dfrac{3}{H^2 S_{41}}$	$\dfrac{l_{41}l_{42}}{K_W} - \dfrac{1}{E_N F_{42}}$	$\dfrac{l_{41}l_{43}}{K_W}$	$\dfrac{1}{E_N}\left(\dfrac{\mathfrak{N}_{41H}}{F_{41}} - \dfrac{\mathfrak{N}_{42H}}{F_{42}}\right) + \dfrac{\mathfrak{M}_H l_{41}}{K_W}$
(42)		$\dfrac{l_{42}^2}{K_W} + \dfrac{1}{E_N}\left(\dfrac{1}{F_{42}} + \dfrac{1}{F_{43}}\right) + \dfrac{3}{H^2 S_{42}}$	$\dfrac{l_{42}l_{43}}{K_W} - \dfrac{1}{E_N F_{43}}$	$\dfrac{1}{E_N}\left(\dfrac{\mathfrak{N}_{42H}}{F_{42}} - \dfrac{\mathfrak{N}_{43H}}{F_{43}}\right) + \dfrac{\mathfrak{M}_H l_{42}}{K_W}$
(43)			$\dfrac{l_{43}^2}{K_W} + \dfrac{1}{E_N}\left(\dfrac{1}{F_{43}} + \dfrac{1}{F_{44}}\right) + \dfrac{3}{H^2 S_{43}}$	$\dfrac{1}{E_N}\left(\dfrac{\mathfrak{N}_{43H}}{F_{43}} - \dfrac{\mathfrak{N}_{44H}}{F_{44}}\right) + \dfrac{\mathfrak{M}_H l_{43}}{K_W}$

den Formeln (4.5). Die Längskräfte N_{v_iH} am Systemunterrand der vollen Scheiben sind der unmittelbar auf sie einwirkenden Last $\mathrm{n}_{v_i}H$ gleich. Das Gesamtmoment M_H wird auf die einzelnen vollen Scheiben und Stützen der gegliederten Scheiben im Verhältnis ihrer Biegesteifheiten bzw. Eigenträgheitsmomente aufgeteilt. Der Verlauf der Biegemomente und Längskräfte längs der Systemhöhe ist annahmegemäß linear zu Null am Systemoberrand. Die — längs der Systemhöhe konstanten — Schubflüsse bestimmt man nach der Formel (4.4); die Querkräfte der Riegel ermittelt man aus dem entsprechenden Schubfluß durch Multiplikation mit der Stockwerkhöhe.

5 Einfluß von Temperaturänderungen

Der Einfluß von Temperaturänderungen wird ähnlich wie jener lotrechter Lasten untersucht. Einfachheitshalber sei lediglich der Einfluß gleichmäßiger Temperaturänderungen der einzelnen vollen Scheiben und Stützen der gegliederten Scheiben erörtert; die Temperaturänderung der vollen Scheiben ruft dann keine Spannungen im System hervor. Die — als Temperaturerhöhung positive — Temperaturänderung der Stütze k der gegliederten Scheibe i sei mit t_{ik} bezeichnet. Längs der Systemhöhe seien die Temperaturänderungen konstant.

Die Schubkräfte T_{ik} sind längs der Systemhöhe konstant, die Schubflüsse T'_{ik} hiermit identisch gleich Null (Kap. D.I, Abschnitt 5). Die Untersuchung wird wieder am Scheibensystem gemäß Abb. 4.1 gezeigt.

Für das längs der Systemhöhe konstante Gesamtmoment des Scheibensystems und die längs der Systemhöhe konstanten Längskräfte der Stützen der gegliederten Scheiben gelten die Ausdrücke

$$\left.\begin{aligned}
M &= -\sum_{i=1}^{n}\sum_{k=1}^{r_i} T_{ik}\, l_{ik} \\
\\
N_{11} &= -T_{11} \\
N_{12} &= T_{11} \\
\\
N_{21} &= -T_{21} \\
N_{22} &= T_{21} \\
\\
N_{31} &= -T_{31} \\
N_{32} &= T_{31} - T_{32} \\
N_{33} &= T_{32} \\
\\
N_{41} &= -T_{41} \\
N_{42} &= T_{41} - T_{42} \\
N_{43} &= T_{42} - T_{43} \\
N_{44} &= T_{43}
\end{aligned}\right\} \quad (5.1)$$

Die durch die Temperaturänderung hervorgerufene komplementäre Energie des Scheibensystems beträgt

$$U = \int_0^H \left\{ \frac{\left(-\sum_{i=1}^n \sum_{k=1}^{r_i} T_{ik} l_{ik}\right)^2}{2K_W} + \frac{1}{2E_N}\left[\left(\frac{1}{F_{11}} + \frac{1}{F_{12}}\right)T_{11}^2 + \left(\frac{1}{F_{21}} + \frac{1}{F_{22}}\right)T_{21}^2 + \right. \right.$$
$$+ \frac{(-T_{31})^2}{F_{31}} + \frac{(T_{31} - T_{32})^2}{F_{32}} + \frac{T_{32}^2}{F_{33}} + \frac{(-T_{41})^2}{F_{41}} + \frac{(T_{41} - T_{42})^2}{F_{42}} +$$
$$+ \frac{(T_{42} - T_{43})^2}{F_{43}} + \frac{T_{43}^2}{F_{44}} \bigg] + \alpha[(t_{11} - t_{12})T_{11} + (t_{21} - t_{22})T_{21} + t_{31}T_{31} +$$
$$+ t_{32}(T_{32} - T_{31}) - t_{33}T_{32} + t_{41}T_{41} + t_{42}(T_{42} - T_{41}) +$$
$$\left. + t_{43}(T_{43} - T_{42}) - t_{44}T_{43}] \right\} dx; \quad (5.2)$$

Der in der geschweiften Klammer hinter dem Integralzeichen stehende Ausdruck ist von der Kote x unabhängig.

Die Bedingungsgleichungen

$$\frac{\partial U}{\partial T_{ik}} = 0 \quad (k = 1 \ldots r_i, \quad i = 1 \ldots n) \quad (5.3)$$

des Ritzschens Verfahrens ergeben zur Ermittlung der statisch überzähligen Größen, der Schubkräfte T_{ik}, wieder ein System $\sum_{i=1}^n r_i$ linearer algebraischer Gleichungen. Es unterscheidet sich von dem in der Tab. 4.1 angegebenen lediglich dadurch, daß bei den Koeffizienten $\delta_{ik,ik}$ an der Hauptdiagonale jeweils das letzte Glied, das den Beitrag des Schubflusses darstellt, entfällt, und die Lastglieder nun

$$\left.\begin{aligned} -\Delta_{11} &= \alpha\,(t_{12} - t_{11}) \\ -\Delta_{21} &= \alpha\,(t_{22} - t_{21}) \\ -\Delta_{31} &= \alpha\,(t_{32} - t_{31}) \\ -\Delta_{32} &= \alpha\,(t_{33} - t_{32}) \\ -\Delta_{41} &= \alpha\,(t_{42} - t_{41}) \\ -\Delta_{42} &= \alpha\,(t_{43} - t_{42}) \\ -\Delta_{43} &= \alpha\,(t_{44} - t_{43}) \end{aligned}\right\} \quad (5.4)$$

betragen.

Sind die Temperaturänderungen sämtlicher Stützen jeder einzelnen gegliederten Scheibe untereinander gleich ($t_{i1} = t_{i2} = \ldots t_{ir_i}, i = 1 \ldots n$), ist das Gleichungssystem der Schubkräfte homogen und die Schubkräfte und hiermit auch alle anderen Schnittkräfte gleich Null.

Literatur

1. Zusammenwirken voller Scheiben und Stockwerkrahmen

[1.1] ROSMAN, R.: Beitrag zur Untersuchung des Zusammenwirkens von waagrecht belasteten Wänden und Stockwerkrahmen bei Hochbauten. Beton- und Stahlbetonbau 2 (1963).
[1.2] ROSMAN, R.: Systeme aus durchbrochenen Wänden und Stockwerkrahmen. Die Bautechnik 2 (1964).
[1.3] ROSMAN, R.: Laterally Loaded Systems Consisting of Walls and Frames. Tall Buildings, Pergamon Press 1967.
[1.4] ROSMAN, R.: Laterally Loaded Assemblies of Walls and Frames in Multistory Buildings. Acta Technica Academiae Scientiarum Hungaricae, Tomus 55, 1966.
[1.5] ROSMAN, R.: O raspodjeli horizontalnog opterećenja medju zidovima i okvirima u visokogradnji. Naše gradjevinarstvo 4 (1963).
[1.6] PASTERNAK, P. L.: Proektirovanje železobetonih konstrukcij. Izdateljstvo literaturi po stroiteljstvu 1966.
[1.7] KHAN, F. R., u. J. A. SBAROUNIS: Interaction of Shear Walls and Frames. Journal of the Structural Division, Proc. ASCE, Vol. 90, No. ST3, 1964.
[1.8] PARME, A. L.: Design of Combined Frames an Shear Walls. Tall Buildings, Pergamon Press 1967.
[1.9] WINOKUR, A., u. J. GLÜCK: Statical Analysis of Multistorey Structures, Journal ACI, im Druck.
[1.10] WEBSTER, J. A.: The Static and Dynamic Analysis of Orthogonal Structures Composed of Shear Walls and Frames. Tall Buildings, Pergamon Press 1967.
[1.11] ROSMAN, R.: Steifheit gegliederter Windscheiben. Deutsche Bauzeitschrift 3 (1967).

2. Stockwerkrahmen

[2.1] CSONKA, P.: Über proportionierte Rahmen. Die Bautechnik 1 (1955).
[2.2] ROSMAN, R.: Untersuchung freistehender proportionierter Stockwerkrahmen bei waagrechter Belastung. VDI-Zeitschrift, Teil 1, Nr. 22 u. Teil 2, Nr. 34 (1966).
[2.3] ROSMAN, R.: Dynamik freistehender proportionierter Stockwerkrahmen. VDI-Zeitschrift, Nr. 35 (1966).
[2.4] ROSMAN, R.: Dinamika konzole krute na smicanje i primjena na iznalaženje seizmičkih sila mnogokatnih slobodnih skeletnih okvira. Naše gradjevinarstvo 10 (1966).
[2.5] EHLERS, G.: Stockwerkrahmen bei waagrechten Lasten. Beton- und Stahlbetonbau 1 (1957).

3. Gegliederte Scheiben

[3.1] ROSMAN, R.: Die statische Berechnung von Hochhauswänden mit Öffnungsreihen. Ernst & Sohn 1965.

- [3.2] ROSMAN, R.: Zahlentafeln für die Schnittkräfte von Windscheiben mit Öffnungsreihen. Tables for the Internal Forces of Pierced Shear-Walls Subject to Lateral Loads. Ernst & Sohn 1966.
- [3.3] ROSMAN, R.: An Approximate Method of Analysis of Walls of Multistorey Buildings. Civil Engineering 1 (1964).
- [3.4] ROSMAN, R.: An Approximate Analysis of Shear Walls Subject to Lateral Loads. Journal ACI, V. 61, No. 6, 1964.
- [3.5] ROSMAN, R.: Windscheiben mit beliebig vielen Öffnungsreihen. Deutsche Bauzeitschrift 7 (1966).
- [3.6] ROSMAN, R.: Steifheit gegliederter Windscheiben. Deutsche Bauzeitschrift 3 (1967).
- [3.7] MACLEOD, I. A.: Lateral Stiffness of Shear Walls with Openings. Tall Buildings, Pergamon Press 1967.
- [3.8] BECK, H.: Die Großtafelbauweise. Der Bauingenieur 10 (1961).
- [3.9] KHAN, F. R.: On Some Special Problems of Analysis and Design of Shear Wall Structures. Tall Buildings, Pergamon Press 1967.
- [3.10] BARNARD, P. R., u. J. SCHWAIGHOFER: Interaction of Shear Walls Connected Solely through Slabs. Tall Buildings, Pergamon Press, 1967.
- [3.11] MICHAEL, D.: The Effect of Local Wall Deformations on the Elastic Interaction of Cross Walls Coupled by Beams. Tall Buildings, Pergamon Press 1967.
- [3.12] HAAS, E.: Über die Lage des Riegelmomentennullpunktes bei gegliederten Scheiben. Unveröffentlichtes Manuskript.
- [3.13] GERBETH, H.: Über die statische Berechnung von Windscheiben mit Öffnungsreihen. Bauplanung–Bautechnik 6 (1965).
- [3.14] CARDAN, B.: Concrete Shear Walls Combined with Rigid Frames in Multistory Buildings Subject to Lateral Loads, Journal ACI, V. 58, No. 3. 1961.
- [3.15] SCHWAIGHOFER, J.: Experimental Studies on Shear Walls, Proc. ASCE, im Druck.

4. Bodenmechanik

- [4.1] Grundbau-Taschenbuch, Ernst & Sohn 1955.
- [4.2] VASILJEW, B. D.: Osnovanja i fundamenti. Gos. izd. lit. po stroiteljstvu i arhitekture 1955.
- [4.3] HIRSCHFELD, K.: Baustatik. Springer 1965.
- [4.4] SCHINEIS, M.: Verkantung des starren Rechteckfundaments bei Momentenbeanspruchung und elastisch-isotropem Baugrund. Die Bautechnik 2 (1965).

5. Baudynamik

- [5.1] GRÜNING, G., u. A. HÜTTER: Ingenieur Taschenbuch Bauwesen, Band I. Teubner 1963.
- [5.2] HURTY, W. C., u. M. F. RUBINSTEIN: Dynamics of Structures. Prentice-Hall 1964.

Anhang

1 Statische Ersatzlasten der bei Erdbeben und Windböen auftretenden Massenkräfte

Die bei Erdbeben und Windböen auftretenden Massenkräfte werden bei praktischen Berechnungen in der Regel als statisch wirkende Ersatzlasten, seismische bzw. Windbölasten genannt, angesetzt. Entsprechende Formeln sind in amtlichen Bestimmungen und Vorschriften vieler Länder festgelegt.

1.1 Seismische Lasten

Während die durch senkrechte Bodenbewegungen entstehenden Massenkräfte klein im Verhältnis zum Gewicht und der Nutzlast des Baues sind, so daß sie üblicherweise nicht berücksichtigt werden, bewirken waagrechte Bodenbewegungen oft erhebliche waagrechte Massenkräfte.

Die seismischen Lasten werden demzufolge als waagrecht — in beliebigen Richtungen — wirkend angenommen, so daß jeweils die ungünstigsten Beanspruchungen erhalten werden. Sie greifen im Massenmittelpunkt an.

Im folgenden werden drei der gebräuchlichsten Verfahren zur Ermittlung der seismischen Lasten kurz beschrieben.

1.1.1 Das Erschütterungszifferverfahren

Die Erschütterungszifferformel ist die älteste und einfachste Formel zur Ermittlung der seismischen Lasten.

Als Erschütterungsziffer, auch seismischer Koeffizient genannt, wird das Verhältnis der maximalen waagrechten Erdbebenbeschleunigung zur Schwerebeschleunigung bezeichnet. Die Größe der Erschütterungsziffer ist von der Stärke des Erdbebens, der Entfernung vom Erdbebenherd und der Beschaffenheit des Baugrundes abhängig. Nach der internationalen Mercalli-Cancani-Sieberg-Skala sind Erdbeben — ihrer Stärke nach — in 12 Grade eingeteilt. Stärkeren Erdbeben entsprechen die Grade VI bis XII. In der folgenden Tabelle sind für die einzelnen Grade die Art der Gebäudeschäden und — größenordnungsgemäß — die entsprechenden Bereiche der Erschütterungsziffer angegeben.

Gebäudeschäden und Erschütterungszifferbereiche bei Erdbeben der Grade VI bis XII [4.1]

Grad	Gebäudeschäden				Erschütterungs-zifferbereich
	Gebäude aus Ziegelmauerwerk in üblicher europäischer Bauweise	Stahl-Gerippebauten ohne Eckversteifung	Stahlbeton-Gerippebauten ohne Rahmenwirkung	„Erdbebenfeste" Stahlbeton- und Stahlbauten	
VI	Vereinzelt Herabfallen von Dachziegeln, Umfallen von Schornsteinen, sonstige leichte Schäden				$0{,}005 \div 0{,}010$
VII	Zahlreiche mäßige Schäden, vereinzelt Zerstörungen größerer Gebäudeteile				$0{,}010 \div 0{,}025$
VIII	Schwere Schäden bei mehr als $1/4$ aller Gebäude, vereinzelte Einstürze	Einzelne Risse im Füllmauerwerk	Leichte Schäden hauptsächlich an den Stützenköpfen		$0{,}025 \div 0{,}050$
IX	Schwere Schäden bei mehr als der Hälfte, Einsturz von mehr als $1/4$ aller Gebäude	Schwere Risse und Herausbrechen einzelner Steine im Füllmauerwerk	Schwere Schäden, besonders Brechen der Stützenköpfe		$0{,}05 \div 0{,}10$
X	Schwere Schäden an sämtlichen Gebäuden, Einsturz von mehr als der Hälfte der Gebäude	Ausbrechen des Füllmauerwerkes, schwere Verbiegung der eisernen Stützen	Zermalmung der Stützenköpfe	Leichte Schäden	$0{,}10 \div 0{,}25$
XI	Einsturz sämtlicher Gebäude	Schwere Schäden, Einsturz vieler Gebäude	Schwere Schäden oder Einsturz bei allen Gebäuden	z. T. größere Schäden	$0{,}25 \div 0{,}50$
XII	Völlige Zerstörung aller Bauwerke				über $0{,}50$

Nach dem Erschütterungszifferverfahren berechnet man die seismischen Lasten als erschütterungszifferfache Gewichte des Baues. Die Erschütterungsziffer wird dabei als längs der Systemhöhe konstant angenommen.

Die Gewichte des Baues werden zur Berechnung der seismischen Lasten als an den Koten der Deckenscheiben konzentriert, also als Einzelgewichte, angenommen. Diese Einzelgewichte sind dem Gewicht der jeweiligen Decke, einschließlich eines angemessenen Teiles, etwa einer

Hälfte, der Nutzlast, zuzüglich dem Gewicht der lotrechten Bauteile von Symmetrale zu Symmetrale der benachbarten Stockwerke, gleich. Das an die Kote der Scheibe j anfallende Gewicht wird mit Q_j bezeichnet.

Bei vielstöckigen Bauten wird zur Vereinfachung der Berechnung von der diskreten Verteilung des Gewichtes längs der Systemhöhe zu einer stetigen übergegangen. Das Gewicht des Systems je Höheneinheit wird mit q bezeichnet und üblicherweise als längs der Systemhöhe konstant angenommen; es ergibt sich aus dem Gewicht Q des typischen Stockwerkes durch Dividieren durch die Stockwerkhöhe h.

Für die seismischen Lasten hat man auf Grund des oben Gesagten die Formeln

$$\left.\begin{array}{l} W_j = \varepsilon Q_j, \\ w = \varepsilon q; \end{array}\right\} \quad (1.1)$$

die erste gilt für diskrete, die zweite für als stetig behandelte Systeme. Die Bedeutung der Bezeichnungen ist:

ε Erschütterungsziffer,
W_j dem Gewicht Q_j entsprechende seismische Last,
w Intensität der seismischen Last.

Die der Berechnung zugrunde zu legende Erschütterungsziffer wird, aus Erfahrung mit früheren Erdbeben, in der Regel bis zu 0,10, in Gebieten starker Erdbeben bis zu 0,20 angesetzt.

Das Erschütterungszifferverfahren ist theoretisch nicht einwandfrei, vor allem, da es von den dynamischen Charakteristiken des zu untersuchenden Bauwerkes nicht Rechnung trägt.

1.1.2 Die SEAOC*-Formel

1.1.2.1 Größe der seismischen Last. Der wesentliche Vorteil der SEAOC-Formel gegenüber den Formeln (1.1) ist in der Berücksichtigung des Einflusses der wichtigsten dynamischen Charakteristik des Bauwerks, seiner Grundeigenschwingzeit, auf die Größe der seismischen Last.

Die SEAOC-Formel gibt, in gleicher Weise für diskrete und stetige Systeme, die Größe $W = \sum_k W_k$ bzw. $W = \int_0^H w\,dx$ der gesamten seismischen Last gemäß

$$W = k\beta Q \quad (1.2)$$

in Abhängigkeit vom gesamten Gewicht Q des Baues an.

---

* SEAOC = Structural Engineers Association of California.

Für den in der Formel (1.2) enthaltenen — dimensionslosen — seismischen Koeffizienten β gilt die Formel

$$\beta = \frac{0,05}{\sqrt[3]{T}}, \qquad (1.3)$$

wobei T die Schwingzeit der Eigenschwingungen des Bauwerkes nach dem Grundton bezeichnet. Der Koeffizient β kann als Verhältnis des über die Systemhöhe genommenen Mittelwertes der maximalen Erdbebenbeschleunigung zur Schwerebeschleunigung g gedeutet werden, da er, mit dem Gewicht Q des Baues multipliziert, gemäß Formel (1.2) die waagrechte Massenkraft W/k liefert.

Eine Ausnahme in der Anwendung der Formel (1.3) bilden ein- und zweistöckige Bauwerke: für diese ist $\beta = 0{,}10$ zu nehmen.

Der Koeffizient $0{,}67 \leq k \leq 1{,}33$ in der Formel (1.2) hängt von der Formänderungskapazität, und hiermit von der Energieabsorptionsfähigkeit des Baues im plastischen Bereich ab. Der kleinste Wert 0,67 entspricht den am wenigsten steifen Scheibensystemen, den Scheibensystemen aus Stockwerkrahmen, der größte Wert 1,33 den steifsten Scheibensystemen, also den Systemen aus vollen Scheiben.

1.1.2.2 Verteilung der gesamten seismischen Last des Baues längs der Systemhöhe. Die Verteilung der gesamten seismischen Last W des Baues längs der Systemhöhe wird aus der Annahme bestimmt, daß die Schwingungslinie eine Gerade mit dem Nullpunkt am Systemunterrand ist. Die Rechtfertigung dieser Annahme liegt in der Tatsache, daß — in der Lastrichtung gesehen — die Biegemomente eine konvexe, die Querkräfte hingegen eine konkave Durchbiegungslinie erzeugen. Die durch Überlagerung der Beiträge der Biegemomente und der Querkräfte sich ergebende resultierende Durchbiegungslinie weicht demzufolge — im allgemeinen — nicht sehr stark von einer Geraden ab. Aus dem oben Gesagten folgt weiter, daß die Beschleunigungen als längs der Systemhöhe nach einem Dreieck — mit dem Maximalwert am Systemoberrand — verteilt angenommen werden.

Für diskrete Systeme ist

$$W_j = \frac{Q_j r_j}{\sum\limits_{k} Q_k r_k} W, \qquad (1.4)$$

wobei die Summe im Nenner der obigen Formel auf sämtliche Einzelgewichte zu erstrecken ist. Es bezeichnen:

W_j dem Gewicht Q_j an der Kote j entsprechende seismische Last,
r_j Hebelarm der Last W_j bezüglich des Systemunterrandes.

Bei ein- und zweistöckigen Systemen ist die gesamte seismische Last nicht nach der Formel (1.4), sondern gleichmäßig längs der Systemhöhe zu verteilen.

Die seismische Last stetiger Scheibensysteme mit längs der Systemhöhe gleichmäßig verteilter Masse ist eine Dreieckslast. Ihre Intensität am Systemoberrand kann, falls erforderlich, aus der gesamten seismischen Last W gemäß

$$w = \frac{2W}{H} \qquad (1.5)$$

ermittelt werden. Mit H ist dabei die Systemhöhe bezeichnet.

1.1.3 Die CNIISK*-Formel

Die CNIISK-Formel für die seismische Last berücksichtigt nicht nur den Einfluß der Eigenschwingzeit des Baues, sondern auch den Einfluß der Form seiner Eigenschwingungslinie.

Die dem Gewicht Q_j an der Kote j entsprechende seismische Last W_j wird, wenn man sich auf die Erörterung der Schwingungen nach dem Grundton beschränkt, nach der Formel

$$W_j = k\beta\eta_j Q_j \quad [\text{Mp}] \qquad (1.6)$$

berechnet. Die drei vor Q_j stehenden — dimensionslosen — Koeffizienten haben die folgenden Bedeutungen.

Der seismische Koeffizient k hängt, außer vom Verhältnis der maximalen Erdbebenbeschleunigung zur Schwerebeschleunigung, also vom Grad des der Berechnung zugrunde zu legenden Erdbebens, noch von der Bodenart ab. Zahlenwerte des seismischen Koeffizienten sind, für die Erdbebengrade VII bis IX, in der folgenden Tafel angegeben.

Seismische Koeffizienten k

Bodenfestigkeit	Erdbebengrad		
	VII	VIII	IX
schlecht	0,03	0,06	0,12
mittel	0,025	0,05	0,10
gut	0,02	0,04	0,08

Sie sind also für guten Boden kleiner als für schlechten.

---

* CNIISK = Centralnij naučno isledovateljnij institut stroitelnih konstrukcij

Der dynamische Koeffizient β bringt die Abhängigkeit der seismischen Last von der Grundeigenschwingzahl des Bauwerkes zum Ausdruck. Er ist durch die Formel

$$\beta = \frac{0{,}75}{T} \tag{1.7}$$

gegeben, dabei aber durch die Schranken $0{,}5 \leq \beta \leq 1{,}5$ begrenzt.

Der Schwingungsformkoeffizient η hängt von der Form der Eigenschwingungslinie des Bauwerkes ab und ist längs der Systemhöhe veränderlich. Er berücksichtigt also die Ungleichmäßigkeit der Verteilung der Massenkräfte längs der Systemhöhe und wird nach der Formel

$$\eta_j = Y_j \frac{\sum\limits_k Y_k Q_k}{\sum\limits_k Y_k^2 Q_k} \tag{1.8}$$

berechnet, wobei die Summen auf sämtliche Gewichte zu erstrecken sind und Y die Ordinaten der Schwingungsformlinie bezeichnet. Diese können als Ordinaten Δ der Durchbiegungslinie infolge der waagrecht einwirkenden Gewichte Q ermittelt werden.

Für einstöckige Systeme ist $\eta = 1$.

Für stetige Scheibensysteme mit längs der Systemhöhe gleichmäßig verteiltem Gewicht der Intensität q folgt aus den Formeln (1.6) und (1.8)

$$w_x = k\beta\eta_x q, \quad [\text{Mp/m}] \tag{1.9}$$

$$\eta_x = Y_x \frac{\int\limits_0^H Y_x \, dx}{\int\limits_0^H Y_x^2 \, dx}, \tag{1.10}$$

wobei die Kote nun mit x bezeichnet und die Summen durch Integrale ersetzt wurden.

Da die statische Berechnung des Scheibensystems für eine nach dem Gesetz der Durchbiegungslinie [Gl. (1.10)] verteilte Last sehr umständlich wäre, wird die seismische Last oft als längs der Systemhöhe nach einem Dreieck verteilt angenommen. Der Schwingungsformkoeffizient für den Systemoberrand ($x = 0$) beträgt dann $\eta_0 = 1{,}5$.

1.2 Windbölasten

Während die Größe der seismischen Last proportional der Steifheit des Scheibensystems ist, ist die Windbölast dieser Steifheit umgekehrt proportional.

Ein Teil der Windlast, der Böanteil, ist eine plötzlich einwirkende Last, die eine ein- bis zweimal so große Beanspruchung hervorruft, als wenn sie statisch wirken würde.

Wesentlich für die dynamische Wirkung des Böanteils der Windlast ist der Plötzlichkeitsgrad, der als Quotient

$$\alpha = \frac{T}{T_W} \qquad (1.11)$$

der Eigenschwingzeit T des Bauwerks und der gedachten Schwingzeit T_W des Böanteils der Windlast definiert ist. Die Böentfaltungsdauer beträgt normalerweise $\frac{T_W}{4} = 1$ bis 3 Sekunden.

Bei praktischen Berechnungen wird von der dynamischen Wirkung des Böanteils der Windlast durch Einführung eines von α abhängigen dynamischen Koeffizienten $1 \leq \nu \leq 2$ Rechnung getragen. RAUSCH gibt für diesen Koeffizienten die folgende Tabelle an [5.1].

Dynamische Koeffizienten ν

Eigenschwingzeit [sec]	Böentfaltungsdauer [sec]					
	0,5	1	2	3	4	5
0,1	1,05	1,025	*1,015*	1,015	1,01	1,005
0,5	1,275	1,13	*1,065*	1,04	1,03	1,025
1	1,745	1,275	*1,13*	1,085	1,065	1,05
2	1,935	1,745	*1,275*	1,175	1,13	1,10
3	1,97	1,88	*1,585*	1,275	1,225	1,175
5	1,99	1,92	*1,825*	1,65	1,45	1,275

Normalerweise werden die der mittleren Böentfaltungsdauer von 2 Sekunden entsprechenden Zahlenwerte angewendet. Je größer T ist, also je weicher das Bauwerk ist, um so größer ist der dynamische Koeffizient.

Der dynamische Koeffizient ν wurde für den Böanteil der Windlast entwickelt. Da aber mit Böwiederholungen gerechnet werden muß, die in den Takt der durch die erste Bö verursachten und noch nicht abgeklungenen Schwingungen einfallen können, schlug RAUSCH vor, den dynamischen Koeffizient ν nicht nur auf den Böanteil, sondern auf die gesamte Windlast zu erstrecken.

2 Fákinsches Schema zur Lösung dreigliedriger Gleichungssysteme
(beispielsweise für $n = 5$)

[Schema with A-Polygon and B-Polygon tables, showing coefficients δ_{ij}, p_{ij}, and values $M_i = -\dfrac{b_i}{a_i}$, Δ_{iW}, etc.]

Erläuterung

A-Polygon. Die Koeffizienten $\delta_{11}, \delta_{12}, \ldots$ des Gleichungssystems werden in die mittlere Zeile eingetragen. Dann werden die Zahlen der oberen Zeile von links nach rechts fortschreitend und die Zahlen der unteren Zeile von rechts nach links fortschreitend, gemäß dem angegebenen Zeichen (▬▬▬, ■·■, ■·■), berechnet.

$$\dfrac{\delta_{12}}{\delta_{11}} = p_{21}, \quad \delta_{21} \cdot p_{21} = \delta'_{21}, \quad \delta_{22} - \delta'_{21} = \delta'_{22}, \ldots \delta_{54} \cdot p_{54} = \delta'_{54};$$

$$\dfrac{\delta'_{54}}{\delta'_{55}} = p_{45}, \quad \delta'_{45} \cdot p_{45} = \delta''_{45}, \ldots \delta_{12} \cdot p_{12} = \delta''_{12};$$

$$\delta_{11} - \delta''_{12} = a_1, \quad \delta_{22} - \delta'_{21} - \delta''_{23} = a_2, \ldots \delta_{55} - \delta'_{54} = a_5.$$

B-Polygon. Die Lastglieder $\Delta_{1W}, \Delta_{2W}, \ldots$ des Gleichungssystems und die Übergangszahlen $p_{12} = p_{21}, p_{23} = p_{32}, \ldots$ aus dem A-Polygon werden in die mittlere Zeile eingetragen. Sinngemäß wie beim A-Polygon berechnet man:

$$p_{21} \cdot \Delta_{1W} = \Delta'_{21}, \quad \Delta_{2W} - \Delta'_{21} = \Delta'_2, \quad p_{32} \cdot \Delta'_2 = \Delta'_{32}, \ldots p_{54} \cdot \Delta'_4 = \Delta'_{54};$$

$$p_{45} \cdot \Delta_{5W} = \Delta''_{45}, \quad \Delta_{4W} - \Delta'_{45} = \Delta'_4, \ldots p_{12} \cdot \Delta'_2 = \Delta''_{12};$$

$$\Delta_{1W} - \Delta''_{12} = b_1, \quad \Delta_{2W} - \Delta'_{21} - \Delta''_{23} = b_2, \ldots \Delta_{5W} - \Delta'_{54} = b_5.$$

Die *Unbekannten* werden gemäß $M_j = -\dfrac{b_j}{a_j}$ berechnet und, in der entsprechenden Spalte, über dem B-Polygon eingeschrieben.

3 Kragträgerschnittkräfte am Systemunterrand und Kragträgerschnittkräftekoeffizienten für vier Lastfälle

			w ⬚ H	w ⬚	w ⬚ $w/2$	W →
$\mathfrak{M}_H$			$\frac{1}{2} w H^2$	$\frac{5}{12} w H^2$	$\frac{1}{3} w H^2$	$W H$
$\mathfrak{M}'_H$			$w H$	$\frac{3}{4} w H$	$\frac{1}{2} w H$	W
$\eta_{\mathfrak{M}}$	$\xi =$	0,0	0,000	0,000	0,000	0,000
		0,1	0,010	0,012	0,015	0,100
		0,2	0,040	0,046	0,056	0,200
		0,3	0,090	0,103	0,122	0,300
		0,4	0,160	0,179	0,208	0,400
		0,5	0,250	0,275	0,313	0,500
		0,6	0,360	0,389	0,432	0,600
		0,7	0,490	0,519	0,564	0,700
		0,8	0,640	0,666	0,704	0,800
		0,9	0,810	0,826	0,851	0,900
		1,0	1,000	1,000	1,000	1,000
$\eta_{\mathfrak{M}'}$	$\xi =$	0,0	0,000	0,000	0,000	1,000
		0,1	0,100	0,130	0,190	1,000
		0,2	0,200	0,253	0,360	1,000
		0,3	0,300	0,370	0,510	1,000
		0,4	0,400	0,480	0,640	1,000
		0,5	0,500	0,583	0,750	1,000
		0,6	0,600	0,680	0,840	1,000
		0,7	0,700	0,770	0,910	1,000
		0,8	0,800	0,853	0,960	1,000
		0,9	0,900	0,930	0,990	1,000
		1,0	1,000	1,000	1,000	1,000

4 Tabellen der Festigkeitscharakteristiken des Bodens und der Koeffizienten zur Ermittlung der Steifheit der Grundkörperunterlagen

(Erklärungen siehe Kap. B, Abschnitt 1.4)

Tab. 4.1 Bettungsziffer c für verschiedene Bodenarten [4.2]

Bodenart	c [Mp/m³]
schlecht	$(0{,}1-0{,}3)$ ⎫
mittel	$(0{,}3-0{,}7)$ ⎬ $\times 10^4$
fest	$(0{,}7-1{,}5)$ ⎪
sehr fest	$(1{,}5-3{,}0)$ ⎭

Tab. 4.2 Bettungsziffer c in Abhängigkeit von der zulässigen Bodenpressung [4.2]

zulässige Bodenpressung [kp/cm²]	c [Mp/m³]
1	0,2 ⎫
2	0,4 ⎪
3	0,5 ⎬ $\times 10^4$
4	0,6 ⎪
5	0,7 ⎭

Tab. 4.3 Steifeziffer E_B und Querdehnzahl μ_B für verschiedene Bodenarten [4.3]

	Bodenart		E_B [kp/cm²]	μ_B
Bindige Böden	Torf		4–10	
	Torf unter 4–6 m Aufschüttung		8–20	
	Schlick, Klei	org. fett	5–30	
		org. mager	20–50	
	Schluff		30–80	
	Lehm, Lößlehm, weich		40–80	
	Lehm, Geschiebemergel, fest		60–500	0,0–0,5
	Ton	breiig	10	
		leicht knetbar, weich	15–30	
		schwer knetbar, steif	30–60	
		halbfest	60–200	
		hart	80–500	
Nicht bindige Böden	Sand	rundkörnig	100–500	
		scharfkörnig	400–2000	
	Kiessand, Kies		1000–2000	
	Splitt, Schotter		1500–3000	

Tab. 4.4 Koeffizienten ϱ und k in Abhängigkeit vom Seitenverhältnis L/B = Länge/Breite der Grundkörpersohle [4.4]

L/B	2	3	5	10	100
ϱ	1,09	1,13	1,22	1,41	2,71

L/B	0	0,2	0,4	0,6	0,8	1,0	1,2	1,4
k	1,00	0,95	0,89	0,84	0,80	0,76	0,72	0,68

L/B	1,6	1,8	2,0	2,5	3,0	4,0	5,0
k	0,65	0,62	0,59	0,54	0,50	0,43	0,39

Tab. 4.5 Koeffizient i in Abhängigkeit vom Verhältnis t/L = Bodenschichttiefe/Sohllänge und der Querdehnzahl μ_B des Bodens [4.4]

t/L	μ_B					
	0,0	0,1	0,2	0,3	0,35	0,4
0,2	2,330	2,294	2,330	2,547	2,838	3,491
0,4	3,159	3,133	3,213	3,561	4,003	4,980
0,6	3,689	3.677	3,799	4,251	4,808	6,028
0,8	4,047	4,051	4,205	4,738	5,382	6,782
1,0	4,296	4,312	4,492	5,085	5,793	7,326
1,2	4,473	4,497	4,697	5,334	6,090	7,720
1,4	4,600	4,632	4,847	5,517	6,308	8,010
1,6	4,694	4,732	4,957	5,653	6,470	8,226
1,8	4,764	4,807	5,041	5,755	6,593	8,390
2,0	4,819	4,864	5,105	5,834	6,687	8,517
2,5	4,908	4,960	5,212	5,966	6,845	8,728
3,0	4,961	5,016	5,275	6,044	6,938	8,853
3,5	4,994	5,051	5,314	6,093	6,997	8,932
4,0	5,017	5,075	5,341	6,126	7,037	8,985
5,0	5,044	5,104	5,373	6,165	7,084	9,049
6,0	5,058	5,120	5,391	6,187	7,111	9,084
8,0	5,073	5,136	5,409	6,210	7,138	9,120
10,0	5,081	5,143	5,418	6,220	7,150	9,137
15,0	5,088	5,151	5,426	6,231	7,163	9,154
20,0	5,090	5,153	5,429	6,234	7,167	9,160
∞	5,093	5,157	5,433	6,239	7,172	9,167

Zahlentafeln

1 Gesamtschnittkräftekoeffizienten

Zahlentafel 1.1 Gesamtschnittkräftekoeffizienten für Gleichlast

Steifheitsparameter A des Scheibensystems			0,00	0,25
Gesamtmomentkoeffizienten η_M		ξ		
		0,0	0,000	0,000
		0,1	0,010	0,008
		0,2	0,040	0,036
		0,3	0,090	0,084
		0,4	0,160	0,152
		0,5	0,250	0,240
		0,6	0,360	0,348
		0,7	0,490	0,477
		0,8	0,640	0,626
		0,9	0,810	0,795
		1,0	1,000	0,985
Gesamtquerkraftkoeffizienten $\eta_{M'}$		ξ		
		0,0	0,000	−0,010
		0,1	0,100	0,090
		0,2	0,200	0,190
		0,3	0,300	0,290
		0,4	0,400	0,390
		0,5	0,500	0,491
		0,6	0,600	0,592
		0,7	0,700	0,693
		0,8	0,800	0,795
		0,9	0,900	0,897
		1,0	1,000	1,000
Gesamtschubscheibequerkraft Gesamtverbindungsmoment } koeffizienten $\eta_{M'}$		ξ		
		0,0	0,000	0,010
		0,1	0,000	0,010
		0,2	0,000	0,010
		0,3	0,000	0,010
		0,4	0,000	0,010
		0,5	0,000	0,009
		0,6	0,000	0,008
		0,7	0,000	0,007
		0,8	0,000	0,005
		0,9	0,000	0,003
		1,0	0,000	0,000
Gesamtschubscheibemoment Summargesamtverbindungsmoment } koeffizienten η_M		ξ		
		0,0	0,000	0,000
		0,1	0,000	0,002
		0,2	0,000	0,004
		0,3	0,000	0,006
		0,4	0,000	0,008
		0,5	0,000	0,010
		0,6	0,000	0,012
		0,7	0,000	0,013
		0,8	0,000	0,014
		0,9	0,000	0,015
		1,0	0,000	0,015

0,50	0,75	1,00	1,25	1,50	1,75	2,00	2,25
0,000	0,000	0,000	0,000	0,000	0,000	0,000	0,000
0,003	−0,005	−0,013	−0,020	−0,026	−0,030	−0,033	−0,036
0,025	0,010	−0,006	−0,020	−0,032	−0,041	−0,048	−0,053
0,068	0,045	0,022	−0,001	−0,019	−0,034	−0,045	−0,053
0,130	0,101	0,069	0,039	0,013	−0,007	−0,023	−0,035
0,213	0,177	0,137	0,099	0,066	0,039	0,017	0,000
0,317	0,274	0,226	0,181	0,141	0,107	0,079	0,056
0,442	0,392	0,338	0,286	0,239	0,198	0,164	0,135
0,587	0,533	0,473	0,415	0,362	0,315	0,275	0,241
0,754	0,697	0,633	0,570	0,513	0,462	0,418	0,379
0,943	0,884	0,819	0,755	0,696	0,643	0,597	0,557
−0,037	−0,074	−0,114	−0,149	−0,178	−0,201	−0,216	−0,226
0,063	0,025	−0,014	−0,050	−0,080	−0,103	−0,120	−0,131
0,163	0,125	0,086	0,048	0,017	−0,009	−0,028	−0,043
0,263	0,226	0,186	0,147	0,114	0,085	0,062	0,044
0,365	0,328	0,288	0,249	0,213	0,182	0,155	0,132
0,467	0,432	0,393	0,354	0,317	0,284	0,254	0,227
0,570	0,538	0,502	0,465	0,429	0,395	0,363	0,334
0,675	0,648	0,616	0,583	0,550	0,518	0,487	0,458
0,781	0,761	0,736	0,710	0,683	0,657	0,631	0,605
0,889	0,878	0,864	0,848	0,832	0,816	0,799	0,782
1,000	1,000	1,000	1,000	1,000	1,000	1,000	1,000
0,037	0,074	0,114	0,149	0,178	0,201	0,216	0 226
0,037	0,075	0,114	0,150	0,180	0,203	0,220	0,231
0,037	0,075	0,114	0,152	0,183	0,209	0,228	0,243
0,037	0,074	0,114	0,153	0,186	0,215	0,238	0,256
0,035	0,072	0,112	0,151	0,187	0,218	0,245	0,268
0,033	0,068	0,107	0,146	0,183	0,216	0,246	0,273
0,030	0,062	0,098	0,135	0,171	0,205	0,237	0,266
0,025	0,052	0,084	0,117	0,150	0,182	0,213	0,242
0,019	0,039	0,064	0,090	0,117	0,143	0,169	0,195
0,011	0,022	0,036	0,052	0,068	0,084	0,101	0,118
0,000	0,000	0,000	0,000	0,000	0,000	0,000	0,000
0,000	0,000	0,000	0,000	0,000	0,000	0,000	0,000
0,007	0,015	0,023	0,030	0,036	0,040	0,043	0,046
0,015	0,030	0,046	0,060	0,072	0,081	0,088	0,093
0,022	0,045	0,068	0,091	0,109	0,124	0,135	0,143
0,030	0,059	0,091	0,121	0,147	0,167	0,183	0,195
0,037	0,073	0,113	0,151	0,184	0,211	0,233	0,250
0,043	0,086	0,134	0,179	0,219	0,253	0,281	0,304
0,048	0,098	0,152	0,204	0,251	0,292	0,326	0,355
0,053	0,107	0,167	0,225	0,278	0,325	0,365	0,399
0,056	0,113	0,177	0,240	0,297	0,348	0,392	0,431
0,057	0,116	0,181	0,245	0,304	0,357	0,403	0,443

Zahlentafel 1.1

	A / ξ	2,25	2,50	2,75	3,00	3,25	3,50	3,75
η_M	0,0	0,000	0,000	0,000	0,000	0,000	0,000	0,000
	0,1	−0,036	−0,037	−0,037	−0,037	−0,037	−0,036	−0,035
	0,2	−0,053	−0,056	−0,057	−0,057	−0,057	−0,056	−0,054
	0,3	−0,053	−0,058	−0,061	−0,063	−0,063	−0,063	−0,061
	0,4	−0,035	−0,044	−0,050	−0,054	−0,056	−0,057	−0,057
	0,5	0,000	−0,012	−0,022	−0,029	−0,034	−0,038	−0,040
	0,6	0,056	0,038	0,024	0,013	0,004	−0,003	−0,009
	0,7	0,135	0,112	0,092	0,076	0,062	0,051	0,041
	0,8	0,241	0,212	0,187	0,166	0,148	0,132	0,118
	0,9	0,379	0,346	0,317	0,291	0,269	0,249	0,231
	1,0	0,557	0,521	0,491	0,463	0,439	0,417	0,397
$\eta_{M'}$	0,0	−0,226	−0,232	−0,233	−0,232	−0,229	−0,225	−0,219
	0,1	−0,131	−0,138	−0,141	−0,141	−0,140	−0,137	−0,133
	0,2	−0,043	−0,053	−0,059	−0,063	−0,065	−0,065	−0,065
	0,3	0,044	0,029	0,018	0,009	0,003	−0,002	−0,006
	0,4	0,132	0,113	0,096	0,082	0,071	0,060	0,052
	0,5	0,227	0,203	0,182	0,163	0,146	0,131	0,117
	0,6	0,334	0,307	0,282	0,259	0,237	0,217	0,199
	0,7	0,458	0,430	0,403	0,378	0,354	0,331	0,309
	0,8	0,605	0,580	0,555	0,531	0,508	0,485	0,463
	0,9	0,782	0,766	0,749	0,732	0,716	0,699	0,683
	1,0	1,000	1,000	1,000	1,000	1,000	1,000	1,000
$\eta_{\overline{M}'}$	0,0	0,226	0,232	0,233	0,232	0,229	0,225	0,219
	0,1	0,231	0,238	0,241	0,241	0,240	0,237	0,233
	0,2	0,243	0,253	0,259	0,263	0,265	0,265	0,265
	0,3	0,256	0,271	0,282	0,291	0,297	0,302	0,306
	0,4	0,268	0,287	0,304	0,318	0,329	0,340	0,348
	0,5	0,273	0,297	0,318	0,337	0,354	0,369	0,383
	0,6	0,266	0,293	0,318	0,341	0,363	0,383	0,401
	0,7	0,242	0,270	0,297	0,322	0,346	0,369	0,391
	0,8	0,195	0,220	0,245	0,269	0,292	0,315	0,337
	0,9	0,118	0,134	0,151	0,168	0,184	0,201	0,217
	1,0	0,000	0,000	0,000	0,000	0,000	0,000	0,000
$\eta_{\overline{M}}$	0,0	0,000	0,000	0,000	0,000	0,000	0,000	0,000
	0,1	0,046	0,047	0,047	0,047	0,047	0,046	0,045
	0,2	0,093	0,096	0,097	0,097	0,097	0,096	0,094
	0,3	0,143	0,148	0,151	0,153	0,153	0,153	0,151
	0,4	0,195	0,204	0,210	0,214	0,216	0,217	0,217
	0,5	0,250	0,262	0,272	0,279	0,284	0,288	0,290
	0,6	0,304	0,322	0,336	0,347	0,356	0,363	0,369
	0,7	0,355	0,378	0,398	0,414	0,428	0,439	0,449
	0,8	0,399	0,428	0,453	0,474	0,492	0,508	0,522
	0,9	0,431	0,464	0,493	0,519	0,541	0,561	0,579
	1,0	0,443	0,479	0,509	0,537	0,561	0,583	0,603

(Fortsetzung)

4,00	4,25	4,50	4,75	5,00	5,25	5,50	5,75
0,000	0,000	0,000	0,000	0,000	0,000	0,000	0,000
−0,034	−0,032	−0,031	−0,030	−0,029	−0,027	−0,026	−0,025
−0,052	−0,051	−0,048	−0,046	−0,044	−0,042	−0,040	−0,038
−0,060	−0,058	−0,055	−0,053	−0,051	−0,048	−0,046	−0,044
−0,056	−0,055	−0,053	−0,052	−0,050	−0,048	−0,046	−0,043
−0,041	−0,042	−0,042	−0,042	−0,041	−0,040	−0,039	−0,038
−0,013	−0,016	−0,019	−0,021	−0,022	−0,023	−0,023	−0,024
0,033	0,026	0,021	0,016	0,012	0,008	0,005	0,003
0,105	0,095	0,085	0,076	0,069	0,062	0,056	0,050
0,215	0,200	0,187	0,175	0,164	0,154	0,144	0,136
0,379	0,363	0,348	0,334	0,321	0,309	0,298	0,288
−0,213	−0,207	−0,200	−0,193	−0,187	−0,180	−0,174	−0,168
−0,128	−0,123	−0,117	−0,112	−0,106	−0,101	−0,095	−0,090
−0,063	−0,061	−0,058	−0,056	−0,053	−0,050	−0,047	−0,044
−0,009	−0,011	−0,012	−0,013	−0,013	−0,013	−0,013	−0,013
0,044	0,038	0,032	0,028	0,024	0,020	0,017	0,015
0,105	0,093	0,083	0,074	0,066	0,059	0,053	0,047
0,182	0,166	0,152	0,138	0,126	0,115	0,104	0,095
0,288	0,269	0,251	0,234	0,218	0,203	0,188	0,175
0,442	0,421	0,402	0,383	0,365	0,348	0,331	0,315
0,667	0,651	0,635	0,620	0,605	0,590	0,576	0,562
1,000	1,000	1,000	1,000	1,000	1,000	1,000	1,000
0,213	0,207	0,200	0,193	0,187	0,180	0,174	0,168
0,228	0,223	0,217	0,212	0,206	0,201	0,195	0,190
0,263	0,261	0,258	0,256	0,253	0,250	0,247	0,244
0,309	0,311	0,312	0,313	0,313	0,313	0,313	0,313
0,356	0,362	0,368	0,372	0,376	0,380	0,383	0,385
0,395	0,407	0,417	0,426	0,434	0,441	0,447	0,453
0,418	0,434	0,448	0,462	0,474	0,485	0,496	0,505
0,412	0,431	0,449	0,466	0,482	0,497	0,512	0,525
0,358	0,379	0,398	0,417	0,435	0,452	0,469	0,485
0,233	0,249	0,265	0,280	0,295	0,310	0,324	0,338
0,000	0,000	0,000	0,000	0,000	0,000	0,000	0,000
0,000	0,000	0,000	0,000	0,000	0,000	0,000	0,000
0,044	0,042	0,041	0,040	0,039	0,037	0,036	0,035
0,092	0,091	0,088	0,086	0,084	0,082	0,080	0,078
0,150	0,148	0,145	0,143	0,141	0,138	0,136	0,134
0,216	0,215	0,213	0,212	0,210	0,208	0,206	0,203
0,291	0,292	0,292	0,292	0,291	0,290	0,289	0,288
0,373	0,376	0,379	0,381	0,382	0,383	0,383	0,384
0,457	0,464	0,469	0,474	0,478	0,482	0,485	0,487
0,535	0,545	0,555	0,564	0,571	0,578	0,584	0,590
0,595	0,610	0,623	0,635	0,646	0,656	0,666	0,674
0,621	0,637	0,652	0,666	0,679	0,691	0,702	0,712

Zahlentafel 1.1

	ξ \ A	5,75	6,00	6,25	6,50	6,75	7,00	7,25
η_M	0,0	0,000	0,000	0,000	0,000	0,000	0,000	0,000
	0,1	−0,025	−0,024	−0,023	−0,022	−0,021	−0,020	−0,019
	0,2	−0,038	−0,036	−0,035	−0,033	−0,031	−0,030	−0,028
	0,3	−0,044	−0,042	−0,039	−0,037	−0,036	−0,034	−0,032
	0,4	−0,043	−0,041	−0,040	−0,038	−0,036	−0,034	−0,032
	0,5	−0,038	−0,036	−0,035	−0,034	−0,032	−0,031	−0,030
	0,6	−0,024	−0,024	−0,024	−0,024	−0,023	−0,023	−0,023
	0,7	0,003	0,000	−0,001	−0,003	−0,004	−0,006	−0,006
	0,8	0,050	0,045	0,041	0,037	0,033	0,030	0,027
	0,9	0,136	0,128	0,120	0,113	0,107	0,101	0,096
	1,0	0,288	0,278	0,269	0,260	0,253	0,245	0,238
$\eta_{M'}$	0,0	−0,168	−0,162	−0,156	−0,151	−0,146	−0,141	−0,137
	0,1	−0,090	−0,086	−0,081	−0,077	−0,073	−0,069	−0,065
	0,2	−0,044	−0,041	−0,039	−0,036	−0,034	−0,031	−0,029
	0,3	−0,013	−0,012	−0,012	−0,011	−0,011	−0,010	−0,009
	0,4	0,015	0,012	0,011	0,009	0,008	0,006	0,005
	0,5	0,047	0,042	0,037	0,033	0,029	0,026	0,023
	0,6	0,095	0,086	0,078	0,071	0,065	0,059	0,053
	0,7	0,175	0,163	0,151	0,141	0,131	0,121	0,113
	0,8	0,315	0,300	0,286	0,272	0,259	0,246	0,234
	0,9	0,562	0,548	0,535	0,522	0,509	0,496	0,484
	1,0	1,000	1,000	1,000	1,000	1,000	1,000	1,000
$\eta_{\overline{M}'}$	0,0	0,168	0,162	0,156	0,151	0,146	0,141	0,137
	0,1	0,190	0,186	0,181	0,177	0,173	0,169	0,165
	0,2	0,244	0,241	0,239	0.236	0,234	0,231	0,229
	0,3	0,313	0,312	0,312	0,311	0,311	0,310	0,309
	0,4	0,385	0,388	0,389	0,391	0,392	0,394	0,395
	0,5	0,453	0,458	0,463	0,467	0,471	0,474	0,477
	0,6	0,505	0,514	0,522	0,529	0,535	0,541	0,547
	0,7	0,525	0,537	0,549	0,559	0,569	0,579	0,587
	0,8	0,485	0,500	0,514	0,528	0,541	0,554	0,566
	0,9	0,338	0,352	0,365	0,378	0,391	0,404	0,416
	1,0	0,000	0,000	0,000	0,000	0,000	0,000	0,000
$\eta_{\overline{M}}$	0,0	0,000	0,000	0,000	0,000	0,000	0,000	0,000
	0,1	0,035	0,034	0,033	0,032	0,031	0,030	0,029
	0,2	0,078	0,076	0,075	0,073	0,071	0,070	0,068
	0,3	0,134	0,132	0,129	0,127	0,126	0,124	0,122
	0,4	0,203	0,201	0,200	0,198	0,196	0,194	0,192
	0,5	0,288	0,286	0,285	0,284	0,282	0,281	0,280
	0,6	0,384	0,384	0,384	0,384	0,383	0,383	0,382
	0,7	0,487	0,490	0,491	0,493	0,494	0,496	0,496
	0,8	0,590	0,595	0,599	0,603	0,607	0,610	0,613
	0,9	0,674	0,682	0,690	0,697	0,703	0,709	0,714
	1,0	0,712	0,722	0,731	0,740	0 747	0,755	0,762

(Fortsetzung)

7,50	7,75	8,00	8,25	8,50	8,75	9,00	9,25
0,000	0,000	0,000	0,000	0,000	0,000	0,000	0,000
−0,019	−0,018	−0,017	−0,016	−0,016	−0,015	−0,015	−0,014
−0,027	−0,026	−0,025	−0,023	−0,022	−0,021	−0,020	−0,020
−0,030	−0,029	−0,027	−0,026	−0,025	−0,024	−0,023	−0,022
−0,031	−0,029	−0,028	−0,027	−0,025	−0,024	−0,023	−0,022
−0,028	−0,027	−0,026	−0,025	−0,024	−0,023	−0,022	−0,021
−0,022	−0,021	−0,021	−0,020	−0,020	−0,019	−0,019	−0,018
−0,007	−0,008	−0,008	−0,009	−0,009	−0,010	−0,010	−0,010
0,024	0,022	0,019	0,017	0,015	0,014	0,012	0,011
0,090	0,086	0,081	0,077	0,073	0,069	0,066	0,062
0,231	0,225	0,219	0,213	0,208	0,202	0,198	0,193
−0,132	−0,128	−0,124	−0,121	−0,117	−0,114	−0,111	−0,108
−0,062	−0,058	−0,055	−0,052	−0,050	−0,047	−0,045	−0,043
−0,027	−0,025	−0,024	−0,022	−0,020	−0,019	−0,018	−0,016
−0,009	−0,008	−0,008	−0,007	−0,007	−0,006	−0,006	−0,005
0,004	0,004	0,003	0,003	0,002	0,002	0,001	0,001
0,020	0,018	0,016	0,014	0,013	0,011	0,010	0,009
0,048	0,044	0,040	0,036	0,033	0,030	0,027	0,024
0,105	0,097	0,090	0,084	0,078	0,072	0,067	0,062
0,223	0,212	0,202	0,192	0,183	0,174	0,165	0,157
0,472	0,461	0,449	0,438	0,427	0,417	0,407	0,397
1,000	1,000	1,000	1,000	1,000	1,000	1,000	1,000
0,132	0,128	0,124	0,121	0,117	0,114	0,111	0,108
0,162	0,158	0,155	0,152	0,150	0,147	0,145	0,143
0,227	0,225	0,224	0,222	0,220	0,219	0,218	0,216
0,309	0,308	0,308	0,307	0,307	0,306	0,306	0,305
0,396	0,396	0,397	0,397	0,398	0,398	0,399	0,399
0,480	0,482	0,484	0,486	0,487	0,489	0,490	0,491
0,552	0,556	0,560	0,564	0,567	0,570	0,573	0,576
0,595	0,603	0,610	0,616	0,622	0,628	0,633	0,638
0,577	0,588	0,598	0,608	0,617	0,626	0,635	0,643
0,428	0,439	0,451	0,462	0,473	0,483	0,493	0,503
0,000	0,000	0,000	0,000	0,000	0,000	0,000	0,000
0,000	0,000	0,000	0,000	0,000	0,000	0,000	0,000
0,029	0,028	0,027	0,026	0,026	0,025	0,025	0,024
0,067	0,066	0,065	0,063	0,062	0,061	0,060	0,060
0,120	0,119	0,117	0,116	0,115	0,114	0,113	0,112
0,191	0,189	0,188	0,187	0,185	0,184	0,183	0,182
0,278	0,277	0,276	0,275	0,274	0,273	0,272	0,271
0,382	0,381	0,381	0,380	0,380	0,379	0,379	0,378
0,497	0,498	0,498	0,499	0,499	0,500	0,500	0,500
0,616	0,618	0,621	0,623	0,625	0,626	0,628	0,629
0,720	0,724	0,729	0,733	0,737	0,741	0,744	0,748
0,769	0,775	0,781	0,787	0,792	0,798	0,802	0,807

Zahlentafel 1.1

	A ξ	9,25	9,50	9,75	10,00	10,50	11,00	11,50
η_M	0,0	0,000	0,000	0,000	0,000	0,000	0,000	0,000
	0,1	−0,014	−0,014	−0,013	−0,013	−0,012	−0,011	−0,010
	0,2	−0,020	−0,019	−0,018	−0,017	−0,016	−0,015	−0,014
	0,3	−0,022	−0,021	−0,020	−0,019	−0,017	−0,016	−0,015
	0,4	−0,022	−0,021	−0,020	−0,019	−0,018	−0,016	−0,015
	0,5	−0,021	−0,020	−0,019	−0,019	−0,018	−0,016	−0,015
	0,6	−0,018	−0,017	−0,017	−0,016	−0,015	−0,014	−0,013
	0,7	−0,010	−0,010	−0,010	−0,010	−0,010	−0,010	−0,010
	0,8	0,011	0,009	0,008	0,007	0,005	0,004	0,002
	0,9	0,062	0,059	0,056	0,054	0,049	0,044	0,040
	1,0	0,193	0,188	0,184	0,180	0,172	0,165	0,159
$\eta_{M'}$	0,0	−0,108	−0,105	−0,102	−0,100	−0,095	−0,091	−0,087
	0,1	−0,043	−0,040	−0,039	−0,037	−0,033	−0,030	−0,028
	0,2	−0,016	−0,015	−0,014	−0,013	−0,012	−0,010	−0,009
	0,3	−0,005	−0,005	−0,004	−0,004	−0,004	−0,003	−0,003
	0,4	0,001	0,001	0,001	0,001	0,000	0,000	0,000
	0,5	0,009	0,008	0,007	0,006	0,005	0,004	0,004
	0,6	0,024	0,022	0,020	0,018	0,015	0,012	0,010
	0,7	0,062	0,058	0,054	0,050	0,043	0,037	0,032
	0,8	0,157	0,150	0,142	0,135	0,122	0,111	0,100
	0,9	0,397	0,387	0,377	0,368	0,350	0,333	0,317
	1,0	1,000	1,000	1,000	1,000	1,000	1,000	1,000
$\eta_{\overline{M}'}$	0,0	0,108	0,105	0,102	0,100	0,095	0,091	0,087
	0,1	0,143	0,140	0,139	0,137	0,133	0,130	0,128
	0,2	0,216	0,215	0,214	0,213	0,212	0,210	0,209
	0,3	0,305	0,305	0,304	0,304	0,304	0,303	0,303
	0,4	0,399	0,399	0,399	0,400	0,400	0,400	0,400
	0,5	0,491	0,492	0,493	0,494	0,495	0,496	0,496
	0,6	0,576	0,578	0,580	0,582	0,585	0,588	0,590
	0,7	0,638	0,642	0,646	0,650	0,657	0,663	0,668
	0,8	0,643	0,650	0,658	0,665	0,678	0,689	0,700
	0,9	0,503	0,513	0,523	0,532	0,550	0,567	0,583
	1,0	0,000	0,000	0,000	0,000	0,000	0,000	0,000
$\eta_{\overline{M}}$	0,0	0,000	0,000	0,000	0,000	0,000	0,000	0,000
	0,1	0,024	0,024	0,023	0,023	0,022	0,021	0,020
	0,2	0,060	0,059	0,058	0,057	0,056	0,055	0,054
	0,3	0,112	0,111	0,110	0,109	0,107	0,106	0,105
	0,4	0,182	0,181	0,180	0,179	0,178	0,176	0,175
	0,5	0,271	0,270	0,269	0,269	0,268	0,266	0,265
	0,6	0,378	0,377	0,377	0,376	0,375	0,374	0,373
	0,7	0,500	0,500	0,500	0,500	0,500	0,500	0,500
	0,8	0,629	0,631	0,632	0,633	0,635	0,636	0,638
	0,9	0,748	0,751	0,754	0,756	0,761	0,766	0,770
	1,0	0,807	0,812	0,816	0,820	0,828	0,835	0,841

(Fortsetzung)

12,00	12,50	13,00	13,50	14,00	14,50	15,00	15,50
0,000	0,000	0,000	0,000	0,000	0,000	0,000	0,000
−0,010	−0,009	−0,009	−0,008	−0,008	−0,007	−0,007	−0,007
−0,013	−0,012	−0,011	−0,010	−0,010	−0,009	−0,008	−0,008
−0,014	−0,012	−0,012	−0,011	−0,010	−0,009	−0,009	−0,008
−0,014	−0,013	−0,012	−0,011	−0,010	−0,009	−0,009	−0,008
−0,014	−0,012	−0,012	−0,011	−0,010	−0,009	−0,009	−0,008
−0,013	−0,012	−0,011	−0,010	−0,010	−0,009	−0,009	−0,008
−0,009	−0,009	−0,009	−0,008	−0,008	−0,008	−0,007	−0,007
0,001	0,000	0,000	−0,001	−0,002	−0,002	−0,002	−0,003
0,036	0,033	0,030	0,027	0,025	0,023	0,021	0,019
0,153	0,147	0,142	0,137	0,133	0,128	0,124	0,121
−0,083	−0,080	−0,077	−0,074	−0,071	−0,069	−0,067	−0,065
−0,025	−0,023	−0,021	−0,019	−0,018	−0,016	−0,015	−0,014
−0,008	−0,007	−0,006	−0,005	−0,004	−0,004	−0,003	−0,003
−0,002	−0,002	−0,002	−0,001	−0,001	−0,001	−0,001	−0,001
0,000	0,000	0,000	0,000	0,000	0,000	0,000	0,000
0,003	0,002	0,002	0,001	0,001	0,001	0,001	0,000
0,008	0,007	0,006	0,005	0,004	0,003	0,002	0,002
0,027	0,024	0,020	0,017	0,015	0,013	0,011	0,010
0,091	0,082	0,074	0,067	0,061	0,055	0,050	0,045
0,301	0,287	0,273	0,259	0,247	0,235	0,223	0,212
1,000	1,000	1,000	1,000	1,000	1,000	1,000	1,000
0,083	0,080	0,077	0,074	0,071	0,069	0,067	0,065
0,125	0,123	0,121	0,119	0,118	0,116	0,115	0,114
0,208	0,207	0,206	0,205	0,204	0,204	0,203	0,203
0,302	0,302	0,302	0,301	0,301	0,301	0,301	0,301
0,400	0,400	0,400	0,400	0,400	0,400	0,400	0,400
0,497	0,498	0,498	0,499	0,499	0,499	0,499	0,500
0,592	0,593	0,594	0,595	0,596	0,597	0,598	0,598
0,673	0,676	0,680	0,683	0,685	0,687	0,689	0,690
0,709	0,718	0,726	0,733	0,739	0,745	0,750	0,755
0,599	0,613	0,627	0,641	0,653	0,665	0,677	0,688
0,000	0,000	0,000	0,000	0,000	0,000	0,000	0,000
0,000	0,000	0,000	0,000	0,000	0,000	0,000	0,000
0,020	0,019	0,019	0,018	0,018	0,017	0,017	0,017
0,053	0,052	0,051	0,050	0,050	0,049	0,048	0,048
0,104	0,102	0,102	0,101	0,100	0,099	0,099	0,098
0,174	0,173	0,172	0,171	0,170	0,169	0,169	0,168
0,264	0,262	0,262	0,261	0,260	0,259	0,259	0,258
0,373	0,372	0,371	0,370	0,370	0,369	0,369	0,368
0,499	0,499	0,499	0,498	0,498	0,498	0,497	0,497
0,639	0,640	0,640	0,641	0,642	0,642	0,642	0,643
0,774	0,777	0,780	0,783	0,785	0,787	0,789	0,791
0,847	0,853	0,858	0,863	0,867	0,872	0,876	0,879

Zahlentafel 1.1

	ξ \ A	15,50	16,00	16,50	17,00	17,50	18,00	18,50
η_M	0,0	0,000	0,000	0,000	0,000	0,000	0,000	0,000
	0,1	−0,007	−0,006	−0,006	−0,006	−0,005	−0,005	−0,005
	0,2	−0,008	−0,007	−0,007	−0,007	−0,006	−0,006	−0,006
	0,3	−0,008	−0,008	−0,007	−0,007	−0,006	−0,006	−0,006
	0,4	−0,008	−0,008	−0,007	−0,007	−0,007	−0,006	−0,006
	0,5	−0,008	−0,008	−0,007	−0,007	−0,007	−0,006	−0,006
	0,6	−0,008	−0,008	−0,007	−0,007	−0,006	−0,006	−0,006
	0,7	−0,007	−0,007	−0,006	−0,006	−0,006	−0,006	−0,005
	0,8	−0,003	−0,003	−0,003	−0,003	−0,003	−0,003	−0,003
	0,9	0,019	0,017	0,016	0,015	0,013	0,012	0,011
	1,0	0,121	0,117	0,114	0,111	0,108	0,105	0,102
$\eta_{M'}$	0,0	−0,065	−0,063	−0,061	−0,059	−0,057	−0,056	−0,054
	0,1	−0,014	−0,013	−0,012	−0,011	−0,010	−0,009	−0,008
	0,2	−0,003	−0,003	−0,002	−0,002	−0,002	−0,002	−0,001
	0,3	−0,001	−0,001	−0,000	−0,000	0,000	0,000	0,000
	0,4	0,000	0,000	0,000	0,000	0,000	0,000	0,000
	0,5	0,000	0,000	0,000	0,000	0,000	0,000	0,000
	0,6	0,002	0,002	0,001	0,001	0,001	0,001	0,001
	0,7	0,010	0,008	0,007	0,006	0,005	0,005	0,004
	0,8	0,045	0,041	0,037	0,033	0,030	0,027	0,025
	0,9	0,212	0,202	0,192	0,183	0,174	0,165	0,157
	1,0	1,000	1,000	1,000	0,100	1,000	1,000	1,000
$\eta_{\overline{M}'}$	0,0	0,065	0,063	0,061	0,059	0,057	0,056	0,054
	0,1	0,114	0,113	0,112	0,111	0,110	0,109	0,108
	0,2	0,203	0,203	0,202	0,202	0,202	0,202	0,201
	0,3	0,301	0,301	0,300	0,300	0,300	0,300	0,300
	0,4	0,400	0,400	0,400	0,400	0,400	0,400	0,400
	0,5	0,500	0,500	0,500	0,500	0,500	0,500	0,500
	0,6	0,598	0,598	0,599	0,599	0,599	0,599	0,599
	0,7	0,690	0,692	0,693	0,694	0,695	0,695	0,696
	0,8	0,755	0,759	0,763	0,767	0,770	0,773	0,775
	0,9	0,688	0,698	0,708	0,717	0,726	0,735	0,743
	1,0	0,000	0,000	0,000	0,000	0,000	0,000	0,000
$\eta_{\overline{M}}$	0,0	0,000	0,000	0,000	0,000	0,000	0,000	0,000
	0,1	0,017	0,016	0,016	0,016	0,015	0,015	0,015
	0,2	0,048	0,047	0,047	0,047	0,046	0,046	0,046
	0,3	0,098	0,098	0,097	0,097	0,096	0,096	0,096
	0,4	0,168	0,168	0,167	0,167	0,167	0,166	0,166
	0,5	0,258	0,258	0,257	0,257	0,257	0,256	0,256
	0,6	0,368	0,368	0,367	0,367	0,366	0,366	0,366
	0,7	0,497	0,497	0,496	0,496	0,496	0,496	0,495
	0,8	0,643	0,643	0,643	0,643	0,643	0,643	0,643
	0,9	0,791	0,793	0,794	0,795	0,797	0,798	0,799
	1,0	0,879	0,883	0,886	0,889	0,892	0,895	0,898

Zahlentafeln 269

(Fortsetzung)

19,00	19,50	20,00	20,50	21,00	21,50	22,00	22,50
0,000	0,000	0,000	0,000	0,000	0,000	0,000	0,000
−0,005	−0,005	−0,004	−0,004	−0,004	−0,004	−0,004	−0,004
−0,005	−0,005	−0,005	−0,005	−0,004	−0,004	−0,004	−0,004
−0,006	−0,005	−0,005	−0,005	−0,004	−0,004	−0,004	−0,004
−0,006	−0,005	−0,005	−0,005	−0,005	−0,004	−0,004	−0,004
−0,006	−0,005	−0,005	−0,005	−0,005	−0,004	−0,004	−0,004
−0,005	−0,005	−0,005	−0,005	−0,005	−0,004	−0,004	−0,004
−0,005	−0,005	−0,005	−0,005	−0,004	−0,004	−0,004	−0,004
−0,003	−0,003	−0,003	−0,003	−0,003	−0,003	−0,003	−0,003
0,010	0,009	0,009	0,008	0,007	0,007	0,006	0,005
0,100	0,097	0,095	0,093	0,091	0,089	0,087	0,085
−0,053	−0,051	−0,050	−0,049	−0,048	−0,047	−0,045	−0,044
−0,008	−0,007	−0,007	−0,006	−0,006	−0,005	−0,005	−0,005
−0,001	−0,001	−0,001	−0,001	−0,001	−0,001	−0,001	0,000
0,000	0,000	0,000	0,000	0,000	0,000	0,000	0,000
0,000	0,000	0,000	0,000	0,000	0,000	0,000	0,000
0,000	0,000	0,000	0,000	0,000	0,000	0,000	0,000
0,001	0,000	0,000	0,000	0,000	0,000	0,000	0,000
0,003	0,003	0,002	0,002	0,002	0,002	0,001	0,001
0,022	0,020	0,018	0,017	0,015	0,014	0,012	0,011
0,150	0,142	0,135	0,129	0,122	0,116	0,111	0,105
1,000	1,000	1,000	1,000	1,000	1,000	1,000	1,000
0,053	0,051	0,050	0,049	0,048	0,047	0,045	0,044
0,108	0,107	0,107	0,106	0,106	0,105	0,105	0,105
0,201	0,201	0,201	0,201	0,201	0,201	0,201	0,200
0,300	0,300	0,300	0,300	0,300	0,300	0,300	0,300
0,400	0,400	0,400	0,400	0,400	0,400	0,400	0,400
0,500	0,500	0,500	0,500	0,500	0,500	0,500	0,500
0,599	0,600	0,600	0,600	0,600	0,600	0,600	0,600
0,697	0,697	0,698	0,698	0,698	0,698	0,699	0,699
0,778	0,780	0,782	0,783	0,785	0,786	0,788	0,789
0,750	0,758	0,765	0,771	0,778	0,784	0,789	0,795
0,000	0,000	0,000	0,000	0,000	0,000	0,000	0,000
0,000	0,000	0,000	0,000	0,000	0,000	0,000	0,000
0,015	0,015	0,014	0,014	0,014	0,014	0,014	0,014
0,045	0,045	0,045	0,045	0,044	0,044	0,044	0,044
0,096	0,095	0,095	0,095	0,095	0,094	0,094	0,094
0,166	0,165	0,165	0,165	0,165	0,164	0,164	0,164
0,256	0,255	0,255	0,255	0,255	0,254	0,254	0,254
0,365	0,365	0,365	0,365	0,365	0,364	0,364	0,364
0,495	0,495	0,495	0,495	0,494	0,494	0,494	0,494
0,643	0,643	0,643	0,643	0,643	0,643	0,643	0,643
0,800	0,801	0,801	0,802	0,803	0,803	0,804	0,805
0,900	0,903	0,905	0,907	0,909	0,911	0,913	0,915

Zahlentafel 1.1 (Fortsetzung)

	ξ \ A	22,50	23,00	23,50	24,00	24,50	25,00	∞
η_M	0,0	0,000	0,000	0,000	0,000	0,000	0,000	0,000
	0,1	−0,004	−0,003	−0,003	−0,003	−0,003	−0,003	0,000
	0,2	−0,004	−0,004	−0,004	−0,003	−0,003	−0,003	0,000
	0,3	−0,004	−0,004	−0,004	−0,003	−0,003	−0,003	0,000
	0,4	−0,004	−0,004	−0,004	−0,003	−0,003	−0,003	0,000
	0,5	−0,004	−0,004	−0,004	−0,003	−0,003	−0,003	0,000
	0,6	−0,004	−0,004	−0,004	−0,003	−0,003	−0,003	0,000
	0,7	−0,004	−0,004	−0,004	−0,003	−0,003	−0,003	0,000
	0,8	−0,003	−0,003	−0,003	−0,003	−0,003	−0,003	0,000
	0,9	0,005	0,005	0,004	0,004	0,004	0,003	0,000
	1,0	0,085	0,083	0,081	0,080	0,078	0,077	0,000
$\eta_{M'}$	0,0	−0,044	−0,043	−0,043	−0,042	−0,041	−0,040	0,000
	0,1	−0,005	−0,004	−0,004	−0,004	−0,004	−0,003	0,000
	0,2	0,000	0,000	0,000	0,000	0,000	0,000	0,000
	0,3	0,000	0,000	0,000	0,000	0,000	0,000	0,000
	0,4	0,000	0,000	0,000	0,000	0,000	0,000	0,000
	0,5	0,000	0,000	0,000	0,000	0,000	0,000	0,000
	0,6	0,000	0,000	0,000	0,000	0,000	0,000	0,000
	0,7	0,001	0,001	0,001	0,001	0,001	0,001	0,000
	0,8	0,011	0,010	0,009	0,008	0,007	0,007	0,000
	0,9	0,105	0,100	0,095	0,091	0,086	0,082	0,000
	1,0	1,000	1,000	1,000	1,000	1,000	1,000	0,000
$\eta_{\overline{M}'}$	0,0	0,044	0,043	0,043	0,042	0,041	0,040	0,000
	0,1	0,105	0,104	0,104	0,104	0,104	0,103	0,100
	0,2	0,200	0,200	0,200	0,200	0,200	0,200	0,200
	0,3	0,300	0,300	0,300	0,300	0,300	0,300	0,300
	0,4	0,400	0,400	0,400	0,400	0,400	0,400	0,400
	0,5	0,500	0,500	0,500	0,500	0,500	0,500	0,500
	0,6	0,600	0,600	0,600	0,600	0,600	0,600	0,600
	0,7	0,699	0,699	0,699	0,699	0,699	0,699	0,700
	0,8	0,789	0,790	0,791	0,792	0,793	0,793	0,800
	0,9	0,795	0,800	0,805	0,809	0,814	0,818	0,900
	1,0	0,000	0,000	0,000	0,000	0,000	0,000	1,000
$\eta_{\overline{M}}$	0,0	0,000	0,000	0,000	0,000	0,000	0,000	0,000
	0,1	0,014	0,013	0,013	0,013	0,013	0,013	0,010
	0,2	0,044	0,044	0,044	0,043	0,043	0,043	0,040
	0,3	0,094	0,094	0,094	0,093	0,093	0,093	0,090
	0,4	0,164	0,164	0,164	0,163	0,163	0,163	0,160
	0,5	0,254	0,254	0,254	0,253	0,253	0,253	0,250
	0,6	0,364	0,364	0,364	0,363	0,363	0,363	0,360
	0,7	0,494	0,494	0,494	0,493	0,493	0,493	0,490
	0,8	0,643	0,643	0,643	0,643	0,643	0,643	0,640
	0,9	0,805	0,805	0,806	0,806	0,806	0,807	0,810
	1,0	0,915	0,917	0,919	0,920	0,922	0,923	1,000

Zahlentafel 1.2 Gesamtschnittkräftekoeffizienten für Dreiecklast

Steifheitsparameter A des Scheibensystems			0,00	0,25
Gesamtmomentkoeffizienten η_M	ξ	0,0	0,000	0,000
		0,1	0,015	0,014
		0,2	0,056	0,053
		0,3	0,122	0,115
		0,4	0,208	0,197
		0,5	0,313	0,302
		0,6	0,432	0,418
		0,7	0,564	0,552
		0,8	0,704	0,686
		0,9	0,851	0,835
		1,0	1,000	0,984
Gesamtquerkraftkoeffizienten $\eta_{M'}$	ξ	0,0	0,000	−0,015
		0,1	0,190	0,175
		0,2	0,360	0,345
		0,3	0,510	0,496
		0,4	0,640	0,626
		0,5	0,750	0,737
		0,6	0,840	0,829
		0,7	0,910	0,901
		0,8	0,960	0,953
		0,9	0,990	0,986
		1,0	1,000	1,000
Gesamtschubscheibequerkraft Gesamtverbindungsmoment } koeffizienten $\eta_{\overline{M}'}$	ξ	0,0	0,000	0,015
		0,1	0,000	0,015
		0,2	0,000	0,015
		0,3	0,000	0,014
		0,4	0,000	0,014
		0,5	0,000	0,013
		0,6	0,000	0,011
		0,7	0,000	0,009
		0,8	0,000	0,007
		0,9	0,000	0,004
		1,0	0,000	0,000
Gesamtschubscheibemoment Summargesamtverbindungsmoment } koeffizienten $\eta_{\overline{M}}$	ξ	0,0	0,000	0,000
		0,1	0,000	0,001
		0,2	0,000	0,003
		0,3	0,000	0,007
		0,4	0,000	0,011
		0,5	0,000	0,011
		0,6	0,000	0,014
		0,7	0,000	0,012
		0,8	0,000	0,018
		0,9	0,000	0,016
		1,0	0,000	0,016

Zahlentafel 1.2

	A ξ	0,25	0,50	0,75	1,00	1,25	1,50	1,75
η_M	0,0	0,000	0,000	0,000	0,000	0,000	0,000	0,000
	0,1	0,014	0,007	−0,002	−0,011	−0,019	−0,026	−0,031
	0,2	0,053	0,039	0,022	0,004	−0,012	−0,026	−0,037
	0,3	0,115	0,097	0,072	0,045	0,020	−0,002	−0,019
	0,4	0,197	0,175	0,141	0,105	0,072	0,042	0,018
	0,5	0,302	0,272	0,231	0,186	0,144	0,106	0,075
	0,6	0,418	0,384	0,336	0,283	0,232	0,187	0,149
	0,7	0,552	0,510	0,456	0,395	0,337	0,285	0,240
	0,8	0,686	0,646	0,586	0,520	0,456	0,397	0,346
	0,9	0,835	0,789	0,726	0,657	0,588	0,525	0,470
	1,0	0,984	0,937	0,873	0,802	0,732	0,667	0,610
$\eta_{M'}$	0,0	−0,015	−0,056	−0,112	−0,171	−0,226	−0,271	−0,306
	0,1	0,175	0,134	0,078	0,018	−0,037	−0,083	−0,119
	0,2	0,345	0,304	0,248	0,188	0,131	0,083	0,043
	0,3	0,496	0,455	0,400	0,339	0,282	0,230	0,187
	0,4	0,626	0,587	0,534	0,474	0,416	0,363	0,317
	0,5	0,737	0,701	0,651	0,594	0,537	0,484	0,436
	0,6	0,829	0,797	0,751	0,699	0,647	0,596	0,548
	0,7	0,901	0,874	0,836	0,792	0,746	0,701	0,658
	0,8	0,953	0,934	0,905	0,872	0,837	0,802	0,767
	0,9	0,986	0,976	0,960	0,941	0,921	0,901	0,880
	1,0	1,000	1,000	1,000	1,000	1,000	1,000	1,000
$\eta_{\overline{M}'}$	0,0	0,015	0,056	0,112	0,171	0,226	0,271	0,306
	0,1	0,015	0,056	0,112	0,172	0,227	0,273	0,309
	0,2	0,015	0,056	0,112	0,172	0,229	0,277	0,317
	0,3	0,014	0,055	0,110	0,171	0,228	0,280	0,323
	0,4	0,014	0,053	0,106	0,166	0,224	0,277	0,323
	0,5	0,013	0,049	0,099	0,156	0,213	0,266	0,314
	0,6	0,011	0,043	0,089	0,141	0,193	0,244	0,292
	0,7	0,009	0,036	0,074	0,118	0,164	0,209	0,252
	0,8	0,007	0,026	0,055	0,088	0,123	0,158	0,193
	0,9	0,004	0,014	0,030	0,049	0,069	0,089	0,110
	1,0	0,000	0,000	0,000	0,000	0,000	0,000	0,000
$\eta_{\overline{M}}$	0,0	0,000	0,000	0,000	0,000	0,000	0,000	0,000
	0,1	0,001	0,008	0,017	0,026	0,034	0,041	0,046
	0,2	0,003	0,017	0,034	0,052	0,068	0,082	0,093
	0,3	0,007	0,025	0,050	0,077	0,102	0,124	0,141
	0,4	0,011	0,033	0,067	0,103	0,136	0,166	0,190
	0,5	0,011	0,041	0,082	0,127	0,169	0,207	0,238
	0,6	0,014	0,048	0,096	0,149	0,200	0,245	0,283
	0,7	0,012	0,054	0,108	0,169	0,227	0,279	0,324
	0,8	0,018	0,058	0,118	0,184	0,248	0,307	0,358
	0,9	0,016	0,062	0,125	0,194	0,263	0,326	0,381
	1,0	0,016	0,063	0,127	0,198	0,268	0,333	0,390

(Fortsetzung)

2,00	2,25	2,50	2,75	3,00	3,25	3,50	3,75
0,000	0,000	0,000	0,000	0,000	0,000	0,000	0,000
−0,035	−0,038	−0,039	−0,040	−0,040	−0,040	−0,039	−0,039
−0,045	−0,051	−0,055	−0,057	−0,058	−0,058	−0,058	−0,056
−0,032	−0,042	−0,049	−0,053	−0,056	−0,057	−0,058	−0,057
−0,001	−0,015	−0,026	−0,033	−0,039	−0,042	−0,044	−0,046
0,050	0,030	0,015	0,003	−0,006	−0,013	−0,018	−0,021
0,117	0,091	0,070	0,054	0,040	0,029	0,021	0,014
0,202	0,170	0,143	0,122	0,103	0,088	0,075	0,064
0,302	0,265	0,234	0,207	0,184	0,164	0,147	0,132
0,422	0,381	0,345	0,315	0,288	0,264	0,244	0,225
0,561	0,518	0,481	0,448	0,420	0,395	0,373	0,353
−0,331	−0,348	−0,358	−0,363	−0,364	−0,361	−0,357	−0,350
−0,146	−0,165	−0,178	−0,185	−0,187	−0,187	−0,185	−0,181
0,012	−0,011	−0,028	−0,040	−0,048	−0,053	−0,056	−0,057
0,151	0,123	0,100	0,081	0,067	0,055	0,046	0,039
0,277	0,242	0,213	0,189	0,167	0,149	0,133	0,119
0,393	0,354	0,320	0,290	0,263	0,239	0,217	0,197
0,505	0,464	0,428	0,394	0,362	0,333	0,307	0,282
0,617	0,578	0,541	0,507	0,474	0,444	0,415	0,387
0,733	0,701	0,669	0,639	0,609	0,581	0,554	0,528
0,859	0,839	0,819	0,799	0,779	0,760	0,741	0,723
1,000	1,000	1,000	1,000	1,000	1,000	1,000	1,000
0,331	0,348	0,358	0,363	0,364	0,361	0,357	0,350
0,336	0,355	0,368	0,375	0,377	0,377	0,375	0,371
0,348	0,371	0,388	0,400	0,408	0,413	0,416	0,417
0,359	0,387	0,410	0,429	0,443	0,455	0,464	0,471
0,363	0,398	0,427	0,451	0,473	0,491	0,507	0,521
0,357	0,396	0,430	0,460	0,487	0,511	0,533	0,553
0,335	0,376	0,412	0,446	0,478	0,507	0,533	0,558
0,293	0,332	0,369	0,403	0,436	0,466	0,495	0,523
0,227	0,259	0,291	0,321	0,351	0,379	0,406	0,432
0,131	0,151	0,171	0,191	0,211	0,230	0,249	0,267
0,000	0,000	0,000	0,000	0,000	0,000	0,000	0,000
0,000	0,000	0,000	0,000	0,000	0,000	0,000	0,000
0,050	0,053	0,054	0,055	0,055	0,055	0,054	0,054
0,101	0,107	0,111	0,113	0,114	0,114	0,114	0,112
0,154	0,164	0,171	0,175	0,178	0,179	0,180	0,179
0,209	0,223	0,234	0,241	0,247	0,250	0,252	0,254
0,263	0,283	0,298	0,310	0,319	0,326	0,331	0,334
0,315	0,341	0,362	0,378	0,392	0,403	0,411	0,418
0,362	0,394	0,421	0,442	0,461	0,476	0,489	0,500
0,402	0,439	0,470	0,497	0,520	0,540	0,557	0,572
0,429	0,470	0,506	0,536	0,563	0,587	0,607	0,626
0,439	0,482	0,519	0,552	0,580	0,605	0,627	0,647

Zahlentafel 1.2

	A ξ	3,75	4,00	4,25	4,50	4,75	5,00	5,25
η_M	0,0	0,000	0,000	0,000	0,000	0,000	0,000	0,000
	0,1	−0,039	−0,038	−0,036	−0,035	−0,034	−0,033	−0,032
	0,2	−0,056	−0,055	−0,053	−0,051	−0,049	−0,047	−0,045
	0,3	−0,057	−0,056	−0,054	−0,053	−0,051	−0,049	−0,047
	0,4	−0,046	−0,046	−0,045	−0,045	−0,044	−0,042	−0,041
	0,5	−0,021	−0,024	−0,025	−0,026	−0,027	−0,027	−0,027
	0,6	0,014	0,008	0,004	0,000	−0,002	−0,005	−0,006
	0,7	0,064	0,055	0,047	0,041	0,035	0,030	0,026
	0,8	0,132	0,119	0,107	0,097	0,088	0,080	0,073
	0,9	0,225	0,209	0,194	0,181	0,169	0,158	0,148
	1,0	0,353	0,335	0,318	0,304	0,290	0,278	0,266
$\eta_{M'}$	0,0	−0,350	−0,343	−0,334	−0,326	−0,317	−0,308	−0,299
	0,1	−0,181	−0,175	−0,169	−0,162	−0,156	−0,149	−0,142
	0,2	−0,057	−0,056	−0,055	−0,053	−0,051	−0,048	−0,045
	0,3	0,039	0,033	0,029	0,025	0,022	0,020	0,018
	0,4	0,119	0,108	0,097	0,088	0,080	0,073	0,066
	0,5	0,197	0,179	0,163	0,148	0,135	0,123	0,113
	0,6	0,282	0,260	0,239	0,219	0,202	0,185	0,170
	0,7	0,387	0,362	0,338	0,315	0,294	0,274	0,255
	0,8	0,528	0,502	0,478	0,455	0,433	0,412	0,392
	0,9	0,723	0,704	0,686	0,669	0,652	0,635	0,619
	1,0	1,000	1,000	1,000	1,000	1,000	1,000	1,000
$\eta_{\overline{M}'}$	0,0	0,350	0,343	0,334	0,326	0,317	0,308	0,299
	0,1	0,371	0,365	0,359	0,352	0,346	0,339	0,332
	0,2	0,417	0,416	0,415	0,413	0,411	0,408	0,405
	0,3	0,471	0,477	0,481	0,485	0,488	0,490	0,492
	0,4	0,521	0,532	0,543	0,552	0,560	0,567	0,574
	0,5	0,553	0,571	0,587	0,602	0,615	0,627	0,637
	0,6	0,558	0,580	0,601	0,621	0,638	0,655	0,670
	0,7	0,523	0,548	0,572	0,595	0,616	0,636	0,655
	0,8	0,432	0,458	0,482	0,505	0,527	0,548	0,568
	0,9	0,267	0,286	0,304	0,321	0,338	0,355	0,371
	1,0	0,000	0,000	0,000	0,000	0,000	0,000	0,000
$\eta_{\overline{M}}$	0,0	0,000	0,000	0,000	0,000	0,000	0,000	0,000
	0,1	0,054	0,053	0,051	0,050	0,049	0,048	0 047
	0,2	0,112	0,111	0,109	0,107	0,105	0,103	0,101
	0,3	0,179	0,178	0,176	0,175	0,173	0,171	0,169
	0,4	0,254	0,254	0,253	0,253	0,252	0,250	0,249
	0,5	0,334	0,337	0,338	0,339	0,340	0,340	0,340
	0,6	0,418	0,424	0,428	0,432	0,434	0,437	0,438
	0,7	0,500	0,509	0,517	0,523	0,529	0,534	0,538
	0,8	0,572	0,585	0,597	0,607	0,616	0,624	0,631
	0,9	0,626	0,642	0,657	0,670	0,682	0,693	0,703
	1,0	0,647	0,665	0,682	0,696	0,710	0,722	0,734

(Fortsetzung)

5,50	5,75	6,00	6,25	6,50	6,75	7,00	7,25
0,000	0,000	0,000	0,000	0,000	0,000	0,000	0,000
−0,030	−0,029	−0,028	−0,027	−0,026	−0,025	−0,024	−0,023
−0,044	−0,042	−0,040	−0,038	−0,036	−0,035	−0,033	−0,032
−0,045	−0,043	−0,041	−0,039	−0,037	−0,035	−0,033	−0,032
−0,039	−0,038	−0,036	−0,034	−0,033	−0,031	−0,030	−0,029
−0,027	−0,026	−0,025	−0,025	−0,024	−0,023	−0,022	−0,021
−0,008	−0,009	−0,010	−0,010	−0,011	−0,011	−0,011	−0,011
0,022	0,019	0,016	0,013	0,011	0,009	0,008	0,006
0,066	0,060	0,055	0,050	0,046	0,042	0,039	0,035
0,138	0,130	0,122	0,115	0,108	0,102	0,097	0,091
0,255	0,246	0,237	0,228	0,220	0,213	0,206	0,199
−0,290	−0,281	−0,273	−0,265	−0,257	−0,250	−0,243	−0,236
−0,135	−0,128	−0,122	−0,116	−0,110	−0,104	−0,099	−0,094
−0,042	−0,039	−0,036	−0,034	−0,031	−0,028	−0,026	−0,024
0,017	0,016	0,015	0,014	0,014	0,013	0,013	0,013
0,061	0,056	0,051	0,047	0,044	0,041	0,038	0,035
0,103	0,094	0,086	0,079	0,072	0,067	0,061	0,056
0,156	0,144	0,132	0,122	0,112	0,103	0,095	0,087
0,238	0,222	0,207	0,193	0,180	0,168	0,156	0,146
0,373	0,355	0,338	0,321	0,305	0,291	0,276	0,263
0,603	0,588	0,573	0,558	0,544	0,530	0,517	0,504
1,000	1,000	1,000	1,000	1,000	1,000	1,000	1,000
0,290	0,281	0,273	0,265	0,257	0,250	0,243	0,236
0,325	0,318	0,312	0,306	0,300	0,294	0,289	0,284
0,402	0,399	0,396	0,394	0,391	0,388	0,386	0,384
0,493	0,494	0,495	0,496	0,496	0,497	0,497	0,497
0,579	0,584	0,589	0,593	0,596	0,599	0,602	0,605
0,647	0,656	0,664	0,671	0,678	0,683	0,689	0,694
0,684	0,696	0,708	0,718	0,728	0,737	0,745	0,753
0,672	0,688	0,703	0,717	0,730	0,742	0,754	0,764
0,587	0,605	0,622	0,639	0,655	0,669	0,684	0,697
0,387	0,402	0,417	0,432	0,446	0,460	0,473	0,486
0,000	0,000	0,000	0,000	0,000	0,000	0,000	0,000
0,000	0,000	0,000	0,000	0,000	0,000	0,000	0,000
0,045	0,044	0,043	0,042	0,041	0,040	0,039	0,038
0,100	0,098	0,096	0,094	0,092	0,091	0,089	0,088
0,167	0,165	0,163	0,161	0,159	0,157	0,155	0,154
0,247	0,246	0,244	0,242	0,241	0,239	0,238	0,237
0,340	0,339	0,338	0,338	0,337	0,336	0,335	0,334
0,440	0,441	0,442	0,442	0,443	0,443	0,443	0,443
0,542	0,545	0,548	0,551	0,553	0,555	0,556	0,558
0,638	0,644	0,649	0,654	0,658	0,662	0,665	0,669
0,713	0,721	0,729	0,736	0,743	0,749	0,754	0,760
0,745	0,754	0,763	0,772	0,780	0,787	0,794	0,801

18*

Zahlentafel 1.2

	A ξ	7,25	7,50	7,75	8,00	8,25	8,50	8,75
η_M	0,0	0,000	0,000	0,000	0,000	0,000	0,000	0,000
	0,1	−0,023	−0,022	−0,021	−0,021	−0,020	−0,019	−0,018
	0,2	−0,032	−0,030	−0,029	−0,028	−0,027	−0,025	−0,024
	0,3	−0,032	−0,030	−0,029	−0,027	−0,026	−0,025	−0,024
	0,4	−0,029	−0,027	−0,026	−0,025	−0,024	−0,022	−0,021
	0,5	−0,021	−0,020	−0,020	−0,019	−0,018	−0,017	−0,016
	0,6	−0,011	−0,011	−0,011	−0,011	−0,011	−0,011	−0,010
	0,7	0,006	0,005	0,004	0,003	0,002	0,002	0,001
	0,8	0,035	0,033	0,030	0,027	0,025	0,023	0,021
	0,9	0,091	0,086	0,082	0,077	0,073	0,070	0,066
	1,0	0,199	0,193	0,187	0,182	0,176	0,172	0,167
$\eta_{M'}$	0,0	−0,236	−0,230	−0,224	−0,218	−0,213	−0,207	−0,202
	0,1	−0,094	−0,089	−0,084	−0,080	−0,076	−0,072	−0,069
	0,2	−0,024	−0,021	−0,019	−0,018	−0,016	−0,014	−0,013
	0,3	0,013	0,013	0,012	0,012	0,012	0,012	0,012
	0,4	0,035	0,033	0,031	0,029	0,027	0,026	0,024
	0,5	0,056	0,052	0,048	0,044	0,041	0,038	0,036
	0,6	0,087	0,081	0,074	0,069	0,063	0,059	0,054
	0,7	0,146	0,136	0,127	0,118	0,110	0,103	0,096
	0,8	0,263	0,250	0,238	0,226	0,215	0,205	0,195
	0,9	0,504	0,491	0,478	0,466	0,455	0,443	0,432
	1,0	1,000	1,000	1,000	1,000	1,000	1,000	1,000
$\eta_{\overline{M}'}$	0,0	0,236	0,230	0,224	0,218	0,213	0,207	0,202
	0,1	0,284	0,279	0,274	0,270	0,266	0,262	0,259
	0,2	0,384	0,381	0,379	0,378	0,376	0,374	0,373
	0,3	0,497	0,497	0,498	0,498	0,498	0,498	0,498
	0,4	0,605	0,607	0,609	0,611	0,613	0,614	0,616
	0,5	0,694	0,698	0,702	0,706	0,709	0,712	0,714
	0,6	0,753	0,759	0,766	0,771	0,777	0,781	0,786
	0,7	0,764	0,774	0,783	0,792	0,800	0,807	0,814
	0,8	0,697	0,710	0,722	0,734	0,745	0,755	0,765
	0,9	0,486	0,499	0,512	0,524	0,535	0,547	0,558
	1,0	0,000	0,000	0,000	0,000	0,000	0,000	0,000
$\eta_{\overline{M}}$	0,0	0,000	0,000	0,000	0,000	0,000	0,000	0,000
	0,1	0,038	0,037	0,036	0,036	0,035	0,034	0,033
	0,2	0,088	0,086	0,085	0,084	0,083	0,081	0,080
	0,3	0,154	0,152	0,151	0,149	0,148	0,147	0,146
	0,4	0,237	0,235	0,234	0,233	0,232	0,230	0,229
	0,5	0,334	0,333	0,333	0,332	0,331	0,330	0,329
	0,6	0,443	0,443	0,443	0,443	0,443	0,443	0,442
	0,7	0,558	0,559	0,560	0,561	0,562	0,562	0,563
	0,8	0,669	0,671	0,674	0,677	0,679	0,681	0,683
	0,9	0,760	0,765	0,769	0,774	0,778	0,781	0,785
	1,0	0,801	0,807	0,813	0,818	0,824	0,828	0,833

Zahlentafeln

(Fortsetzung)

9,00	9,25	9,50	9,75	10,00	10,50	11,00	11,50
0,000	0,000	0,000	0,000	0,000	0,000	0,000	0,000
−0,018	−0,017	−0,017	−0,016	−0,015	−0,014	−0,014	−0,013
−0,023	−0,022	−0,022	−0,021	−0,020	−0,018	−0,017	−0,016
−0,023	−0,022	−0,021	−0,020	−0,019	−0,017	−0,016	−0,015
−0,020	−0,020	−0,019	−0,018	−0,017	−0,016	−0,015	−0,013
−0,016	−0,015	−0,014	−0,014	−0,013	−0,013	−0,012	−0,011
−0,010	−0,010	−0,010	−0,009	−0,009	−0,009	−0,008	−0,008
0,000	0,000	−0,000	−0,001	−0,001	−0,002	−0,002	−0,002
0,019	0,018	0,016	0,015	0,014	0,012	0,010	0,008
0,063	0,060	0,057	0,054	0,052	0,047	0,043	0,039
0,163	0,158	0,154	0,151	0,147	0,140	0,134	0,128
−0,197	−0,193	−0,188	−0,184	−0,180	−0,172	−0,165	−0,159
−0,065	−0,062	−0,059	−0,056	−0,053	−0,049	−0,044	−0,040
−0,011	−0,010	−0,009	−0,008	−0,007	−0,005	−0,004	−0,002
0,012	0,011	0,011	0,011	0,011	0,010	0,010	0,010
0,023	0,022	0,021	0,020	0,019	0,016	0,014	0,013
0,033	0,031	0,029	0,027	0,025	0,020	0,016	0,015
0,050	0,047	0,043	0,040	0,037	0,033	0,029	0,025
0,090	0,084	0,078	0,073	0,069	0,060	0,053	0,046
0,186	0,177	0,168	0,160	0,153	0,138	0,126	0,114
0,421	0,411	0,400	0,390	0,381	0,362	0,344	0,327
1,000	1,000	1,000	1,000	1,000	1,000	1,000	1,000
0,197	0,193	0,188	0,184	0,180	0,172	0,165	0,159
0,255	0,252	0,249	0,246	0,243	0,239	0,234	0,230
0,371	0,370	0,369	0,368	0,367	0,365	0,364	0,362
0,498	0,499	0,499	0,499	0,499	0,500	0,500	0,500
0,617	0,618	0,619	0,620	0,621	0,624	0,626	0,627
0,717	0,719	0,721	0,723	0,725	0,730	0,734	0,735
0,790	0,793	0,797	0,800	0,803	0,807	0,811	0,815
0,820	0,826	0,832	0,837	0,841	0,850	0,857	0,864
0,774	0,783	0,792	0,800	0,807	0,822	0,834	0,846
0,569	0,579	0,590	0,600	0,609	0,628	0,646	0,663
0,000	0,000	0,000	0,000	0,000	0,000	0,000	0,000
0,000	0,000	0,000	0,000	0,000	0,000	0,000	0,000
0,033	0,032	0,032	0,031	0,030	0,029	0,029	0,028
0,079	0,078	0,078	0,077	0,076	0,074	0,073	0,072
0,145	0,144	0,143	0,142	0,141	0,139	0,138	0,137
0,228	0,228	0,227	0,226	0,225	0,224	0,223	0,221
0,329	0,328	0,327	0,327	0,326	0,326	0,325	0,324
0,442	0,442	0,442	0,441	0,441	0,441	0,440	0,440
0,564	0,564	0,564	0,565	0,565	0,566	0,566	0,566
0,685	0,686	0,688	0,689	0,690	0,692	0,694	0,696
0,788	0,791	0,794	0,797	0,799	0,804	0,808	0,812
0,837	0,842	0,846	0,849	0,853	0,860	0,866	0,872

Zahlentafel 1.2

	A ξ	11,50	12,00	12,50	13,00	13,50	14,00	14,50
η_M	0,0	0,000	0,000	0,000	0,000	0,000	0,000	0,000
	0,1	−0,013	−0,012	−0,011	−0,011	−0,010	−0,010	−0,009
	0,2	−0,016	−0,015	−0,014	−0,013	−0,012	−0,011	−0,011
	0,3	−0,015	−0,014	−0,012	−0,012	−0,011	−0,010	−0,009
	0,4	−0,013	−0,012	−0,011	−0,011	−0,010	−0,009	−0,009
	0,5	−0,011	−0,010	−0,009	−0,008	−0,008	−0,007	−0,007
	0,6	−0,008	−0,007	−0,007	−0,006	−0,006	−0,006	−0,005
	0,7	−0,002	−0,002	−0,002	−0,003	−0,003	−0,003	−0,002
	0,8	0,008	0,007	0,006	0,005	0,004	0,003	0,003
	0,9	0,039	0,036	0,033	0,030	0,027	0,025	0,023
	1,0	0,128	0,123	0,118	0,114	0,110	0,106	0,102
$\eta_{M'}$	0,0	−0,159	−0,153	−0,147	−0,142	−0,137	−0,133	−0,128
	0,1	−0,040	−0,036	−0,033	−0,030	−0,027	−0,025	−0,023
	0,2	−0,002	−0,001	0,000	0,000	0,001	0,002	0,002
	0,3	0,010	0,009	0,009	0,009	0,008	0,008	0,008
	0,4	0,013	0,013	0,012	0,011	0,010	0,010	0,009
	0,5	0,015	0,013	0,013	0,013	0,012	0,011	0,010
	0,6	0,025	0,022	0,019	0,017	0,015	0,014	0,013
	0,7	0,046	0,041	0,036	0,032	0,028	0,025	0,022
	0,8	0,114	0,103	0,094	0,085	0,077	0,070	0,064
	0,9	0,327	0,311	0,296	0,281	0,267	0,254	0,242
	1,0	1,000	1,000	1,000	1,000	1,000	1,000	1,000
$\eta_{\overline{M}'}$	0,0	0,159	0,153	0,147	0,142	0,137	0,133	0,128
	0,1	0,230	0,226	0,223	0,220	0,217	0,215	0,213
	0,2	0,362	0,361	0,360	0,360	0,359	0,358	0,358
	0,3	0,500	0,501	0,501	0,501	0,502	0,502	0,502
	0,4	0,627	0,627	0,628	0,629	0,630	0,630	0,631
	0,5	0,735	0,737	0,737	0,737	0,738	0,739	0,740
	0,6	0,815	0,818	0,821	0,823	0,825	0,826	0,827
	0,7	0,864	0,869	0,874	0,878	0,882	0,885	0,888
	0,8	0,846	0,857	0,866	0,875	0,883	0,890	0,896
	0,9	0,663	0,679	0,694	0,709	0,723	0,736	0,748
	1,0	0,000	0,000	0,000	0,000	0,000	0,000	0,000
$\eta_{\overline{M}}$	0,0	0,000	0,000	0,000	0,000	0,000	0,000	0,000
	0,1	0,028	0,027	0,026	0,026	0,025	0,025	0,024
	0,2	0,072	0,071	0,070	0,069	0,068	0,067	0,067
	0,3	0,137	0,136	0,134	0,134	0,133	0,132	0,131
	0,4	0,221	0,220	0,219	0,219	0,218	0,217	0,217
	0,5	0,324	0,323	0,322	0,321	0,321	0,320	0,320
	0,6	0,440	0,439	0,439	0,438	0,438	0,438	0,437
	0,7	0,566	0,566	0,566	0,567	0,567	0,567	0,566
	0,8	0,696	0,697	0,698	0,699	0,700	0,701	0,701
	0,9	0,812	0,815	0,818	0,821	0,824	0,826	0,828
	1,0	0,872	0,877	0,882	0,886	0,890	0,894	0,898

Zahlentafeln

(Fortsetzung)

15,00	15,50	16,00	16,50	17,00	17,50	18,00	18,50
0,000	0,000	0,000	0,000	0,000	0,000	0,000	0,000
−0,009	−0,008	−0,008	−0,007	−0,007	−0,007	−0,006	−0,006
−0,010	−0,009	−0,009	−0,008	−0,008	−0,008	−0,007	−0,007
−0,009	−0,008	−0,008	−0,007	−0,007	−0,006	−0,006	−0,006
−0,008	−0,007	−0,007	−0,007	−0,006	−0,006	−0,006	−0,005
−0,006	−0,006	−0,005	−0,005	−0,005	−0,004	−0,004	−0,004
−0,005	−0,005	−0,005	−0,004	−0,004	−0,004	−0,004	−0,003
−0,002	−0,002	−0,002	−0,002	−0,002	−0,002	−0,002	−0,002
0,002	0,002	0,001	0,001	0,001	0,001	0,000	0,000
0,021	0,020	0,018	0,017	0,015	0,014	0,013	0,012
0,099	0,096	0,093	0,090	0,088	0,085	0,083	0,081
−0,124	−0,121	−0,117	−0,114	−0,111	−0,108	−0,105	−0,102
−0,021	−0,019	−0,017	−0,016	−0,015	−0,013	−0,012	−0,011
0,002	0,003	0,003	0,003	0,003	0,003	0,003	0,003
0,007	0,007	0,007	0,006	0,006	0,006	0,006	0,005
0,009	0,008	0,008	0,007	0,007	0,007	0,006	0,006
0,009	0,009	0,008	0,008	0,007	0,007	0,006	0,006
0,011	0,010	0,009	0,009	0,008	0,007	0,007	0,006
0,020	0,018	0,016	0,014	0,013	0,012	0,011	0,010
0,058	0,053	0,048	0,044	0,040	0,037	0,033	0,030
0,230	0,219	0,208	0,198	0,188	0,179	0,170	0,162
1,000	1,000	1,000	1,000	1,000	1,000	1,000	1,000
0,124	0,121	0,117	0,114	0,111	0,108	0,105	0,102
0,211	0,209	0,207	0,206	0,205	0,203	0,202	0,201
0,358	0,357	0,357	0,357	0,357	0,357	0,357	0,357
0,503	0,503	0,503	0,504	0,504	0,504	0,504	0,505
0,631	0,632	0,632	0,633	0,633	0,633	0,634	0,634
0,741	0,741	0,742	0,742	0,743	0,743	0,744	0,744
0,829	0,830	0,831	0,831	0,832	0,833	0,833	0,834
0,890	0,892	0,894	0,896	0,897	0,898	0,899	0,900
0,902	0,907	0,912	0,916	0,920	0,923	0,927	0,930
0,760	0,771	0,782	0,792	0,802	0,811	0,820	0,828
0,000	0,000	0,000	0,000	0,000	0,000	0,000	0,000
0,000	0,000	0,000	0,000	0,000	0,000	0,000	0,000
0,024	0,023	0,023	0,022	0,022	0,022	0,021	0,021
0,066	0,065	0,065	0,064	0,064	0,064	0,063	0,063
0,131	0,130	0,130	0,129	0,129	0,128	0,128	0,128
0,216	0,215	0,215	0,215	0,214	0,214	0,214	0,213
0,319	0,319	0,318	0,318	0,318	0,318	0,317	0,317
0,437	0,437	0,437	0,436	0,436	0,436	0,436	0,435
0,566	0,566	0,566	0,566	0,566	0,566	0,566	0,566
0,702	0,702	0,703	0,703	0,703	0,703	0,704	0,704
0,830	0,831	0,833	0,834	0,836	0,837	0,838	0,839
0,901	0,904	0,907	0,910	0,912	0,915	0,917	0,919

Zahlentafel 1.2

	ξ \ A	18,50	19,00	19,50	20,00	20,50	21,00	21,50
η_M	0,0	0,000	0,000	0,000	0,000	0,000	0,000	0,000
	0,1	−0,006	−0,006	−0,005	−0,005	−0,005	−0,005	−0,005
	0,2	−0,007	−0,006	−0,006	−0,006	−0,006	−0,005	−0,005
	0,3	−0,006	−0,005	−0,005	−0,005	−0,004	−0,004	−0,004
	0,4	−0,005	−0,005	−0,005	−0,004	−0,004	−0,004	−0,004
	0,5	−0,004	−0,004	−0,003	−0,003	−0,003	−0,003	−0,003
	0,6	−0,003	−0,003	−0,003	−0,003	−0,003	−0,003	−0,003
	0,7	−0,002	−0,002	−0,002	−0,002	−0,001	−0,001	−0,001
	0,8	0,000	0,000	0,000	0,000	0,000	0,000	0,000
	0,9	0,012	0,011	0,011	0,010	0,009	0,009	0,008
	1,0	0,081	0,079	0,077	0,075	0,073	0,071	0,069
$\eta_{M'}$	0,0	−0,102	−0,100	−0,097	−0,095	−0,093	−0,091	−0,089
	0,1	−0,011	−0,010	−0,009	−0,009	−0,008	−0,007	−0,007
	0,2	0,003	0,003	0,003	0,003	0,003	0,003	0,003
	0,3	0,005	0,005	0,005	0,005	0,005	0,005	0,004
	0,4	0,006	0,006	0,005	0,005	0,005	0,005	0,004
	0,5	0,006	0,006	0,005	0,005	0,005	0,005	0,004
	0,6	0,006	0,006	0,006	0,005	0,005	0,005	0,005
	0,7	0,010	0,009	0,008	0,007	0,007	0,006	0,006
	0,8	0,030	0,028	0,025	0,023	0,021	0,019	0,018
	0,9	0,162	0,154	0,147	0,140	0,133	0,126	0,120
	1,0	1,000	1,000	1,000	1,000	1,000	1,000	1,000
$\eta_{\overline{M}'}$	0,0	0,102	0,100	0,097	0,095	0,093	0,091	0,089
	0,1	0,201	0,200	0,199	0,199	0,198	0,197	0,197
	0,2	0,357	0,357	0,357	0,357	0,357	0,357	0,357
	0,3	0,505	0,505	0,505	0,505	0,505	0,505	0,506
	0,4	0,634	0,634	0,635	0,635	0,635	0,635	0,636
	0,5	0,744	0,744	0,745	0,745	0,745	0,745	0,746
	0,6	0,834	0,834	0,834	0,835	0,835	0,835	0,835
	0,7	0,900	0,901	0,902	0,903	0,903	0,904	0,904
	0,8	0,930	0,932	0,935	0,937	0,939	0,941	0,942
	0,9	0,828	0,836	0,843	0,850	0,857	0,864	0,870
	1,0	0,000	0,000	0,000	0,000	0,000	0,000	0,000
$\eta_{\overline{M}}$	0,0	0,000	0,000	0,000	0,000	0,000	0,000	0,000
	0,1	0,021	0,021	0,020	0,020	0,020	0,020	0,020
	0,2	0,063	0,062	0,062	0,062	0,062	0,061	0,061
	0,3	0,128	0,127	0,127	0,127	0,126	0,126	0,126
	0,4	0,213	0,213	0,213	0,212	0,212	0,212	0,212
	0,5	0,317	0,317	0,316	0,316	0,316	0,316	0,316
	0,6	0,435	0,435	0,435	0,435	0,435	0,435	0,435
	0,7	0,566	0,566	0,566	0,566	0,565	0,565	0,565
	0,8	0,704	0,704	0,704	0,704	0,704	0,704	0,704
	0,9	0,839	0,840	0,840	0,841	0,842	0,842	0,843
	1,0	0,919	0,921	0,923	0,925	0,927	0,929	0,931

Zahlentafeln

(Fortsetzung)

22,00	22,50	23,00	23,50	24,00	24,50	25,00	∞
−0,000	0,000	0,000	0,000	0,000	0,000	0,000	0,000
−0,004	−0,004	−0,004	−0,004	−0,004	−0,004	−0,003	0,000
−0,005	−0,005	−0,004	−0,004	−0,004	−0,004	−0,004	0,000
−0,004	−0,004	−0,003	−0,003	−0,003	−0,003	−0,003	0,000
−0,004	−0,004	−0,003	−0,003	−0,003	−0,003	−0,003	0,000
−0,003	−0,002	−0,002	−0,002	−0,002	−0,002	−0,002	0,000
−0,002	−0,002	−0,002	−0,002	−0,002	−0,002	−0,002	0,000
0,001	−0,001	−0,001	−0,001	−0,001	−0,001	−0,001	0,000
0,000	0,000	0,000	−0,001	−0,001	−0,001	−0,001	0,000
0,007	0,007	0,006	0,006	0,006	0,005	0,005	0,000
0,068	0,066	0,065	0,064	0,062	0,061	0,060	0,000
−0,087	−0,085	−0,083	−0,081	−0,080	−0,078	−0,077	−0,000
−0,006	−0,005	−0,005	−0,004	−0,004	−0,004	−0,003	0,000
0,003	0,003	0,003	0,003	0,003	0,003	0,003	0,000
0,004	0,004	0,004	0,004	0,003	0,003	0,003	0,000
0,004	0,004	0,004	0,004	0,003	0,003	0,003	0,000
0,004	0,004	0,004	0,004	0,003	0,003	0,003	0,000
0,004	0,004	0,004	0,004	0,004	0,003	0,003	0,000
0,005	0,005	0,005	0,004	0,004	0,004	0,004	0,000
0,016	0,015	0,014	0,013	0,012	0,011	0,010	0,000
0,114	0,109	0,104	0,099	0,094	0,089	0,085	0,000
1,000	1,000	1,000	1,000	1,000	1,000	1,000	0,000
0,087	0,085	0,083	0,081	0,080	0,078	0,077	0,000
0,196	0,195	0,195	0,194	0,194	0,194	0,193	0,190
0,357	0,357	0,357	0,357	0,357	0,357	0,357	0,360
0,506	0,506	0,506	0,506	0,507	0,507	0,507	0,510
0,636	0,636	0,636	0,636	0,637	0,637	0,637	0,640
0,746	0,746	0,746	0,746	0,747	0,747	0,747	0,750
0,836	0,836	0,836	0,836	0,836	0,837	0,837	0,840
0,905	0,905	0,905	0,906	0,906	0,906	0,906	0,910
0,944	0,945	0,946	0,947	0,948	0,949	0,950	0,960
0,876	0,881	0,886	0,891	0,896	0,901	0,905	0,990
0,000	0,000	0,000	0,000	0,000	0,000	0,000	1,000
0,000	0,000	0,000	0,000	0,000	0,000	0,000	0,000
0,019	0,019	0,019	0,019	0,019	0,019	0,018	0,015
0,061	0,061	0,060	0,060	0,060	0,060	0,060	0,056
0,126	0,126	0,125	0,125	0,125	0,125	0,125	0,122
0,212	0,212	0,211	0,211	0,211	0,211	0,211	0,208
0,316	0,315	0,315	0,315	0,315	0,315	0,315	0,313
0,434	0,434	0,434	0,434	0,434	0,434	0,434	0,432
0,565	0,565	0,565	0,565	0,565	0,565	0,565	0,564
0,704	0,704	0,704	0,705	0,705	0,705	0,705	0,704
0,844	0,844	0,845	0,845	0,845	0,846	0,846	0,851
0,932	0,934	0,935	0,936	0,938	0,939	0,940	1,000

Zahlentafel 2   Durchbiegungs-

Steifheitsparameter A des Scheibensystems		0,00	0,25	0,50	0,75
Durchbiegungs-koeffizienten η_Δ	$\xi = \begin{cases} 0,0 \\ 0,1 \\ 0,2 \\ 0,3 \\ 0,4 \\ 0,5 \\ 0,6 \\ 0,7 \\ 0,8 \\ 0,9 \\ 1,0 \end{cases}$	0,000 0,000 0,000 0,000 0,000 0,000 0,000 0,000 0,000 0,000 0,000	0,0154 0,0134 0,0112 0,0092 0,0074 0,0054 0,0039 0,0022 0,0013 0,0006 0,0000	0,057 0,050 0,042 0,035 0,027 0,020 0,014 0,009 0,004 0,001 0,000	0,116 0,101 0,086 0,071 0,057 0,043 0,030 0,018 0,009 0,003 0,000

Zahlentafel 3   Durchbiegungskoeffizienten η_Δ für den System-

Steifheitsparameter A des Scheibensystems		0,00	0,25	0,50	0,75
Durchbiegungs-koeffizienten η_Δ	Gleichlast Trapezlast Dreiecklast Einzellast	0,000 0,000 0,000 0,000	0,015 0,016 0,016 0,020	0,057 0,059 0,063 0,076	0,116 0,120 0,127 0,153

Zahlentafel 4   Durchbiegungskoeffizienten η_Δ^W für den Systemoberrand

Steifheitsparameter A des Scheibensystems		0,25	0,50	0,75
Durchbiegungs-koeffizienten η_Δ^W	Gleichlast Trapezlast Dreiecklast Einzellast Einzelmoment	0,9408 0,9374 0,9309 0,9754 0,9741	0,9117 0,9114 0,9110 0,9092 0,9054	0,8217 0,8211 0,8204 0,8167 0,8093

koeffizienten η_Δ für Gleichlast

1,00	1,25	1,50	1,75	2,00	2,25	2,50	2,75
0,181	0,245	0,304	0,357	0,403	0,443	0,479	0,509
0,158	0,215	0,268	0,317	0,360	0,397	0,432	0,462
0,135	0,185	0,232	0,276	0,315	0,350	0,383	0,412
0,113	0,154	0,195	0,233	0,268	0,300	0,331	0,358
0,090	0,124	0,157	0,190	0,220	0,248	0,275	0,299
0,068	0,094	0,120	0,146	0,170	0,193	0,217	0,237
0,047	0,066	0,085	0,104	0,122	0,139	0,157	0,173
0,029	0,041	0,053	0,065	0,077	0,088	0,101	0,111
0,014	0,020	0,026	0,032	0,038	0,044	0,051	0,056
0,004	0,005	0,007	0,009	0,011	0,012	0,015	0,016
0,000	0,000	0,000	0,000	0,000	0,000	0,000	0,000

oberrand für Gleichlast, Trapezlast, Dreiecklast und Einzellast

1,00	1,25	1,50	1,75	2,00	2,25	2,50	2,75
0,181	0,245	0,304	0,357	0,403	0,443	0,479	0,509
0,188	0,254	0,316	0,370	0,417	0,459	0,495	0,526
0,198	0,268	0,333	0,390	0,439	0,482	0,519	0,552
0,239	0,321	0,397	0,462	0,518	0,562	0,605	0,639

für Gleichlast, Trapezlast, Dreiecklast, Einzellast und Einzelmoment

1,00	1,25	1,50	1,75	2,00	2,25	2,50	2,75
0,7228	0,6270	0,5407	0,4661	0,4031	0,3503	0,3063	0,2695
0,7220	0,6259	0,5394	0,4646	0,4014	0,3486	0,3045	0,2677
0,7208	0,6244	0,5376	0,4626	0,3992	0,3462	0,3021	0,2652
0,7152	0,6170	0,5288	0,4526	0,3885	0,3350	0,2906	0,2536
0,7039	0,6022	0,5110	0,4327	0,3671	0,3127	0,2678	0,2308

Zahlentafel 2

A		2,75	3,00	3,25	3,50	3,75	4,00	4,25
	0,0	0,509	0,537	0,561	0,583	0,603	0,621	0,637
	0,1	0,462	0,490	0,514	0,537	0,558	0,577	0,595
	0,2	0,412	0,440	0,464	0,487	0,509	0,529	0,546
	0,3	0,358	0,384	0,408	0,430	0,452	0,471	0,489
	0,4	0,299	0,323	0,345	0,366	0,386	0,405	0,422
$\xi =$	0,5	0,237	0,258	0,277	0,295	0,313	0,330	0,345
	0,6	0,173	0,190	0,205	0,220	0,234	0,248	0,261
	0,7	0,111	0,123	0,133	0,144	0,154	0,164	0,173
	0,8	0,056	0,063	0,069	0,075	0,081	0,086	0,092
	0,9	0,016	0,018	0,020	0,022	0,024	0,026	0,027
	1,0	0,000	0,000	0,000	0,000	0,000	0,000	0,000

Zahlentafel 3

A	2,75	3,00	3,25	3,50	3,75	4,00	4,25
Gleichlast	0,509	0,537	0,561	0,583	0,603	0,621	0,637
Trapezlast	0,526	0,554	0,579	0,601	0,621	0,639	0,655
Dreiecklast	0,552	0,580	0,605	0,627	0,647	0,665	0,682
Einzellast	0,639	0,668	0,693	0,715	0,734	0,750	0,765

Zahlentafel 4

A	2,75	3,00	3,25	3,50	3,75	4,00	4,25
Gleichlast	0,2695	0,2386	0,2125	0,1904	0,1715	0,1552	0,1411
Trapezlast	0,2677	0,2368	0,2107	0,1886	0,1697	0,1535	0,1395
Dreiecklast	0,2652	0,2343	0,2083	0,1862	0,1674	0,1512	0,1372
Einzellast	0,2536	0,2228	0,1969	0,1751	0,1565	0,1407	0,1270
Einzelmoment	0,2308	0,2001	0,1747	0,1534	0,1355	0,1204	0,1076

Zahlentafeln

(Fortsetzung)

4,50	4,75	5,00	5,25	5,50	5,75	6,00	6,25
0,652	0,666	0,679	0,691	0,702	0,712	0,722	0,731
0,611	0,626	0,640	0,654	0,666	0,677	0,688	0,698
0,564	0,580	0,595	0,609	0,622	0,634	0,646	0,656
0,507	0,523	0,538	0,553	0,566	0,578	0,590	0,602
0,439	0,454	0,469	0,483	0,496	0,509	0,521	0,531
0,360	0,374	0,388	0,401	0,413	0,424	0,436	0,446
0,273	0,285	0,297	0,308	0,319	0,328	0,338	0,347
0,183	0,192	0,201	0,209	0,217	0,225	0,232	0,240
0,097	0,102	0,108	0,113	0,118	0,122	0,127	0,132
0,029	0,031	0,033	0,035	0,036	0,038	0,040	0,041
0,000	0,000	0,000	0,000	0,000	0,000	0,000	0,000

(Fortsetzung)

4,50	4,75	5,00	5,25	5,50	5,75	6,00	6,25
0,652	0,666	0,679	0,691	0,702	0,712	0,722	0,731
0,670	0,684	0,696	0,708	0,719	0,729	0,739	0,747
0,696	0,710	0,722	0,734	0,745	0,754	0,763	0,772
0,778	0,789	0,800	0,810	0,818	0,826	0,833	0,840

(Fortsetzung)

4,50	4,75	5,00	5,25	5,50	5,75	6,00	6,25
0,1288	0,1181	0,1086	0,1003	0,0928	0,0862	0,0802	0,0749
0,1272	0,1165	0,1071	0,0988	0,0914	0,0848	0,0789	0,0736
0,1250	0,1144	0,1051	0,0968	0,0895	0,0830	0,0771	0,0719
0,1152	0,1050	0,0960	0,0881	0,0811	0,0750	0,0694	0,0645
0,0966	0,0871	0,0789	0,0718	0,0656	0,0601	0,0553	0,0510

Zahlentafel 2

A		6,25	6,50	6,75	7,00	7,25	7,50	7,75
	0,0	0,731	0,740	0,747	0,755	0,762	0,769	0,775
	0,1	0,698	0,708	0,716	0,725	0,733	0,740	0,747
	0,2	0,656	0,667	0,676	0,685	0,694	0,702	0,709
	0,3	0,602	0,613	0,621	0,631	0,640	0,649	0,656
	0,4	0,531	0,542	0,551	0,561	0,570	0,578	0,586
$\xi =$	0,5	0,446	0,456	0,465	0,474	0,482	0,491	0,498
	0,6	0,347	0,356	0,364	0,372	0,380	0,387	0,394
	0,7	0,240	0,247	0,253	0,259	0,266	0,272	0,277
	0,8	0,132	0,137	0,140	0,145	0,149	0,153	0,157
	0,9	0,041	0,043	0,044	0,046	0,048	0,049	0,051
	0,0	0,000	0,000	0,000	0,000	0,000	0,000	0,000

Zahlentafel 3

A	6,25	6,50	6,75	7,00	7,25	7,50	7,75
Gleichlast	0,731	0,740	0,747	0,755	0,762	0,769	0,775
Trapezlast	0,747	0,756	0,763	0,771	0,778	0,784	0,790
Dreiecklast	0,772	0,780	0,787	0,794	0,801	0,807	0,813
Einzellast	0,840	0,846	0,852	0,857	0,862	0,867	0,871

Zahlentafel 4

A	6,25	6,50	6,75	7,00	7,25	7,50	7,75
Gleichlast	0,0749	0,0700	0,0656	0,0616	0,0580	0,0547	0,0516
Trapezlast	0,0736	0,0688	0,0644	0,0605	0,0569	0,0536	0,0506
Dreiecklast	0,0719	0,0671	0,0628	0,0589	0,0554	0,0522	0,0492
Einzellast	0,0645	0,0601	0,0561	0,0525	0,0492	0,0462	0,0435
Einzelmoment	0,0510	0,0472	0,0438	0,0407	0,0380	0,0355	0,0333

(Fortsetzung)

8,00	8,25	8,50	8,75	9,00	9,25	9,50	9,75
0,781	0,787	0,792	0,798	0,802	0,807	0,812	0,816
0,754	0,761	0,766	0,773	0,777	0,783	0,788	0,793
0,716	0,724	0,730	0,737	0,742	0,747	0,753	0,758
0,664	0,671	0,677	0,684	0,689	0,695	0,701	0,706
0,593	0,600	0,607	0,614	0,619	0,625	0,631	0,636
0,505	0,512	0,518	0,525	0,530	0,536	0,542	0,547
0,400	0,407	0,412	0,419	0,423	0,429	0,435	0,439
0,283	0,288	0,293	0,298	0,302	0,307	0,312	0,316
0,160	0,164	0,167	0,172	0,174	0,178	0,181	0,184
0,052	0,054	0,055	0,057	0,058	0,059	0,061	0,062
0,000	0,000	0,000	0,000	0,000	0,000	0,000	0,000

(Fortsetzung)

8,00	8,25	8,50	8,75	9,00	9,25	9,50	9,75
0,781	0,787	0,792	0,798	0,802	0,807	0,812	0,816
0,796	0,802	0,807	0,812	0,816	0,821	0,825	0,829
0,818	0,824	0,828	0,833	0,837	0,842	0,846	0,849
0,875	0,879	0,882	0,886	0,889	0,892	0,895	0,897

(Fortsetzung)

8,00	8,25	8,50	8,75	9,00	9,25	9,50	9,75
0,0488	0,0462	0,0439	0,0417	0,0396	0,0377	0,0360	0,0343
0,0478	0,0453	0,0429	0,0408	0,0388	0,0369	0,0352	0,0336
0,0465	0,0440	0,0417	0,0396	0,0376	0,0358	0,0341	0,0325
0,0410	0,0387	0,0366	0,0347	0,0329	0,0313	0,0297	0,0283
0,0312	0,0294	0,0277	0,0261	0,0247	0,0234	0,0222	0,0210

Zahlentafel 2

	A	9,75	10,00	10,50	11,00	11,50	12,00	12,50
	0,0	0,816	0,820	0,828	0,835	0,841	0,847	0,853
	0,1	0,793	0,797	0,806	0,814	0,821	0,827	0,834
	0,2	0,758	0,763	0,772	0,780	0,787	0,794	0,801
	0,3	0,706	0,711	0,721	0,729	0,736	0,743	0,751
	0,4	0,636	0,641	0,650	0,659	0,666	0,673	0,680
$\xi =$	0,5	0,547	0,551	0,560	0,569	0,576	0,583	0,591
	0,6	0,439	0,444	0,453	0,461	0,468	0,474	0,481
	0,7	0,316	0,320	0,328	0,335	0,341	0,348	0,354
	0,8	0,184	0,187	0,193	0,199	0,203	0,208	0,213
	0,9	0,062	0,064	0,067	0,069	0,071	0,073	0,076
	1,0	0,000	0,000	0,000	0,000	0,000	0,000	0,000

Zahlentafel 3

A	9,75	10,00	10,50	11,00	11,50	12,00	12,50
Gleichlast	0,816	0,820	0,828	0,835	0,841	0,847	0,853
Trapezlast	0,829	0,833	0,840	0,847	0,853	0,859	0,864
Dreiecklast	0,849	0,853	0,860	0,866	0,872	0,877	0,882
Einzellast	0,897	0,900	0,905	0,909	0,913	0,917	0,920

Zahlentafel 4

A	9,75	10,00	10,50	11,00	11,50	12,00	12,50
Gleichlast	0,0343	0,0328	0,0300	0,0276	0,0254	0,0235	0,0218
Trapezlast	0,0336	0,0320	0,0293	0,0269	0,0248	0,0229	0,0213
Dreiecklast	0,0325	0,0310	0,0284	0,0260	0,0240	0,0221	0,0205
Einzellast	0,0283	0,0270	0,0246	0,0225	0,0207	0,0191	0,0177
Einzelmoment	0,0210	0,0200	0,0181	0,0165	0,0151	0,0139	0,0128

(Fortsetzung)

13,00	13,50	14,00	14,50	15,00	15,50	16,00	16,50
0,858	0,863	0,867	0,872	0,876	0,879	0,883	0,886
0,839	0,845	0,849	0,855	0,859	0,862	0,867	0,870
0,807	0,813	0,817	0,823	0,828	0,831	0,836	0,839
0,756	0,762	0,767	0,773	0,777	0,781	0,785	0,789
0,686	0,692	0,697	0,703	0,707	0,711	0,715	0,719
0,596	0,602	0,607	0,613	0,617	0,621	0,625	0,629
0,487	0,493	0,497	0,503	0,507	0,511	0,515	0,519
0,359	0,365	0,369	0,374	0,379	0,382	0,386	0,390
0,218	0,222	0,225	0,230	0,234	0,236	0,240	0,243
0,078	0,080	0,082	0,085	0,087	0,088	0,090	0,092
0,000	0,000	0,000	0,000	0,000	0,000	0,000	0,000

(Fortsetzung)

13,00	13,50	14,00	14,50	15,00	15,50	16,00	16,50
0,858	0,863	0,867	0,872	0,876	0,879	0,883	0,886
0,869	0,874	0,878	0,882	0,886	0,889	0,892	0,896
0,886	0,890	0,894	0,898	0,901	0,904	0,907	0,910
0,923	0,926	0,929	0,931	0,933	0,935	0,937	0,939

(Fortsetzung)

13,00	13,50	14,00	14,50	15,00	15,50	16,00	16,50
0,0203	0,0189	0,0177	0,0166	0,0156	0,0146	0,0138	0,0130
0,0198	0,0184	0,0172	0,0161	0,0151	0,0142	0,0134	0,0127
0,0191	0,0178	0,0166	0,0155	0,0146	0,0137	0,0129	0,0122
0,0164	0,0152	0,0142	0,0133	0,0124	0,0117	0,0110	0,0104
0,0118	0,0110	0,0102	0,0095	0,0089	0,0083	0,0078	0,0073

Zahlentafel 2

$\xi =$	A	16,50	17,00	17,50	18,00	18,50	19,00	19,50
	0,0	0,886	0,889	0,892	0,895	0,898	0,900	0,903
	0,1	0,870	0,873	0,877	0,880	0,883	0,885	0,888
	0,2	0,839	0,842	0,846	0,849	0,852	0,855	0,858
	0,3	0,789	0,792	0,796	0,799	0,802	0,804	0,808
	0,4	0,719	0,722	0,725	0,729	0,732	0,734	0,738
	0,5	0,629	0,632	0,635	0,639	0,642	0,644	0,648
	0,6	0,519	0,522	0,526	0,529	0,532	0,535	0,538
	0,7	0,390	0,393	0,396	0,399	0,403	0,405	0,408
	0,8	0,243	0,246	0,249	0,252	0,255	0,257	0,260
	0,9	0,092	0,094	0,095	0,097	0,099	0,100	0,102
	1,0	0,000	0,000	0,000	0,000	0,000	0,000	0,000

Zahlentafel 3

A	16,50	17,00	17,50	18,00	18,50	19,00	19,50
Gleichlast	0,886	0,889	0,892	0,895	0,898	0,900	0,903
Trapezlast	0,896	0,899	0,901	0,904	0,906	0,909	0,911
Dreiecklast	0,910	0,912	0,915	0,917	0,919	0,921	0,923
Einzellast	0,939	0,941	0,943	0,944	0,946	0,947	0,949

Zahlentafel 4

A	16,50	17,00	17,50	18,00	18,50	19,00	19,50
Gleichlast	0,0130	0,0123	0,0117	0,0111	0,0105	0,0100	0,0095
Trapezlast	0,0127	0,0120	0,0113	0,0107	0,0102	0,0097	0,0092
Dreiecklast	0,0122	0,0115	0,0109	0,0103	0,0098	0,0093	0,0088
Einzellast	0,0104	0,0098	0,0092	0,0087	0,0083	0,0079	0,0075
Einzelmoment	0,0073	0,0069	0,0065	0,0062	0,0058	0,0055	0,0053

(Fortsetzung)

20,00	20,50	21,00	21,50	22,00	22,50	23,00	23,50
0,905	0,907	0,909	0,911	0,913	0,915	0,917	0,919
0,891	0,893	0,895	0,897	0,899	0,901	0,904	0,906
0,860	0,862	0,865	0,867	0,869	0,871	0,873	0,875
0,810	0,812	0,814	0,817	0,819	0,821	0,823	0,825
0,740	0,742	0,744	0,747	0,749	0,751	0,753	0,755
0,650	0,652	0,654	0,657	0,659	0,661	0,663	0,665
0,540	0,542	0,544	0,547	0,549	0,551	0,553	0,555
0,410	0,412	0,415	0,417	0,419	0,421	0,423	0,425
0,262	0,264	0,266	0,268	0,270	0,272	0,274	0,276
0,104	0,105	0,106	0,108	0,109	0,110	0,112	0,113
0,000	0,000	0,000	0,000	0,000	0,000	0,000	0,000

(Fortsetzung)

20,00	20,50	21,00	21,50	22,00	22,50	23,00	23,50
0,905	0,907	0,909	0,911	0,913	0,915	0,917	0,919
0,913	0,915	0,917	0,919	0,921	0,922	0,924	0,926
0,925	0,927	0,929	0,931	0,932	0,934	0,935	0,936
0,950	0,951	0,952	0,953	0,955	0,956	0,957	0,957

(Fortsetzung)

20,00	20,50	21,00	21,50	22,00	22,50	23,00	23,50
0,0091	0,0086	0,0082	0,0079	0,0075	0,0072	0,0069	0,0067
0,0088	0,0084	0,0080	0,0076	0,0073	0,0070	0,0067	0,0064
0,0084	0,0080	0,0077	0,0073	0,0070	0,0067	0,0064	0,0062
0,0071	0,0068	0,0065	0,0062	0,0059	0,0057	0,0054	0,0052
0,0050	0,0048	0,0045	0,0043	0,0041	0,0040	0,0038	0,0036

Zahlentafel 2 (Fortsetzung)

A		23,50	24,00	24,50	25,00	∞
$\xi =$	0,0	0,919	0,920	0,922	0,923	1,000
	0,1	0,906	0,907	0,909	0,910	0,990
	0,2	0,875	0,877	0,879	0,880	0,960
	0,3	0,825	0,827	0,829	0,830	0,910
	0,4	0,755	0,757	0,759	0,760	0,840
	0,5	0,665	0,667	0,669	0,670	0,750
	0,6	0,555	0,557	0,559	0,560	0,640
	0,7	0,425	0,427	0,429	0,430	0,510
	0,8	0,276	0,277	0,279	0,280	0,360
	0,9	0,113	0,114	0,116	0,116	0,190
	1,0	0,000	0,000	0,000	0,000	0,000

Zahlentafel 3 (Fortsetzung)

A	23,50	24,00	24,50	25,00
Gleichlast	0,919	0,920	0,922	0,923
Trapezlast	0,926	0,927	0,929	0,930
Dreiecklast	0,936	0,938	0,939	0,940
Einzellast	0,957	0,958	0,959	0,960

Zahlentafel 4 (Fortsetzung)

A	23,50	24,00	24,50	25,00
Gleichlast	0,0067	0,0064	0,0061	0,0059
Trapezlast	0,0064	0,0062	0,0060	0,0057
Dreiecklast	0,0062	0,0059	0,0057	0,0055
Einzellast	0,0052	0,0050	0,0048	0,0046
Einzelmoment	0,0036	0,0035	0,0033	0,0032

Zahlentafel 5
Gesamtschubkraft- und Gesamtschubflußkoeffizienten für lotrechte Last

Steifheitsparameter A der Scheibensystems			0,00	0,25	0,50	0,75	1,00	1,25
Gesamtschubkraft-koeffizienten η_T	ξ	0,0	0,000	0,000	0,000	0,000	0,000	0,000
		0,1	0,000	0,003	0,011	0,027	0,035	0,047
		0,2	0,000	0,006	0,022	0,045	0,070	0,093
		0,3	0,000	0,009	0,033	0,067	0,103	0,137
		0,4	0,000	0,011	0,043	0,086	0,134	0,179
		0,5	0,000	0,014	0,052	0,105	0,162	0,218
		0,6	0,000	0,016	0,060	0,121	0,187	0,252
		0,7	0,000	0,018	0,066	0,134	0,208	0,280
		0,8	0,000	0,019	0,072	0,144	0,225	0,302
		0,9	0,000	0,020	0,075	0,151	0,235	0,316
		1,0	0,000	0,020	0,076	0,153	0,239	0,321
Gesamtschubfluß-koeffizienten $\eta_{T'}$	ξ	0,0	0,000	0,030	0,113	0,228	0,352	0,470
		0,1	0,000	0,030	0,112	0,225	0,349	0,466
		0,2	0,000	0,029	0,109	0,219	0,339	0,454
		0,3	0,000	0,028	0,103	0,208	0,323	0,433
		0,4	0,000	0,026	0,095	0,193	0,299	0,403
		0,5	0,000	0,023	0,085	0,173	0,269	0,364
		0,6	0,000	0,019	0,073	0,148	0,232	0,314
		0,7	0,000	0,015	0,058	0,119	0,187	0,254
		0,8	0,000	0,011	0,041	0,084	0,133	0,183
		0,9	0,000	0,006	0,022	0,045	0,071	0,098
		1,0	0,000	0,000	0,000	0,000	0,000	0,000

Zahlentafel 6 Gesamtschubkraft- und Gesamtschubflußkoeffizienten für Temperaturänderung

Steifheitsparameter A des Scheibensystems			0,00	0,25	0,50	0,75	1,00	1,25
Gesamtschubkraft-koeffizienten η_T	ξ	0,0	0,000	0,000	0,000	0,000	0,000	0,000
		0,1	0,000	0,006	0,022	0,045	0,071	0,098
		0,2	0,000	0,011	0,041	0,084	0,133	0,183
		0,3	0,000	0,016	0,058	0,119	0,187	0,254
		0,4	0,000	0,020	0,073	0,148	0,232	0,314
		0,5	0,000	0,023	0,085	0,173	0,269	0,364
		0,6	0,000	0,026	0,095	0,192	0,299	0,403
		0,7	0,000	0,028	0,103	0,208	0,322	0,433
		0,8	0,000	0,029	0,109	0,219	0,339	0,454
		0,9	0,000	0,030	0,112	0,225	0,349	0,466
		1,0	0,000	0,030	0,113	0,228	0,352	0,470
Gesamtschubfluß-koeffizienten $\eta_{T'}$	ξ	0,0	0,000	0,061	0,231	0,476	0,762	1,060
		0,1	0,000	0,055	0,206	0,421	0,665	0,912
		0,2	0,000	0,049	0,182	0,369	0,576	0,778
		0,3	0,000	0,043	0,158	0,318	0,492	0,656
		0,4	0,000	0,036	0,135	0,270	0,412	0,544
		0,5	0,000	0,030	0,112	0,222	0,338	0,441
		0,6	0,000	0,024	0,089	0,176	0,266	0,345
		0,7	0,000	0,018	0,067	0,131	0,197	0,254
		0,8	0,000	0,012	0,044	0,087	0,130	0,167
		0,9	0,000	0,006	0,022	0,043	0,065	0,083
		1,0	0,000	0,000	0,000	0,000	0,000	0,000

Zahlentafel 5

	ξ \ A	1,25	1,50	1,75	2,00	2,25	2,50	2,75
η_T	0,0	0,000	0,000	0,000	0,000	0,000	0,000	0,000
	0,1	0,047	0,057	0,066	0,073	0,079	0,083	0,087
	0,2	0,093	0,114	0,131	0,145	0,157	0,166	0,173
	0,3	0,137	0,168	0,194	0,215	0,233	0,246	0,257
	0,4	0,179	0,220	0,254	0,282	0,305	0,323	0,338
	0,5	0,218	0,267	0,309	0,344	0,372	0,396	0,414
	0,6	0,252	0,309	0,358	0,399	0,433	0,461	0,484
	0,7	0,280	0,345	0,400	0,447	0,486	0,518	0,545
	0,8	0,302	0,372	0,433	0,484	0,527	0,563	0,594
	0,9	0,316	0,390	0,454	0,509	0,555	0,594	0,627
	1,0	0,321	0,397	0,462	0,518	0,562	0,605	0,639
$\eta_{T'}$	0,0	0,470	0,575	0,663	0,734	0,792	0,837	0,873
	0,1	0,466	0,570	0,657	0,729	0,786	0,832	0,868
	0,2	0,454	0,556	0,642	0,713	0,770	0,816	0,853
	0,3	0,433	0,531	0,615	0,685	0,742	0,789	0,827
	0,4	0,403	0,496	0,577	0,645	0,700	0,748	0,788
	0,5	0,364	0,450	0,525	0,590	0,645	0,692	0,732
	0,6	0,314	0,391	0,459	0,519	0,570	0,616	0,656
	0,7	0,254	0,318	0,376	0,428	0,475	0,517	0,554
	0,8	0,183	0,230	0,274	0,315	0,352	0,386	0,418
	0,9	0,098	0,125	0,150	0,174	0,196	0,218	0,238
	1,0	0,000	0,000	0,000	0,000	0,000	0,000	0,000

Zahlentafel 6

	ξ \ A	1,25	1,50	1,75	2,00	2,25	2,50	2,75
η_T	0,0	0,000	0,000	0,000	0,000	0,000	0,000	0,000
	0,1	0,098	0,125	0,150	0,174	0,196	0,218	0,238
	0,2	0,183	0,230	0,274	0,315	0,352	0,386	0,418
	0,3	0,254	0,318	0,376	0,428	0,475	0,517	0,554
	0,4	0,314	0,391	0,459	0,519	0,571	0,616	0,656
	0,5	0,364	0,450	0,525	0,590	0,645	0,692	0,732
	0,6	0,403	0,496	0,577	0,644	0,701	0,748	0,787
	0,7	0,433	0,531	0,615	0,568	0,742	0,789	0,827
	0,8	0,454	0,556	0,642	0,713	0,770	0,816	0,853
	0,9	0,466	0,570	0,657	0,729	0,786	0,832	0,868
	1,0	0,470	0,575	0,663	0,734	0,791	0,837	0,873
$\eta_{T'}$	0,0	1,060	1,357	1,647	1,928	2,200	2,466	2,727
	0,1	0,912	1,147	1,364	1,564	1,745	1,912	2,065
	0,2	0,778	0,962	1,124	1,262	1,380	1,478	1,560
	0,3	0,656	0,799	0,918	1,012	1,084	1,137	1,174
	0,4	0,544	0,654	0,740	0,802	0,844	0,868	0,878
	0,5	0,441	0,524	0,585	0,625	0,646	0,653	0,648
	0,6	0,345	0,406	0,448	0,472	0,482	0,479	0,468
	0,7	0,254	0,297	0,324	0,338	0,341	0,335	0,323
	0,8	0,167	0,194	0,211	0,218	0,218	0,212	0,202
	0,9	0,083	0,096	0,104	0,107	0,106	0,103	0,097
	1,0	0,000	0,000	0,000	0,000	0,000	0,000	0,000

(Fortsetzung)

3,00	3,25	3,50	3,75	4,00	4,25	4,50	4,75
0,000	0,000	0,000	0,000	0,000	0,000	0,000	0,000
0,090	0,092	0,094	0,095	0,096	0,097	0,098	0,098
0,179	0,183	0,187	0,190	0,192	0,194	0,195	0,196
0,266	0,273	0,278	0,283	0,286	0,289	0,291	0,293
0,350	0,359	0,267	0,373	0,378	0,382	0,385	0,388
0,430	0,442	0,452	0,460	0,467	0,472	0,477	0,481
0,503	0,518	0,531	0,541	0,550	0,557	0,563	0,568
0,567	0,585	0,601	0,614	0,625	0,635	0,642	0,649
0,619	0,640	0,659	0,674	0,688	0,723	0,710	0,718
0,655	0,679	0,699	0,717	0,733	0,746	0,758	0,769
0,668	0,693	0,715	0,734	0,750	0,765	0,778	0,789
0,901	0,923	0,940	0,953	0,963	0,971	0,978	0,983
0,896	0,918	0,931	0,950	0,960	0,969	0,975	0,981
0,882	0,906	0,924	0,939	0,951	0,961	0,968	0,974
0,858	0,883	0,903	0,920	0,934	0,945	0,954	0,962
0,820	0,847	0,870	0,889	0,906	0,919	0,931	0,941
0,766	0,796	0,821	0,843	0,862	0,879	0,893	0,906
0,691	0,722	0,750	0,775	0,797	0,816	0,834	0,840
0,588	0,619	0,648	0,674	0,698	0,720	0,740	0,759
0,448	0,476	0,502	0,527	0,550	0,572	0,593	0,613
0,258	0,277	0,295	0,312	0,329	0,346	0,362	0,378
0,000	0,000	0,000	0,000	0,000	0,000	0,000	0,000

(Fortsetzung)

3,00	3,25	3,50	3,75	4,00	4,25	4,50	4,75
0,000	0,000	0,000	0,000	0,000	0,000	0,000	0,000
0,258	0,276	0,295	0,312	0,329	0,346	0,362	0,378
0,448	0,476	0,502	0,527	0,550	0,572	0,593	0,613
0,588	0,619	0,648	0,674	0,698	0,720	0,740	0,759
0,691	0,722	0,750	0,774	0,797	0,816	0,834	0,850
0,766	0,796	0,821	0,843	0,862	0,879	0,893	0,906
0,820	0,847	0,870	0,889	0,906	0,919	0,931	0,941
0,858	0,883	0,903	0,920	0,934	0,945	0,954	0,962
0,882	0,906	0,924	0,939	0,951	0,960	0,968	0,974
0,960	0,918	0,936	0,950	0,960	0,969	0,975	0,981
0,901	0,922	0,940	0,953	0,963	0,971	0,978	0,083
2,985	3,240	3,493	3,745	3,997	4,248	4,498	4,749
2,206	2,337	2,459	2,572	2,678	2,776	2,868	2,953
1,628	1,684	1,730	1,766	1,793	1,814	1,827	1,835
1,198	1,211	1,214	1,210	1,199	1,184	1,164	1,140
0,877	0,866	0,849	0,827	0,801	0,771	0,740	0,708
0,634	0,614	0,589	0,561	0,531	0,500	0,469	0,438
0,450	0,427	0,402	0,375	0,348	0,321	0,294	0,268
0,306	0,286	0,265	0,243	0,221	0,200	0,180	0,161
0,190	0,175	0,160	0,145	0,130	0,116	0,103	0,090
0,091	0,083	0,075	0,068	0,060	0,053	0,046	0,040
0,000	0,000	0,000	0,000	0,000	0,000	0,000	0,000

Zahlentafel 5

	ξ \ A	4,75	5,00	5,25	5,50	5,75	6,00	6,25
η_T	0,0	0,000	0,000	0,000	0,000	0,000	0,000	0,000
	0,1	0,098	0,099	0,099	0,099	0,099	0,099	0,100
	0,2	0,196	0,197	0,197	0,198	0,198	0,199	0,199
	0,3	0,293	0,294	0,295	0,296	0,297	0,298	0,298
	0,4	0,388	0,390	0,392	0,394	0,394	0,395	0,396
	0,5	0,481	0,484	0,486	0,488	0,490	0,492	0,493
	0,6	0,568	0,573	0,577	0,580	0,582	0,585	0,587
	0,7	0,649	0,655	0,661	0,665	0,669	0,672	0,675
	0,8	0,718	0,727	0,733	0,739	0,745	0,750	0,754
	0,9	0,769	0,779	0,787	0,795	0,802	0,809	0,814
	1,0	0,789	0,800	0,810	0,818	0,826	0,833	0,840
$\eta_{T'}$	0,0	0,983	0,987	0,989	0,992	0,994	0,995	0,996
	0,1	0,981	0,985	0,988	0,991	0,993	0,994	0,995
	0,2	0,974	0,979	0,983	0,986	0,989	0,991	0,993
	0,3	0,962	0,968	0,974	0,978	0,982	0,985	0,987
	0,4	0,941	0,949	0,956	0,963	0,968	0,972	0,976
	0,5	0,906	0,917	0,927	0,936	0,943	0,950	0,956
	0,6	0,840	0,864	0,877	0,889	0,900	0,909	0,918
	0,7	0,759	0,777	0,793	0,808	0,822	0,835	0,847
	0,8	0,613	0,632	0,650	0,667	0,683	0,699	0,713
	0,9	0,378	0,393	0,408	0,423	0,437	0,451	0,465
	1,0	0,000	0,000	0,000	0,000	0,000	0,000	0,000

Zahlentafel 6

	ξ \ A	4,75	5,00	5,25	5,50	5,75	6,00	6,25
η_T	0,0	0,000	0,000	0,000	0,000	0,000	0,000	0,000
	0,1	0,378	0,393	0,408	0,423	0,437	0,451	0,465
	0,3	0,613	0,632	0,650	0,667	0,683	0,699	0,713
	0,4	0,759	0,777	0,793	0,808	0,822	0,835	0,847
	0,5	0,850	0,864	0,877	0,889	0,900	0,909	0,918
	0,5	0,906	0,917	0,927	0,936	0,943	0,950	0,956
	0,6	0,941	0,949	0,957	0,963	0,968	0,972	0,976
	0,7	0,962	0,968	0,973	0,978	0,981	0,984	0,987
	0,8	0,974	0,979	0,983	0,986	0,989	0,991	0,993
	0,9	0,981	0,985	0,988	0,990	0,992	0,994	0,995
	1,0	0,983	0,987	0,989	0,992	0,994	0,995	0,996
$\eta_{T'}$	0,0	4,749	4,999	5,249	5,499	5,749	5,999	6,249
	0,1	2,953	3,032	3,105	3,173	3,235	3,292	3,345
	0,2	1,835	1,838	1,836	1,830	1,820	1,807	1,790
	0,3	1,140	1,114	1,086	1,055	1,024	0,991	0,958
	0,4	0,708	0,675	0,642	0,608	0,576	0,544	0,513
	0,5	0,438	0,408	0,378	0,350	0,323	0,298	0,274
	0,6	0,268	0,244	0,221	0,200	0,181	0,162	0,146
	0,7	0,161	0,143	0,127	0,113	0,099	0,087	0,077
	0,8	0,090	0,079	0,069	0,080	0,052	0,045	0,039
	0,9	0,040	0,035	0,030	0,026	0,022	0,019	0,016
	1,0	0,000	0,000	0,000	0,000	0,000	0,000	0,000

Zahlentafeln 297

(Fortsetzung)

6,50	6,75	7,00	7,25	7,50	7,75	8,00	8,25
0,000	0,000	0,000	0,000	0,000	0,000	0,000	0,000
0,100	0,100	0,100	0,100	0,100	0,100	0,100	0,100
0,199	0,199	0,199	0,200	0,200	0,200	0,200	0,200
0,299	0,299	0,299	0,299	0,299	0,299	0,300	0,300
0,397	0,397	0,398	0,398	0,398	0,399	0,399	0,399
0,494	0,495	0,496	0,496	0,497	0,497	0,498	0,498
0,589	0,590	0,591	0,592	0,593	0,594	0,595	0,596
0,678	0,680	0,682	0,684	0,686	0,687	0,688	0,690
0,758	0,762	0,765	0,767	0,770	0,773	0,774	0,777
0,820	0,825	0,829	0,833	0,837	0,840	0,841	0,847
0,846	0,852	0,857	0,862	0,867	0,871	0,875	0,879
0,997	0,998	0,998	0,999	0,999	0,999	0,999	0,999
0,996	0,997	0,998	0,998	0,999	0,999	0,999	0,999
0,994	0,995	0,996	0,997	0,997	0,998	0,998	0,999
0,989	0,991	0,992	0,994	0,995	0,996	0,996	0,997
0,980	0,982	0,985	0,987	0,989	0,990	0,992	0,993
0,961	0,966	0,970	0,973	0,976	0,979	0,982	0,984
0,926	0,933	0,939	0,945	0,950	0,955	0,959	0,963
0,858	0,868	0,878	0,886	0,895	0,902	0,909	0,916
0,727	0,741	0,753	0,765	0,777	0,788	0,798	0,808
0,478	0,491	0,503	0,516	0,528	0,539	0,551	0,562
0,000	0,000	0,000	0,000	0,000	0,000	0,000	0,000

(Fortsetzung)

6,50	6,75	7,00	7,25	7,50	7,75	8,00	8,25
0,000	0,000	0,000	0,000	0,000	0,000	0,000	0,000
0,478	0,491	0,503	0,516	0,528	0,539	0,551	0,562
0,727	0,741	0,753	0,765	0,777	0,788	0,798	0,808
0,858	0,868	0,878	0,886	0,895	0,902	0,909	0,916
0,926	0,933	0,939	0,945	0,950	0,955	0,959	0,963
0,961	0,966	0,970	0,973	0,976	0,979	0,982	0,984
0,980	0,982	0,985	0,987	0,989	0,990	0,992	0,993
0,989	0,991	0,992	0,994	0,995	0,995	0,996	0,997
0,994	0,995	0,996	0,997	0,997	0,998	0,998	0,998
0,966	0,997	0,998	0,998	0,998	0,999	0,999	0,999
0,997	0,998	0,998	0,999	0,999	0,999	0,999	0,900
6,499	6,749	6,999	7,249	7,499	7,749	7,999	8,249
3,393	3,436	3,476	3,511	3,542	3,570	3,594	3,615
1,771	1,749	1,726	1,700	1,673	1,644	1,615	1,584
0,925	0,891	0,857	0,824	0,790	0,758	0,726	0,694
0,482	0,453	0,425	0,399	0,373	0,349	0,326	0,304
0,252	0,231	0,211	0,193	0,176	0,161	0,146	0,133
0,131	0,117	0,104	0,093	0,083	0,074	0,066	0,058
0,067	0,059	0,051	0,045	0,035	0,034	0,029	0,024
0,033	0,028	0,024	0,021	0,018	0,015	0,013	0,011
0,014	0,011	0,010	0,008	0,007	0,006	0,005	0,004
0,000	0,000	0,000	0,000	0,000	0,000	0,000	0,000

Zahlentafel 5

	A ξ	8,25	8,50	8,75	9,00	9,25	9,50	9,75
η_T	0,0	0,000	0,000	0,000	0,000	0,000	0,000	0,000
	0,1	0,100	0,100	0,100	0,100	0,100	0,100	0,100
	0,2	0,200	0,200	0,200	0,200	0,200	0,200	0,200
	0,3	0,300	0,300	0,300	0,300	0,300	0,300	0,300
	0,4	0,399	0,399	0,399	0,399	0,400	0,400	0,400
	0,5	0,498	0,498	0,499	0,499	0,499	0,499	0,499
	0,6	0,596	0,596	0,597	0,597	0,597	0,598	0,598
	0,7	0,690	0,691	0,692	0,692	0,693	0,694	0,695
	0,8	0,777	0,778	0,780	0,782	0,783	0,784	0,785
	0,9	0,847	0,850	0,852	0,855	0,857	0,859	0,861
	1,0	0,879	0,882	0,886	0,889	0,892	0,895	0,897
$\eta_{T'}$	0,0	0,999	1,000	1,000	1,000	1,000	1,000	1,000
	0,1	0,999	0,999	1,000	1,000	1,000	1,000	1,000
	0,2	0,999	0,999	0,999	0,999	0,999	0,999	1,000
	0,3	0,997	0,997	0,998	0,998	0,998	0,999	0,999
	0,4	0,993	0,994	0,995	0,995	0,996	0,997	0,997
	0,5	0,984	0,986	0,987	0,989	0,990	0,991	0,992
	0,6	0,963	0,967	0,970	0,973	0,975	0,978	0,980
	0,7	0,916	0,922	0,928	0,933	0,938	0,942	0,946
	0,8	0,808	0,817	0,826	0,835	0,843	0,850	0,858
	0,9	0,562	0,573	0,583	0,593	0,600	0,613	0,623
	1,0	0,000	0,000	0,000	0,000	0,000	0,000	0,000

Zahlentafel 6

	A ξ	8,25	8,50	8,75	9,00	9,25	9,50	9,75
η_T	0,0	0,000	0,000	0,000	0,000	0,000	0,000	0,000
	0,1	0,562	0,572	0,583	0,593	0,603	0,613	0,623
	0,2	0,808	0,817	0,826	0,835	0,843	0,850	0,858
	0,3	0,916	0,922	0,927	0,933	0,938	0,942	0,946
	0,4	0,963	0,967	0,970	0,973	0,975	0,978	0,980
	0,5	0,984	0,986	0,987	0,989	0,990	0,991	0,992
	0,6	0,993	0,994	0,995	0,995	0,996	0,997	0,997
	0,7	0,997	0,997	0,998	0,998	0,998	0,999	0,999
	0,8	0,998	0,999	0,999	0,999	0,999	0,999	0,999
	0,9	0,999	0,999	0,999	1,000	1,000	1,000	1,000
	1,0	0,999	0,999	0,999	1,000	1,000	1,000	1,000
$\eta_{T'}$	0,0	8,249	8,499	8,749	8,999	9,249	9,499	9,749
	0,1	3,615	3,633	3,647	3,659	3,667	3,674	3,677
	0,2	1,584	1,552	1,520	1,487	1,454	1,420	1,387
	0,3	0,694	0,664	0,634	0,605	0,577	0,549	0,523
	0,4	0,304	0,284	0,264	0,246	0,229	0,212	0,197
	0,5	0,133	0,121	0,110	0,100	0,091	0,082	0,074
	0,6	0,058	0,052	0,046	0,041	0,036	0,032	0,028
	0,7	0,024	0,022	0,019	0,016	0,014	0,012	0,011
	0,8	0,011	0,009	0,008	0,006	0,005	0,005	0,004
	0,9	0,004	0,003	0,003	0,002	0,002	0,001	0,001
	1,0	0,000	0,000	0,000	0,000	0,000	0,000	0,000

Zahlentafeln

(Fortsetzung)

10,00	10,50	11,00	11,50	12,00	12,50	13,00	13,50
0,000	0,000	0,000	0,000	0,000	0,000	0,000	0,000
0,100	0,100	0,100	0,100	0,100	0,100	0,100	0,100
0,200	0,200	0,200	0,200	0,200	0,200	0,200	0,200
0,300	0,300	0,300	0,300	0,300	0,300	0,300	0,300
0,400	0,400	0,400	0,400	0,400	0,400	0,400	0,400
0,499	0,499	0,499	0,499	0,500	0,500	0,500	0,500
0,598	0,598	0,599	0,599	0,599	0,599	0,600	0,600
0,695	0,696	0,696	0,697	0,698	0,698	0,698	0,699
0,786	0,788	0,790	0,791	0,793	0,793	0,794	0,795
0,863	0,867	0,870	0,872	0,876	0,877	0,879	0,881
0,900	0,905	0,909	0,913	0,917	0,920	0,923	0,926
1,000	1,000	1,000	1,000	1,000	1,000	1,000	1,000
1,000	1,000	1,000	1,000	1,000	1,000	1,000	1,000
1,000	1,000	1,000	1,000	1,000	1,000	1,000	1,000
0,999	1,000	1,000	1,000	1,000	1,000	1,000	1,000
0,998	0,998	0,999	0,999	1,000	1,000	1,000	1,000
0,993	0,995	0,996	0,997	0,998	0,998	0,998	0,999
0,982	0,985	0,988	0,990	0,992	0,993	0,994	0,995
0,950	0,957	0,963	0,968	0,973	0,976	0,980	0,983
0,865	0,878	0,889	0,900	0,909	0,918	0,926	0,933
0,632	0,640	0,667	0,683	0,699	0,713	0,727	0,741
0,000	0,000	0,000	0,000	0,000	0,000	0,000	0,000

(Fortsetzung)

10,00	10,50	11,00	11,50	12,00	12,50	13,00	13,50
0,000	0,000	0,000	0,000	0,000	0,000	0,000	0,000
0,632	0,650	0,667	0,683	0,699	0,714	0,728	0,741
0,865	0,878	0,889	0,900	0,909	0,918	0,926	0,933
0,950	0,957	0,963	0,963	0,973	0,977	0,980	0,983
0,982	0,985	0,988	0,990	0,992	0,993	0,995	0,996
0,993	0,995	0,996	0,997	0,998	0,998	0,999	0,999
0,998	0,998	0,999	0,999	0,999	0,999	1,000	1,000
0,999	0,999	0,999	1,000	1,000	1,000	1,000	1,000
1,000	1,000	1,000	1,000	1,000	1,000	1,000	1,000
1,000	1,000	1,000	1,000	1,000	1,000	1,000	1,000
1,000	1,000	1,000	1,000	1,000	1,000	1,000	1,000
9,999	10,500	11,000	11,500	12,000	12,500	13,000	13,500
3,678	3,674	3,662	3,640	3,614	3,581	3,543	3,499
1,353	1,286	1,219	1,153	1,088	1,026	0,966	0,907
0,498	0,450	0,406	0,365	0,328	0,294	0,263	0,235
0,183	0,158	0,135	0,116	0,098	0,084	0,072	0,061
0,067	0,055	0,045	0,037	0,030	0,024	0,020	0,016
0,025	0,019	0,015	0,012	0,008	0,007	0,005	0,004
0,009	0,006	0,005	0,004	0,003	0,002	0,001	0,001
0,003	0,002	0,002	0,001	0,001	0,001	0,000	0,000
0,001	0,001	0,001	0,000	0,000	0,000	0,000	0,000
0,000	0,000	0,000	0,000	0,000	0,000	0,000	0,000

Zahlentafel 5

	A / ξ	13,50	14,00	14,50	15,00	15,50	16,00	16,50
η_T	0,0	0,000	0,000	0,000	0,000	0,000	0,000	0,000
	0,1	0,100	0,100	0,100	0,100	0,100	0,100	0,100
	0,2	0,200	0,200	0,200	0,200	0,200	0,200	0,200
	0,3	0,300	0,300	0,300	0,300	0,300	0,300	0,300
	0,4	0,400	0,400	0,400	0,450	0,400	0,400	0,400
	0,5	0,500	0,500	0,500	0,500	0,500	0,500	0,500
	0,6	0,600	0,600	0,600	0,600	0,600	0,600	0,600
	0,7	0,699	0,699	0,699	0,699	0,699	0,699	0,700
	0,8	0,795	0,796	0,796	0,797	0,797	0,797	0,798
	0,9	0,881	0,882	0,884	0,885	0,886	0,887	0,888
	1,0	0,926	0,929	0,931	0,933	0,935	0,937	0,939
$\eta_{T'}$	0,0	1,000	1,000	1,000	1,000	1,000	1,000	1,000
	0,1	1,000	1,000	1,000	1,000	1,000	1,000	1,000
	0,2	1,000	1,000	1,000	1,000	1,000	1,000	1,000
	0,3	1,000	1,000	1,000	1,000	1,000	1,000	1,000
	0,4	1,000	1,000	1,000	1,000	1,000	1,000	1,000
	0,5	0,999	0,999	0,999	0,999	1,000	1,000	1,000
	0,6	0,995	0,996	0,997	0,998	0,998	0,998	0,999
	0,7	0,983	0,985	0,987	0,989	0,990	0,992	0,993
	0,8	0,933	0,939	0,945	0,950	0,955	0,959	0,963
	0,9	0,741	0,753	0,765	0,777	0,788	0,798	0,808
	1,0	0,000	0,000	0,000	0,000	0,000	0,000	0,000

Zahlentafel 6

	A / ξ	13,50	14,00	14,50	15,00	15,50	16,00	16,50
η_T	0,0	0,000	0,000	0,000	0,000	0,000	0,000	0,000
	0,1	0,741	0,753	0,765	0,777	0,788	0,798	0,808
	0,2	0,933	0,939	0,945	0,950	0,955	0,959	0,963
	0,3	0,983	0,985	0,987	0,989	0,990	0,992	0,993
	0,4	0,996	0,996	0,997	0,998	0,998	0,998	0,999
	0,5	0,999	0,999	0,999	0,999	1,000	1,000	1,000
	0,6	1,000	1,000	1,000	1,000	1,000	1,000	1,000
	0,7	1,000	1,000	1,000	1,000	1,000	1,000	1,000
	0,8	1,000	1,000	1,000	1,000	1,000	1,000	1,000
	0,9	1,000	1,000	1,000	1,000	1,000	1,000	1,000
	1,0	1,000	1,000	1,000	1,000	1,000	1,000	1,000
$\eta_{T'}$	0,0	13,500	14,000	14,500	15,000	15,500	16,000	16,500
	0,1	3,499	3,452	3,402	3,347	3,291	3,230	3,170
	0,2	0,907	0,851	0,798	0,747	0,698	0,653	0,609
	0,3	0,235	0,210	0,187	0,167	0,149	0,131	0,117
	0,4	0,061	0,052	0,044	0,038	0,031	0,027	0,023
	0,5	0,016	0,013	0,010	0,009	0,007	0,005	0,004
	0,6	0,004	0,003	0,002	0,002	0,001	0,001	0,001
	0,7	0,001	0,001	0,001	0,000	0,000	0,000	0,000
	0,8	0,000	0,000	0,000	0,000	0,000	0,000	0,000
	0,9	0,000	0,000	0,000	0,000	0,000	0,000	0,000
	1,0	0,000	0,000	0,000	0,000	0,000	0,000	0,000

Zahlentafeln 301

(Fortsetzung)

17,00	17,50	18,00	18,50	19,00	19,50	20,00	∞
0,000	0,000	0,000	0,000	0,000	0,000	0,000	0,000
0,100	0,100	0,100	0,100	0,100	0,100	0,100	0,100
0,200	0,200	0,200	0,200	0,200	0,200	0,200	0,200
0,300	0,300	0,300	0,300	0,300	0,300	0,300	0,300
0,400	0,400	0,400	0,400	0,400	0,400	0,400	0,400
0,500	0,500	0,500	0,500	0,500	0,500	0,500	0,500
0,600	0,600	0,600	0,600	0,600	0,600	0,600	0,600
0,700	0,700	0,700	0,700	0,700	0,700	0,700	0,700
0,798	0,798	0,798	0,799	0,799	0,799	0,799	0,800
0,889	0,890	0,891	0,891	0,892	0,893	0,893	0,900
0,941	0,943	0,944	0,946	0,947	0,949	0,950	1,000
1,000	1,000	1,000	1,000	1,000	1,000	1,000	1,000
1,000	1,000	1,000	1,000	1,000	1,000	1,000	1,000
1,000	1,000	1,000	1,000	1,000	1,000	1,000	1,000
1,000	1,000	1,000	1,000	1,000	1,000	1,000	1,000
1,000	1,000	1,000	1,000	1,000	1,000	1,000	1,000
1,000	1,000	1,000	1,000	1,000	1,000	1,000	1,000
0,999	0,999	0,999	0,999	0,999	1,000	1,000	1,000
0,994	0,995	0,995	0,996	0,997	0,997	0,998	1,000
0,967	0,970	0,973	0,975	0,978	0,980	0,982	1,000
0,817	0,826	0,835	0,843	0,850	0,858	0,865	1,000
0,000	0,000	0,000	0,000	0,000	0,000	0,000	1,000

(Fortsetzung)

17,00	17,50	18,00	18,50	19,00	19,50	20,00	∞
0,000	0,000	0,000	0,000	0,000	0,000	0,000	1,000
0,817	0,826	0,835	0,843	0,850	0,858	0,865	1,000
0,967	0,970	0,973	0,975	0,978	0,980	0,982	1,000
0,994	0,995	0,996	0,996	0,997	0,997	0,998	1,000
0,999	0,999	0,999	0,999	0,999	1,000	1,000	1,000
1,000	1,000	1,000	1 000	1,000	1,000	1,000	1,000
1,000	1,000	1,000	1,000	1,000	1,000	1,000	1,000
1,000	1,000	1,000	1,000	1,000	1,000	1,000	1,000
1,000	1 000	1,000	1,000	1,000	1,000	1,000	1,000
1,000	1,000	1,000	1,000	1,000	1,000	1,000	1,000
1,000	1,000	1,000	1,000	1,000	1,000	1,000	1,000
17,000	17,500	18,000	18,500	19,000	19,500	20,000	∞
3,106	3,042	2,975	2,908	2,842	2,775	2,706	0,000
0,568	0,529	0,491	0,457	0,426	0,394	0,366	0,000
0,104	0,091	0,081	0,072	0,063	0,057	0,050	0,000
0,019	0,016	0,013	0,011	0,010	0,008	0,007	0,000
0,003	0,003	0,002	0,002	0,001	0,001	0,001	0,000
0,001	0,001	0,000	0,000	0,000	0,000	0,000	0,000
0,000	0,000	0,000	0,000	0,000	0,000	0,000	0,000
0,000	0,000	0,000	0,000	0,000	0,000	0,000	0.000
0,000	0,000	0,000	0,000	0,000	0,000	0,000	0,000
0,000	0,000	0,000	0,000	0,000	0,000	0,000	0,000

Zahlentafel 7 Durchbiegungshilfskoeffizienten für den Systemoberrand

Steifheitsparameter A des Scheibensystems		0,25	0,50	0,75
Durchbiegungshilfskoeffizienten χ	Gleichlast	0,0592	0,0883	0,1783
	Trapezlast	0,0626	0,0886	0,1789
	Dreiecklast	0,0691	0,0890	0,1796
	Einzellast	0,0246	0,0908	0,1833
	Einzelmoment	0,0259	0,0946	0,1907

Zahlentafel 8

Steifheitsparameter A des Scheibensystems		0,25	0,50	0,75
Schwingzeitkoeffizienten η_T	Korrekturkoeffizient β			
	1,00	0,5616	0,5433	0,5166
	0,98	0,5617	0,5438	0,5177
	0,96	0,5619	0,5443	0,5188
	0,94	0,5620	0,5448	0,5198
	0,92	0,5621	0,5453	0,5209
	0,90	0,5623	0,5458	0,5220
	0,88	0,5624	0,5463	0,5231
	0,86	0,5625	0,5468	0,5241
	0,84	0,5627	0,5473	0,5252
	0,82	0,5628	0,5478	0,5263
	0,80	0,5629	0,5483	0,5273
	0,78	0,5631	0,5488	0,5284
	0,76	0,5632	0,5493	0,5294

für Gleichlast, Trapezlast, Dreiecklast, Einzellast und Einzelmoment

1,00	1,25	1,50	1,75	2,00	2,25	2,50	2,75
0,2772	0,3730	0,4593	0,5339	0,5969	0,6497	0,6937	0,7305
0,2780	0,3741	0,4606	0,5354	0,5986	0,6514	0,6955	0,7323
0,2792	0,3756	0,4624	0,5374	0,6008	0,6538	0,6979	0,7348
0,2848	0,3830	0,4712	0,5474	0,6115	0,6650	0,7094	0,7464
0,2961	0,3978	0,4890	0,5673	0,6329	0,6873	0,7322	0,7692

Schwingzeitkoeffizienten

1,00	1,25	1,50	1,75	2,00	2,25	2,50	2,75
0,4856	0,4536	0,4227	0,3939	0,3678	0,3443	0,3233	0,3046
0,4874	0,4562	0,4260	0,3981	0,3728	0,3501	0,3299	0,3120
0,4892	0,4587	0,4294	0,4023	0,3778	0,3559	0,3364	0,3192
0,4910	0,4613	0,4327	0,4064	0,3827	0,3615	0,3428	0,3262
0,4927	0,4638	0,4360	0,4105	0,3875	0,3671	0,3491	0,3332
0,4945	0,4663	0,4393	0,4145	0,3923	0,3726	0,3552	0,3399
0,4963	0,4688	0,4426	0,4186	0,3970	0,3780	0,3613	0,3466
0,4980	0,4713	0,4458	0,4225	0,4017	0,3833	0,3672	0,3531
0,4997	0,4738	0,4490	0,4265	0,4063	0,3886	0,3731	0,3595
0,5015	0,4762	0,4522	0,4304	0,4109	0,3938	0,3789	0,3659
0,5032	0,4787	0,4554	0,4342	0,4154	0,3989	0,3846	0,3721
0,5049	0,4811	0,4586	0,4381	0,4199	0,4040	0,3902	0,3782
0,5067	0,4835	0,4617	0,4419	0,4243	0,4090	0,3957	0,3842

Zahlentafel 7

A	2,75	3,00	3,25	3,50	3,75	4,00
Gleichlast	0,7305	0,7614	0,7875	0,8096	0,8285	0,8448
Trapezlast	0,7323	0,7632	0,7893	0,8114	0,8303	0,8465
Dreiecklast	0,7348	0,7657	0,7917	0,8138	0,8326	0,8488
Einzellast	0,7464	0,7772	0,8031	0,8249	0,8425	0,8593
Einzelmoment	0,7692	0,7999	0,8253	0,8466	0,8645	0,8796

Zahlentafel 8

	A	2,75	3,00	3,25	3,50	3,75	4,00
	1,00	0,3046	0,2879	0,2729	0,2593	0,2471	0,2359
	0,98	0,3120	0,2960	0,2817	0,2688	0,2572	0,2467
	0,96	0,3192	0,3039	0,2902	0,2780	0,2670	0,2571
	0,94	0,3262	0,3116	0,2985	0,2869	0,2765	0,2671
	0,92	0,3332	0,3191	0,3066	0,2956	0,2857	0,2768
Korrekturkoeffizient β	0,90	0,3399	0,3265	0,3146	0,3040	0,2946	0,2862
	0,88	0,3466	0,3337	0,3223	0,3122	0,3033	0,2953
	0,86	0,3531	0,3407	0,3299	0,3203	0,3117	0,3042
	0,84	0,3595	0,3477	0,3373	0,3281	0,3200	0,3128
	0,82	0,3659	0,3545	0,3445	0,3358	0,3280	0,3212
	0,80	0,3721	0,3612	0,3516	0,3432	0,3359	0,3293
	0,78	0,3782	0,3677	0,3586	0,3506	0,3435	0,3373
	0,76	0,3842	0,3742	0,3654	0,3578	0,3511	0,3451

(Fortsetzung)

4,25	4,50	4,75	5,00	5,25	5,50	5,75	6,00
0,8589	0,8712	0,8819	0,8914	0,8997	0,9072	0,9138	0,9198
0,8605	0,8728	0,8835	0,8929	0,9012	0,9086	0,9152	0,9211
0,8628	0,8750	0,8856	0,8949	0,9032	0,9105	0,9170	0,9229
0,8730	0,8848	0,8950	0,9040	0,9119	0,9189	0,9250	0,9306
0,8924	0,9034	0,9129	0,9211	0,9282	0,9344	0,9399	0,9447

(Fortsetzung)

4,25	4,50	4,75	5,00	5,25	5,50	5,75	6,00
0,2258	0,2164	0,2079	0,1999	0,1926	0,1858	0,1794	0,1735
0,2372	0,2285	0,2205	0,2132	0,2064	0,2002	0,1944	0,1890
0,2482	0,2400	0,2326	0,2258	0,2195	0,2138	0,2085	0,2035
0,2587	0,2510	0,2441	0,2377	0,2319	0,2266	0,2217	0,2172
0,2689	0,2617	0,2551	0,2492	0,2438	0,2388	0,2343	0,2301
0,2787	0,2719	0,2657	0,2602	0,2551	0,2505	0,2462	0,2423
0,2882	0,2818	0,2760	0,2707	0,2660	0,2616	0,2577	0,2540
0,2974	0,2913	0,2858	0,2809	0,2764	0,2723	0,2686	0,2652
0,3063	0,3006	0,2954	0,2907	0,2865	0,2827	0,2792	0,2760
0,3150	0,3096	0,3047	0,3003	0,2963	0,2927	0,2894	0,2864
0,3235	0,3183	0,3137	0,3095	0,3057	0,3023	0,2992	0,2964
0,3318	0,3269	0,3225	0,3185	0,3149	0,3117	0,3088	0,3061
0,3399	0,3352	0,3310	0,3272	0,3239	0,3208	0,3180	0,3155

Zahlentafel 7

A	6,00	6,25	6,50	6,75	7,00	7,25
Gleichlast	0,9198	0,9251	0,9300	0,9344	0,9384	0,9420
Trapezlast	0,9211	0,9264	0,9312	0,9356	0,9395	0,9431
Dreiecklast	0,9229	0,9281	0,9329	0,9372	0,9411	0,9446
Einzellast	0,9306	0,9355	0,9399	0,9439	0,9475	0,9508
Einzelmoment	0,9447	0,9490	0,9528	0,9562	0,9593	0,9620

Zahlentafel 8

	A	6,00	6,25	6,50	6,75	7,00	7,25
	1,00	0,1735	0,1679	0,1627	0,1578	0,1531	0,1488
	0,98	0,1890	0,1840	0,1793	0,1750	0,1709	0,1670
	0,96	0,2035	0,1990	0,1948	0,1908	0,1871	0,1837
	0,94	0,2172	0,2130	0,2092	0,2056	0,2022	0,1991
Korrekturkoeffizient β	0,92	0,2301	0,2262	0,2227	0,2194	0,2163	0,2135
	0,90	0,2423	0,2388	0,2355	0,2324	0,2296	0,2270
	0,88	0,2540	0,2507	0,2477	0,2448	0,2422	0,2398
	0,86	0,2652	0,2621	0,2593	0,2567	0,2542	0,2520
	0,84	0,2760	0,2731	0,2704	0,2680	0,2657	0,2636
	0,82	0,2864	0,2836	0,2811	0,2788	0,2767	0,2748
	0,80	0,2964	0,2938	0,2915	0,2893	0,2873	0,2855
	0,78	0,3061	0,3037	0,3015	0,2994	0,2976	0,2958
	0,76	0,3155	0,3132	0,3111	0,3092	0,3075	0,3058

(Fortsetzung)

7,50	7,75	8,00	8,25	8,50	8,75	9,00	9,25
0,9453	0,9484	0,9512	0,9538	0,9561	0,9583	0,9604	0,9623
0,9464	0,9494	0,9522	0,9547	0,9571	0,9592	0,9612	0,9631
0,9478	0,9508	0,9535	0,9560	0,9583	0,9604	0,9624	0,9642
0,9538	0,9565	0,9590	0,9613	0,9634	0,9653	0,9671	0,9687
0,9645	0,9667	0,9688	0,9706	0,9723	0,9739	0,9753	0,9766

(Fortsetzung)

7,50	7,75	8,00	8,25	8,50	8,75	9,00	9,25
0,1446	0,1407	0,1370	0,1335	0,1302	0,1270	0,1239	0,1210
0,1634	0,1600	0,1568	0,1538	0,1510	0,1483	0,1457	0,1433
0,1805	0,1775	0,1747	0,1721	0,1696	0,1672	0,1650	0,1630
0,1962	0,1936	0,1910	0,1887	0,1865	0,1844	0,1824	0,1806
0,2109	0,2084	0,2062	0,2040	0,2020	0,2002	0,1984	0,1968
0,2246	0,2224	0,2203	0,2184	0,2165	0,2149	0,2133	0,2118
0,2376	0,2355	0,2336	0,2318	0,2302	0,2286	0,2272	0,2258
0,2499	0,2480	0,2462	0,2446	0,2431	0,2416	0,2403	0,2390
0,2617	0,2599	0,2583	0,2567	0,2553	0,2540	0,2527	0,2516
0,2730	0,2713	0,2698	0,2683	0,2670	0,2658	0,2646	0,2635
0,2838	0,2822	0,2808	0,2795	0,2782	0,2771	0,2760	0,2750
0,2943	0,2928	0,2914	0,2902	0,2890	0,2879	0,2869	0,2860
0,3043	0,3030	0,3017	0,3005	0,2994	0,2984	0,2974	0,2966

Zahlentafel 7

A	9,25	9,50	9,75	10,00	10,50	11,00
Gleichlast	0,9623	0,9640	0,9657	0,9672	0,9700	0,9724
Trapezlast	0,9631	0,9648	0,9664	0,9680	0,9707	0,9731
Dreiecklast	0,9642	0,9659	0,9675	0,9690	0,9716	0,9740
Einzellast	0,9687	0,9703	0,9717	0,9730	0,9754	0,9775
Einzelmoment	0,9766	0,9778	0,9790	0,9800	0,9819	0,9835

Zahlentafel 8

	A	9,25	9,50	9,75	10,00	10,50	11,00
	1,00	0,1210	0,1183	0,1156	0,1131	0,1083	0,1040
	0,98	0,1433	0,1410	0,1389	0,1368	0,1330	0,1295
	0,96	0,1630	0,1610	0,1591	0,1574	0,1542	0,1513
	0,94	0,1806	0,1789	0,1773	0,1757	0,1729	0,1704
	0,92	0,1968	0,1953	0,1938	0,1924	0,1899	0,1877
Korrekturkoeffizient β	0,90	0,2118	0,2104	0,2091	0,2078	0,2056	0,2036
	0,88	0,2258	0,2245	0,2233	9,2222	0,2202	0,2183
	0,86	0,2390	0,2379	0,2368	0,2357	0,2338	0,2322
	0,84	0,2516	0,2505	0,2495	0,2485	0,2468	0,2452
	0,82	0,2635	0,2625	0,2616	0,2607	0,2591	0,2576
	0,80	0,2750	0,2740	0,2731	0,2723	0,2708	0,2695
	0,78	0,2860	0,2851	0,2843	0,2835	0,2821	0,2808
	0,76	0,2966	0,2957	0,2950	0,2942	0,2929	0,2918

(Fortsetzung)

11,50	12,00	12,50	13,00	13,50	14,00	14,50	15,00
0,9746	0,9765	0,9782	0,9797	0,9811	0,9823	0,9834	0,9844
0,9752	0,9771	0,9787	0,9802	0,9816	0,9828	0,9839	0,9849
0,9760	0,9779	0,9795	0,9809	0,9822	0,9834	0,9845	0,9854
0,9793	0,9809	0,9823	0,9836	0,9848	0,9858	0,9867	0,9876
0,9849	0,9861	0,9872	0,9882	0,9890	0,9898	0,9905	0,9911

(Fortsetzung)

11,50	12,00	12,50	13,00	13,50	14,00	14,50	15,00
0,1000	0,0962	0,0928	0,0895	0,0865	0,0837	0,0810	0,0786
0,1264	0,1235	0,1209	0,1185	0,1163	0,1142	0,1124	0,1106
0,1487	0,1463	0,1441	0,1422	0,1404	0,1388	0,1373	0,1360
0,1682	0,1661	0,1643	0,1627	0,1612	0,1598	0,1585	0,1574
0,1857	0,1840	0,1823	0,1809	0,1796	0,1784	0,1773	0,1763
0,2018	0,2002	0,1988	0,1975	0,1963	0,1953	0,1943	0,1934
0,2167	0,2153	0,2140	0,2128	0,2118	0,2108	0,2099	0,2091
0,2307	0,2294	0,2282	0,2271	0,2261	0,2253	0,2245	0,2238
0,2439	0,2427	0,2416	0,2406	0,2397	0,2389	0,2382	0,2375
0,2564	0,2553	0,2542	0,2533	0,2525	0,2518	0,2511	0,2505
0,2683	0,2673	0,2663	0,2655	0,2647	0,2640	0,2634	0,2628
0,2797	0,2788	0,2779	0,2771	0,2764	0,2757	0,2752	0,2746
0,2907	0,2898	0,2890	0,2882	0,2876	0,2870	0,2864	0,2859

Zahlentafel 7

A	15,00	15,50	16,00	16,50	17,00	17,50
Gleichlast	0,9844	0,9854	0,9862	0,9870	0,9877	0,9883
Trapezlast	0,9849	0,9858	0,9866	0,9873	0,9880	0,9887
Dreiecklast	0,9854	0,9863	0,9871	0,9878	0,9885	0,9891
Einzellast	0,9876	0,9883	0,9890	0,9896	0,9902	0,9909
Einzelmoment	0,9911	0,9917	0,9922	0,9927	0,9931	0,9935

Zahlentafel 8

	A	15,00	15,50	16,00	16,50	17,00	17,50
	1,00	0,0786	0,0762	0,0740	0,0719	0,0699	0,0681
	0,98	0,1106	0,1090	0,1076	0,1062	0,1049	0,1037
	0,96	0,1360	0,1347	0,1335	0,1325	0,1315	0,1306
	0,94	0,1574	0,1563	0,1554	0,1545	0,1537	0,1529
	0,92	0,1763	0,1754	0,1746	0,1738	0,1731	0,1724
Korrekturkoeffizient β	0,90	0,1934	0,1926	0,1919	0,1912	0,1906	0,1900
	0,88	0,2091	0,2084	0,2077	0,2071	0,2066	0,2061
	0,86	0,2238	0,2231	0,2225	0,2219	0,2214	0,2210
	0,84	0,2375	0,2369	0,2363	0,2358	0,2354	0,2349
	0,82	0,2505	0,2499	0,2494	0,2489	0,2485	0,2481
	0,80	0,2628	0,2623	0,2618	0,2614	0,2610	0,2606
	0,78	0,2746	0,2741	0,2737	0,2733	0,2729	0,2726
	0,76	0,2859	0,2855	0,2851	0,2847	0,2843	0,2840

(Fortsetzung)

18,00	18,50	19,00	19,50	20,00
0,9889	0,9895	0,9900	0,9905	0,9909
0,9893	0,9898	0,9903	0,9908	0,9912
0,9897	0,9902	0,9907	0,9912	0,9916
0,9913	0,9917	0,9921	0,9925	0,9929
0,9938	0,9942	0,9945	0,9947	0,9950

(Fortsetzung)

18,00	18,50	19,00	19,50	20,00
0,0663	0,0646	0,0630	0,0615	0,0601
0,1026	0,1016	0,1006	0,0998	0,0989
0,1297	0,1290	0,1282	0,1276	0,1269
0,1522	0,1516	0,1510	0,1504	0,1499
0,1718	0,1713	0,1708	0,1703	0,1698
0,1895	0,1890	0,1885	0,1881	0,1877
0,2056	0,2051	0,2047	0,2043	0,2040
0,2205	0,2201	0,2198	0,2194	0,2191
0,2345	0,2342	0,2338	0,2335	0,2332
0,2477	0,2474	0,2471	0,2468	0,2465
0,2603	0,2600	0,2597	0,2594	0,2592
0,2723	0,2720	0,2717	0,2714	0,2712
0,2837	0,2834	0,2832	0,2830	0,2827

Diagramme

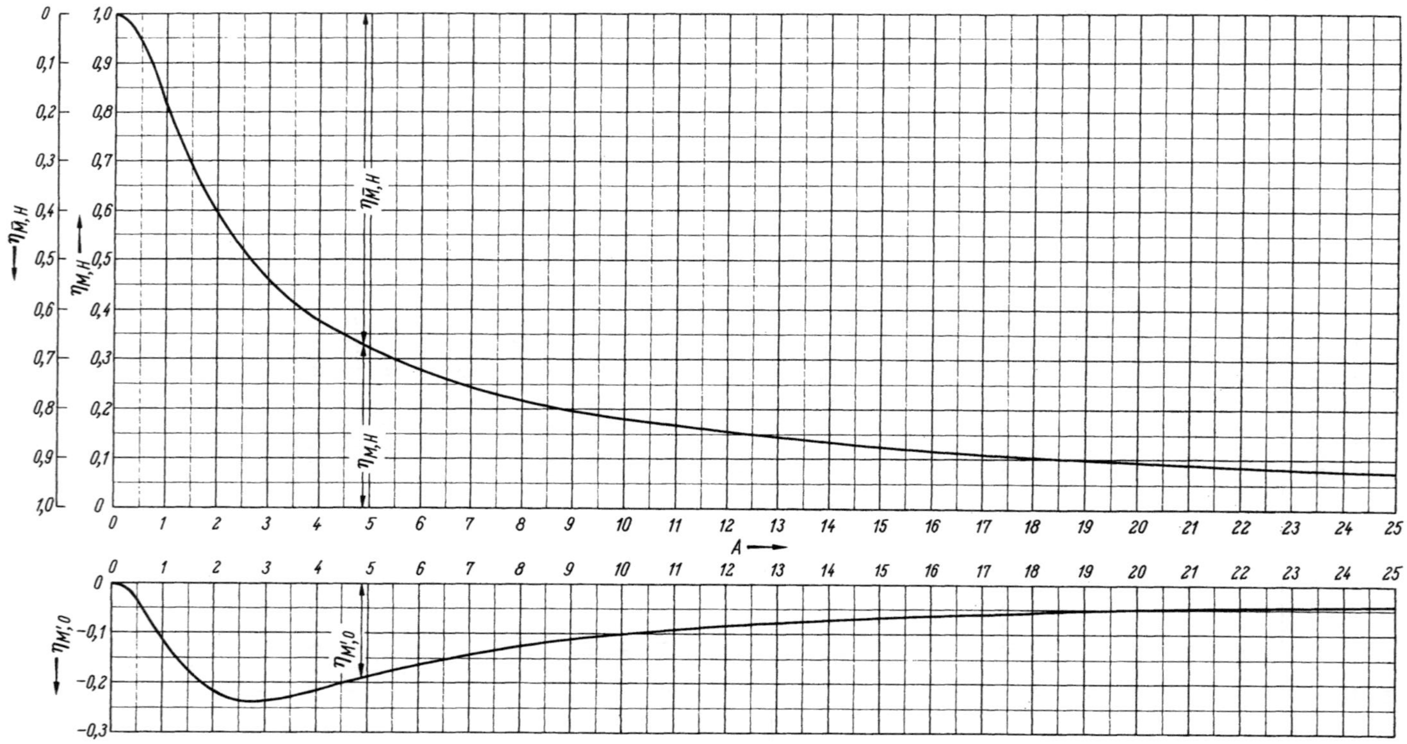

Diagramm 1. Gesamtmomentkoeffizient und Gesamtschubscheibenmomentkoeffizient für den Systemunterrand und den Lastfall Gleichlast — in Abhängigkeit vom Steifheitsparameter des Scheibensystems. Gesamtquerkraftkoeffizient für den Systemoberrand und den Lastfall Gleichlast — in Abhängigkeit vom Steifheitsparameter des Scheibensystems.

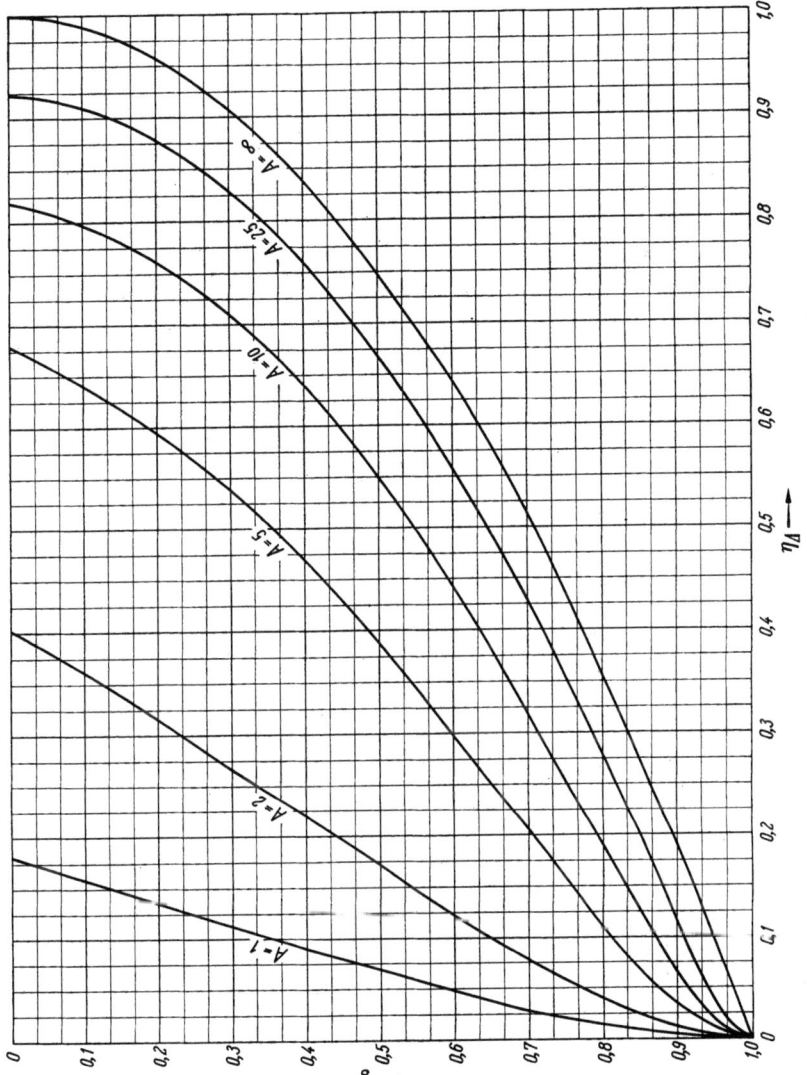

Diagramm 2. Durchbiegungskoeffizient für einige Werte des Steifheitsparameters des Scheibensystems und den Lastfall Gleichlast — in Abhängigkeit von der Kote.

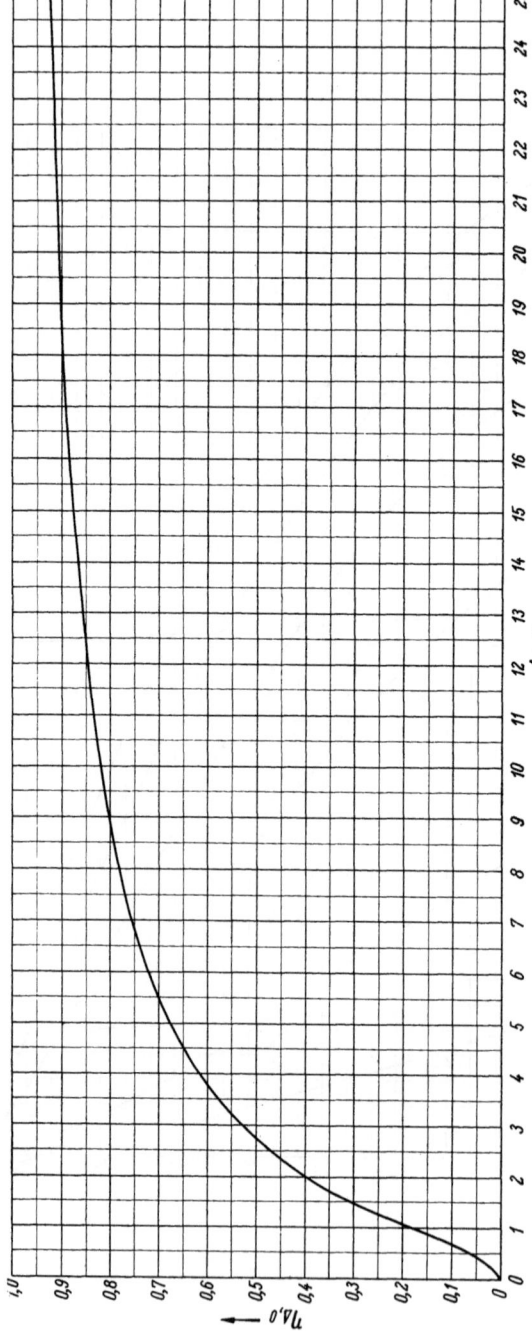

Diagramm 3. Durchbiegungskoeffizient für den Systemoberrand und den Lastfall Gleichlast — in Abhängigkeit vom Steifheitsparameter des Scheibensystems.

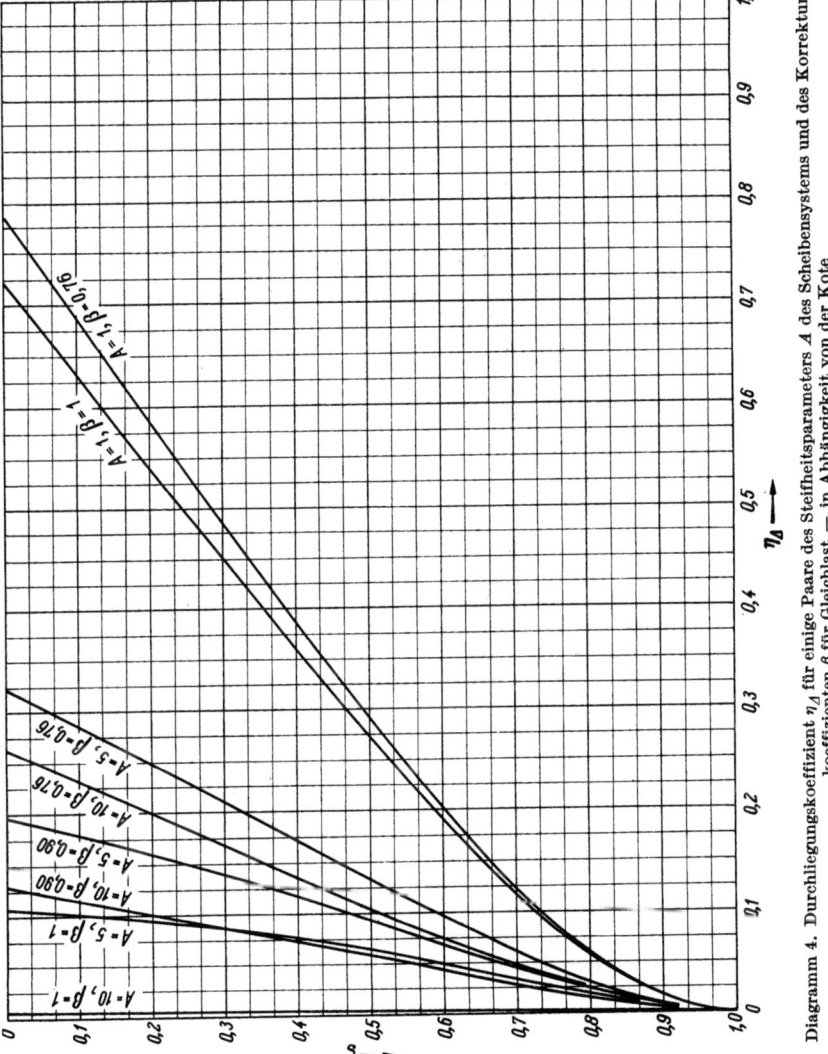

Diagramm 4. Durchliegungskoeffizient η_A für einige Paare des Steifheitsparameters A des Scheibensystems und des Korrekturkoeffizienten β für Gleichlast — in Abhängigkeit von der Kote

Sachverzeichnis

Auflagerungsarten der Scheibensysteme 1

Bettungsziffer 23, 47, 59, 97, 257
Biegescheibe 1, 98, 136
Biegesteifheit einer vollen Scheibe 11, 64
— des Scheibensystems 187
Biegung, lokale, biegeweicher Stützen 20, 65

Castiglianosches Theorem, erstes 16, 17
—, zweites 71, 134
CNIISK-Formel 252

Dehnbiegesteifheit des Scheibensystems 187
Diagonalriegel 21, 97, 189
—, statisches Modell des 21
Differentialgleichung, Eulersche 140, 202, 212, 220
— der Durchbiegungslinie 125
— des Gesamtmomentes 104, 142
— der Gesamtschubkraft 203, 220
— des Schwingungsvorganges 158
Durchbiegungshilfskoeffizient 199
Durchbiegungen, seitliche 38, 52, 77, 123, 145, 149, 180, 183, 198, 232, 237

Eigenwertaufgabe 153
Energie, kinetische 154, 170, 173
—, komplementäre eines Diagonalriegels 22
—, — eines Riegels 16
—, — des Scheibensystems aus vollen Scheiben und Stockwerkrahmen 101
—, — — aus vollen und gegliederten Scheiben 69, 140, 190, 202, 211, 227, 241
—, potentielle 154, 170, 173
Erschütterungsziffernverfahren 248

Fákinsches Schema 35, 73, 80, 255
Formänderungsenergie 41

Formänderungsverfahren 60
Freiheitsgrad 40
Frequenzgleichung 162

Gebrauchsformeln für Durchbiegungen 128, 147, 191, 196
— für Durchbiegungskoeffizienten 127, 197
— für Gesamtschnittkräfte 112, 113, 192, 193, 194, 204, 220, 221
— für Gesamtschnittkräftekoeffizienten 112, 113, 114, 194, 204, 205, 221
Gelenkkette 31
GERBETH, H. 19
Gesamtbiegescheibe 98, 101, 137, 153, 171, 177
Gesamtersatzkragträger 26, 27, 36, 52, 133, 143, 149, 180, 183, 193, 205
Gesamtgrundkörperunterlage 98, 101, 170, 177
Gesamtlamellenstrang 136
Gesamtriegelstrang 64
Gesamtscheibe 26, 67
Gesamtschnittkräfte 27, 28, 30, 34, 42, 51, 54, 56, 58, 62, 65, 67, 80, 82, 100, 111, 112, 113, 115, 116, 137, 140, 186, 187, 189, 193, 194
—, Beziehungen zwischen den 27, 67, 99, 138
Gesamtsteifheiten 25, 48, 80, 98, 135, 148, 154, 177
Gesamtverbindung 136
Grenzübergang 85, 86
Grundrißanordnungen der Scheibensysteme 1

HAAS, E. 19
Hamiltonsches Prinzip 154

KHAN, F. 21
Koeffizient, dynamischer 57, 61, 253, 254
—, seismischer 47, 59, 252

Sachverzeichnis

Kompatibilitätsgleichungen 30, 34, 49, 55, 69, 71, 80, 85
Korrekturkoeffizient 190
Kraftgrößenverfahren 30
Kreisfrequenz 44, 54, 160, 164, 174

Lamellenstrang 1, 136
Längskraftnullfelder 38

Mohrsche Formel 38, 124, 145, 195
Momentennullpunktlagekoeffizient 17, 20
— Zahlenwerte 18

Pendelstütze 19
Poissonscher Koeffizient 17
Potential der äußeren Last 41
Prinzip von der Erhaltung der Energie 43, 169, 172
— vom Minimum des totalen Potentials 40
— vom stationären Wert der komplementären Energie 101

Querdehnzahl des Bodens 23, 97, 257
Querkraftnullfelder 195

Randbedingungen, natürliche oder restliche 102, 104, 158
—, wesentliche 102, 154, 158
RAUSCH, E. 254
Reduktionssatz 38, 124, 145, 195
Rekursionsformel 67
Riegelstrang 1
Ritzsches Verfahren 228, 241, 245

Scheiben, gegliederte, mit versetzten Öffnungen 21
—, gegliederte, reguläre 85
—, summare gegliederte 186
—, volle starre 40, 131, 169
Scheibenkräfte der Dach- und Deckenscheiben 122, 208
SCHINEIS, M. 24
Schubscheibe 1
Schubsteifheit einer vollen Scheibe 11, 64
Schubverteilungszahl 11, 15, 17, 79
Schwingungsdifferentialgleichung 159
Schwingungsformdifferentialgleichung 159
Schwingungsformkoeffizient 45, 54, 57, 61, 168, 236, 253

Schwingzeit freier Schwingungen 43, 54, 57, 61, 164, 199, 236
Schwingzeitkoeffizient 164, 174, 200
SEAOC-Formel 250
Seismische Lasten 55, 58, 62, 168, 171, 175, 178, 236, 248
Simpsonsche Regel 174
Steifeziffer des Bodens 23, 97, 257
Steifheit eines Diagonalriegels 22
— der Grundkörperunterlagen der gegliederten Scheiben 25, 97
— der Grundkörperunterlagen der vollen Scheiben 23, 97
— einer Lamelle, eines Lamellenstranges und des Gesamtlamellenstranges 95, 137
— eines Riegels und eines Riegelstranges einer gegliederten Scheibe 15, 23
— des Scheibensystems beim Näherungsverfahren 234
— einer Schubscheibe und der Gesamtschubscheibe 93, 98
— einer stetigen Verbindung und der Gesamtverbindung 95, 96, 97, 137, 188, 211
— eines Stockwerkrahmens 11
— einer Stütze einer gegliederten Scheibe 15, 92
— einer vollen Scheibe 11, 92, 225
Steifheitsparameter des Scheibensystems für lotrechte Last 212, 218
Steifheitsparameter des Scheibensystems und seiner Unterlage 105, 149, 162, 175, 177, 189
Steifheitsverfahren 226
Stockwerkdrehwinkel 39, 52, 94
Stockwerkmoment 33, 94
Stockwerkrahmen, freistehender 12
—, proportionierter 18
Stockwerksteifheit 12, 13, 33, 48, 57, 94
—, bezogene 42
Summargesamtriegelstrangmoment 65, 75, 82
Summargesamtverbindungsmoment 139, 186, 187

Trägheitsmoment, reduziertes eines Riegels 17
Trägheitsradius des Riegelquerschnittes 17
Trapezformel 16, 39, 70

Variationsrechnung 102

MIX
Papier aus verantwortungsvollen Quellen
Paper from responsible sources
FSC® C105338

If you have any concerns about our products,
you can contact us on
ProductSafety@springernature.com

In case Publisher is established outside the EU,
the EU authorized representative is:
**Springer Nature Customer Service Center GmbH
Europaplatz 3, 69115 Heidelberg, Germany**

Printed by Libri Plureos GmbH
in Hamburg, Germany